职业教育先进制造类产教融合新形态教材

SurfMill 9.0 典型精密加工案例教程

主　编　曹焕亚　蔡锐龙

副主编　赵明威　赵传强　于　洋

参　编　孟繁星　任宏涛　马小娟

　　　　路田田　王　帅

主　审　张保全　于　亮

机械工业出版社

本书以国产 CAD/CAM 软件 SurfMill 9.0 为操作平台，通过模块化案例设计，从工程应用的视角，对涵盖模具、电极、压铸件、医疗器械等工程领域的十个实际典型案例的数字化加工全过程进行了由浅入深、图文并茂地剖析与讲解。

本书案例涉及 2.5 轴加工、三轴加工、多轴加工、在机测量、叶轮加工、电极自动编程等内容，每个案例以“学习目标—实例描述—编程加工准备—编写加工程序 + 模拟和输出—实例小结 + 拓展知识”的思路展开说明。案例代表性和指导性强，操作步骤清晰明确，是读者学习 SurfMill 9.0 软件进行数控编程的实例教程。

为方便自学，本书各章节均配有操作短视频，学习过程中可扫描二维码观看。为方便教学，本书配有实例素材源文件、操作短视频、思考与练习、电子教案、电子课件（PPT 格式）等，凡使用本书作为教材的教师可登录机械工业出版社教育服务网（http://www.cmpedu.com），注册后免费下载。咨询电话：010-88379375。

本书所使用的软件版本为 SufMill 9.0，所有实例的素材文件可访问 https://surfmill.jingdiaosoft.com 网站免费下载。

本书可作为职业院校机械类专业群的实训教材和北京精雕集团认证考试的培训教程，也可以作为企业制造工程师、数控加工人员的参考用书。

图书在版编目（CIP）数据

SurfMill 9.0典型精密加工案例教程/曹焕亚，蔡锐龙主编．—北京：机械工业出版社，2020.12（2024.7重印）
职业教育先进制造类产教融合新形态教材
ISBN 978-7-111-67130-5

Ⅰ. ①S…　Ⅱ. ①曹…　②蔡…　Ⅲ. ①计算机辅助设计-应用软件-高等职业教育-教材　Ⅳ. ①TP391.7

中国版本图书馆CIP数据核字（2020）第260198号

机械工业出版社（北京市百万庄大街 22 号　邮政编码 100037）
策划编辑：王英杰　责任编辑：王英杰　赵文婕
责任校对：刘雅娜　封面设计：张　静
责任印制：郜　敏
北京富资园科技发展有限公司印刷
2024 年 7 月第 1 版第 3 次印刷
184mm×260mm · 16 印张 · 396 千字
标准书号：ISBN 978-7-111-67130-5
定价：55.00 元

电话服务　　　　　　　　　　网络服务
客服电话：010-88361066　机　工　官　网：www.cmpbook.com
　　　　　010-88379833　机　工　官　博：weibo.com/cmp1952
　　　　　010-68326294　金　　书　　网：www.golden-book.com
封底无防伪标均为盗版　　机工教育服务网：www.cmpedu.com

职业教育先进制造类产教融合新形态教材编写联盟

（学校按拼音排序）

常州机电职业技术学院

杭州科技职业技术学院

金华职业技术学院

江苏信息职业技术学院

南京工业职业技术大学

陕西工业职业技术学院

无锡职业技术学院

西安航空职业技术学院

浙江机电职业技术学院

北京精雕科技集团

机械工业出版社

SurfMill 9.0 软件是北京精雕集团自主研发的一款基于 DT 编程技术的通用 CAD/CAM 软件。该软件将实际生产加工流程映射到编程流程中，规范了编程流程。该软件具有完善的曲面设计功能和丰富的加工策略，旨在提高输出路径的安全性，避免了编程过程随意性带来的安全问题，可以为客户提供可靠、高效的加工解决方案，广泛应用于机械零部件、精密模具、汽车、医疗器械、精密电极等工程领域。

本书以 SurfMill 9.0 软件为平台，支持职业院校机械类专业群专业核心课程的实施。在编写过程中，编者团队系统分析了数字化设计与制造相关岗位（群）工作过程、工作任务和职业能力，充分考虑了模块化教学的要求，以加工完整的精密产品为载体，按“学习目标—实例描述—编程加工准备—编写加工程序 + 模拟和输出—实例小结 + 拓展知识”的思路展开说明，坚持少理论多动手的原则，重点讲授工程项目中常用的知识与技巧。本书包括模具、电极、医疗器械等领域的十个实际应用典型案例。每个案例内容由浅入深，循序渐进，工程实践性强。

本书具有以下特色：

1）编者团队结构为校企人员相融合，利于知识技能互补；各案例均来源于合作企业的实际加工方案，突出“新技术、新工艺、新规范、新资源”的应用，涉及面广。

2）层次清晰、语言简明，既讲授知识、技巧，又增设职业拓展，将知识点细分、归纳、精炼，最终落脚到数控加工应用中。

3）按机械类专业群课程的模块化教学需求来设计本书结构，确保各模块之间的技术独立与递进，模块内的知识与技能相互融合。教师可以根据专业方向、教学设计、课堂要求等选择相应的模块资源，采用项目学习、案例学习、模块化学习等形式，引导学生应用所学知识认识、分析、解决实际问题。

4）学习资源丰富。教程中提供思考与练习项目、电子教案、电子课件（PPT 格式）等，便于教师个性化教学设计；还提供了操作短视频，以文字介绍、操作演示相结合的方式促进学生自主学习，使其获得更好的学习体验。书中配有二维码，便于师生在教与学过程中可对操作短视频进行随时随地观看。

5）本书共有 4 个模块，每个模块参考学时为 14 ~ 20 学时，各专业可以根据需要选取相应案例模块，采用理实一体化教学模式。

本书是由浙江机电职业技术学院、陕西工业职业技术学院等高职院校和西安精雕软件科技有限公司的教授、专家组成的联盟编写的，由曹焕亚、蔡锐龙任主编，赵明威、赵传强、于洋任副主编，孟繁星、任宏涛、马小娟、路田田、王帅参与部分章节的编写，陈海峰、郝宗元、胡晓强、吝有为、刘凯、徐建利、杨炜、周小龙、张栎为本书编写提供了必要的帮助，对他们的付出表示真诚的感谢。全书由浙江机电职业技术学院曹焕亚统稿，西安精雕软件科技有限公司张保全、于亮审阅。

尽管编写时力求严谨完善，但由于编者水平有限，疏漏和不足之处在所难免，恳请广大读者批评指正。

编　者

为了更好地学习本书内容，掌握书中知识点，请您仔细阅读以下内容。

一、软件安装环境

推荐以下软、硬件配置。

系统：Windows 7 及以上；　　　　硬盘：≥ 500GB；

CPU：Intel 酷睿 i3 及以上；　　　内存：≥ 4GB；

显卡：显存 1GB 以上，支持 Open_GL 的 3D 图形加速。

二、本书约定

本书编写所使用的软件版本为 SurfMill 9.0.15.1104。

本书中有关鼠标操作的简略表述说明如下。

1）单击：将鼠标指针移至某位置，按一下鼠标左键。

2）双击：将鼠标指针移至某位置，连续快速地按两次鼠标左键。

3）右击：将鼠标指针移至某位置，按一下鼠标右键。

4）单击中键：将鼠标指针移至某位置，按一下鼠标中键。

5）滚动中键：只是滚动鼠标的中键，而不按鼠标中键。

6）选择（拾取）某对象：将鼠标指针移至某对象上，单击以选取该对象。

本书包含的操作以“☞操作步骤”开始。

下面是加工程序机床仿真操作步骤的表述。

☞操作步骤

1）单击功能区“刀具路径”选项卡上“刀具路径”组中的“机床模拟”按钮，进入机床模拟界面，调节模拟速度后，单击模拟控制台的“开始”按钮进行机床模拟。

2）机床模拟无误后单击“确定”按钮退出命令。

目 录

模块 2 五 轴 编 程

模块3 综合编程

模块 4 专业化编程

模块1

基 础 编 程

第1章 2.5 轴小零件加工

学习目标

■ 能够根据零件特点，明确零件加工思路，并合理安排加工工艺。
■ 熟悉单线切割、区域加工和轮廓切割等常用的 2.5 轴加工方法。
■ 熟悉加工策略中相关参数的含义。

1.1 实例描述

如图 1-1 所示，小零件模型以孔、槽、台阶特征为主，结构较为简单，无复杂曲面特征。本节将以此零件为加工实例，介绍常用 2.5 轴加工路径的编制方法。

图 1-1 小零件模型

1.1.1 工艺分析

工艺分析是编写加工程序前的必备工作，需要充分了解加工要求和工艺特点，合理编写加工程序。

该工件的加工要求和工艺分析以及毛坯如图 1-2 和图 1-3 所示。

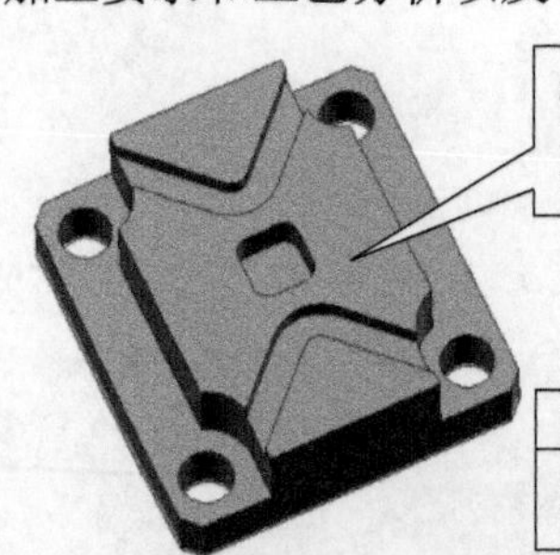

加工要求

加工位置	模型正面所有特征
工艺要求	零件表面不允许有划伤、碰伤等缺陷；未注长度尺寸允许的极限偏差为± 0.02mm

图 1-2 加工要求和工艺分析

图 1-3 毛坯

1.1.2　加工方案

1. 机床设备

根据产品尺寸以及加工要求，选择 JD Caver 600 三轴机床进行加工。

2. 加工刀具

粗加工快速去料选择 JD-8.00 平底刀，对于 V 形槽、中心方槽和四个孔，根据最小圆角 *R*2，使用 JD-4.00 平底刀进行加工。

3. 加工方法

如图 1-4 所示，加工该小零件主要采用 2.5 轴单线切割、轮廓切割和区域加工方法完成。

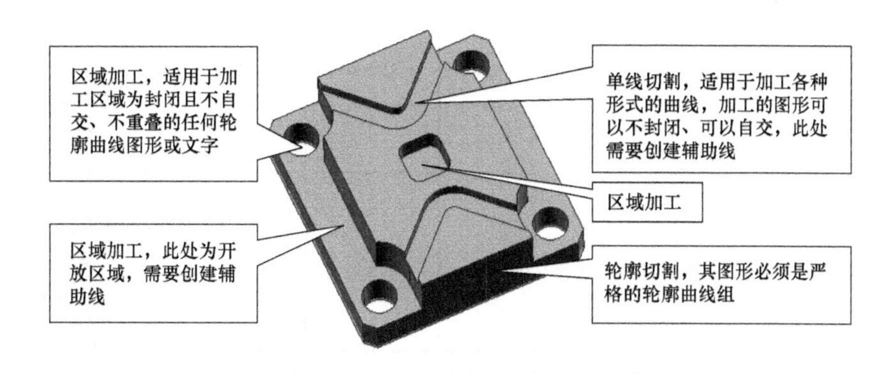

图 1-4　加工方法

1.1.3　加工工艺卡

2.5 轴小零件加工工艺卡见表 1-1。

表 1-1　2.5 轴小零件加工工艺卡

序号	工步	加工方法	刀具类型	主轴转速 /（r/min）	进给速度 /（mm/min）	效果图
1	顶面加工	区域加工	[平底刀] JD-8.00	8000	3000	
2	外轮廓加工	轮廓切割	[平底刀] JD-8.00	8000	3000	
3	台阶面加工	区域加工	[平底刀] JD-8.00	8000	3000	

（续）

序号	工步	加工方法	刀具类型	主轴转速/（r/min）	进给速度/（mm/min）	效果图
4	中心方槽加工	区域加工	［平底刀］JD-4.00	12000	2000	
5	四圆孔加工	区域加工	［平底刀］JD-4.00	12000	2000	
6	V 形槽加工	单线切割	［平底刀］JD-4.00	12000	2000	

注意：

因工艺设计受限于机床选择、加工刀具、模型特点、加工要求、加工环境等诸多因素，故此加工工艺卡提供的工艺数据仅供参考，用户可根据具体的加工情况重新设计工艺。

1.1.4 装夹方案

利用毛坯螺纹孔吊装，如图 1-5 所示。螺纹孔进行粗定位，M5 螺钉锁紧后进行加工。批量生产时可采用零点快换组合夹具或“一出多”专用夹具。

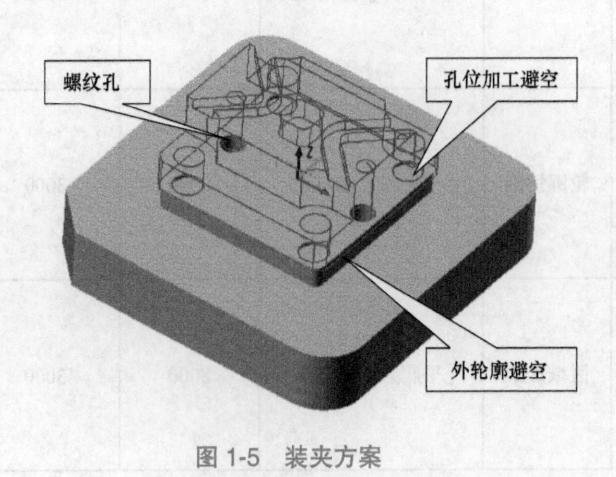

图 1-5 装夹方案

1.2 编程加工准备

进行编程加工前需要对加工件进行一些必要的准备工作，创建虚拟加工环境，具体内容包括：机床设置、创建刀具表、创建几何体、几何体安装设置等。

1.2.1 模型准备

启动 SurfMill 9.0 软件后，打开“2.5 轴小零件加工实例 -new”练习文件。根据加工工艺，创建图 1-6 ～图 1-9 所示的辅助线，即整体轮廓线及整体偏置轮廓线、台阶面轮廓线、中心方槽轮廓线及四圆孔轮廓线、V 形槽中心线。

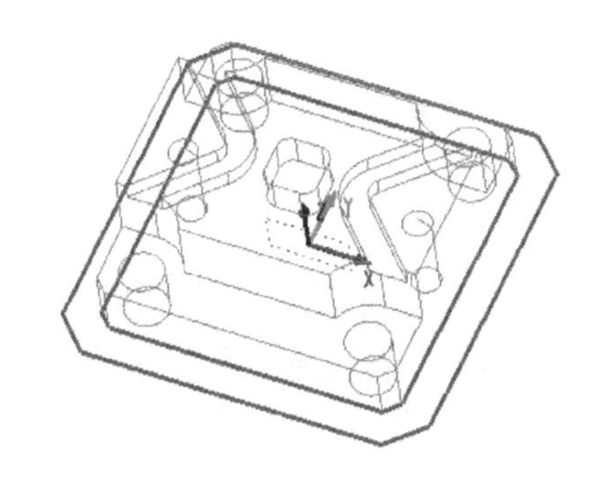

图 1-6 整体轮廓线及整体偏置轮廓线

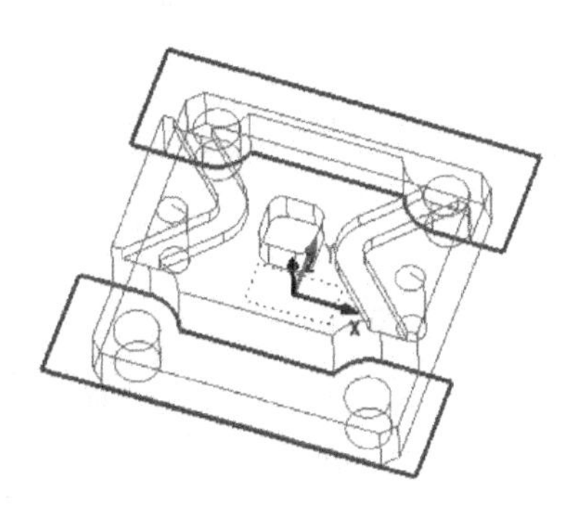

图 1-7 台阶面轮廓线

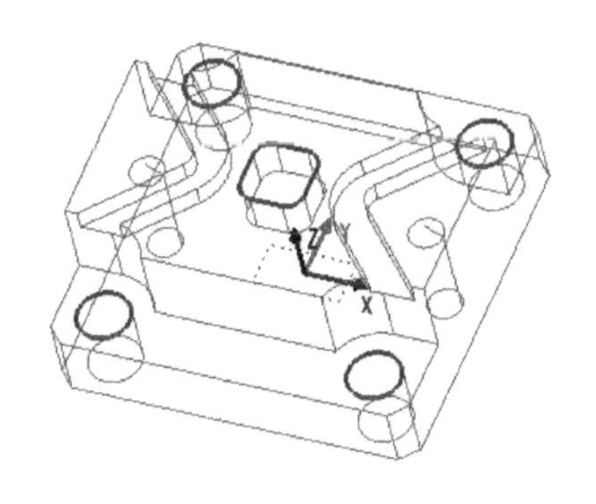

图 1-8 中心方槽轮廓线及四圆孔轮廓线

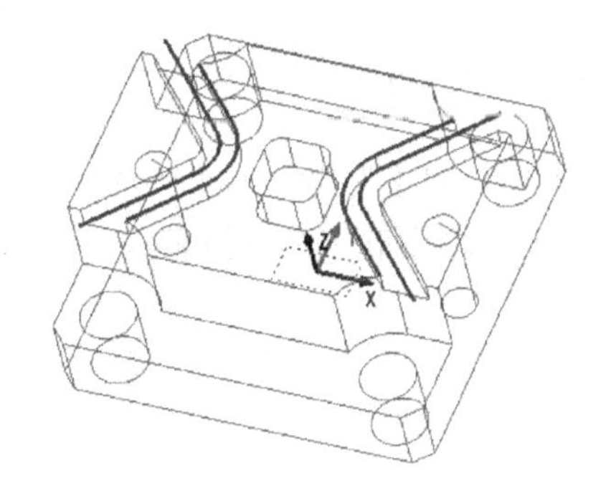

图 1-9 V 形槽中心线

1.2.2 机床设置

单击功能区“项目设置”选项卡上“项目向导”组中的“机床设置”按钮，弹出“机床设置”对话框，选择机床类型为“3 轴”，选择机床文件“JDCaver600”，选择机床输入文件格式为“JD650 NC（As Eng650）”，完成后单击“确定”按钮，如图 1-10 所示。

1.2.3 创建刀具表

单击功能区“项目设置”选项卡上“项目向导”组中的“当前刀具表”按钮，根据“1.1.3 加工工艺卡”中的加工刀具依次创建 D8 平底铣刀和 D4 平底铣刀。图 1-11 为本次加工使用刀具组成的当前刀具表。

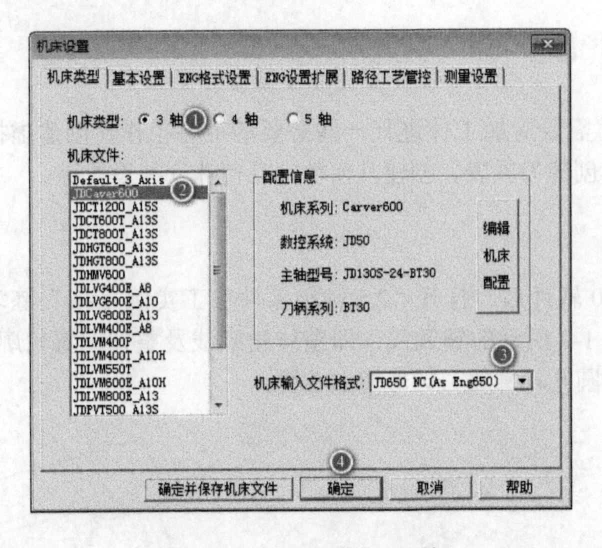

图 1-10 “机床设置”对话框

当前刀具表

加工阶段	刀具名称	刀柄	输出编号	长度补偿号	半径补偿号	刀具伸出长度	加锁	使用次数
精加工	[平底]JD-8.00	BT30-ER25-060S	1	1	1	44		0
精加工	[平底]JD-4.00	BT30-ER25-060S	2	2	2	22		0

图 1-11 创建当前刀具表

1.2.4 创建几何体

单击“项目向导”组中的“创建几何体”按钮，在“导航工作条”窗格进行工件设置、毛坯设置和夹具设置，并将几何体名称改为“小零件几何体”。本例创建几何体的过程如下。

（1）工件设置 选择“工件”图层的曲面作为工件面。

（2）毛坯设置 选用“包围盒”的方式创建毛坯，选择“工件”图层曲面，软件自动计算包围盒作为毛坯材料。依据毛坯实际尺寸，可通过“坐标范围”选项区域的“扩展”选项调整包围盒的大小，如图 1-12 所示。

（3）夹具设置 选取“夹具”图层的曲面作为夹具面。

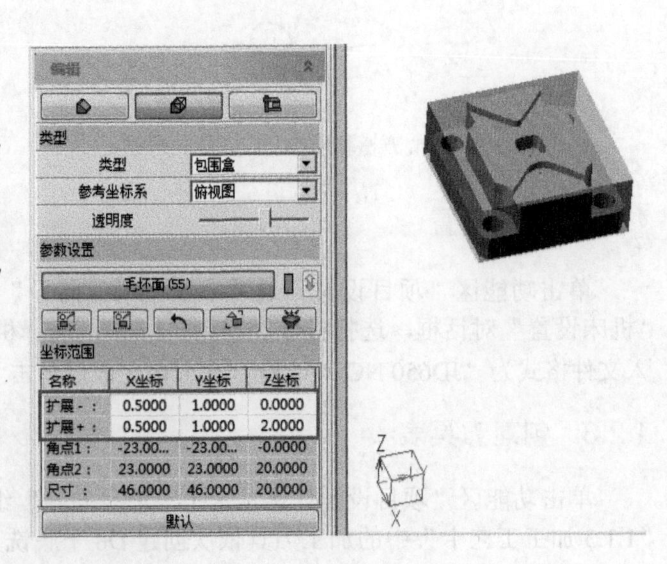

图 1-12 创建毛坯几何体

1.2.5 几何体安装设置

单击“项目向导”选项组中的

“几何体安装”按钮，单击“导航工作条”窗格中的“自动摆放”按钮，完成几何体快速安装。若自动摆放后安装状态不正确，可以通过软件提供的“点对点平移”“动态坐标系”等其他方式完成几何体安装。

1.3　编写加工程序

1.3.1　顶面加工

操作步骤

1. 选择【加工方法】

1）在功能区的“三轴加工”选项卡上“2.5 轴加工”组中，单击“区域加工”按钮，弹出“刀具路径参数”对话框。

2）选择走刀方式为“环切走刀”，如图 1-13 所示。

2. 设置【加工域】

1）单击“编辑加工域”按钮，拾取加工辅助线为整体偏置轮廓线，如图 1-14 所示。

2）完成后单击“确定”按钮回到“刀具路径参数”对话框。

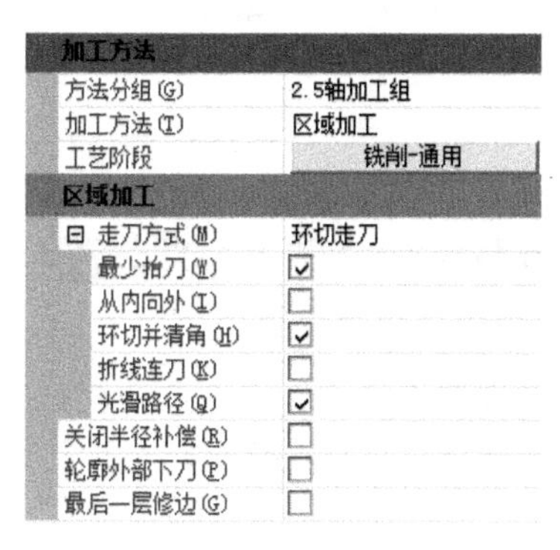

图 1-13　加工方法设置（一）

图 1-14　编辑加工域（一）

3）设置深度范围，表面高度为“20.1”，底面高度为“18”。

4）设置加工余量，侧边余量和底部余量均为“0”。

5）其余参数保持默认即可，如图 1-15 所示。

加工图形	
编辑加工域(E)	
几何体(G)	小零件几何体
点(T)	0
轮廓线(V)	1
加工材料	6061铝合金-HB95

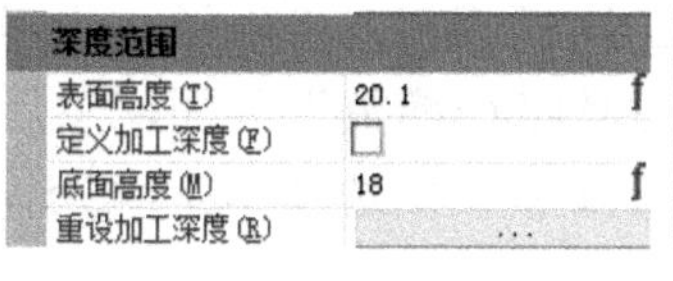

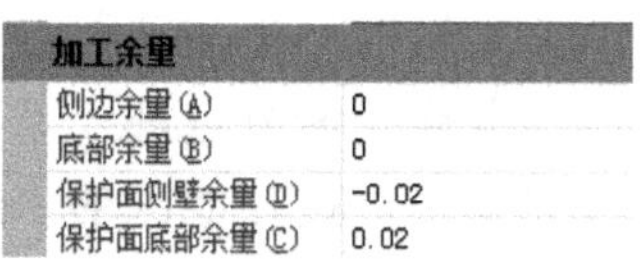

图 1-15　加工域参数

3. 设置【加工刀具】

1）单击“刀具名称”按钮，按照工艺规划在当前刀具表中选择“[平底] JD-8.00”。

2）走刀速度根据实际情况进行设置，此处设置主轴转速为“8000”，进给速度为

“3000”，如图 1-16 所示。

走刀速度	
主轴转速/rpm (S)	8000
进给速度/mmpm (F)	3000
开槽速度/mmpm (T)	3000
下刀速度/mmpm (P)	3000
进刀速度/mmpm (L)	3000
连刀速度/mmpm (K)	3000
尖角降速 (W)	☐
重设速度 (R)	...

几何形状	
刀具名称 (N)	[平底]JD-8.00
输出编号	1
刀具直径 (D)	8
长度补偿号	1
刀具材料	硬质合金
从刀具参数更新	...

图 1-16　加工刀具及参数设置

4. 设置【进给设置】

1）设置路径间距为“4”。

2）选择轴向分层方式为“限定深度”，吃刀深度为“0.3”。

3）选择下刀方式为“沿轮廓下刀”，如图 1-17 所示。

路径间距	
间距类型 (T)	设置路径间距
路径间距	4
重叠率% (R)	50

轴向分层	
分层方式 (T)	限定深度
吃刀深度 (D)	0.3
拷贝分层 (Y)	☐
减少抬刀 (K)	☑

下刀方式	
下刀方式 (M)	沿轮廓下刀
下刀角度 (A)	0.5
表面预留 (T)	0.02
每层最大深度 (M)	5
过滤刀具盲区 (B)	☐
下刀位置 (P)	自动搜索

图 1-17　进给设置

5. 设置【安全策略】

修改检查模型为“小零件几何体”，如图 1-18 所示。

路径检查	
检查模型	小零件几何体
⊟ 进行路径检查	检查所有
刀杆碰撞间隙	0.2
刀柄碰撞间隙	0.5
路径编辑	不编辑路径

图 1-18　路径检查

6. 计算路径

设置完成后单击“计算”按钮，计算完成后弹出当前路径计算结果，检查有无过切或碰撞路径，以及避免刀具碰撞的最短刀具伸出长度，确保路径安全。

7. 修改路径名称

在路径树中右击当前路径，选择“重命名”命令，修改路径名称为“顶面加工”。

后续的加工程序中，与“顶面加工”相同的内容或操作步骤将不再赘述，详见视频。

1.3.2　外轮廓加工

由于外轮廓加工与顶面加工路径相似，可以通过“拷贝”命令复制“顶面加工”路径，再双击路径树节点进入“刀具路径参数”界面，然后修改加工方法为“轮廓切割”；也可以同上步，在功能区的“三轴加工”选项卡上“2.5 轴加工”组中单击“轮廓切割”按钮▣。

☞ 操作步骤

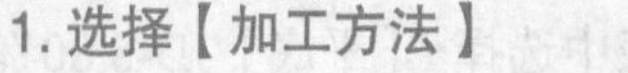

1. 选择【加工方法】

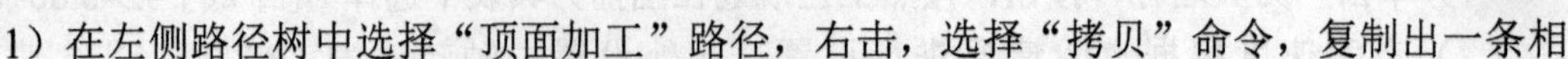

1）在左侧路径树中选择“顶面加工”路径，右击，选择“拷贝”命令，复制出一条相

同路径。

2）双击复制的路径，进入“刀具路径参数”界面，修改加工方法为“轮廓切割”，半径补偿为“向外偏移”，如图 1-19 所示。

2. 设置【加工域】

1）单击“编辑加工域”按钮，先取消选择复制路径中存在的加工域，再拾取加工辅助线为整体轮廓线，如图 1-20 所示。

2）完成后单击“确定”按钮回到“刀具路径参数”对话框。

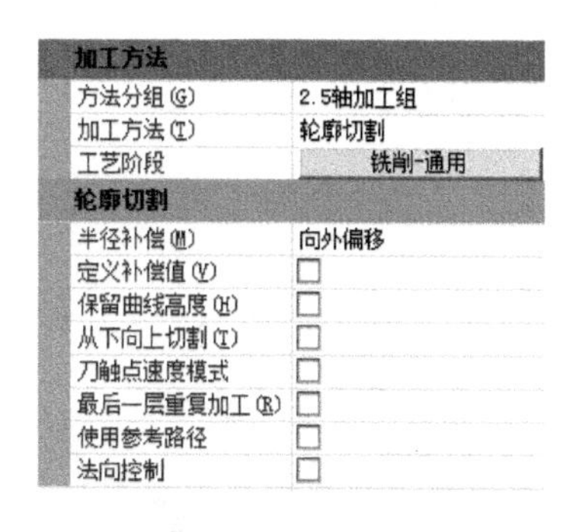

图 1-19　加工方法设置（二）

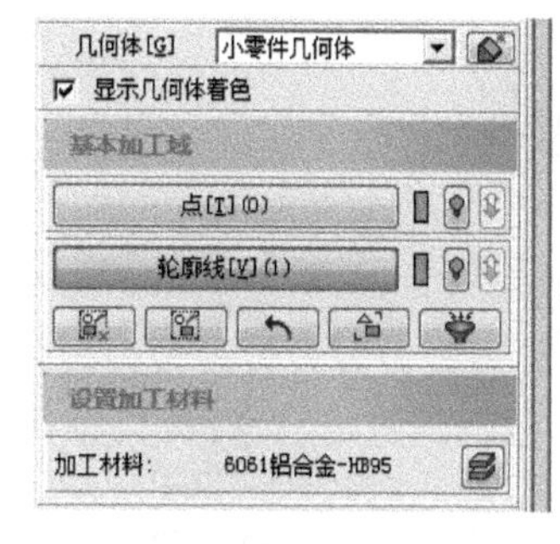

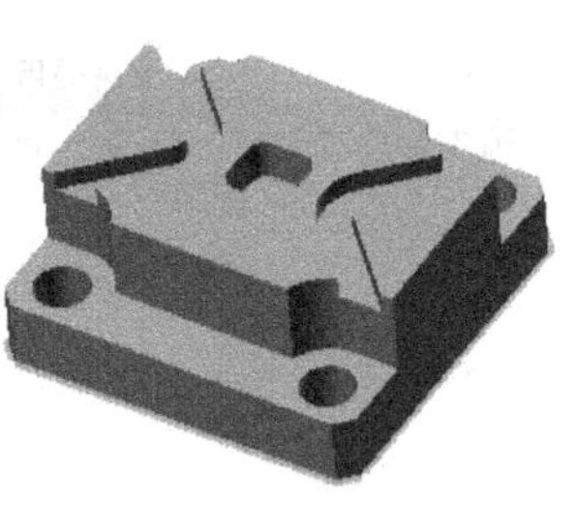

图 1-20　编辑加工域（二）

3）深度范围，表面高度为“18”，勾选“定义加工深度”复选框，加工深度为“19”。

4）设置加工余量，侧边余量和底部余量均为“0”。

5）其余参数保持默认即可。

3. 设置【加工刀具】

1）加工刀具与“顶面加工”相同，为“[平底] JD-8.00”。

2）确认走刀速度也与“顶面加工”相同即可。

4. 设置【进给设置】

1）进给设置中的轴向分层和下刀方式与“顶面加工”的相同。

2）进刀方式为“沿轮廓下刀”。

5. 设置【安全策略】

路径检查设置与“顶面加工”的相同。

6. 计算路径

设置完成后单击“计算”按钮，计算完成后弹出当前路径计算结果。

7. 修改路径名称

修改路径名称为“外轮廓加工”。

1.3.3　台阶面加工

1. 选择【加工方法】

1）在路径树中复制“外轮廓加工”路径，双击复制出的路径节点，修改加工方法为“区域加工”。

2）选择走刀方式为“环切走刀”，勾选“最后一层修边”复选框，设置修边量为“0.02”，如图 1-21 所示。

2. 设置【加工域】

1）单击“编辑加工域”按钮，先取消选择复制路径中存在的加工域，再拾取加工辅助线为台阶面轮廓线，如图 1-22 所示。

2）完成后单击“确定”按钮✔回到“刀具路径参数”对话框。

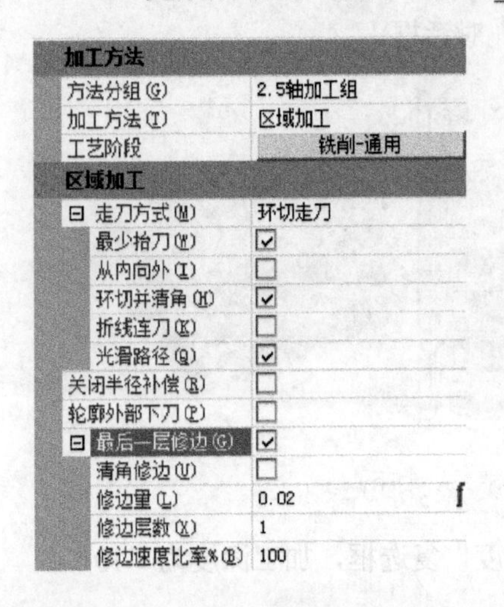

加工方法	
方法分组(G)	2.5轴加工组
加工方法(T)	区域加工
工艺阶段	铣削-通用
区域加工	
⊟ 走刀方式(M)	环切走刀
最少抬刀(W)	☑
从内向外(I)	☐
环切并清角(H)	☑
折线连刀(K)	☐
光滑路径(Q)	☑
关闭半径补偿(R)	☐
轮廓外部下刀(P)	☐
⊟ 最后一层修边(G)	☑
清角修边(U)	☐
修边量(L)	0.02
修边层数(X)	1
修边速度比率%(B)	100

图 1-21　加工方法设置（三）

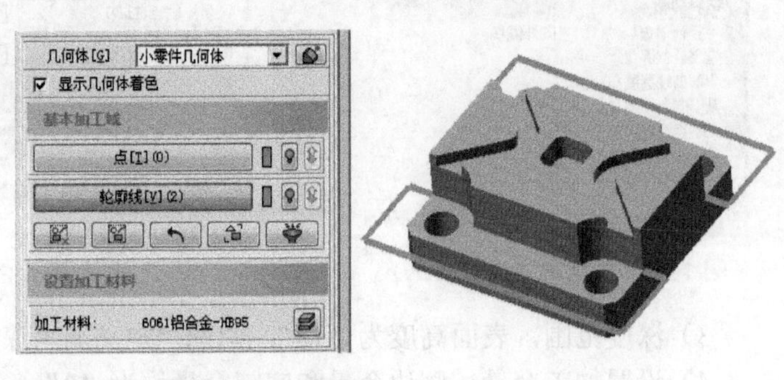

图 1-22　编辑加工域（三）

3）设置深度范围，先取消勾选“定义加工深度”复选框，再设置表面高度为“18”，底面高度为“8”。

4）设置加工余量，侧边余量和底部余量均为“0”。

5）其余参数保持默认即可。

3. 设置【加工刀具】

1）加工刀具与“顶面加工”的相同，为“[平底] JD-8.00”。

2）确认走刀速度也与“顶面加工”相同即可。

4. 设置【进给设置】

进给设置与“顶面加工”的相同。

5. 设置【安全策略】

1）路径检查设置与“顶面加工”的相同。

2）加工域分两部分，为避免因抬刀高度不够而发生碰撞工件的情况，在操作设置中修改安全高度为“8”，相对定位高度为“5”，如图 1-23 所示。

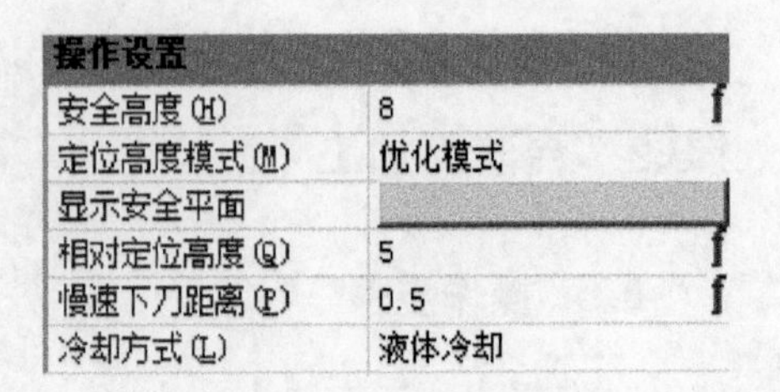

操作设置	
安全高度(H)	8
定位高度模式(M)	优化模式
显示安全平面	
相对定位高度(Q)	5
慢速下刀距离(P)	0.5
冷却方式(L)	液体冷却

图 1-23　路径检查

6. 计算路径

设置完成后单击“计算”按钮，计算完成后弹出当前路径计算结果。

7. 修改路径名称

修改路径名称为“台阶面加工”。

1.3.4　中心方槽加工

操作步骤

1. 选择【加工方法】

1）在路径树中复制“台阶面加工”路径。

2）双击复制的路径节点，修改加工方法为“区域加工”。

3）选择走刀方式为“环切走刀”，取消勾选“最后一层修边”复选框，如图 1-24 所示。

2. 设置【加工域】

1）单击“编辑加工域”按钮，先取消选择复制路径中存在的加工域，再重新拾取加工辅助线为中心方槽轮廓线，如图 1-25 所示。

2）完成后单击“确定”按钮回到“刀具路径参数”对话框。

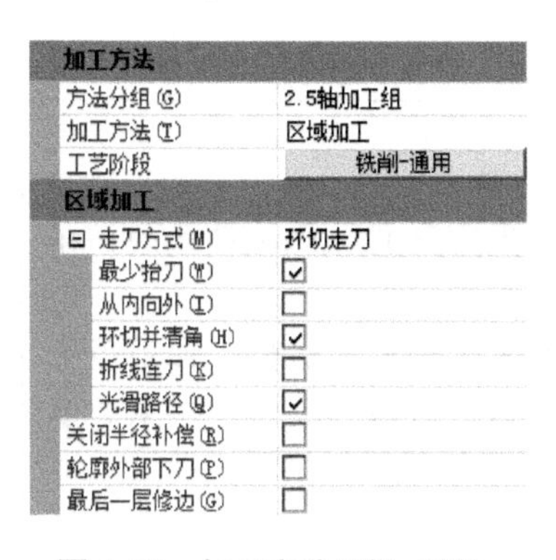

图 1-24　加工方法设置（四）

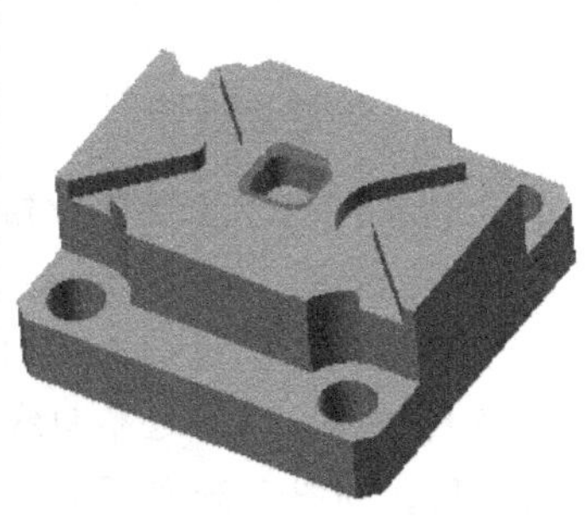

图 1-25　编辑加工域（四）

3）设置深度范围，表面高度为“18”，底面高度为“13”。

4）设置加工余量，侧边余量和底部余量均为 0。

5）其余参数保持默认即可。

3. 设置【加工刀具】

1）单击“刀具名称”按钮，进入“当前刀具表”界面，选择“[平底] JD-4.00”。

2）修改走刀速度，设置主轴转速为“12000”，进给速度为“2000”，如图 1-26 所示。

图 1-26　加工刀具及参数设置

4. 设置【进给设置】

1）设置路径间距为“2”。

2）选择轴向分层方式为“限定深度”，吃刀深度修改为“0.2”。

3）选择下刀方式为“沿轮廓下刀”，如图 1-27 所示。

5. 设置【安全策略】

路径检查设置和操作设置与“台阶面加工”的相同。

6. 计算路径

设置完成后单击“计算”按钮，计算完成后弹出当前路径计算结果。

路径间距	
间距类型（I）	设置路径间距
路径间距	2
重叠率%（R）	50

轴向分层	
分层方式（I）	限定深度
吃刀深度（D）	0.2
拷贝分层（Y）	☐
减少抬刀（K）	☑

下刀方式	
下刀方式（M）	沿轮廓下刀
下刀角度（A）	0.5
表面预留（I）	0.02
每层最大深度（M）	5
过滤刀具盲区（D）	☐
下刀位置（P）	自动搜索

图 1-27　进给设置

7. 修改路径名称

修改路径名称为“中心方槽加工”。

1.3.5　四圆孔加工

孔加工工艺可分为钻孔和铣孔：钻孔工艺可在“2.5 轴加工”组中选择“钻孔”，其支持多种钻孔类型；铣孔工艺可选择“区域加工”。

关键点延伸

钻孔：用于生成各种钻孔加工路径，支持的钻孔类型有中心钻孔、高速钻孔和钻深孔钻等，如图 1-28 所示。

区域加工：适合封闭的边界曲线 / 区域加工，用户可以通过绘图、扫描、描图等方式得到一个区域的边界曲线。需要注意的是，这些图形必须满足封闭、不自交、不重叠的原则，如图 1-29 所示。

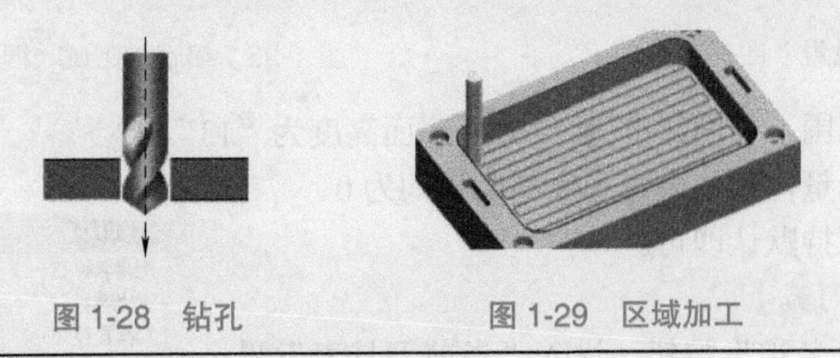

图 1-28　钻孔　　图 1-29　区域加工

本案例选择了“区域加工”实现，现以“区域加工”为例进行说明。

操作步骤

1. 选择【加工方法】

1）在路径树中复制“中心方槽加工”路径。

2）双击复制的路径节点，修改加工方法为“区域加工”，走刀方式为“环切走刀”，如图 1-30 所示。

2. 设置【加工域】

1）单击“编辑加工域”按钮，先取消选择复制路径中存在的加工域，再拾取加工辅助线为四圆孔轮廓线，如图 1-31 所示。

2）完成后单击“确定”按钮☑回到“刀具路径参数”对话框。

3）设置深度范围，表面高度为“8”，底面高度为“−0.5”。

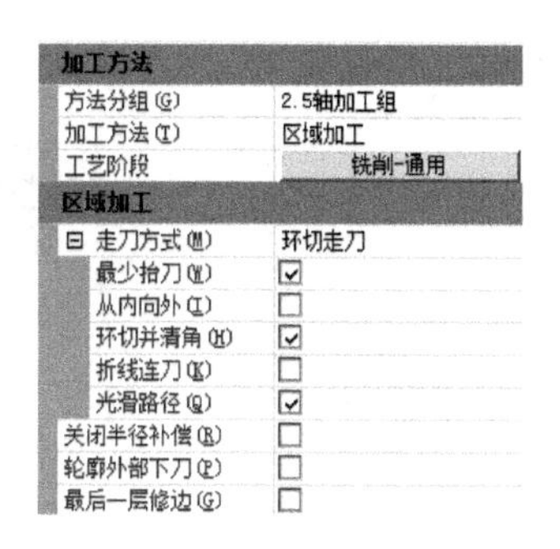

图 1-30 加工方法设置（五）

图 1-31 编辑加工域（五）

4）设置加工余量，侧边余量和底部余量均为“0”。

5）其余参数保持默认即可。

3. 设置【加工刀具】

1）加工刀具与“中心方槽加工”的相同，为“[平底] JD-4.00”。

2）确认走刀速度也与“中心方槽加工”相同即可。

4. 设置【进给设置】

进给设置与“中心方槽加工”的相同。

5. 设置【安全策略】

路径检查设置和操作设置与“台阶面加工”的相同。

6. 计算路径

设置完成后单击“计算”按钮，计算完成后弹出当前路径计算结果。

7. 修改路径名称

修改路径名称为“四圆孔加工”。

1.3.6 V 形槽加工

V 形槽加工为典型的沟槽加工，可选择“单线切割”“单线摆槽”“区域加工”来完成沟槽加工。

关键点延伸

单线切割：用于加工各种形式的曲线，加工的图形可以不封闭，也可以自交，如图 1-32 所示。

单线摆槽：单线摆槽生成沿曲线类似摆线式加工的路径，适合硬质材料的沟槽加工，如图 1-33 所示。

图 1-32 单线切割

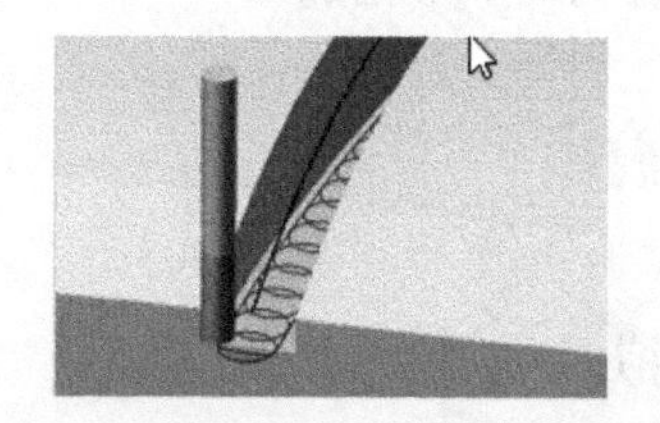

图 1-33 单线摆槽

本案例选择了“单线切割”来实现，现以“单线切割”为例进行说明。

操作步骤

1. 选择【加工方法】

1）在路径树中复制“四圆孔加工”路径。

2）双击复制的路径节点，修改加工方法为“单线切割”，半径补偿为“关闭”，如图1-34 所示。

2. 设置【加工域】

1）单击“编辑加工域”按钮，先取消选择复制路径中存在的加工域，再拾取加工辅助线为 V 形槽中心线，如图 1-35 所示。

2）完成后单击“确定”按钮回到“刀具路径参数”对话框。

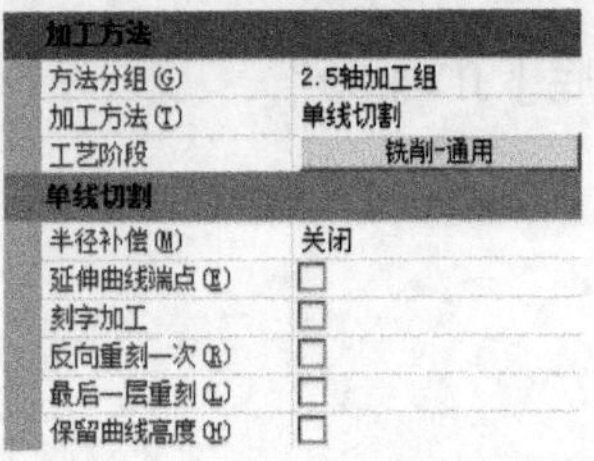

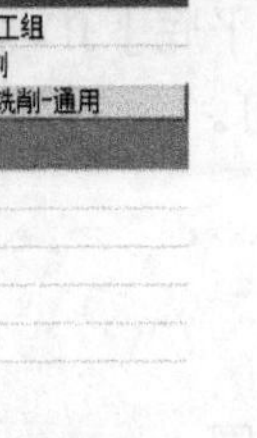

图 1-34 加工方法设置

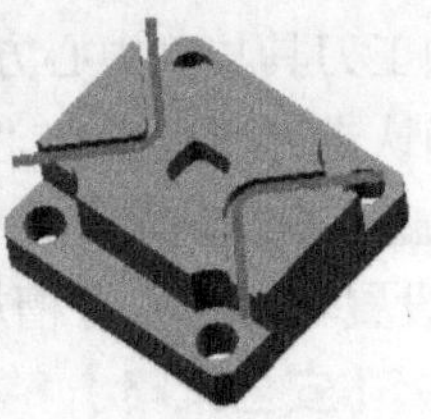

图 1-35 编辑加工域

3）设置深度范围，表面高度为“18”，底面高度为“15.5”。

4）设置加工余量，侧边余量和底部余量均为“0”。

5）其余参数保持默认即可。

3. 设置【加工刀具】

1）加工刀具与“中心方槽加工”的相同，为“[平底] JD-4.00”。

2）确认走刀速度也与“中心方槽加工”的相同即可。

4. 设置【进给设置】

进给设置与“中心方槽加工”的相同。

5. 设置【安全策略】

路径检查设置和操作设置与“台阶面加工”的相同。

6. 计算路径

设置完成后单击“计算”按钮，计算完成后弹出当前路径计算结果。

7. 修改路径名称

修改路径名称为“V 形槽加工”。

1.4 模拟和输出

1.4.1 机床模拟

完成程序编写工作后，需要对程序进行模拟仿真，保证程序在实际加工中的安全性。

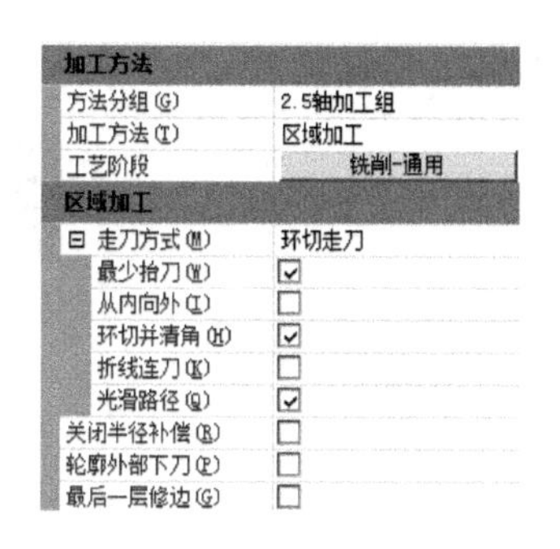

图 1-30　加工方法设置（五）

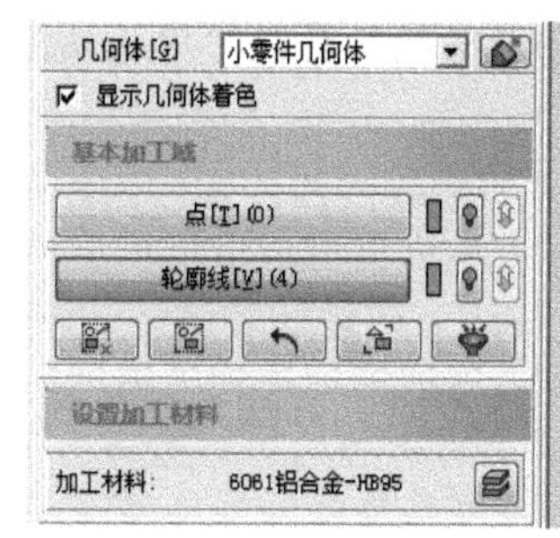

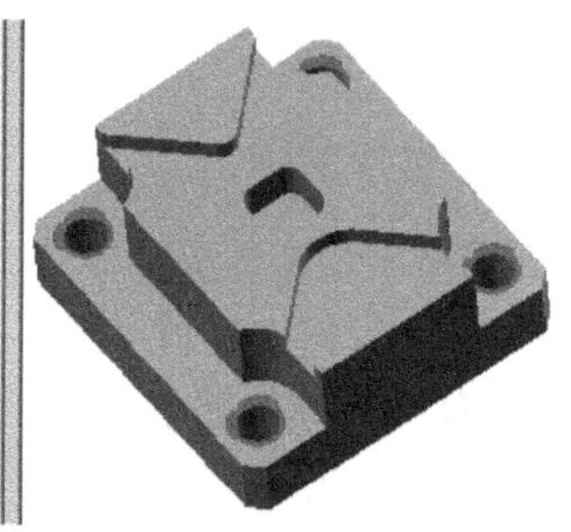

图 1-31　编辑加工域（五）

4）设置加工余量，侧边余量和底部余量均为“0”。

5）其余参数保持默认即可。

3. 设置【加工刀具】

1）加工刀具与“中心方槽加工”的相同，为“[平底] JD-4.00”。

2）确认走刀速度也与“中心方槽加工”相同即可。

4. 设置【进给设置】

进给设置与“中心方槽加工”的相同。

5. 设置【安全策略】

路径检查设置和操作设置与“台阶面加工”的相同。

6. 计算路径

设置完成后单击“计算”按钮，计算完成后弹出当前路径计算结果。

7. 修改路径名称

修改路径名称为“四圆孔加工”。

1.3.6　V 形槽加工

V 形槽加工为典型的沟槽加工，可选择“单线切割”“单线摆槽”“区域加工”来完成沟槽加工。

关键点延伸

单线切割：用于加工各种形式的曲线，加工的图形可以不封闭，也可以自交，如图 1-32 所示。

单线摆槽：单线摆槽生成沿曲线类似摆线式加工的路径，适合硬质材料的沟槽加工，如图 1-33 所示。

图 1-32　单线切割

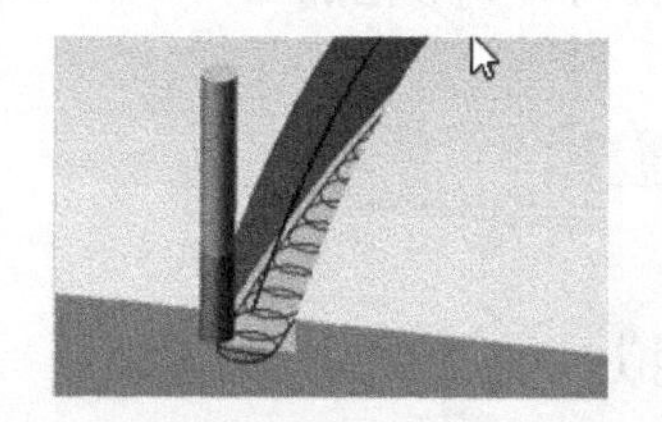

图 1-33　单线摆槽

本案例选择了“单线切割”来实现，现以“单线切割”为例进行说明。

操作步骤

1. 选择【加工方法】

1）在路径树中复制“四圆孔加工”路径。

2）双击复制的路径节点，修改加工方法为“单线切割”，半径补偿为“关闭”，如图1-34 所示。

2. 设置【加工域】

1）单击“编辑加工域”按钮，先取消选择复制路径中存在的加工域，再拾取加工辅助线为 V 形槽中心线，如图 1-35 所示。

2）完成后单击“确定”按钮✓回到“刀具路径参数”对话框。

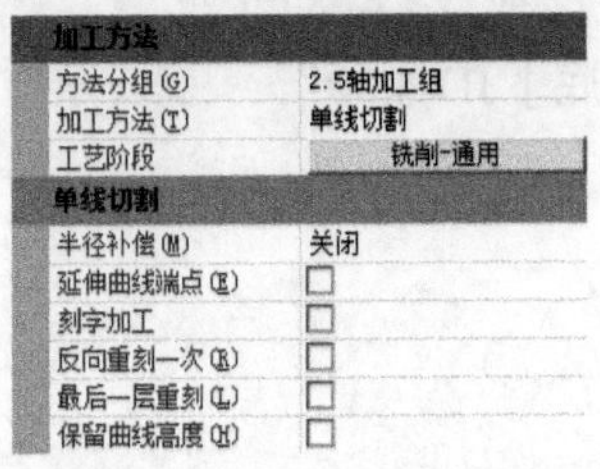
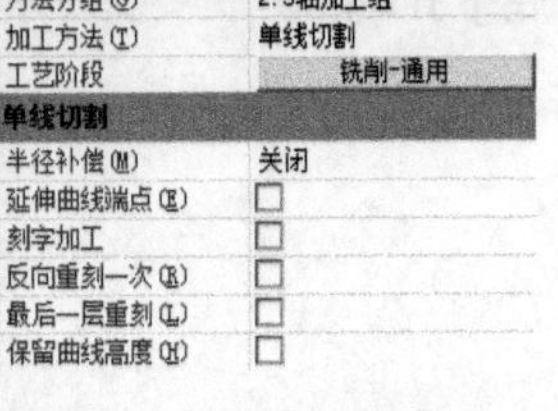

图 1-34 加工方法设置

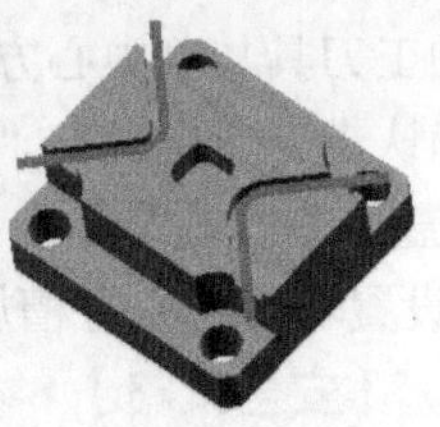

图 1-35 编辑加工域

3）设置深度范围，表面高度为“18”，底面高度为“15.5”。

4）设置加工余量，侧边余量和底部余量均为“0”。

5）其余参数保持默认即可。

3. 设置【加工刀具】

1）加工刀具与“中心方槽加工”的相同，为“[平底] JD-4.00”。

2）确认走刀速度也与“中心方槽加工”的相同即可。

4. 设置【进给设置】

进给设置与“中心方槽加工”的相同。

5. 设置【安全策略】

路径检查设置和操作设置与“台阶面加工”的相同。

6. 计算路径

设置完成后单击“计算”按钮，计算完成后弹出当前路径计算结果。

7. 修改路径名称

修改路径名称为“V 形槽加工”。

1.4 模拟和输出

1.4.1 机床模拟

完成程序编写工作后，需要对程序进行模拟仿真，保证程序在实际加工中的安全性。

操作步骤

1）单击功能区“刀具路径”选项卡上“刀具路径”组中的“机床模拟”按钮，进入机床模拟界面，调节模拟速度后，单击模拟控制台的“开始”按钮进行机床模拟，如图 1-36 所示。

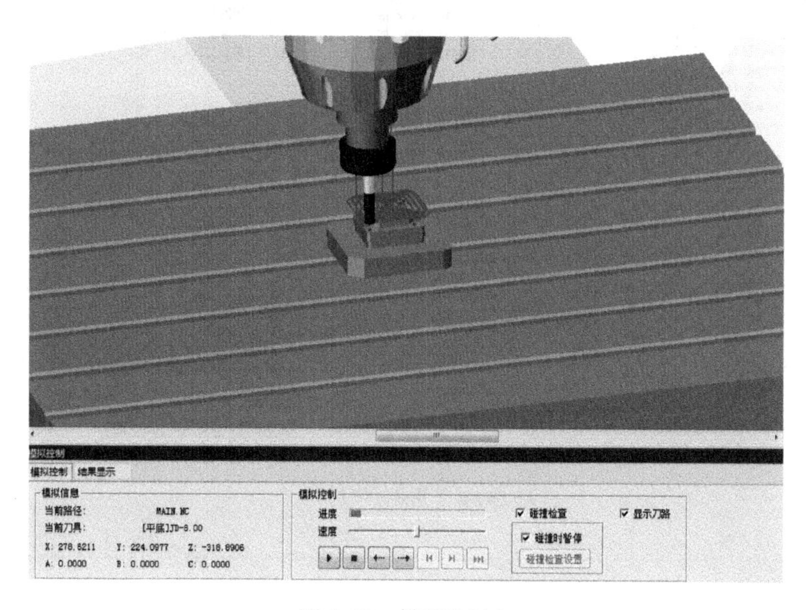

图 1-36　模拟进行中

2）机床模拟无误后单击“确定”按钮退出命令，模拟后的路径树如图 1-37 所示。

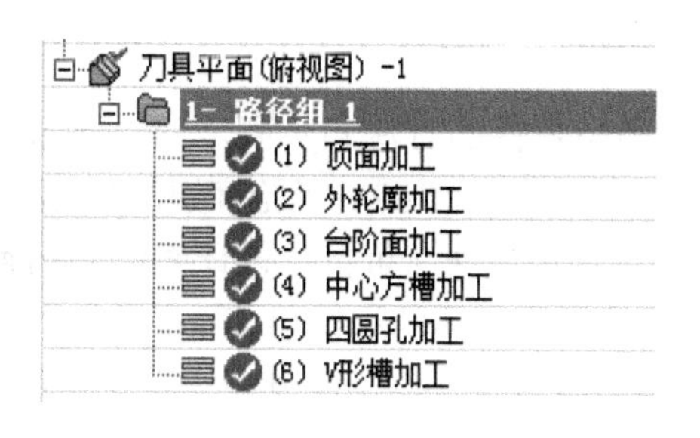

图 1-37　模拟后路径树

1.4.2　路径输出

顺利完成机床模拟工作后，接下来进行最后一步程序输出工作。

操作步骤

1）单击功能区“刀具路径”选项卡上“刀具路径”组中的按钮“输出刀具路径”。

2）在“输出刀具路径（后置处理）”对话框中选择要输出的路径，根据实际加工设置好路径输出排序方法、输出文件名称。

3）单击“确定”按钮，即可输出最终的路径文件，如图 1-38 所示。

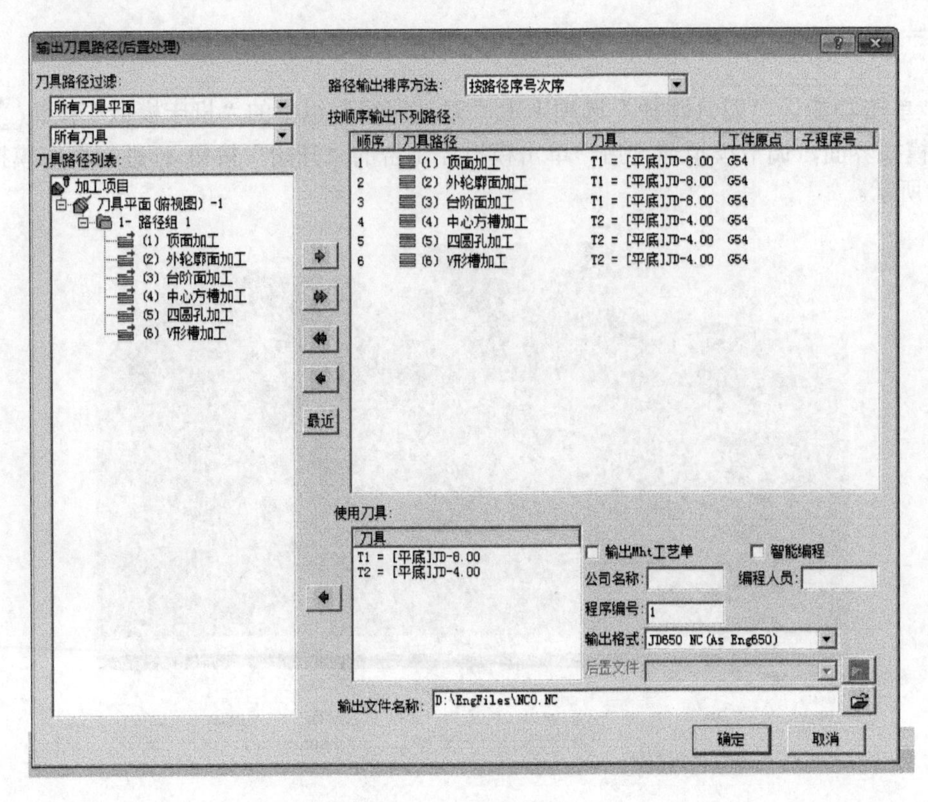

图 1-38　路径输出

1.5　实例小结

1）本章介绍了加工 2.5 轴小零件的方法和步骤，通过学习，学生 / 用户应能够根据零件特点安排加工工艺，选择并使用“单线切割”“轮廓切割”“区域加工”等常用加工方法。

2）通过熟悉以上几种常用加工方法，可自行设计案例并熟悉其他未介绍加工方法的编程，如“钻孔”“铣螺纹”“单线摆槽”“区域修边”等。

3）2.5 轴加工方法在日常加工中最为常用，此处需要熟练掌握其使用方法，明确加工方法中各参数的具体含义。

知识拓展

SurfMill 9.0 软件助力生产过程的数字化管理

SurfMill9.0 软件利用 DT 编程技术，将实际制造平台数字化，在软件中搭建起映射实际生产的物料库、工艺库及机床库，形成以加工工艺为核心的虚拟加工平台，实现了生产制造各环节中涉及的机床设备、生产物料、工艺信息等生产资源在软件平台上的真实呈现，精准模拟并预测产品制造过程，有效降低试错成本，缩短产品制造周期。

通过虚拟加工平台进行产品可制造性分析、工艺规划、程序合并与修改等工作，保障了生产过程的顺畅性。

第2章 捷豹模具凹模零件三轴加工

学习目标

■ 明确基础三轴产品加工思路，了解其工艺分析过程。

■ 进一步熟悉 SurfMill 9.0 软件三轴加工策略及其参数设置方法。

■ 掌握 SurfMill 9.0 软件虚拟加工编程环境搭建方法。

2.1 实例描述

捷豹车标的模具为注射模具，整体外观如图 2-1 所示。

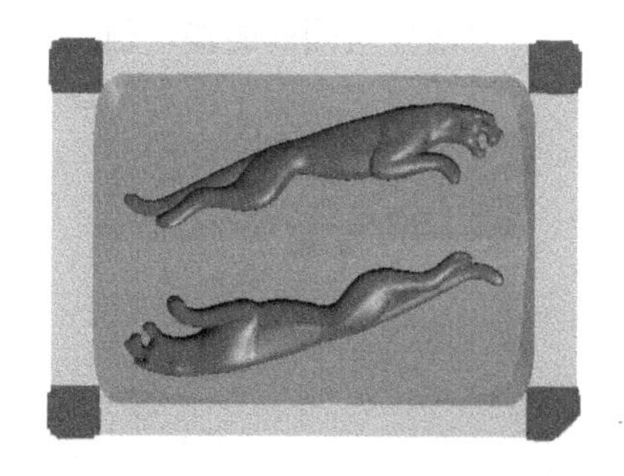

图 2-1 捷豹车标凹模模型

2.1.1 工艺分析

工艺分析是编写加工程序前的必备工作，需要充分了解加工要求和工艺特点，合理编写加工程序。

该工件的加工要求和工艺分析如图 2-2 所示。

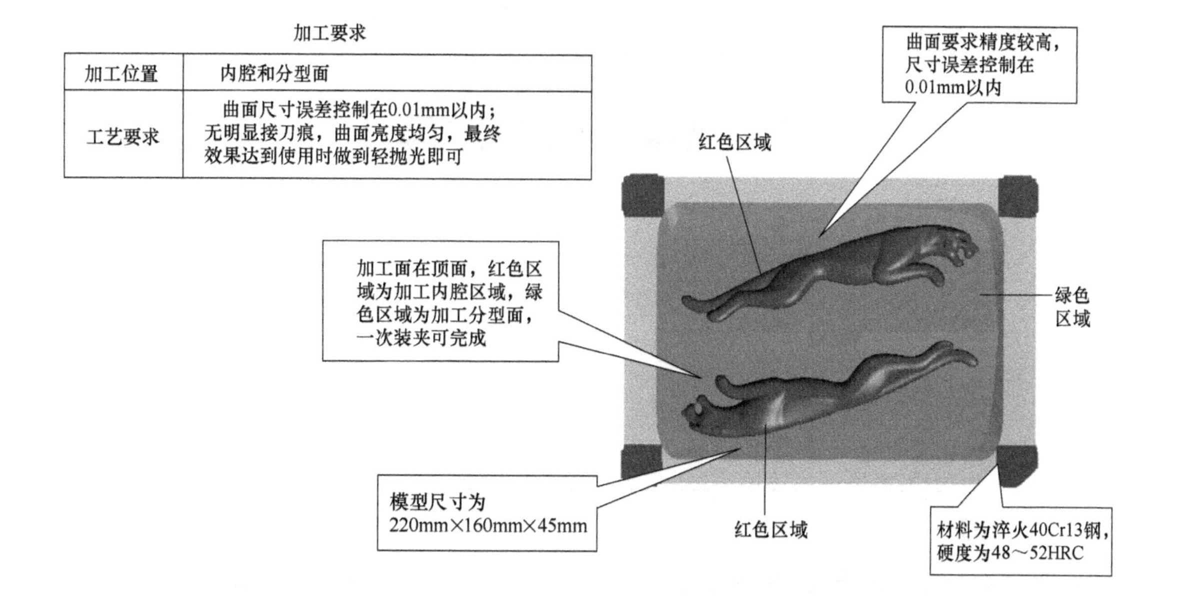

图 2-2 加工要求工艺分析

2.1.2 加工方案

1. 机床设备

产品材料为模具钢，硬度较高，同时加工精度要求高，综合以上因素，选择 JDHGT600 全闭环机床进行加工。

2. 加工刀具

捷豹模具材料为淬火 40Cr13 钢，因此刀具必须选择刚性强、带有涂层的球头刀，利用刀具侧刃 / 刀尖进行铣削。

3. 加工方法（图 2-3）

SurfMill 9.0 提供完整的开粗策略，粗加工时选择分层区域粗加工的加工方法即可。

精加工将工件分为内腔、分型面和四周三个部分分别加工。

由于角度分区精加工策略适用于所有加工模型，可以同时加工陡峭面与平坦面，因此内腔初步决定使用角度分区将余量降至 0.01mm 进行半精加工，使用环绕等距精加工的加工方法精加工内腔侧壁，使用平行截线精加工的加工方法精加工内腔底面。

虽然分型面的面多，但较为平坦，故使用平行截线精加工的方式进行精加工。

最后使用成组平面与等高完成四周的精加工。

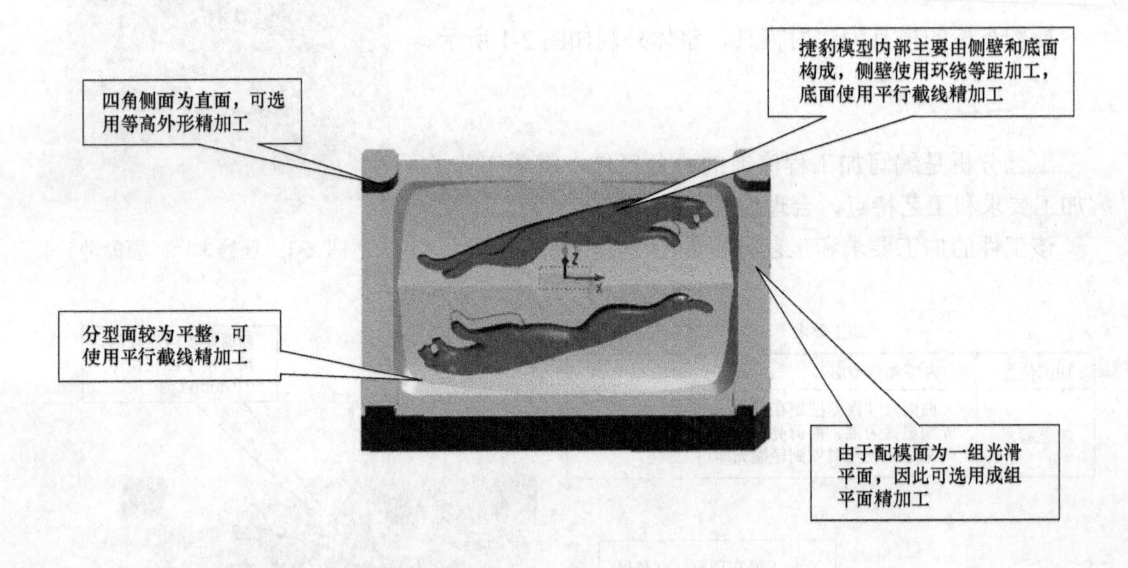

图 2-3 编程加工方案

2.1.3 加工工艺卡

模具三轴加工工艺卡见表 2-1。

> **注意：**
>
> 因工艺设计受限于机床选择、加工刀具、模型特点、加工要求、加工环境等诸多因素，故此加工工艺卡提供的工艺数据仅供参考，用户可根据具体的加工情况重新设计工艺。

表 2-1　模具三轴加工工艺卡

<table>
<tr><th>序号</th><th colspan="2">工步</th><th>加工方法</th><th>刀具类型</th><th>主轴转速 /（r/min）</th><th>进给速度 /（mm/min）</th><th>效果图</th></tr>
<tr><td>1</td><td colspan="2">分层开粗</td><td>分层区域粗加工</td><td>［牛鼻］JD-10.00-1.00</td><td>4000</td><td>2000</td><td></td></tr>
<tr><td>2</td><td colspan="2">D3-R0.25 残补</td><td>曲面残料补加工</td><td>［牛鼻］JD-3.00-0.25</td><td>12000</td><td>2000</td><td></td></tr>
<tr><td>3</td><td colspan="2">角度分区半精加工</td><td>曲面精加工 - 角度分区（精）</td><td>［球头］JD-3.00</td><td>15000</td><td>2000</td><td></td></tr>
<tr><td rowspan="2">4</td><td rowspan="2">内腔精加工</td><td>侧壁环绕等距精加工</td><td>曲面精加工 - 环绕等距（精）</td><td rowspan="2">［球头］JD-3.00</td><td rowspan="2">14000</td><td rowspan="2">1000</td><td></td></tr>
<tr><td>底面精加工</td><td>曲面精加工 - 平行截线（精）</td><td></td></tr>
<tr><td>5</td><td colspan="2">分型面精加工</td><td>曲面精加工 - 平行截线（精）</td><td>［球头］JD-4.00</td><td>18000</td><td>1000</td><td></td></tr>
<tr><td rowspan="2">6</td><td rowspan="2">四周精加工</td><td>四支柱精加工</td><td>曲面精加工 - 等高外形（精）</td><td rowspan="2">［牛鼻］JD-3.00-0.25</td><td>14000</td><td>2000</td><td></td></tr>
<tr><td>分型面四周精加工</td><td>成组平面加工</td><td>15000</td><td>2000</td><td></td></tr>
</table>

2.1.4　装夹方案

采用平面板料作为夹具，在夹具上打沉头孔，通过螺钉和毛坯相连，平面板料上加拉钉，拉在双零点快换系统，如图 2-4 所示。

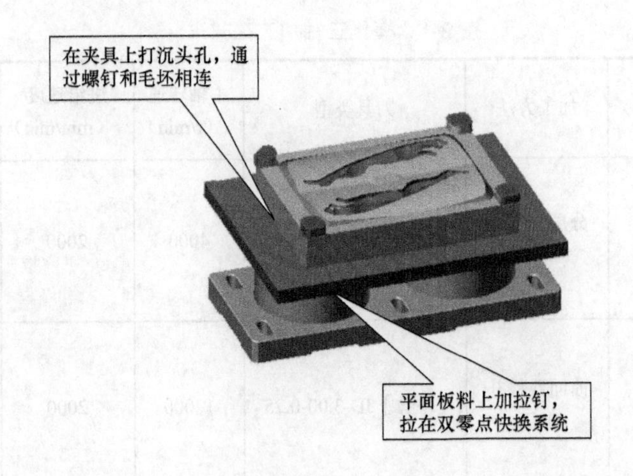

图 2-4 装夹方案

2.2 编程加工准备

进行编程加工前需要对加工件进行一些必要的准备工作，创建虚拟加工环境，具体内容包括：机床设置、创建刀具表、创建几何体、几何体安装设置等。

2.2.1 模型准备

启动 SurfMill 9.0 软件后，打开“捷豹模具 -new.escam”文件。

2.2.2 机床设置

双击左侧“导航工作条”窗格中的“机床设置” 机床设置，选择机床类型为“3 轴”，选择机床文件为“JDHGT600_A13S”，选择机床输入文件格式为“JD650 NC（As Eng650）”，设置完成后单击“确定并保存机床文件”按钮，如图 2-5 所示。

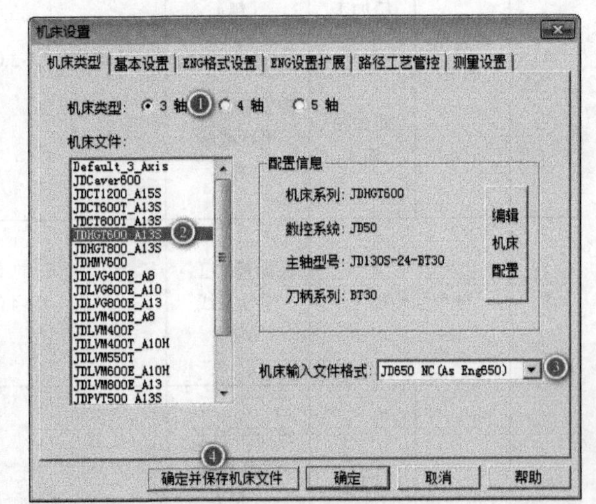

图 2-5 机床设置

2.2.3 创建刀具表

双击左侧“导航栏工作条”窗格中的“刀具表” 刀具表，依次添加需要使用的刀具。图 2-6 为本次加工使用刀具组成的当前刀具表。

当前刀具表 ? ×

加工阶段	刀具名称	刀柄	输出编号	长度补偿号	半径补偿号	刀具伸出长度	加锁	使用次数
精加工	[球头]JD-3.00	BT30-ER25-060S	1	1	1	16.5		0
精加工	[球头]JD-4.00	BT30-ER25-060S	2	2	2	22		0
精加工	[牛鼻]JD-3.00-0.25	BT30-ER25-060S	4	4	4	17.5		0
粗加工	[牛鼻]JD-10.00-1.00	BT30-ER25-060S	5	5	5	55		0

图 2-6 创建当前刀具表

2.2.4 创建几何体

单击功能区的“创建几何体”按钮，在“导航工作条”窗格进行工件设置、毛坯设置和夹具设置。本例创建几何体的过程如下。

（1）工件设置　选择“工件”图层的曲面作为工件面，如图 2-7 所示。

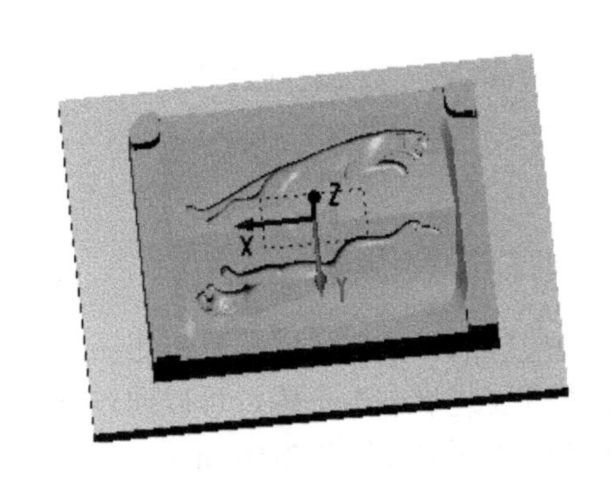

图 2-7　创建工件几何体

（2）毛坯设置　选用“包围盒”的方式创建毛坯，选择“毛坯”图层的曲面作为毛坯面，如图 2-8 所示。

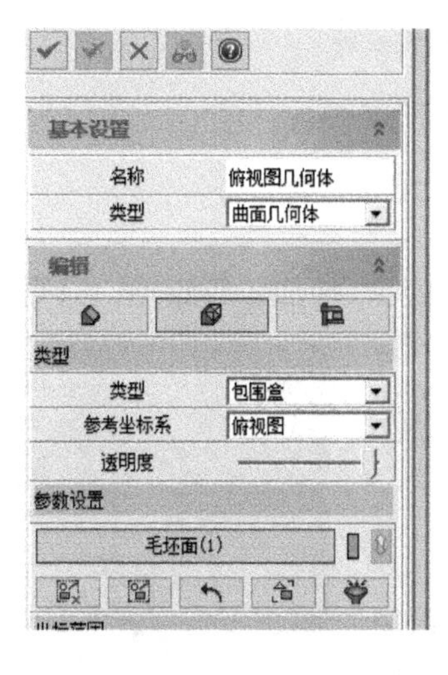

图 2-8　创建毛坯几何体

（3）夹具设置　选取红色部分曲面作为夹具面，如图 2-9 所示。

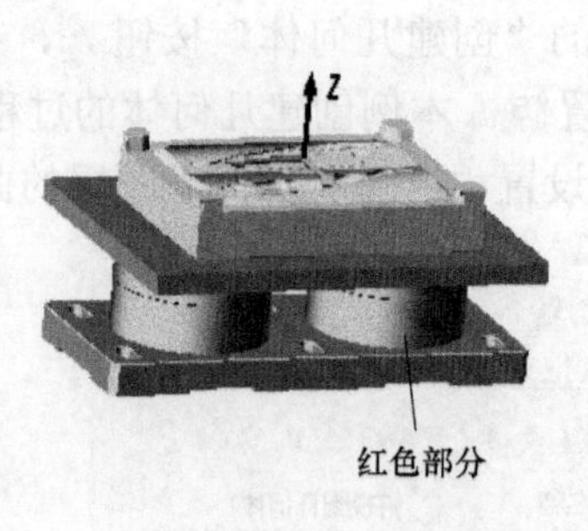

图 2-9　创建夹具几何体

2.2.5　几何体安装设置

单击功能区的“几何体安装”按钮，单击“自动摆放”按钮，完成几何体快速安装。若自动摆放后安装状态不正确，可以通过软件提供的“点对点平移”“动态坐标系”等其他方式完成几何体安装，如图 2-10 所示。

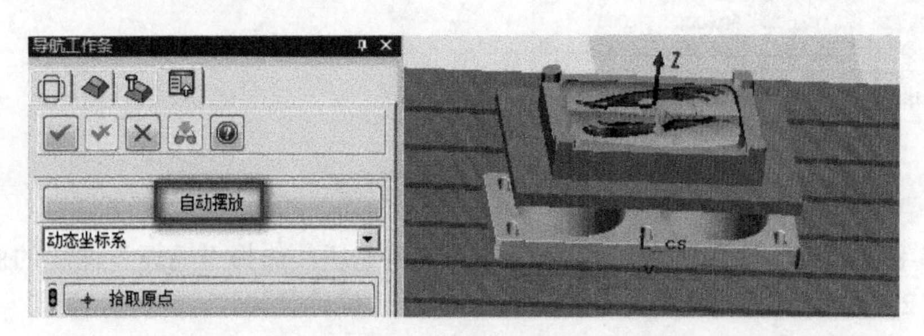

图 2-10　几何体安装

2.3　编写加工程序

捷豹模型的加工包含了模具的开粗、半精加工、精加工等策略，只需定义加工面、轮廓线、几何体等加工域，通过设定几个简单的参数，选择合理的加工策略，系统就会自动调整刀轴生成光滑、无干涉的路径。

2.3.1　创建辅助线、面

根据加工方法，初步分析即将选用的加工策略所需要的辅助线、面，这一步将创建“捷豹模具凹模零件”所需要的轮廓线（模型中已经创建好可直接使用），如图 2-11 所示。

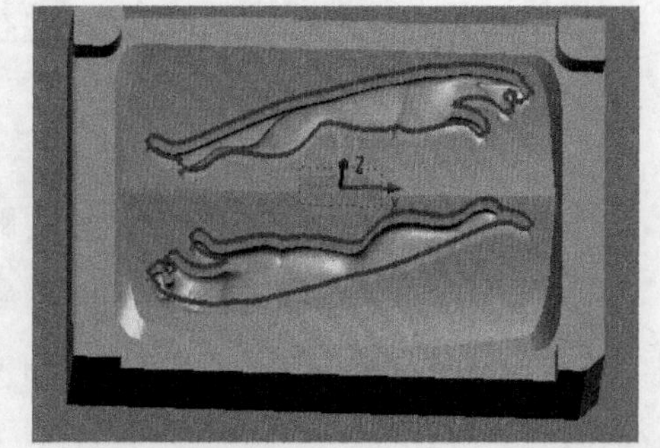

图 2-11　辅助轮廓线

2.3.2　分层开粗

操作步骤

1. 选择【加工方法】

1）在功能区的“三轴加工”选项卡上“3 轴加工”组中，单击“分层区域粗加工”按钮。

2）进入“刀具路径参数”界面，修改加工方案中的走刀方式、加工方法等参数，如图 2-12 所示。

加工方法	
方法分组（G）	3轴加工组
加工方法（T）	分层区域粗加工
工艺阶段	铣削-通用
分层区域粗加工	
⊟ 走刀方式（M）	环切走刀
边界等距修剪（T）	☐
最少抬刀（W）	☐
从内向外（I）	☐
环切并清角（H）	☐
折线连刀（K）	☐
光滑路径（Q）	☑
毛坯外部下刀（P）	☑
增加平面分层（F）	☑
精修曲面外形（U）	☑
修边量（L）	0.15
修边速度比率%（B）	50

图 2-12　加工方法设置

关键点延伸

分层区域粗加工：分层区域粗加工是由上至下逐层切削材料，在加工过程中，控制刀具路径，固定深度切削，像等高线一般，和精加工中的等高外形精加工相对应。该方法主要用于曲面较复杂、侧壁较陡峭或较深的场合。由于分层区域在加工过程中高度保持不变，因此该加工方法能够大大地提高切削的平稳性，如图 2-13 所示。

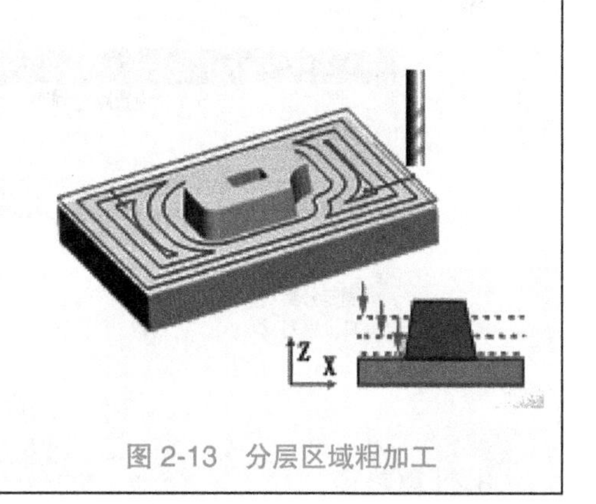

图 2-13　分层区域粗加工

2. 设置【加工域】

1）单击“编辑加工域”按钮，选择几何体为“俯视图几何体”，拾取加工面为工件面，拾取轮廓线为毛坯上表面边界线，单击“确定”按钮完成加工域选择。

2）设置深度范围，取消勾选“自动设置”复选框，底面高度为“-12”。

3）设置加工余量，加工面和保护面余量均为“0.1”。

4）其余参数使用默认值即可，如图 2-14 和图 2-15 所示。

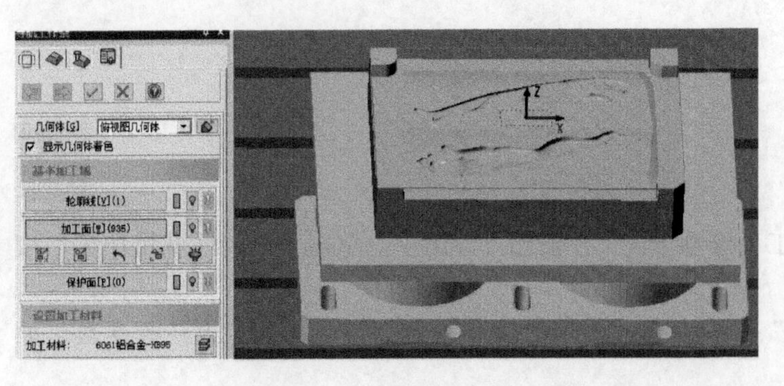

图 2-14　编辑加工域

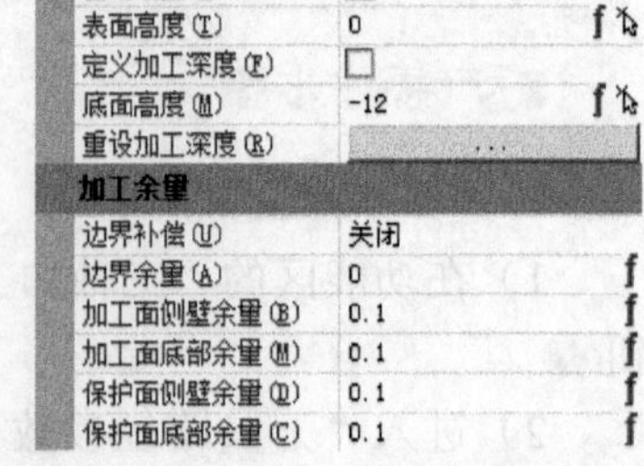

深度范围	
自动设置(A)	☐
表面高度(T)	0
定义加工深度(E)	☐
底面高度(M)	-12
重设加工深度(R)	...
加工余量	
边界补偿(U)	关闭
边界余量(A)	0
加工面侧壁余量(B)	0.1
加工面底部余量(M)	0.1
保护面侧壁余量(D)	0.1
保护面底部余量(C)	0.1

图 2-15　加工域参数

3. 选择【加工刀具】

1）单击“刀具名称”按钮，按照工艺规划在当前刀具表中选择“[牛鼻] JD10.00-1.00”。

2）设置主轴转速为“4000”，进给速度为“2000”，如图 2-16 所示。

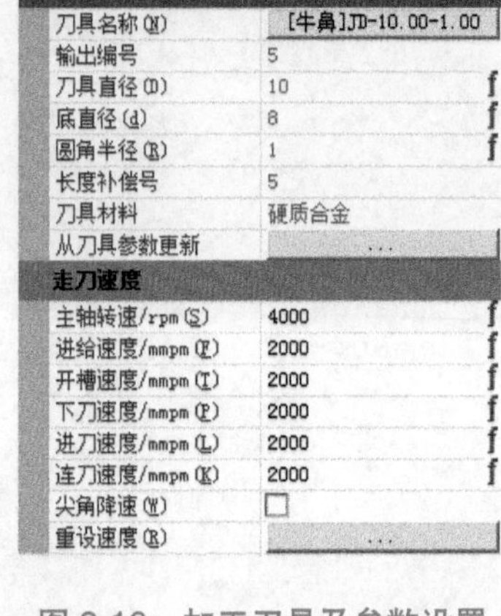

几何形状	
刀具名称(N)	[牛鼻]JD-10.00-1.00
输出编号	5
刀具直径(D)	10
底直径(d)	8
圆角半径(R)	1
长度补偿号	5
刀具材料	硬质合金
从刀具参数更新	...
走刀速度	
主轴转速/rpm(S)	4000
进给速度/mmpm(F)	2000
开槽速度/mmpm(T)	2000
下刀速度/mmpm(P)	2000
进刀速度/mmpm(L)	2000
连刀速度/mmpm(K)	2000
尖角降速(W)	☐
重设速度(R)	...

图 2-16　加工刀具及参数设置

4. 设置【进给设置】

1）设置路径间距为“5”。

2）设置轴向分层，此处选择分层方式为“限定深度”，吃刀深度为“0.1”。

3）设置下刀方式，选择下刀方式为“螺旋下刀”，如图 2-17 所示。

5. 设置【安全策略】

选择路径检查为“检查所有”，修改检查模型为“俯视图几何体”，如图 2-18 所示。

路径间距	
间距类型(T)	设置路径间距
路径间距	5
重叠率%(R)	50
轴向分层	
分层方式(T)	限定深度
吃刀深度(D)	0.1
固定分层(Z)	☐
减少抬刀(K)	☑

下刀方式	
下刀方式(M)	螺旋下刀
下刀角度(A)	0.5
螺旋半径(L)	4.8
表面预留(T)	0.02
侧边预留(S)	0
每层最大深度(M)	5
过滤刀具盲区(D)	☐
下刀位置(P)	自动搜索

图 2-17　进给设置

6. 计算路径

设置完成后单击“计算”按钮，计算完成后弹出当前路径计算结果，即有无过切或碰撞路径，以及避免刀具碰撞的最短刀具伸出长度，确定路径是否安全。

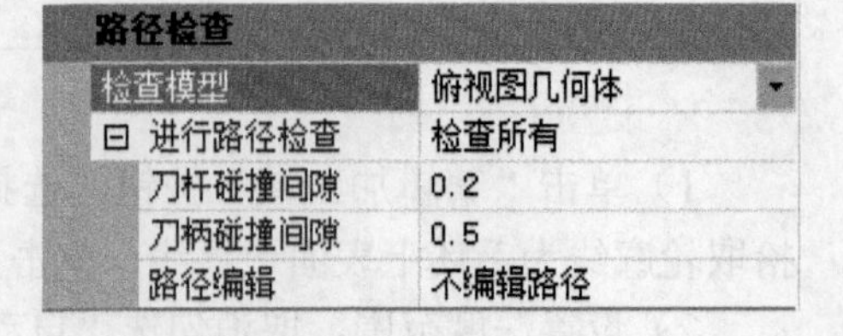

路径检查	
检查模型	俯视图几何体
⊟ 进行路径检查	检查所有
刀杆碰撞间隙	0.2
刀柄碰撞间隙	0.5
路径编辑	不编辑路径

图 2-18　路径检查

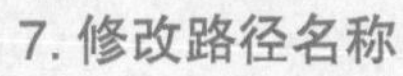

7. 修改路径名称

在路径树中右击当前路径，选择“重命名”命令，修改路径名称为“分层开粗”。

后续的加工程序中，与“顶面加工”相同的内容或操作步骤将不再赘述，详见视频。

2.3.3　D3-R0.25 残补

操作步骤

1. 选择【加工方法】

单击功能区“三轴加工”选项卡上“3 轴加工”组中的“曲面残料补加工”按钮，进入“刀具路径参数”界面，修改加工方案中的定义方式、上把刀具等参数，如图 2-19 所示。

> **关键点延伸**
>
> 曲面残料补加工：曲面残料补加工主要用于去除大直径刀具加工后留下的阶梯状残料以及倒角面等位置因无法下刀而留下的残料，使得工件表面余量尽可能均匀，避免后续精加工路径因刀具过小和残料过多而出现弹刀、断刀等现象。
>
> 根据残料定义的方式不同，分为“当前残料模型”“指定上把刀具”“指定刀具直径”三种方式。

加工方法	
方法分组(G)	3轴加工组
加工方法(T)	曲面残料补加工
工艺阶段	铣削-通用
曲面残料补加工	
定义方式(M)	指定上把刀具
上把刀具(T)	[牛鼻]JD-10.00-1.00
上次加工侧壁余量(F)	0.1
上次加工底部余量(S)	0.1
优化路径(P)	☑
增加平面分层(U)	☑
精修曲面外形(E)	☐
往复走刀(Z)	☑

图 2-19　加工方法设置

2. 设置【加工域】

1）加工域的设置与“分层开粗”的步骤相同，可不修改。

2）加工面余量和保护面余量设置如图 2-20 所示。

3. 设置【加工刀具】

1）选择加工刀具为“[牛鼻] JD-3.00-0.25”。

2）修改主轴转速为“12000”，进给速度为“2000”，如图 2-21 所示。

加工余量	
边界补偿(U)	关闭
边界余量(A)	0
加工面侧壁余量(B)	0.1
加工面底部余量(M)	0.1
保护面侧壁余量(D)	0.08
保护面底部余量(C)	0.12

图 2-20　加工域参数

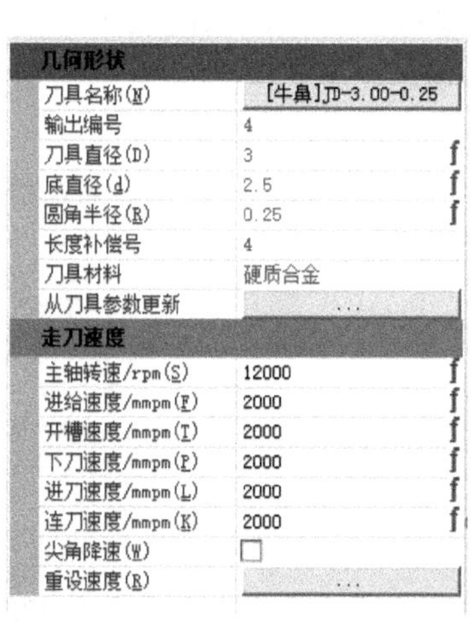

几何形状	
刀具名称(N)	[牛鼻]JD-3.00-0.25
输出编号	4
刀具直径(D)	3
底直径(d)	2.5
圆角半径(R)	0.25
长度补偿号	4
刀具材料	硬质合金
从刀具参数更新	...
走刀速度	
主轴转速/rpm(S)	12000
进给速度/mmpm(F)	2000
开槽速度/mmpm(T)	2000
下刀速度/mmpm(P)	2000
进刀速度/mmpm(L)	2000
连刀速度/mmpm(K)	2000
尖角降速(W)	☐
重设速度(R)	...

图 2-21　加工刀具及参数设置

4. 设置【进给设置】

1）设置路径间距为“0.2”。

2）选择轴向分层为“限定深度”，设置吃刀深度为“0.1”。

3）选择下刀方式为“螺旋下刀”，如图 2-22 所示。

路径间距	
间距类型(T)	设置路径间距
路径间距	0.2
重叠率%(R)	93.34
轴向分层	
分层方式(I)	限定深度
吃刀深度(D)	0.1
固定分层(Z)	☐
减少抬刀(K)	☑

下刀方式	
下刀方式(M)	螺旋下刀
下刀角度(A)	0.5
螺旋半径(L)	1.44
表面预留(T)	0.02
侧边预留(S)	0
每层最大深度(M)	5
过滤刀具盲区(D)	☐
下刀位置(P)	自动搜索

图 2-22　进给设置

5. 设置【安全策略】

选择路径检查为“检查所有”，修改检查模型为“俯视图几何体”。

6. 计算路径

设置完成后单击“计算”按钮，计算完成后弹出当前路径计算结果。

7. 修改路径名称

在路径树中右击当前路径，选择“重命名”命令，修改路径名称为“D3-R0.25 残补”。

2.3.4　角度分区半精加工

操作步骤

1. 选择【加工方法】

单击功能区“三轴加工”选项上“3 轴加工”组中的“曲面精加工”按钮，进入“刀具路径参数”界面，修改加工方案中的走刀方式、夹角、平坦区域走刀方式等参数，如图 2-23 所示。

加工方法	
方法分组(G)	3轴加工组
加工方法(T)	曲面精加工
工艺阶段	铣削-通用
曲面精加工	
走刀方式(M)	角度分区(精)
删除平面路径(D)	☐
与水平面夹角(G)	33
加工区域(T)	所有面
重叠区域宽度(W)	0
先加工平坦区(P)	☐
平坦区域走刀(F)	平行截线(精)
平行截线角度(A)	0
平坦区域往复走刀(Z)	☑
陡峭区域往复走刀(V)	☑

图 2-23　加工方法设置

关键点延伸

曲面精加工 - 角度分区（精）：角度分区精加工是等高外形精加工和平行截线精加工（或环绕等距精加工）的组合加工。它根据曲面的坡度判断走刀方式。曲面较陡的位置会生成等高路径，而曲面较平坦的位置则生成平行截线或环绕等距路径。角度分区适用于所有的加工模型，运用这种走刀方式，系统可以自动为用户生成较优化的路径，如图 2-24 所示。

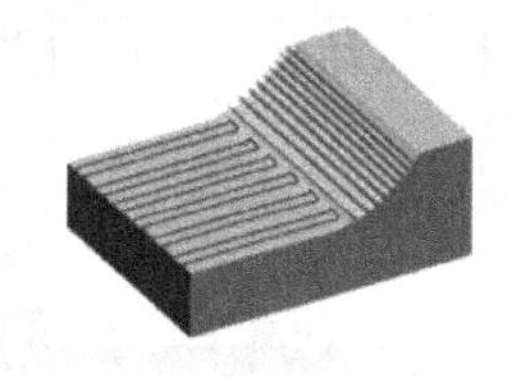

图 2-24　角度分区精加工

2. 设置【加工域】

1）选择轮廓线为捷豹特征边线，选择加工面为捷豹特征（绿色区域），如图 2-25 所示。

2）勾选“自动设置”复选框，设置加工面和保护面余量均为“0.01”，如图 2-26 所示。

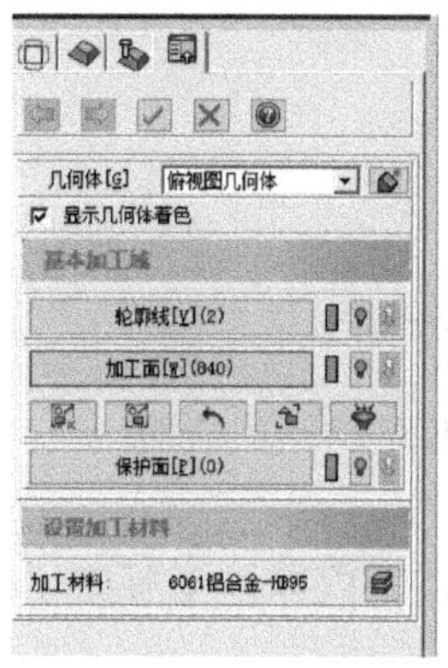

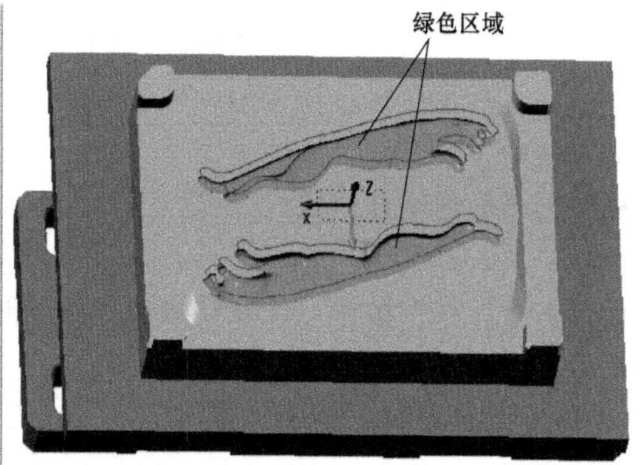

图 2-25　编辑加工域

深度范围	
自动设置(A)	☑
加工余量	
边界补偿(U)	关闭
边界余量(A)	0
加工面侧壁余量(B)	0.01
加工面底部余量(M)	0.01
保护面侧壁余量(D)	0.01
保护面底部余量(C)	0.01

图 2-26　加工域参数

3. 设置【加工刀具】

1）选择加工刀具为“[球头] JD-3.00”。

2）修改主轴转速为“15000”，进给速度为“2000”，如图 2-27 所示。

几何形状	
刀具名称(N)	[球头]JD-3.00
输出编号	1
刀具直径(D)	3
半径补偿号	1
长度补偿号	1
刀具材料	硬质合金
从刀具参数更新	...

走刀速度	
主轴转速/rpm(S)	15000
进给速度/mmpm(F)	2000
开槽速度/mmpm(T)	2000
下刀速度/mmpm(P)	2000
进刀速度/mmpm(L)	2000
连刀速度/mmpm(K)	2000
尖角降速(W)	☐
重设速度(R)	...

图 2-27　加工刀具及参数设置

4. 设置【进给设置】

1）修改平坦部分和陡峭部分路径间距均为“0.08”。

2）选择进刀方式为“切向进刀”，如图 2-28 所示。

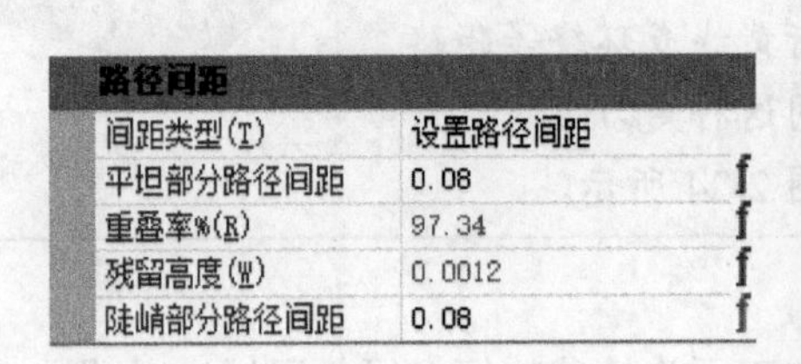

路径间距	
间距类型(T)	设置路径间距
平坦部分路径间距	0.08
重叠率%(R)	97.34
残留高度(W)	0.0012
陡峭部分路径间距	0.08

进刀方式	
进刀方式(T)	切向进刀
圆弧半径(R)	1.8
圆弧角度(A)	30
封闭路径螺旋连刀(P)	☑
整圈螺旋(U)	☐
仅起末点进退刀(E)	☐
直线延伸长度(L)	0
按照行号连刀(N)	☐
最大连刀距离(D)	6
删除短路径(S)	0.02

图 2-28　进给设置

5. 设置【安全策略】

修改检查模型为“俯视图几何体”。

6. 计算路径

设置完成后单击“计算”按钮，计算完成后弹出当前路径计算结果。

7. 修改路径名称

在路径树中右击当前路径，选择“重命名”命令，修改路径名称为“角度分区半精加工”。

2.3.5　侧壁环绕等距精加工

操作步骤

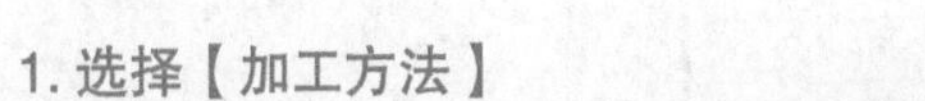

1. 选择【加工方法】

单击功能区的“曲面精加工”按钮，进入“刀具路径参数”界面，修改加工方案中的走刀方式、环绕方式、加工区域等参数，如图 2-29 所示。

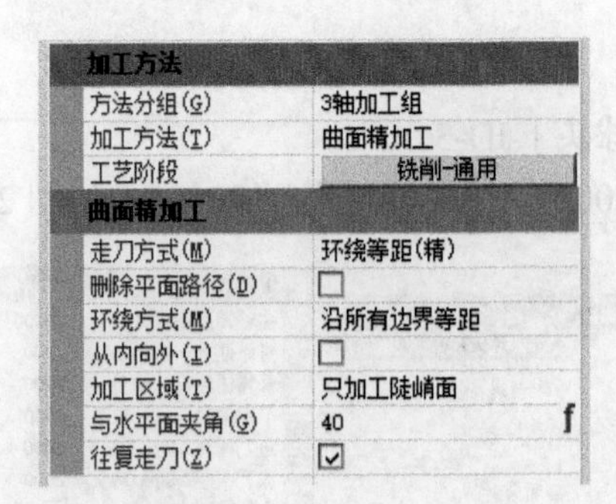

加工方法	
方法分组(G)	3轴加工组
加工方法(T)	曲面精加工
工艺阶段	铣削-通用
曲面精加工	
走刀方式(M)	环绕等距(精)
删除平面路径(D)	☐
环绕方式(M)	沿所有边界等距
从内向外(I)	☐
加工区域(T)	只加工陡峭面
与水平面夹角(G)	40
往复走刀(Z)	☑

图 2-29　加工方法设置

关键点延伸

曲面精加工 - 环绕等距（精）：环绕等距精加工可以生成环绕状的刀具路径。根据环绕等距路径的特点，等距方式包括沿外轮廓等距、沿所有边界等距、沿孤岛等距、沿指定点等距、沿导动线等距等，这些方式根据加工模型的特征，可以应用在不同的场合下。空间环绕等距路径环之间的空间距离基本相同，适合加工既有陡峭位置又有平缓位置的表面形状，如图 2-30 所示。

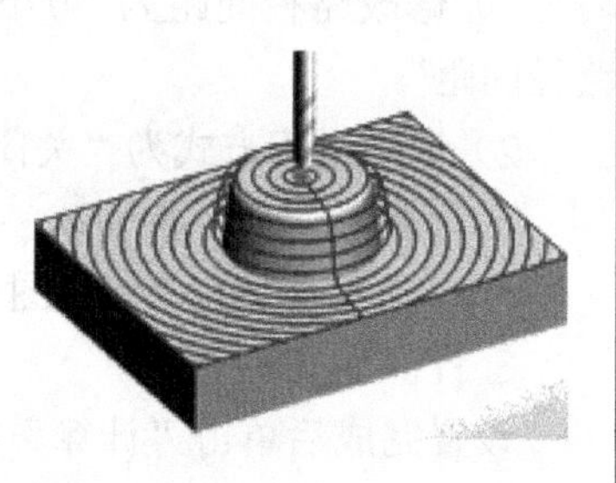

图 2-30　曲面精加工 - 环绕等距

2. 设置【加工域】

1）选择轮廓线为猎豹子轮廓提取线，选择加工面为捷豹特征（绿色区域），如图 2-31 和图 2-32 所示。

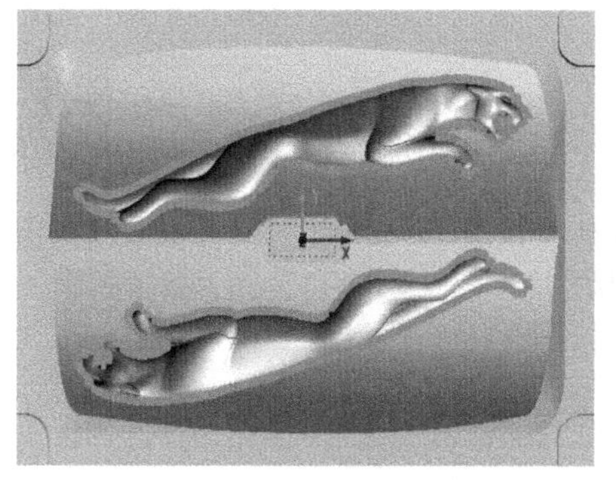

图 2-31　环绕等距精加工轮廓线

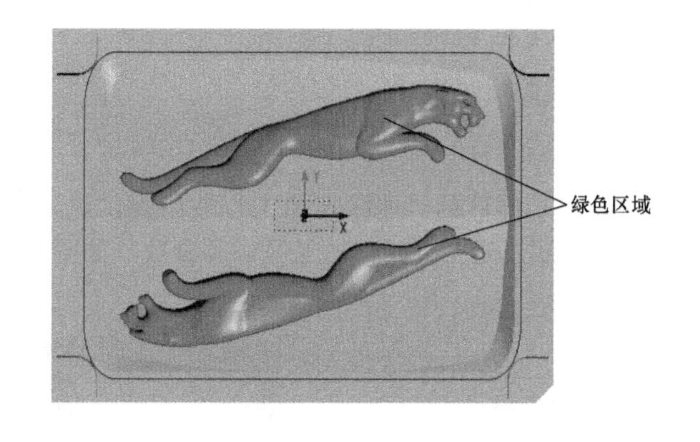

图 2-32　加工面

2）勾选“自动设置”复选框，设置加工面和保护面余量均为“-0.018”，如图 2-33 所示。

深度范围	
自动设置(A)	☑
加工余量	
边界补偿(U)	关闭
边界余量(A)	0
加工面侧壁余量(B)	-0.018
加工面底部余量(M)	-0.018
保护面侧壁余量(D)	-0.018
保护面底部余量(C)	-0.018

图 2-33　加工域参数

3. 设置【加工刀具】

1）选择加工刀具为“[球头] JD-3.00”。

2）修改主轴转速为“14000”，进给速度为“1000”，如图 2-34 所示。

几何形状	
刀具名称(N)	[球头]JD-3.00
输出编号	1
刀具直径(D)	3
长度补偿号	1
刀具材料	硬质合金
从刀具参数更新	...

走刀速度	
主轴转速/rpm(S)	14000
进给速度/mmpm(F)	1000
开槽速度/mmpm(T)	1000
下刀速度/mmpm(P)	1000
进刀速度/mmpm(L)	1000
连刀速度/mmpm(K)	1000
尖角降速(W)	☐
重设速度(R)	...

图 2-34　加工刀具及参数设置

4. 设置【进给设置】

1）修改路径间距为“0.05”，选择空间间距设置为“空间路径间距”。

2）选择进刀方式为“关闭进刀”，如图 2-35 所示。

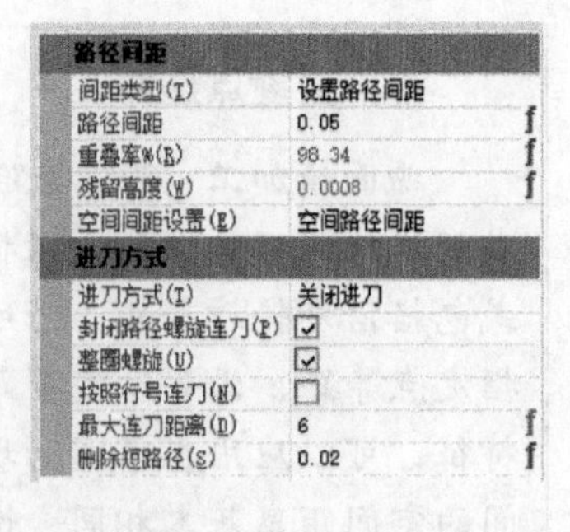

图 2-35 进给设置

5. 设置【安全策略】

修改检查模型为“俯视图几何体”。

6. 计算路径

设置完成后单击“计算”按钮，计算完成后弹出当前路径计算结果。

7. 修改路径名称

在路径树中右击当前路径，选择“重命名”命令，修改路径名称为“侧壁环绕等距精加工”。

2.3.6 底面精加工

操作步骤

1. 选择【加工方法】

单击功能区的“曲面精加工”按钮，进入“刀具路径参数”界面，修改加工方案中的加工方法、走刀方式、加工区域等参数，如图 2-36 所示。

加工方法	
方法分组(G)	3轴加工组
加工方法(T)	曲面精加工
工艺阶段	铣削-通用
曲面精加工	
走刀方式(M)	平行截线(精)
删除平面路径(D)	☐
路径角度(A)	0
往复走刀(Z)	☑
修边一次(E)	☐
加工区域(T)	只加工平坦面
与水平面夹角(G)	40
路径沿边界延伸(E)	☐

图 2-36 加工方法设置

关键点延伸

曲面精加工 - 平行截线（精）：平行截线精加工在曲面精加工中使用最为广泛，特别适用于曲面较复杂、较平坦的场合，如图 2-37 所示。

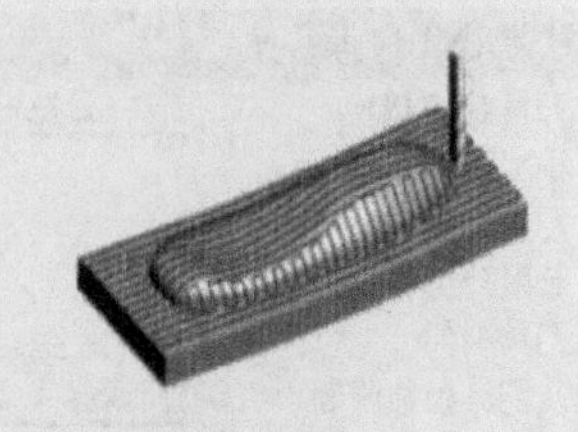

图 2-37 曲面精加工 - 平行截线（精）

2. 设置【加工域】

1）选择轮廓线为猎豹轮廓提取线，选择加工面为捷豹特征（绿色区域），如图 2-38 和图 2-39 所示。

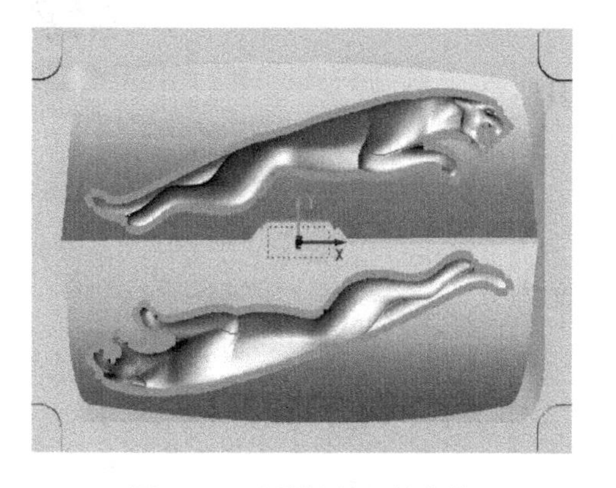

图 2-38　底面精加工轮廓线

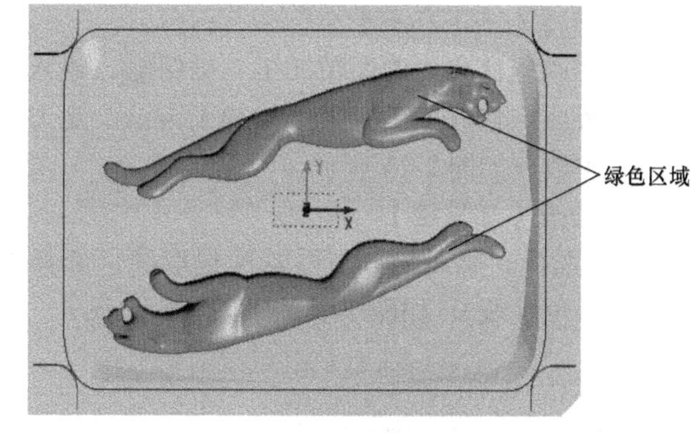

图 2-39　加工面

2）勾选“自动设置”复选框，设置加工面和保护面余量均为“0.02”，如图 2-40 所示。

深度范围	
自动设置(A)	☑
加工余量	
边界补偿(U)	关闭
边界余量(A)	0
加工面侧壁余量(B)	0.02
加工面底部余量(M)	0.02
保护面侧壁余量(D)	0.02
保护面底部余量(C)	0.02

图 2-40　加工域参数

3. 设置【加工刀具】

1）选择加工刀具为“[球头] JD-3.00”。

2）修改主轴转速为“14000”，进给速度为“1000”，如图 2-41 所示。

几何形状	
刀具名称(N)	[球头]JD-3.00
输出编号	1
刀具直径(D)	3
半径补偿号	1
长度补偿号	1
刀具材料	硬质合金
从刀具参数更新	...

走刀速度	
主轴转速/rpm(S)	14000
进给速度/mmpm(F)	1000
开槽速度/mmpm(T)	1000
下刀速度/mmpm(P)	1000
进刀速度/mmpm(L)	1000
连刀速度/mmpm(K)	1000
尖角降速(W)	☐
重设速度(R)	...

图 2-41　加工刀具及参数设置

4. 设置【进给设置】

1）修改路径间距为“0.019”。

2）选择进刀方式为“切向进刀”，如图 2-42 所示。

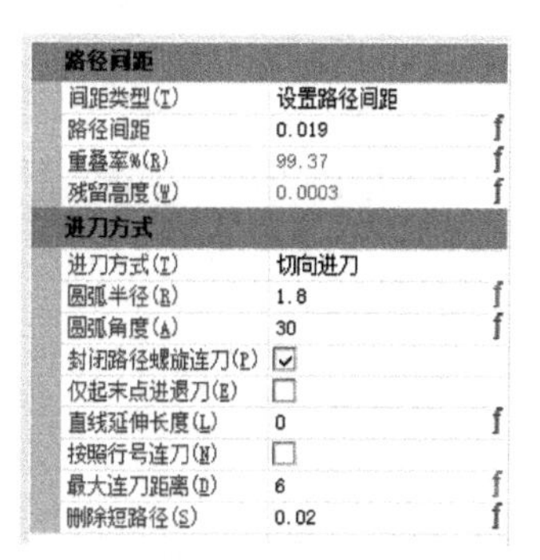

路径间距	
间距类型(T)	设置路径间距
路径间距	0.019
重叠率%(R)	99.37
残留高度(W)	0.0003
进刀方式	
进刀方式(I)	切向进刀
圆弧半径(R)	1.8
圆弧角度(A)	30
封闭路径螺旋连刀(P)	☑
仅起末点进退刀(E)	☐
直线延伸长度(L)	0
按照行号连刀(N)	☐
最大连刀距离(D)	6
删除短路径(S)	0.02

图 2-42　进给设置

5. 设置【安全策略】

设置检查模型为“俯视图几何体”。

6. 计算路径

设置完成后单击“计算”按钮，计算完成后弹出当前路径计算结果。

7. 修改路径名称

在路径树中右击当前路径，选择“重命名”命令，修改路径名称为“底面精加工”。

2.3.7 分型面精加工

操作步骤

1. 选择【加工方法】

单击功能区的“曲面精加工”按钮，进入“刀具路径参数”界面，修改加工方案中的加工方法、走刀方式、加工区域等参数，如图 2-43 所示。

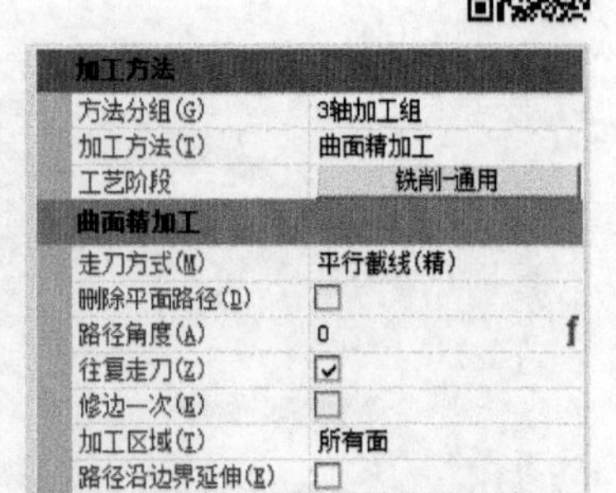

图 2-43 加工方法设置

2. 设置【加工域】

1）选择轮廓线为分型面轮廓提取线，选择加工面为分型面（绿色区域），如图 2-44 和图 2-45 所示。

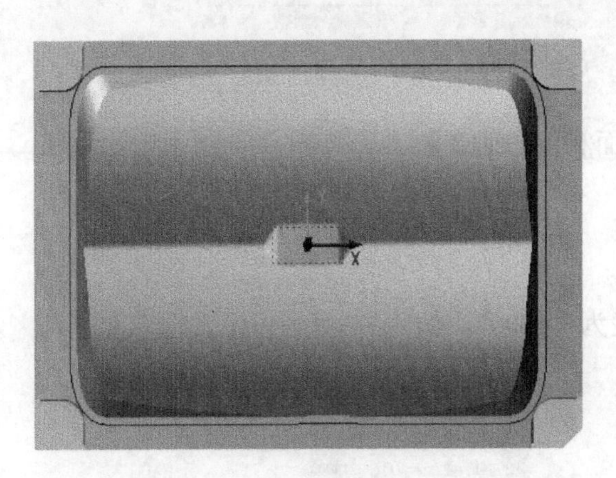

图 2-44 分型面精加工轮廓线

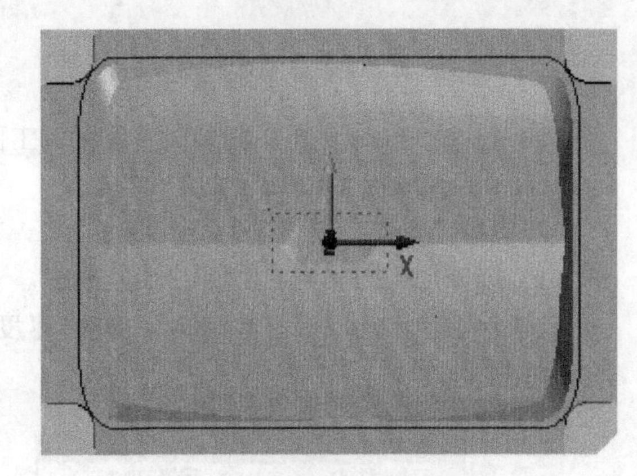

图 2-45 加工面

2）勾选“自动设置”复选框，设置加工面和保护面余量均为“0”，如图 2-46 所示。

深度范围	
自动设置(A)	☑
加工余量	
边界补偿(U)	关闭
边界余量(A)	0
加工面侧壁余量(B)	0
加工面底部余量(M)	0
保护面侧壁余量(D)	0
保护面底部余量(C)	0

图 2-46 加工域参数

3. 设置【加工刀具】

1）选择加工刀具为“[球头] JD-4.00”。

2）修改主轴转速为“18000”，进给速度为“1000”，如图 2-47 所示。

几何形状	
刀具名称(N)	[球头]JD-4.00
输出编号	2
刀具直径(D)	4
半径补偿号	2
长度补偿号	2
刀具材料	硬质合金
从刀具参数更新	...

走刀速度	
主轴转速/rpm(S)	18000
进给速度/mmpm(F)	1000
开槽速度/mmpm(T)	1000
下刀速度/mmpm(P)	1000
进刀速度/mmpm(L)	1000
连刀速度/mmpm(K)	1000
尖角降速(W)	☐
重设速度(R)	...

图 2-47 加工刀具及参数设置

4. 设置【进给设置】

1）修改路径间距为“0.03”，空间间距设置为“关闭空间路径间距”。

2）选择进刀方式为“切向进刀”，如图 2-48 所示。

5. 设置【安全策略】

设置检查模型为“俯视图几何体”。

6. 计算路径

设置完成后单击“计算”按钮，计算完成后弹出当前路径计算结果。

7. 修改路径名称

在路径树中右击当前路径，选择“重命名”命令，修改路径名称为“分型面精加工”。

路径间距		
间距类型(T)	设置路径间距	
路径间距	0.03	f
重叠率%(R)	99.25	f
残留高度(W)	0.0005	f
空间间距设置(E)	关闭空间路径间距	
进刀方式		
进刀方式(T)	切向进刀	
圆弧半径(R)	2.4	f
圆弧角度(A)	30	f
封闭路径螺旋连刀(P)	☑	
仅起末点进退刀(E)	☐	
直线延伸长度(L)	0	f
按照行号连刀(N)	☐	
最大连刀距离(D)	8	f
删除短路径(S)	0.02	f

图 2-48　进给设置

2.3.8　四支柱精加工

操作步骤

1. 选择【加工方法】

单击功能区的“曲面精加工”按钮，进入“刀具路径参数”界面，修改加工方案中的加工方法、走刀方式、加工区域等参数，如图 2-49 所示。

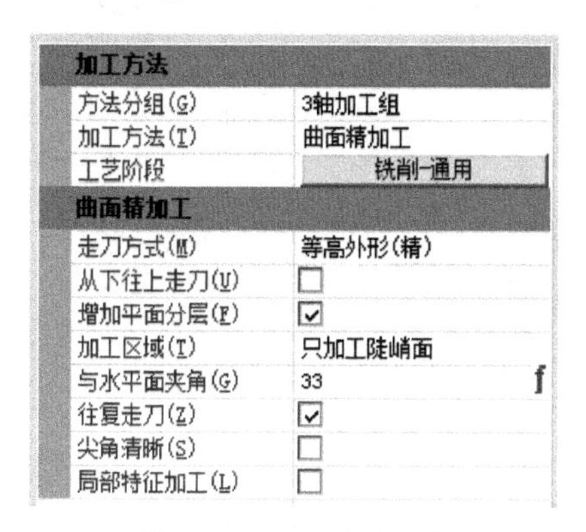

加工方法		
方法分组(G)	3轴加工组	
加工方法(T)	曲面精加工	
工艺阶段	铣削-通用	
曲面精加工		
走刀方式(M)	等高外形(精)	
从下往上走刀(U)	☐	
增加平面分层(F)	☑	
加工区域(T)	只加工陡峭面	
与水平面夹角(G)	33	f
往复走刀(Z)	☑	
尖角清晰(S)	☐	
局部特征加工(L)	☐	

图 2-49　加工方法设置

关键点延伸

曲面精加工 - 等高外形（精）：等高外形精加工主要用于加工曲面较复杂、侧壁较陡峭的场合。

由于等高外形精加工在加工过程中每层高度保持不变，因此可以提高机床运行的平稳性和加工工件的表面质量。该加工方法常和只加工平坦面（平行截线加工的一种模式）结合使用，特别适用于现代高速加工，如图 2-50 所示。

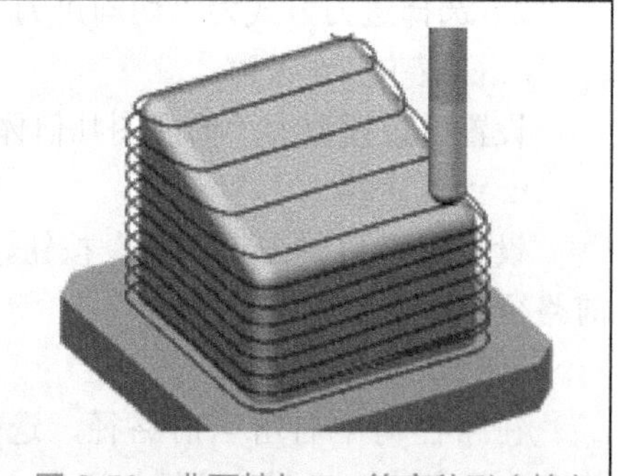

图 2-50　曲面精加工 - 等高外形（精）

2. 设置【加工域】

1）选择加工面为四角四个立柱（绿色区域），如图 2-51 所示。

2）勾选“自动设置”复选框，设置加工面和保护面余量均为“0”，如图 2-52 所示。

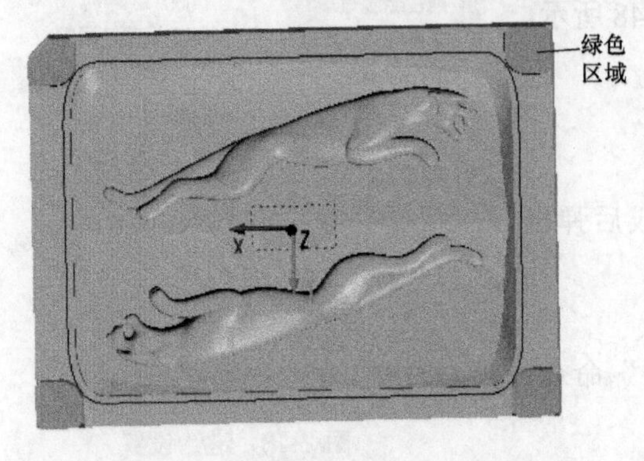

图 2-51　加工面

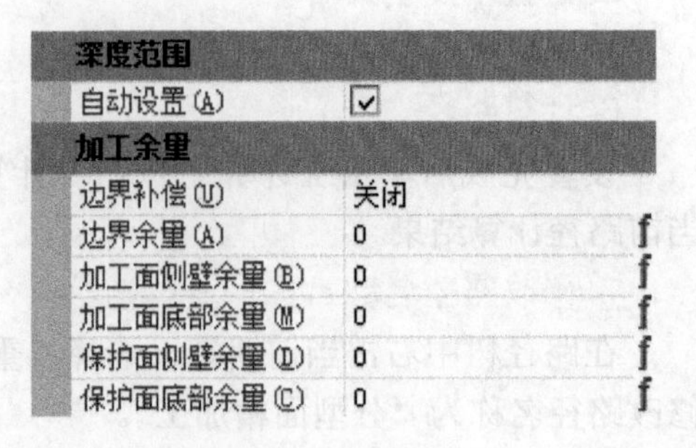

深度范围	
自动设置 (A)	☑
加工余量	
边界补偿 (U)	关闭
边界余量 (A)	0
加工面侧壁余量 (B)	0
加工面底部余量 (M)	0
保护面侧壁余量 (D)	0
保护面底部余量 (C)	0

图 2-52　加工域参数

3. 设置【加工刀具】

1）选择加工刀具为“[牛鼻] JD-3.00-0.25”。

2）修改主轴转速为“14000”，进给速度为“2000”，如图 2-53 所示。

几何形状	
刀具名称 (N)	[牛鼻]JD-3.00-0.25
输出编号	4
刀具直径 (D)	3
底直径 (d)	2.5
圆角半径 (R)	0.25
半径补偿号	4
长度补偿号	4
刀具材料	硬质合金
从刀具参数更新	...

走刀速度	
主轴转速/rpm (S)	14000
进给速度/mmpm (F)	2000
开槽速度/mmpm (T)	2000
下刀速度/mmpm (P)	2000
进刀速度/mmpm (L)	2000
连刀速度/mmpm (K)	2000
尖角降速 (W)	☐
重设速度 (R)	...

图 2-53　加工刀具及参数设置

4. 设置【进给设置】

1）修改路径间距为“0.03”，空间间距设置为“关闭空间路径间距”。

2）选择进刀方式为“切向进刀”，如图 2-54 所示。

5. 设置【安全策略】

设置检查模型为“俯视图几何体”。

6. 计算路径

设置完成后单击“计算”按钮，计算完成后弹出当前路径计算结果。

7. 修改路径名称

在路径树中右击当前路径，选择“重命名”命令，修改路径名称为“四支柱精加工”。

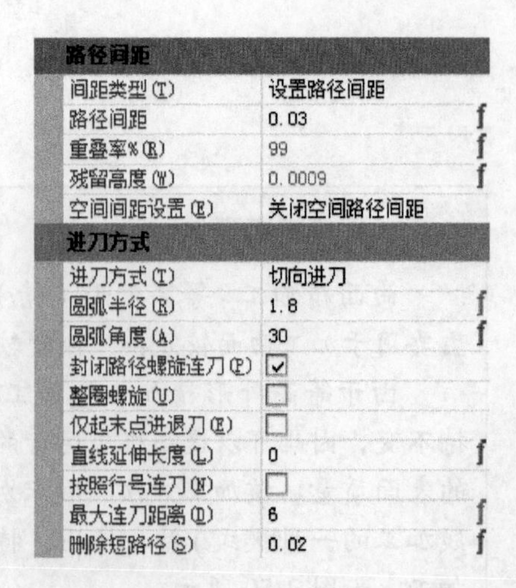

路径间距	
间距类型 (T)	设置路径间距
路径间距	0.03
重叠率% (R)	99
残留高度 (H)	0.0009
空间间距设置 (E)	关闭空间路径间距
进刀方式	
进刀方式 (I)	切向进刀
圆弧半径 (R)	1.8
圆弧角度 (A)	30
封闭路径螺旋连刀 (F)	☑
整圈螺旋 (U)	☐
仅起末点进退刀 (E)	☐
直线延伸长度 (L)	0
按照行号连刀 (N)	☐
最大连刀距离 (D)	6
删除短路径 (S)	0.02

图 2-54　进给设置

2.3.9　分型面四周精加工

操作步骤

1. 选择【加工方法】

单击功能区“三轴加工”选项卡上“3 轴加工”组中的“成组平面加工”按钮，进入“刀具路径参数”界面，修改加工方案中的加工方法、走刀方式等参数，如图 2-55 所示。

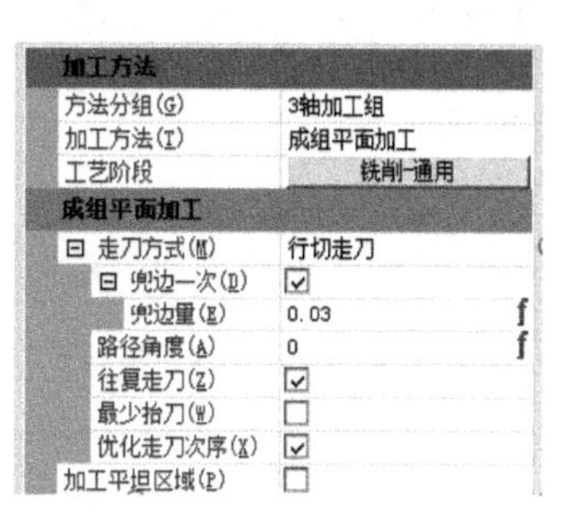

加工方法	
方法分组(G)	3轴加工组
加工方法(I)	成组平面加工
工艺阶段	铣削-通用
成组平面加工	
⊟ 走刀方式(M)	行切走刀
⊟ 兜边一次(D)	☑
兜边量(E)	0.03
路径角度(A)	0
往复走刀(Z)	☑
最少抬刀(W)	☐
优化走刀次序(X)	☑
加工平坦区域(F)	☐

图 2-55　加工方法设置

关键点延伸

成组平面加工：当模型凸凹处较明显，侧壁接近竖直壁，底面接近平面时，对底面的加工就特别适合采用成组平面加工。由于被加工面接近于水平面，可以方便地将平面加工的方法引入模型底面的加工。在加工过程中，成组的水平面可以统一地生成路径，也可以相对独立地生成路径。该方法既能提高生成路径的效率，又能够保证各面的加工质量。该方法对于部分被覆盖的面或较狭长的面无法生成精加工路径，需要用其他方法生成路径，如图 2-56 所示。

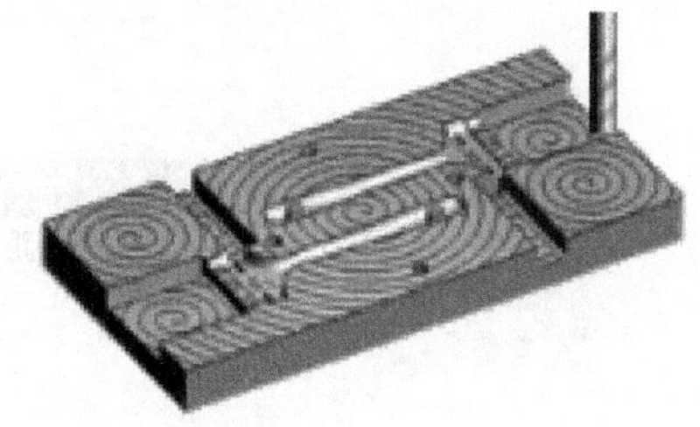

图 2-56　成组平面加工

2. 设置【加工域】

1）选择加工面为分型面外侧的面（绿色部分），如图 2-57 所示。

2）勾选“自动设置”复选框，设置加工面和保护面余量均为“0”，如图 2-58 所示。

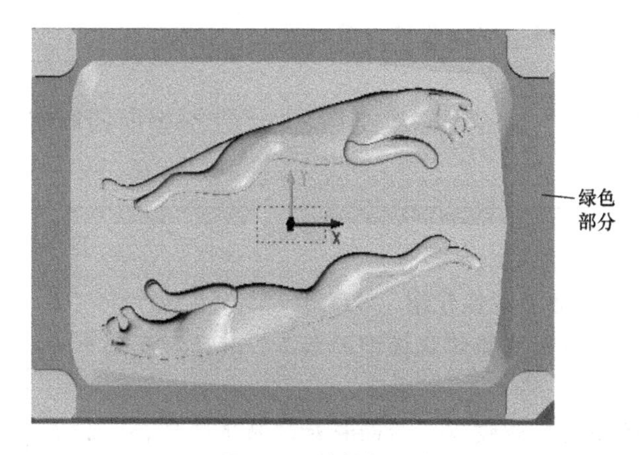

图 2-57　编辑加工域

深度范围	
自动设置(A)	☑
加工余量	
边界补偿(U)	关闭
边界余量(A)	0
加工面侧壁余量(B)	0
加工面底部余量(M)	0
保护面侧壁余量(D)	0
保护面底部余量(C)	0

图 2-58　加工域参数

3. 设置【加工刀具】

1）选择加工刀具为“[牛鼻] JD-3.00-0.25”。

2）修改主轴转速为“15000”，进给速度为“2000”，如图 2-59 所示。

几何形状	
刀具名称(N)	[牛鼻]JD-3.00-0.25
输出编号	4
刀具直径(D)	3
底直径(d)	2.5
圆角半径(R)	0.25
长度补偿号	4
刀具材料	硬质合金
从刀具参数更新	...

走刀速度	
主轴转速/rpm(S)	15000
进给速度/mmpm(F)	2000
开槽速度/mmpm(T)	2000
下刀速度/mmpm(P)	2000
进刀速度/mmpm(L)	2000
连刀速度/mmpm(K)	2000
尖角降速(W)	☐
重设速度(R)	...

图 2-59　加工刀具及参数设置

4. 设置【进给设置】

1）设置路径间距为“0.03”。

2）选择下刀方式为“螺旋下刀”，如图 2-60 所示。

路径间距	
间距类型(T)	设置路径间距
路径间距	0.03
重叠率%(R)	99

下刀方式	
下刀方式(M)	螺旋下刀
下刀角度(A)	0.5
螺旋半径(L)	1.44
表面预留(T)	0.02
侧边预留(S)	0
每层最大深度(M)	5
过滤刀具盲区(D)	☐
下刀位置(P)	自动搜索

图 2-60　进给设置

5. 设置【安全策略】

设置检查模型为“俯视图几何体”。

6. 计算路径

设置完成后单击“计算”按钮，计算完成后弹出当前路径计算结果。

7. 修改路径名称

在路径树中右击当前路径，选择“重命名”命令，修改路径名称为“分型面四周精加工”。

关键点延伸

其余两种曲面精加工方式介绍

径向放射：径向放射精加工主要适用于圆形、圆环状模型的加工，其路径呈扇形分布，如图 2-61 所示。

曲面流线：曲面流线精加工主要用于曲面数量较少、曲面相对较简单的场合。加工过程中刀具沿着曲面的流线运动，运动较平稳，路径间距疏密适度，能够实现螺旋走刀，达到较好的加工效果，可提高加工零件表面质量。当多张曲面边界相连时，可以联合在一起沿着曲面的流线加工。当曲面较小或较多时，不适宜用曲面流线加工，因为此时各面很可能会分别加工，路径的走向较混乱，如图 2-62 所示。

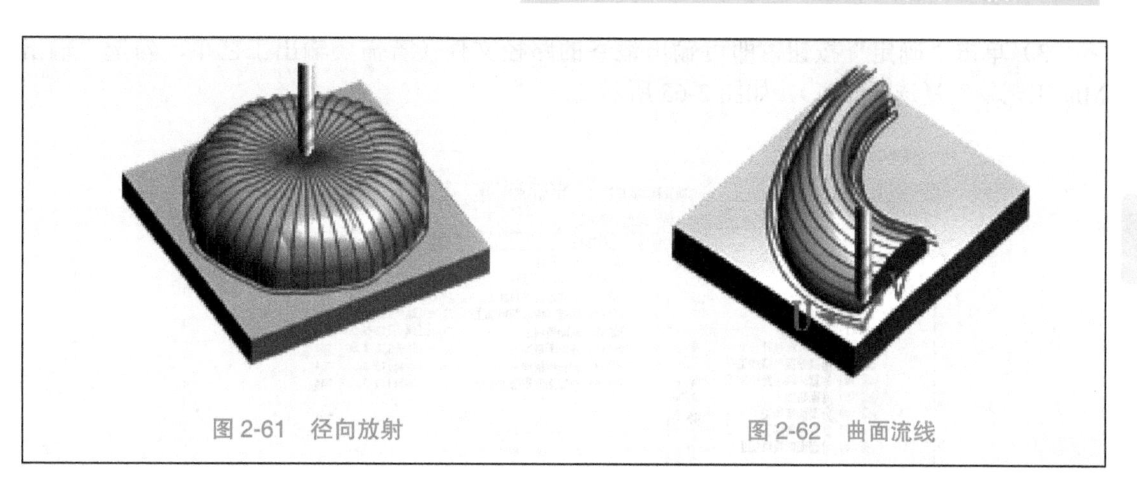

图 2-61　径向放射　　　　图 2-62　曲面流线

2.4　模拟和输出

2.4.1　机床模拟

完成程序编写工作后，需要对程序进行模拟仿真，保证程序在实际加工中的安全性。

操作步骤

1）单击功能区的“机床模拟”按钮，进入机床模拟界面，调节模拟速度后，单击模拟控制台的“开始”按钮进行机床模拟，如图 2-63 所示。

2）机床模拟无误后，单击“确定”按钮退出命令。模拟完成路径树如图 2-64 所示。

图 2-63　模拟进行中

图 2-64　模拟完成路径树

2.4.2　路径输出

顺利完成机床模拟工作后，接下来进行最后一步程序输出工作。

操作步骤

1）单击功能区的“输出刀具路径”按钮。

2）在“输出刀具路径”（后置处理）对话框中选择要输出的路径，根据实际加工设置好路径输出排序方法、输出文件名称。

3）单击“确定”按钮，即可输出最终的路径文件（若需要输出工艺单，勾选“输出Mht 工艺单”复选框即可），如图 2-65 所示。

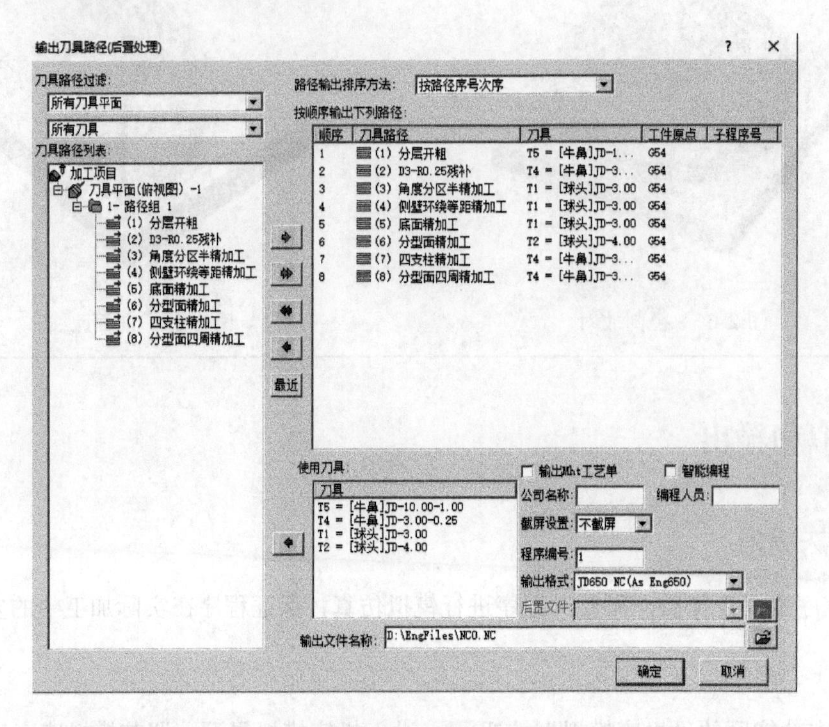

图 2-65　路径输出

2.5　实例小结

1）本章介绍了加工捷豹凹模零件的方法和步骤，通过本章学习，掌握三轴产品编程基本思路和编程策略。

2）由于捷豹模具表面精度要求较高，并且材料是模具钢，因此在进行加工的时候要注意刀具的选择以及控制进给速度和吃刀深度，避免加工效果不理想或损伤机床。

3）捷豹模具凹模零件的加工工艺是根据材料以及模具外观设计的，在实际加工过程中可根据产品形状、毛坯形状选择合适的加工方法。

知识拓展

三轴数控加工

三轴数控加工由直线进给轴 X、Y、Z 进行加工。其加工特点是：切削刀具方向在沿着整个切削路径运动过程中保持不变，刀尖的切削状态不可能实时达到完美。

三轴数控加工技术在机械加工领域的应用十分广泛。针对三轴曲面加工，SurfMill 9.0 软件提供了开粗、残补、精加工、清根等完整的加工工序，每种工序都可以根据曲面特征选择不同的加工策略，生成安全、高质量的加工路径。

模块 2

五 轴 编 程

第3章 梳子模具凹模零件加工

学习目标

- ■ 学习产品的工艺分析过程。
- ■ 熟悉曲面精加工方法和清根策略。
- ■ 熟悉五轴钻孔路径编程要点。
- ■ 掌握虚拟加工环境搭建的方法。

3.1 实例描述

梳子模具凹模主要包括基准面、虎口、胶位面、分型面、侧壁等部分，如图 3-1 所示。

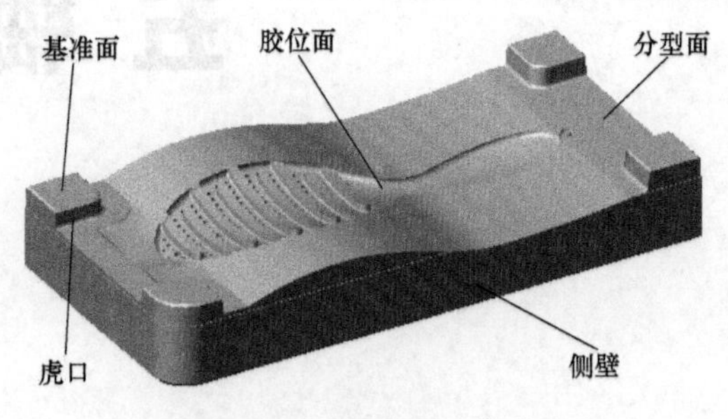

图 3-1 梳子模具凹模模型

3.1.1 工艺分析

工艺分析是编写加工程序前的必备工作，需要充分了解加工要求和工艺特点，合理编写加工程序。

该工件的加工要求和工艺分析如图 3-2 所示。

加工要求

加工位置	除底面外所有工件面
工艺要求	分型面刀纹均匀一致，并且表面粗糙度值Ra≤0.05μm；胶位面加工到位，清根且表面粗糙度值Ra≤0.05μm；钻孔孔径大小均匀，无明显阶梯纹，孔要钻透，边缘毛刺要去除

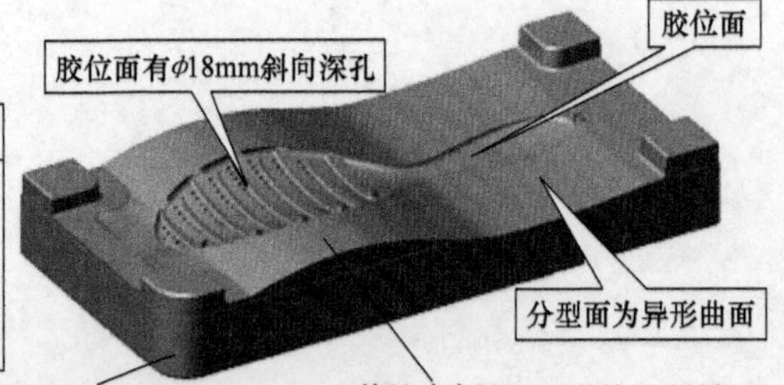

图 3-2 加工要求和工艺分析

3.1.2 加工方案

1. 机床设备

模具加工属于单件、小批量加工，零件上有斜孔，为保证一次加工成形，选择五轴机床；产品精度较高，考虑选择精雕全闭环机床；产品加工为板料加工，开粗量大，为了提高加工效率，选择 150 大转矩主轴机床。

2. 加工方法

如图 3-3 和图 3-4 所示。

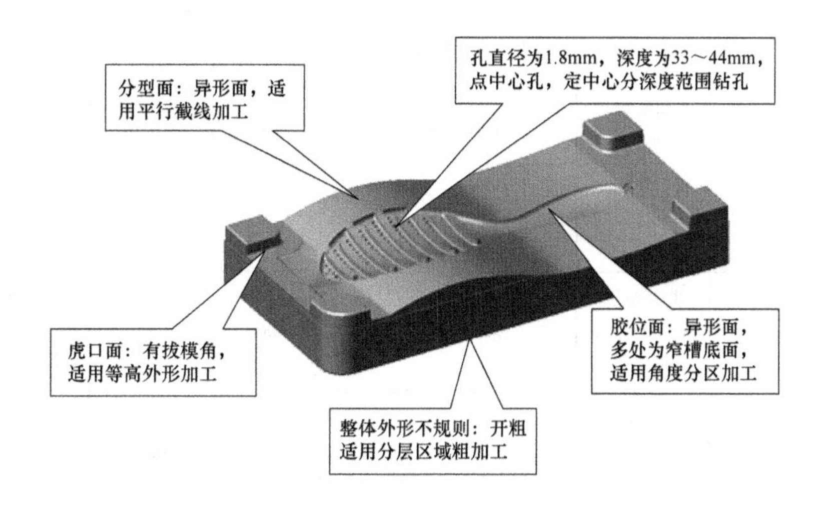

图 3-3　编程加工方案（一）

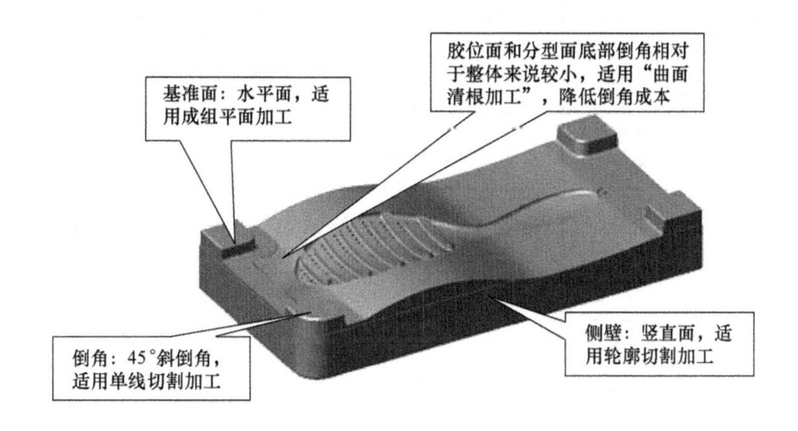

图 3-4　编程加工方案（二）

综合考虑，选择 JDGR400_A15SH 五轴机床进行加工。

3. 加工刀具

工件硬度较高，开粗加工尽可能选择镶片刀具［牛鼻］JD-21.00-0.80，该刀具具有良好的排屑能力和经济性；后续加工选择带涂层刀具，增强刀具使用性能，提高表面加工质量。

3.1.3　加工工艺卡

梳子模具凹模零件加工工艺卡见表 3-1。

表 3-1 梳子模具凹模零件加工工艺卡

序号	工步		加工方法	刀具类型	主轴转速/（r/min）	进给速度/（mm/min）	效果图
1	开粗加工	整体面开粗	分层区域粗加工	镶片刀［牛鼻］JD-21.00-0.80	2000	2500	
		残料补加工	残料补加工	［牛鼻］JD-6.00-0.50	5000	3000	
2	浇口部位加工	浇口粗加工	分层区域粗加工	［平底］JD-1.00	1400	1000	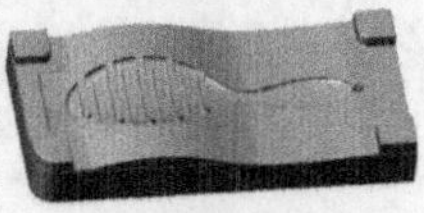
		浇口精加工	曲面精加工—平行截线（精）	［球头 JD-1.00	12000	500	
3	半精加工	分型面半精加工	曲面精加工—平行截线（精）	［球头］JD-6.00	6000	3000	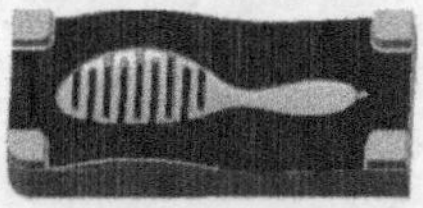
		胶位面半精加工	曲面精加工—角度分区（精）	［球头］JD-2.00	10000	2000	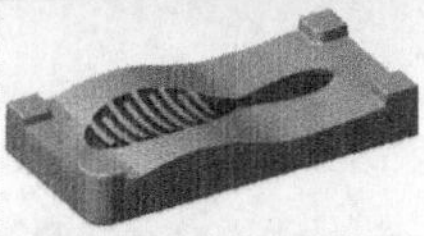
4	钻孔	中心孔	五轴钻孔	A2 中心钻［钻头］JD-2.00	3000	100	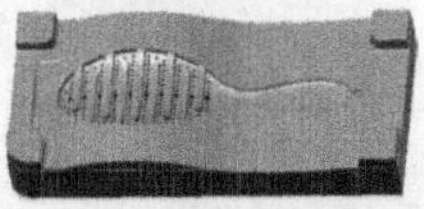
		45×4 钻孔	五轴钻孔	［钻头］JD-1.80	2000	50	
5	精加工	上侧壁精加工	轮廓切割	［平底］JD-10.00	4500	2000	
		基准面精加工	成组平面加工	［平底］JD-10.00	5000	1500	
		虎口精加工	曲面精加工—等高外形（精）	［牛鼻］JD-6.00-0.50	6000	1500	
		分型面精加工	曲面精加工—平行截线（精）	［球头］JD-6.00	8500	1500	
		胶位面精加工	曲面精加工—角度分区（精）	［球头］JD-2.00	12000	1500	
		分型面清根	曲面清根加工—混合清根	［球头］JD-2.00	12000	1500	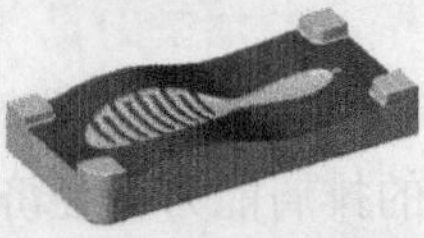
6	虎口倒角加工		单线切割	［大头刀］JD-90-0.20-6.00	6000	1000	

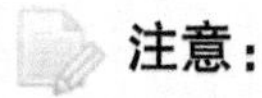

注意：

因工艺设计受限于机床选择、加工刀具、模型特点、加工要求、加工环境等诸多因素，故此加工工艺卡提供的工艺数据仅供参考，用户可根据具体的加工情况重新设计工艺。

3.1.4　装夹方案

底部吊装一块适当厚度且材料硬度与工件相当的转接板，保证工件底部与转接板完全贴合。转接板通过零点快换夹具定位在工作台上，减少机内换装时间，提高加工效率和机床使用率，如图 3-5 所示。

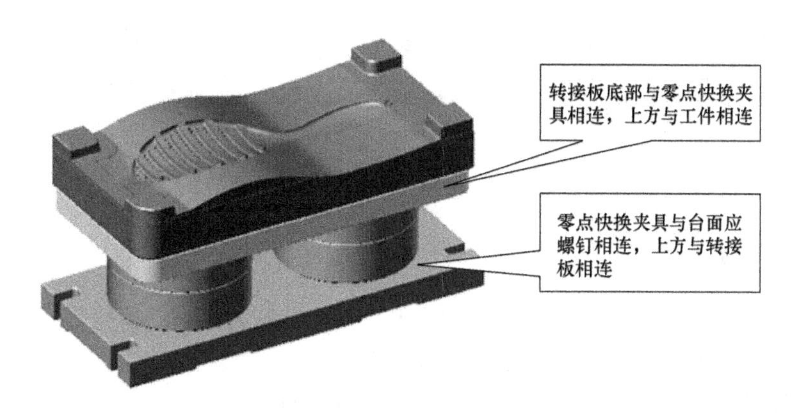

图 3-5　装夹方案

3.2　编程加工准备

进行编程加工前需要对加工件进行一些必要的准备工作，创建虚拟加工环境，具体内容包括：机床设置、创建刀具表、创建几何体、几何体安装设置等。

3.2.1　模型准备

启动 SurfMill 9.0 软件后，打开“梳子模具凹模零件 -new”练习文件。

3.2.2　机床设置

双击左侧“导航工作条”窗格中的“机床设置” 机床设置，选择机床类型为“5 轴”，选择机床文件为“JDGR400_A15SH”，选择机床输入文件格式为“JD650 NC（As Eng650）”，设置完成后单击“确定”按钮，如图 3-6 所示。

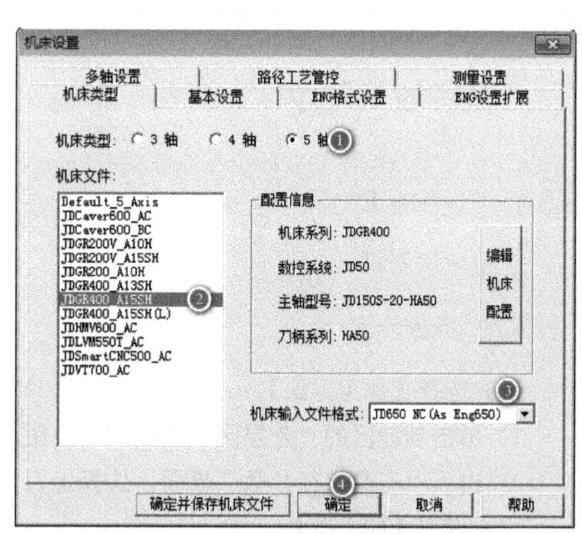

图 3-6　机床设置

3.2.3 创建刀具表

双击左侧“导航工作条”窗格中的“刀具表”刀具表，依次添加本例加工需要使用的刀具。

图 3-7 为本例加工使用刀具组成的当前刀具表。

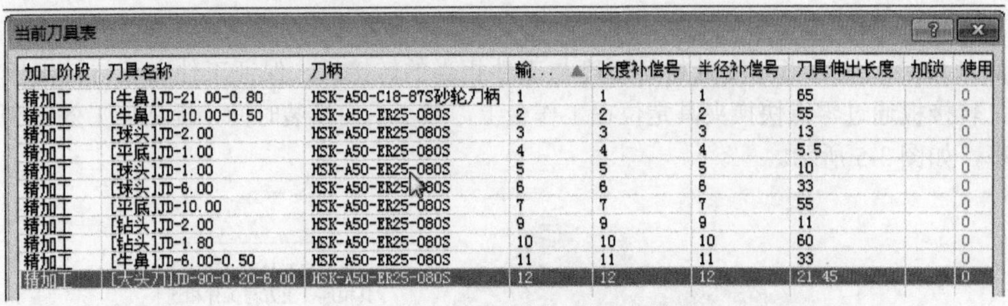

当前刀具表

加工阶段	刀具名称	刀柄	输...	长度补偿号	半径补偿号	刀具伸出长度	加锁	使用
精加工	[牛鼻]JD-21.00-0.80	HSK-A50-C18-87S砂轮刀柄	1	1	1	65		0
精加工	[牛鼻]JD-10.00-0.50	HSK-A50-ER25-080S	2	2	2	55		0
精加工	[球头]JD-2.00	HSK-A50-ER25-080S	3	3	3	13		0
精加工	[平底]JD-1.00	HSK-A50-ER25-080S	4	4	4	5.5		0
精加工	[球头]JD-1.00	HSK-A50-ER25-080S	5	5	5	10		0
精加工	[球头]JD-6.00	HSK-A50-ER25-080S	6	6	6	33		0
精加工	[平底]JD-10.00	HSK-A50-ER25-080S	7	7	7	55		0
精加工	[钻头]JD-2.00	HSK-A50-ER25-080S	9	9	9	11		0
精加工	[钻头]JD-1.80	HSK-A50-ER25-080S	10	10	10	60		0
精加工	[牛鼻]JD-6.00-0.50	HSK-A50-ER25-080S	11	11	11	33		0
精加工	[大头刀]JD-90-0.20-6.00	HSK-A50-ER25-080S	12	12	12	21.45		0

图 3-7 创建当前刀具表

3.2.4 创建几何体

双击模型树中的“几何体列表”几何体列表，在“导航工作条”窗格进行工件设置、毛坯设置和夹具设置。本例创建几何体的过程如下。

（1）工件设置 工件面选择“工件”图层的所有曲面。

（2）毛坯设置 毛坯面选择“毛坯”图层的所有曲面。

（3）夹具设置 夹具面选择“夹具”图层的所有曲面。

3.2.5 几何体安装设置

单击功能区的“几何体安装”按钮，单击“自动摆放”按钮，完成几何体快速安装。若自动摆放后安装位置不正确，可以通过“原点平移”“绕轴旋转”方式进行调整。

3.3 编写加工程序

3.3.1 开粗加工

1. 整体面开粗

操作步骤

（1）选择【加工方法】

1）单击功能区的“分层区域粗加工”按钮。

2）进入“刀具路径参数”界面，选择走刀方式为“环切走刀”，如图 3-8 所示。

（2）设置【加工域】

1）单击“编辑加工域”按钮，选择加工面为“工件”图层所有曲面，完成后单击“确定”按钮☑回到“刀具路径参数”对话框，如图 3-9 所示。

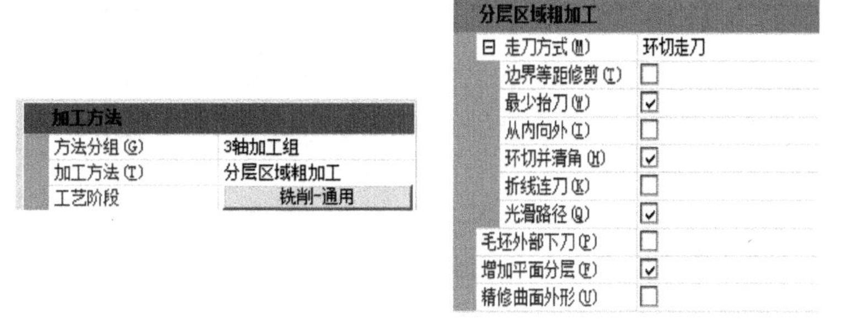

图 3-8　加工方法设置

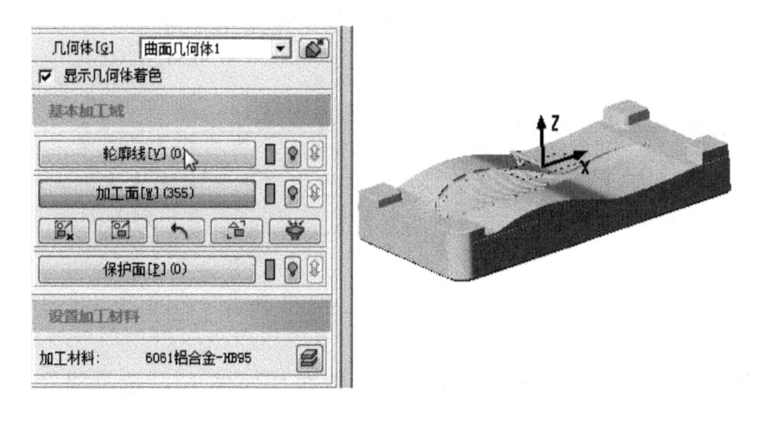

图 3-9　编辑加工域

2）设置深度范围，取消勾选“自动设置”复选框，表面高度为“0”，底面高度为“-21”。

3）设置加工余量，加工面侧壁余量为“0.15”、加工面底部余量为“0.15”，如图 3-10 所示。

加工图形	
编辑加工域(E)	
几何体(G)	补面几何体
轮廓线(V)	0
加工面(W)	308
保护面(P)	0
加工材料	6061铝合金HRC15

深度范围	
自动设置(A)	☐
表面高度(T)	0
定义加工深度(F)	☐
底面高度(M)	-21
重设加工深度(R)	...

加工余量	
边界补偿(U)	关闭
边界余量(A)	0
加工面侧壁余量(B)	0.15
加工面底部余量(M)	0.15
保护面侧壁余量(D)	0.13
保护面底部余量(C)	0.17

图 3-10　加工域参数

（3）选择【加工刀具】

1）单击“刀具名称”按钮，在当前刀具表中选择“[牛鼻]JD-21.00-0.80”（这里编程使用“[牛鼻]JD-21.00-0.80”替代“镶片刀 ϕ21-R0.8”，对后续数控程序的正常使用无影响）。

2）设置主轴转速为“2000”，进给速度为“2500”，如图 3-11 所示。

几何形状	
刀具名称(N)	[牛鼻]JD-21.00-0.80
输出编号	1
刀具直径(D)	21
底直径(d)	19.4
圆角半径(R)	0.8
长度补偿号	1
刀具材料	硬质合金
从刀具参数更新	...

走刀速度	
主轴转速/rpm(S)	2000
进给速度/mmpm(F)	2500
开槽速度/mmpm(T)	2500
下刀速度/mmpm(P)	2500
进刀速度/mmpm(L)	2500
连刀速度/mmpm(K)	2500
尖角降速(W)	☐
重设速度(R)	...

图 3-11　加工刀具及参数设置

（4）设置【进给设置】

1）设置路径间距为“12”。

2）选择分层方式为“限定深度”，吃刀深度为“0.25”，如图 3-12 所示。

路径间距	
间距类型(T)	设置路径间距
路径间距	12
重叠率%(R)	42.86

轴向分层	
分层方式(T)	限定深度
吃刀深度(D)	0.25
固定分层(Z)	☐
减少抬刀(K)	☑

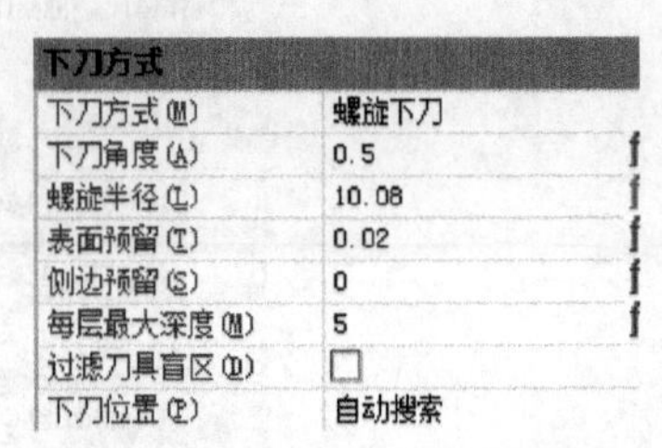

下刀方式	
下刀方式(M)	螺旋下刀
下刀角度(A)	0.5
螺旋半径(L)	10.08
表面预留(T)	0.02
侧边预留(S)	0
每层最大深度(M)	5
过滤刀具盲区(B)	☐
下刀位置(P)	自动搜索

图 3-12　进给设置

（5）设置【安全策略】　修改检查模型为“曲面几何体 1”，选择路径检查为“检查所有”，如图 3-13 所示。

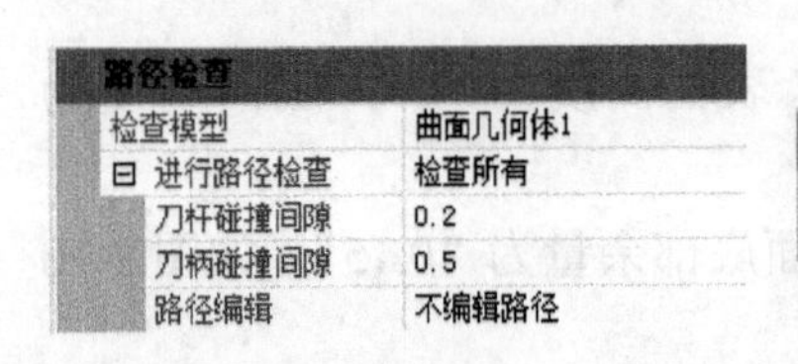

路径检查	
检查模型	曲面几何体1
⊟ 进行路径检查	检查所有
刀杆碰撞间隙	0.2
刀柄碰撞间隙	0.5
路径编辑	不编辑路径

工件避让	
定义出发点(F)	☐
定义回零点(T)	☐

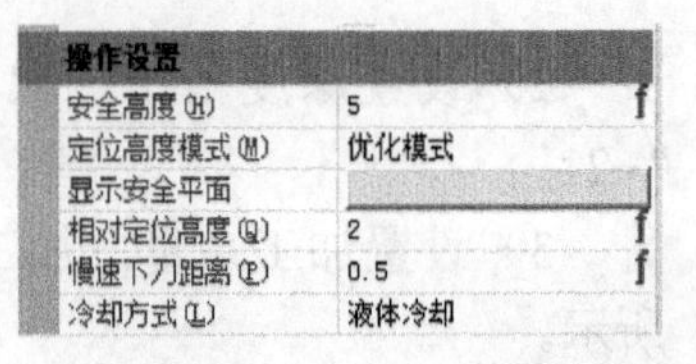

操作设置	
安全高度(H)	5
定位高度模式(M)	优化模式
显示安全平面	
相对定位高度(G)	2
慢速下刀距离(F)	0.5
冷却方式(L)	液体冷却

图 3-13　路径检查

（6）计算路径　设置完成后单击“计算”按钮，计算完成后弹出当前路径计算结果。

（7）修改路径名称　在路径树中右击当前路径，选择“重命名”命令，修改路径名称为“整体面开粗”。

2. 残料补加工

关键点延伸

曲面残料补加工：在加工复杂区域的过程中，为了提高加工效率，通常需要用大直径刀具完成粗加工。但是有些窄小的区域，刀具无法加工，大直径刀具会在内角位置留下很大的残留量。残料补加工可以根据上把刀具和当前刀具的大小关系自动计算出残料位置，生成清除残料的路径。

操作步骤

（1）选择【加工方法】

1）左侧路径树中复制“整体面开粗”路径。

2）双击新路径进入“刀具路径参数”界面。更改加工方法为“曲面残料补加工”。

3）选择定义方式为“指定上把刀具”，上把刀具为“[牛鼻] JD-21.00-0.80”，修改上次加工侧壁和底部余量均为“0.15”，如图 3-14 所示。

加工方法	
方法分组 (G)	3轴加工组
加工方法 (T)	曲面残料补加工
工艺阶段	铣削-通用

曲面残料补加工	
定义方式 (M)	指定上把刀具
上把刀具 (T)	[牛鼻]JD-21.00-0.80
上次加工侧壁余量 (F)	0.15
上次加工底部余量 (S)	0.15
优化路径 (P)	☑
增加平面分层 (U)	☑
精修曲面外形 (E)	☐
往复走刀 (Z)	☑

图 3-14　加工方法设置

（2）设置【加工域】

1）单击“编辑加工域”按钮，拾取轮廓线为“局部轮廓线”图层轮廓线，完成后单击“确定”按钮回到“刀具路径参数”对话框，如图 3-15 所示。

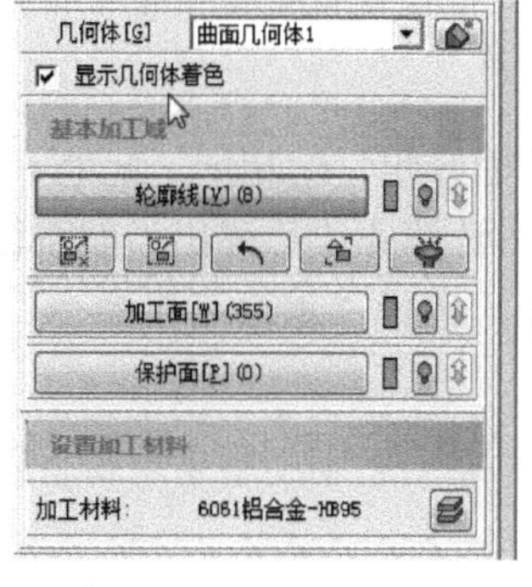

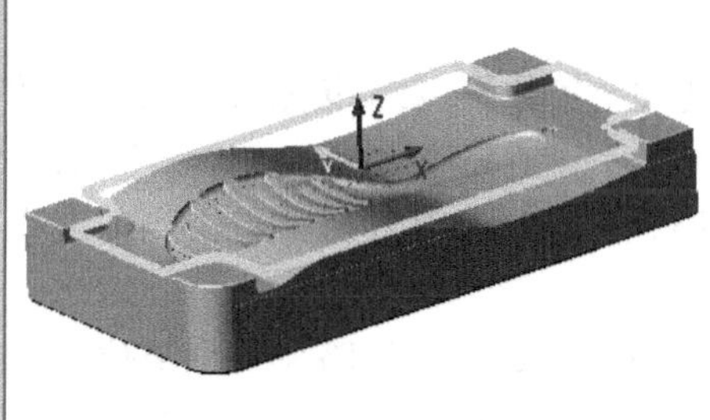

图 3-15　编辑加工域

2）设置深度范围，勾选“自动设置”复选框。

3）设置加工余量，加工面侧壁余量为“0.15”，加工面底部余量为“0.15”，如图 3-16 所示。

加工图形	
编辑加工域 (E)	
几何体 (G)	补面几何体
轮廓线 (V)	0
加工面 (W)	308
保护面 (P)	0
加工材料	6061铝合金HRC15

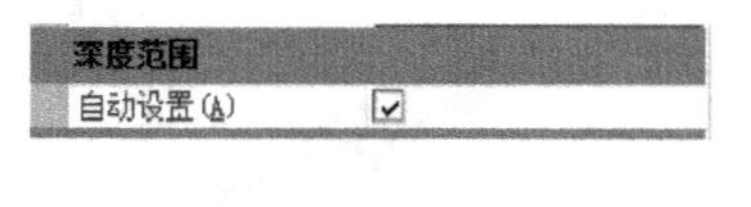

深度范围	
自动设置 (A)	☑

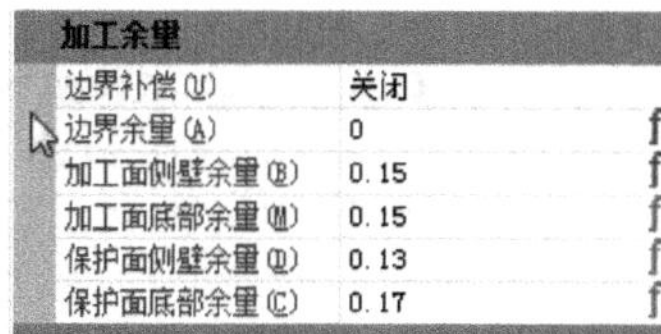

加工余量	
边界补偿 (U)	关闭
边界余量 (A)	0
加工面侧壁余量 (B)	0.15
加工面底部余量 (M)	0.15
保护面侧壁余量 (D)	0.13
保护面底部余量 (C)	0.17

图 3-16　加工域参数

（3）选择【加工刀具】

1）单击“刀具名称”按钮，在当前刀具表中选择“[牛鼻] JD-6.00-0.50”。

2）设置主轴转速为“5000”，进给速度为“3000”，如图 3-17 所示。

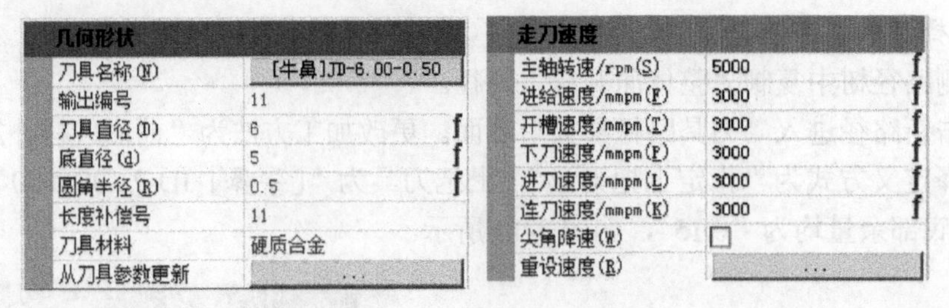

图 3-17　加工刀具及参数设置

（4）设置【进给设置】

1）设置路径间距为“3”。

2）选择轴向分层方式为“限定深度”，吃刀深度为“0.1”，如图 3-18 所示。

路径间距	
间距类型(T)	设置路径间距
路径间距	3
重叠率%(R)	50

轴向分层	
分层方式(T)	限定深度
吃刀深度(D)	0.1
固定分层(Z)	☐
减少抬刀(K)	☑

下刀方式	
下刀方式(M)	螺旋下刀
下刀角度(A)	0.5
螺旋半径(L)	2.88
表面预留(T)	0.02
侧边预留(S)	0
每层最大深度(M)	5
过滤刀具盲区(Q)	☑
刀具盲区半径(R)	4.8
下刀位置(P)	自动搜索

图 3-18　进给设置

（5）设置【安全策略】　安全策略设置与“整体面开粗”的相同，此处不做修改。

（6）计算路径　设置完成后单击“计算”按钮，计算完成后弹出当前路径计算结果。

（7）修改路径名称　在路径树中右击当前路径，选择“重命名”命令，修改路径名称为“残料补加工”。

（8）路径编辑　计算完成的路径个别部位可能存在加工路径短且杂乱的情况，用户可以根据情况对路径进行编辑，删除不需要的路径。

1）单击功能区“路径编辑”选项卡上“路径编辑”组中的“路径删除”按钮 如图 3-19 所示。

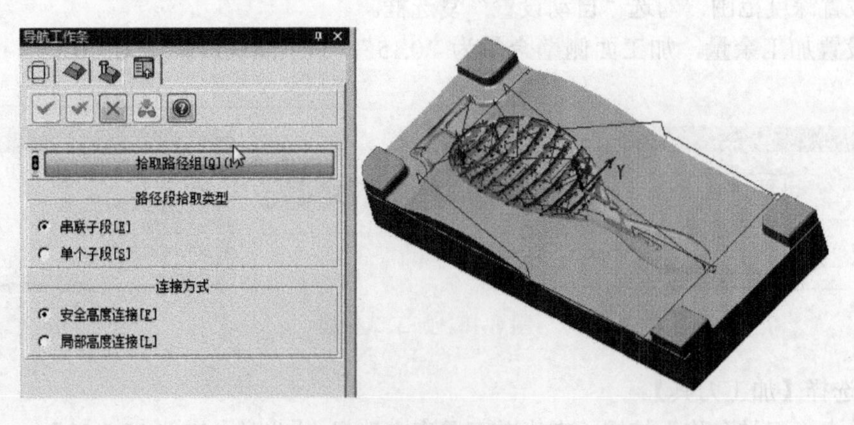

图 3-19　编辑路径

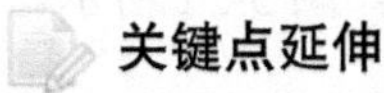

关键点延伸

路径删除：删除路径组中的一条或多条路径。一般用来删除不需要加工的路径子段。选择时可以按住 <Shift> 键进行加选，也可以使用 <Ctrl> 键进行减选。

2）按照提示选中路径，右击确认，再选中需要删除的“串联子段”，完成后单击“确认”按钮，得到编辑后的路径如图 3-20 所示。

（9）路径检查　编辑后的路径前会有红色 × 标识 (2) 残料补加工1 的路径，需要进行手动过切检查和碰撞检查，如图 3-21 所示。

1）单击功能区“刀具路径”选项卡上“刀具路径”组中的“过切检查”按钮。

2）在“导航工作条”窗格中单击“选择路径”按钮，选择“残料补加工”路径，单击“确定”按钮，单击“开始检查”按钮，完成“过切检查”。

3）在“导航工作条”窗格选中“刀柄碰撞检查”单选按钮，按照上述过切检查步骤完成碰撞检查操作。

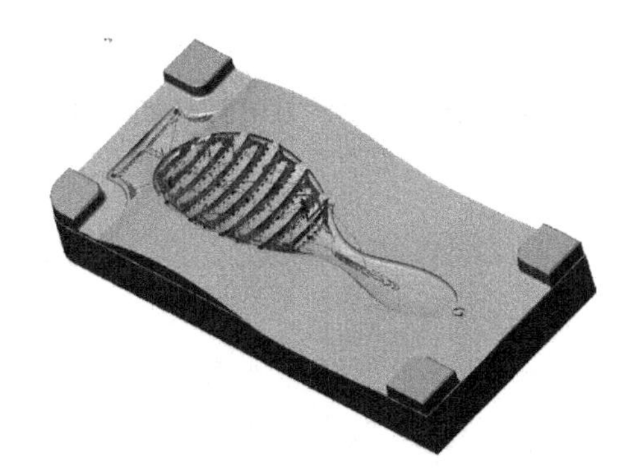

图 3-20　最终残补路径

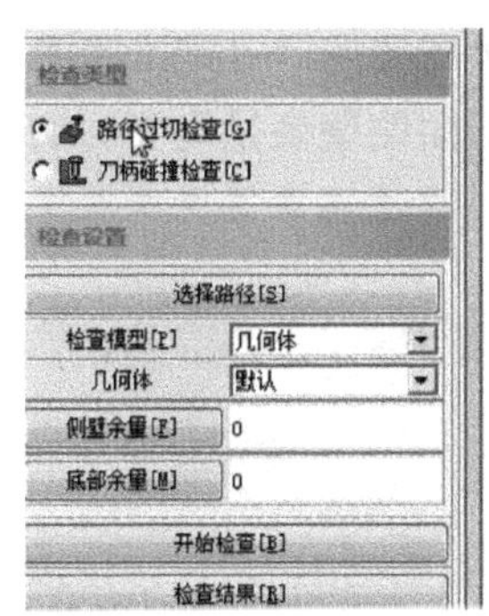

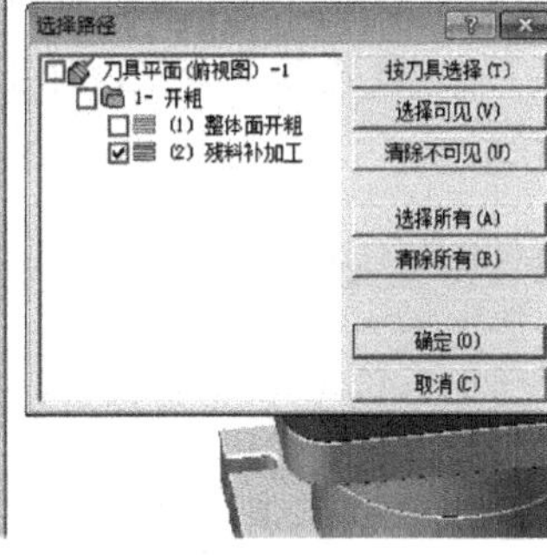

图 3-21　过切和碰撞检查

关键点延伸

① 编辑后的路径前会有红色 × 标识，例如 (2) 残料补加工1。

② 路径重新计算后，路径编辑内容会丢失。需要重新进行上述“路径编辑”与“路径检查”的操作，对路径进行删除。

3.3.2　浇口部位加工

浇口部位特征小，与胶位面和分型面无倒角相接，为可独立加工特征。加工浇口部位分为粗加工和精加工两步。

1. 浇口粗加工

操作步骤

（1）选择【加工方法】

1）单击功能区的“分层区域粗加工”按钮。

2）进入“刀具路径参数”界面，选择走刀方式为“环切走刀”，如图 3-22 所示。

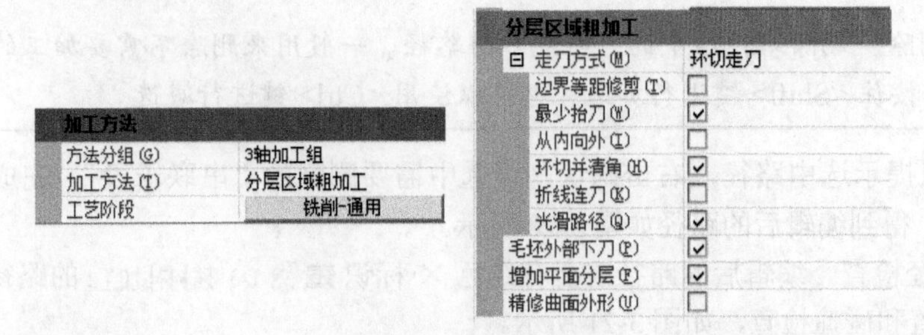

图 3-22 加工方法设置

（2）设置【加工域】

1）单击“编辑加工域”按钮，选择轮廓线为“浇口辅助线面”图层所有轮廓线，选择加工面为“浇口辅助线面”图层所有曲面，拾取保护面为“分型面”所有曲面，完成后单击“确定”按钮回到“刀具路径参数”对话框。

2）设置深度范围，表面高度为“-11”，底面高度为“-14”。

3）设置加工余量，加工面侧壁余量为“0.015”，加工面底部余量为“0.015”，如图 3-23 所示。

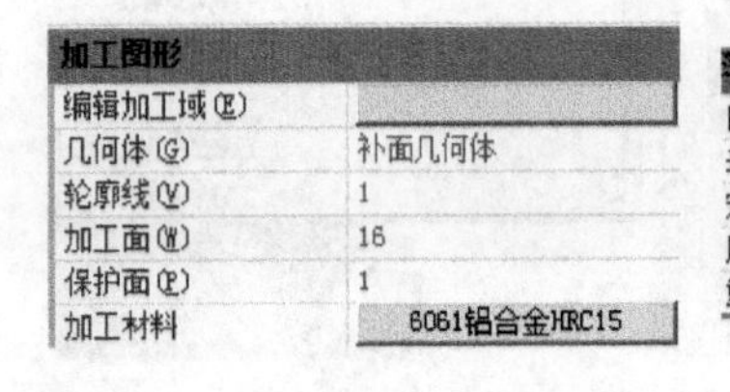

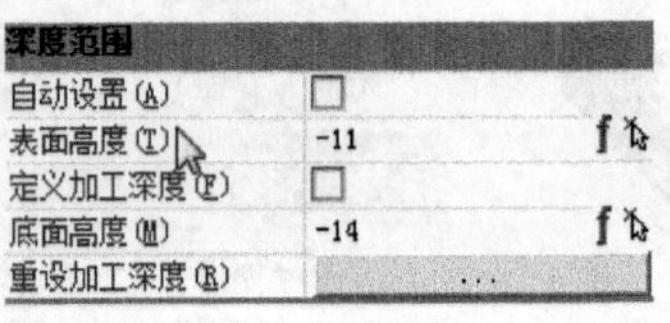

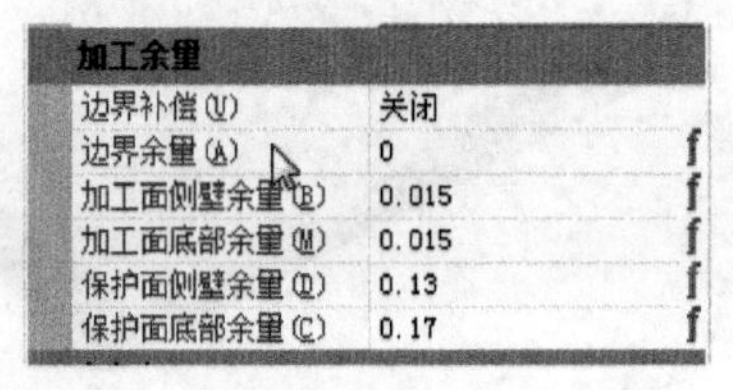

图 3-23　加工域参数

（3）选择【加工刀具】

1）单击“刀具名称”按钮，在当前刀具表中选择“[平底] JD-1.00”。

2）设置主轴转速为“14000”，进给速度为“1000”，如图 3-24 所示。

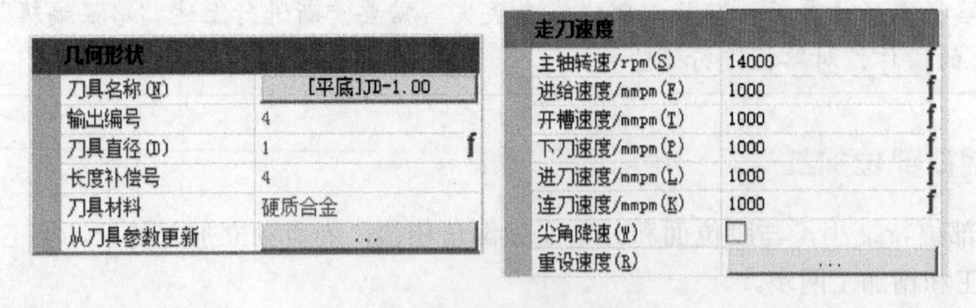

图 3-24　加工刀具及参数设置

（4）设置【进给设置】

1）设置路径间距为“0.5”。

2）选择轴向分层方式为“限定深度”，吃刀深度为“0.08”，如图 3-25 所示。

路径间距	
间距类型(T)	设置路径间距
路径间距	0.5
重叠率%(R)	50

轴向分层	
分层方式(T)	限定深度
吃刀深度(D)	0.08
固定分层(Z)	☐
减少抬刀(K)	☑
层间加工	
加工方式(T)	关闭
开槽方式	
开槽方式(T)	关闭

下刀方式	
下刀方式(M)	螺旋下刀
下刀角度(A)	0.5
螺旋半径(L)	0.48
表面预留(T)	0.02
侧边预留(S)	0
每层最大深度(M)	5
过滤刀具盲区(D)	☐
下刀位置(P)	自动搜索

图 3-25　进给设置

（5）设置【安全策略】 修改检查模型为“曲面几何体 1”，选择路径检查为“检查所有”。

（6）计算路径　设置完成后单击“计算”按钮，计算完成后弹出当前路径计算结果。

（7）修改路径名称　在路径树中右击当前路径，选择“重命名”命令，修改路径名称为“浇口粗加工”。

2. 浇口精加工

操作步骤

（1）选择【加工方法】

1）在左侧路径树中复制“浇口粗加工”路径。

2）在“刀具路径参数”对话框选择加工方法为“曲面精加工”，走刀方式为“平行截线（精）”，如图 3-26 所示。

加工方法	
方法分组(G)	3轴加工组
加工方法(T)	曲面精加工
工艺阶段	铣削-通用

曲面精加工	
走刀方式(M)	平行截线(精)
删除平面路径(D)	☐
路径角度(A)	0
往复走刀(Z)	☑
修边一次(E)	☐
加工区域(T)	所有面
路径沿边界延伸(E)	☐

图 3-26　加工方法设置

关键点延伸

曲面精加工：软件提供了六种曲面精加工方式，即平行截线、等高外形、径向放射、曲面流线、环绕等距、角度分区。本案例中涉及平行截线、等高外形、角度分区，在后续工步中会介绍其使用的场景。

平行截线精加工：在曲面精加工中使用最为广泛，特别适用于曲面较复杂、较平坦的场景。

（2）设置【加工域】

1）设置深度范围，勾选“自动设置”复选框。

2）设置加工余量，加工面余量为“0”。

（3）选择【加工刀具】

1）单击“刀具名称”按钮，在当前刀具表中选择“[球头] JD-1.00”。

2）设置主轴转速为“12000”，进给速度为“500”。

（4）设置【进给设置】

1）设置路径间距为“0.03”，空间间距设置为“空间路径间距”。

2）选择进到方式为“切向进刀”，如图 3-27 所示。

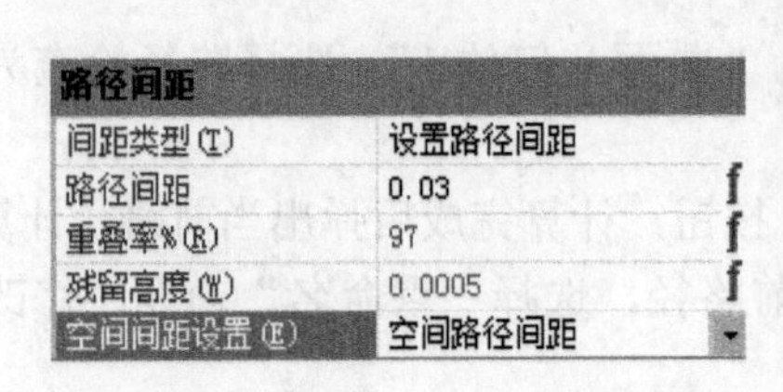

路径间距	
间距类型（T）	设置路径间距
路径间距	0.03
重叠率%（R）	97
残留高度（H）	0.0005
空间间距设置（E）	空间路径间距

进刀方式	
进刀方式（T）	切向进刀
圆弧半径（R）	0.6
圆弧角度（A）	30
封闭路径螺旋连刀（P）	☑
仅起末点进退刀（E）	☐
直线延伸长度（L）	0
按照行号连刀（N）	☐
最大连刀距离（D）	2
删除短路径（S）	0.02

图 3-27　进给设置

（5）设置【安全策略】 设置与“浇口开粗”的相同，此处可不做修改。

（6）计算路径　设置完成后单击“计算”按钮，计算完成后弹出当前路径计算结果。

（7）修改路径名称　在路径树中右击当前路径，选择“重命名”命令，修改路径名称为“浇口精加工”。

3.3.3　半精加工

1. 分型面半精加工

操作步骤

（1）选择【加工方法】 单击功能区的“曲面精加工”按钮，进入“刀具路径参数”界面，选择走刀方式为“平行截线（精）”、路径角度为“0”，如图 3-28 所示。

加工方法	
方法分组（G）	3轴加工组
加工方法（T）	曲面精加工
工艺阶段	铣削-通用

曲面精加工	
走刀方式（M）	平行截线(精)
删除平面路径（D）	☐
路径角度（A）	0
往复走刀（Z）	☑
修边一次（E）	☐
加工区域（T）	所有面
路径沿边界延伸（E）	☐

图 3-28　加工方法设置

（2）设置【加工域】

1）单击“编辑加工域”按钮，选择轮廓线为“分型面”图层所有曲线，选择加工面为“分型面”图层所有曲面，完成后单击“确定”按钮回到“刀具路径参数”对话框。

2）设置深度范围，勾选“自动设置”复选框。

3）设置加工余量，设置加工面侧壁余量为“0.1”，加工面底部余量为“0.1”。

（3）选择【加工刀具】

1）单击“刀具名称”按钮，在当前刀具表中选择“［球头］JD-6.00”

2）设置主轴转速为“6000”，进给速度为“3000”。

（4）设置【进给设置】 设置路径间距为“0.2”，空间间距设置为“空间路径间距”，如图 3-29 所示。

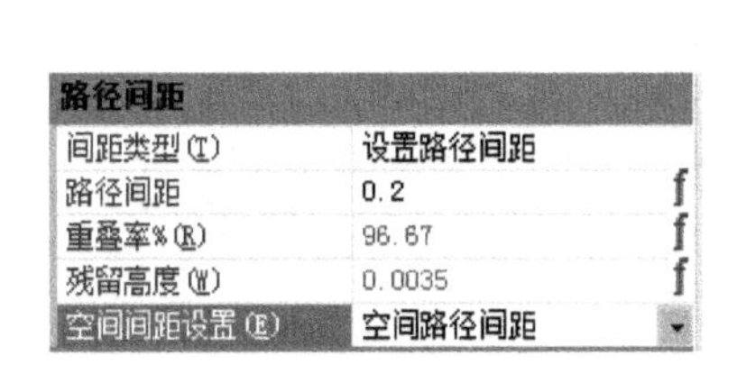

进刀方式	
进刀方式(T)	切向进刀
圆弧半径(R)	3.6
圆弧角度(A)	30
封闭路径螺旋连刀(P)	☑
仅起末点进退刀(E)	☐
直线延伸长度(L)	0
按照行号连刀(N)	☐
最大连刀距离(D)	12
删除短路径(S)	0.02

图 3-29　进给设置

（5）设置【安全策略】 修改检查模型为“曲面几何体 1”，选择路径检查为“检查所有”。

（6）计算路径　设置完成后单击“计算”按钮，计算完成后弹出当前路径计算结果。

（7）修改路径名称　在路径树中右击当前路径，选择“重命名”命令，修改路径名称为“分型面半精加工”。

2. 胶位面半精加工

操作步骤

（1）选择【加工方法】 单击功能区的“曲面精加工”按钮，进入“刀具路径参数”界面，选择走刀方式为“角度分区（精）”，如图 3-30 所示。

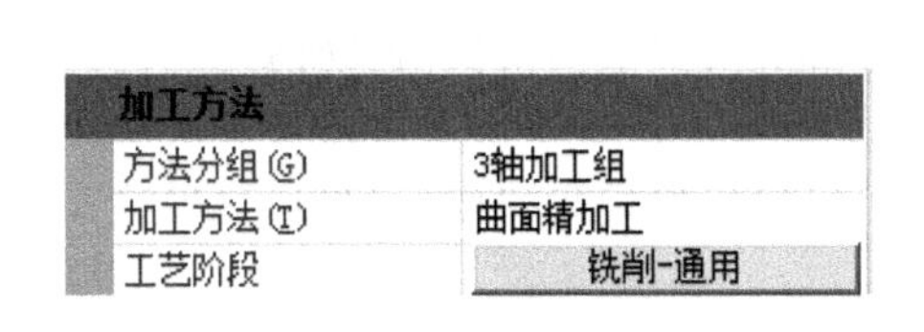

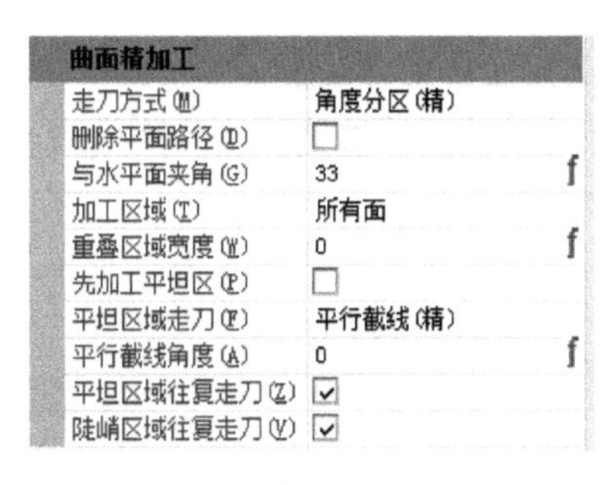

图 3-30　加工方法设置

（2）设置【加工域】

1）单击“编辑加工域”按钮，选择轮廓线为“胶位面”图层所有曲线，选择加工面为“胶位面”图层所有曲面，完成后单击“确定”按钮回到“刀具路径参数”对话框。

2）深度范围和加工余量的设置与“分型面半精加工”一致，可不做修改。

（3）选择【加工刀具】

1）单击“刀具名称”按钮，在当前刀具表中选择“［球头］JD-2.00”。

2）设置主轴转速为“10000”，进给速度为“2000”。

（4）设置【进给设置】

1）设置平坦部分和陡峭部分路径间距均为“0.15”。

2）选择进刀方式为“切向进刀”，如图 3-31 所示。

（5）设置【安全策略】修改检查模型为“曲面几何体 1”，路径检查为“检查所有”。

（6）计算路径　设置完成后单击“计算”按钮，计算完成后弹出当前路径计算结果。

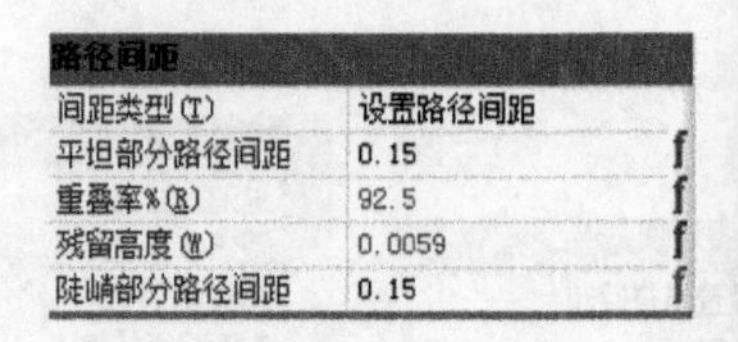

路径间距	
间距类型(T)	设置路径间距
平坦部分路径间距	0.15
重叠率%(R)	92.5
残留高度(W)	0.0059
陡峭部分路径间距	0.15

进刀方式	
进刀方式(T)	切向进刀
圆弧半径(R)	1.2
圆弧角度(A)	30
封闭路径螺旋连刀(P)	☑
整圈螺旋(U)	☐
仅起末点进退刀(E)	☐
直线延伸长度(L)	0
按照行号连刀(N)	☐
最大连刀距离(D)	4
删除短路径(S)	0.02

图 3-31　进给设置

（7）修改路径名称　在路径树中右击当前路径，选择“重命名”命令，修改路径名称为“胶位面半精加工”。

3.3.4　钻孔

本案例中的孔轴线为斜线，使用“多轴加工—五轴钻孔”的加工方法。

1. 中心孔

> **关键点延伸**
>
> 中心孔：中心钻用于孔加工的预制精确定位，引导钻头进行孔加工，减少误差，为钻孔精确定位。

操作步骤

（1）选择【加工方法】

1）单击功能区“多轴加工”选项卡上“多轴加工”组中的“五轴钻孔”按钮，进入“刀具路径参数”界面。

2）选择路径生成模式为“多轴定位加工”，钻孔类型为“中心钻孔（G81）”，R 平面高度为“0.5”，如图 3-32 所示。

加工方法	
方法分组(G)	多轴加工组
加工方法(T)	五轴钻孔
工艺阶段	铣削-通用

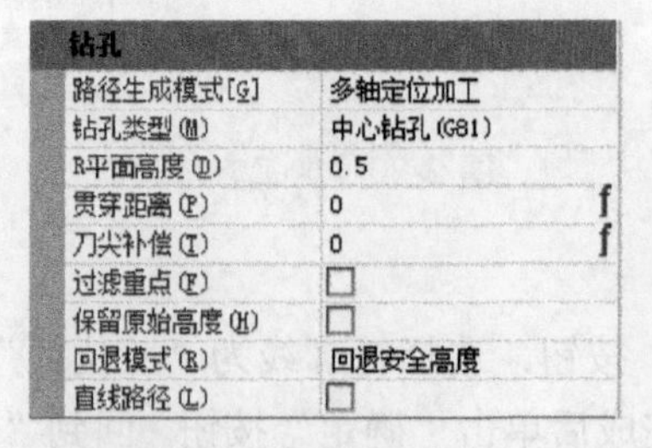

钻孔	
路径生成模式[G]	多轴定位加工
钻孔类型(M)	中心钻孔(G81)
R平面高度(D)	0.5
贯穿距离(P)	0
刀尖补偿(T)	0
过滤重点(F)	☐
保留原始高度(H)	☐
回退模式(R)	回退安全高度
直线路径(L)	☐

特征取点	
取点方式(M)	关闭

图 3-32　加工方法设置

（2）设置【加工域】

1）单击“编辑加工域”按钮，拾取点为“深孔”图层所有点，选择刀轴直线为“深孔”层所有直线（设置【加工刀具】完成后，返回编辑加工域，选择“孔轴线”），完成后单击“确定”按钮✓回到“刀具路径参数”对话框。

2）设置深度范围，表面高度为“0.1”，底面深度为“−0.1”。

（3）选择【加工刀具】

1）单击“刀具名称”按钮，在当前刀具表中选择“[钻头] JD-2.00”（这里加工编程使用“[钻头] JD-2.00”替代“A2 中心钻”，对后续数控程序的正常使用无影响）。

2）设置主轴转速为“3000”，进给速度为“100”，如图 3-33 所示。

几何形状	
刀具名称 (N)	[钻头]JD-2.00
输出编号	9
刀具直径 (D)	2
长度补偿号	9
刀柄碰撞 (U)	☐
刀具材料	硬质合金
从刀具参数更新	...

刀轴方向	
刀轴控制方式 (I)	过指定直线
最大角度增量 (M)	3

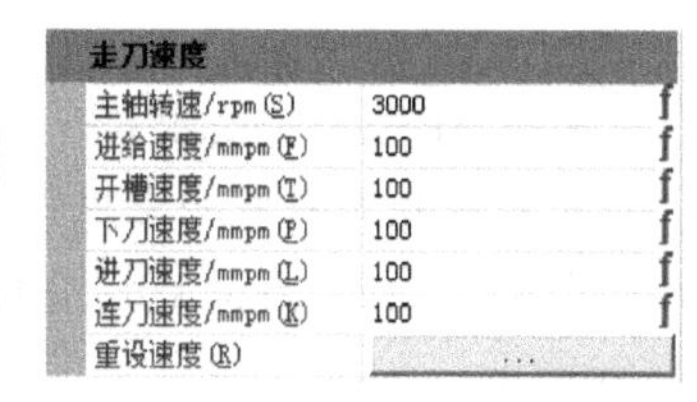

走刀速度	
主轴转速/rpm (S)	3000
进给速度/mmpm (F)	100
开槽速度/mmpm (T)	100
下刀速度/mmpm (P)	100
进刀速度/mmpm (L)	100
连刀速度/mmpm (K)	100
重设速度 (R)	...

图 3-33　加工刀具及参数设置

3）设置刀轴方向，选择刀轴控制方式为“过指定直线”。

关键点延伸

五轴钻孔加工中提供了七种刀轴控制方式，在日常钻孔加工中常用的刀轴控制方式主要由曲面法向和过指定直线两种方式来定义。曲面法向为与孔截面平行的平面，直线一般为孔中心线。

（4）设置【安全策略】

1）修改检查模型为“曲面几何体 1”，选择路径检查为“检查所有”。

2）设置安全高度为“60”，设置相对定位高度为“60”。

（5）计算设置　选择轮廓排序为“Y 优先（往复）”，如图 3-34 所示。

加工次序	
轮廓排序 (R)	Y 优先(往复)

图 3-34　计算设置

（6）路径计算　设置完成后单击“计算”按钮，计算完成后弹出当前路径计算结果。

（7）修改路径名称　在路径树中右击当前路径，选择“重命名”命令，修改路径名称为“中心孔”。

2. 45×4 钻孔

由于孔的深度不一致，为了提高钻孔效率，将孔按照深度分开加工。

操作步骤

（1）选择【加工方法】

1）在左侧路径树中复制“中心孔”路径。

2）双击复制得到的路径，进入“刀具路径参数”界面，选择钻孔类型为“深孔钻”，R 平面高度为“0.5”，刀尖补偿为“1”，勾选“直线路径”复选框，如图 3-35 所示。

加工方法	
方法分组(G)	多轴加工组
加工方法(T)	五轴钻孔
工艺阶段	铣削-通用

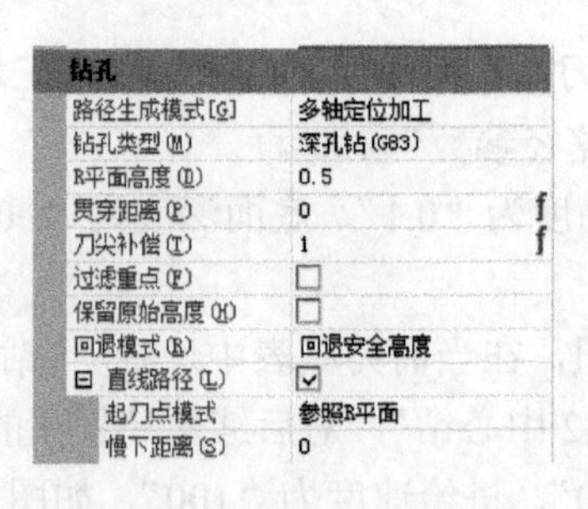

图 3-35　加工方法设置

（2）设置【加工域】

1）单击“编辑加工域”按钮，先取消选择复制路径中已有的所有点，拾取点为“加工图形”图层中上表面点，完成后单击“确定”按钮回到“刀具路径参数”对话框，如图 3-36 所示。

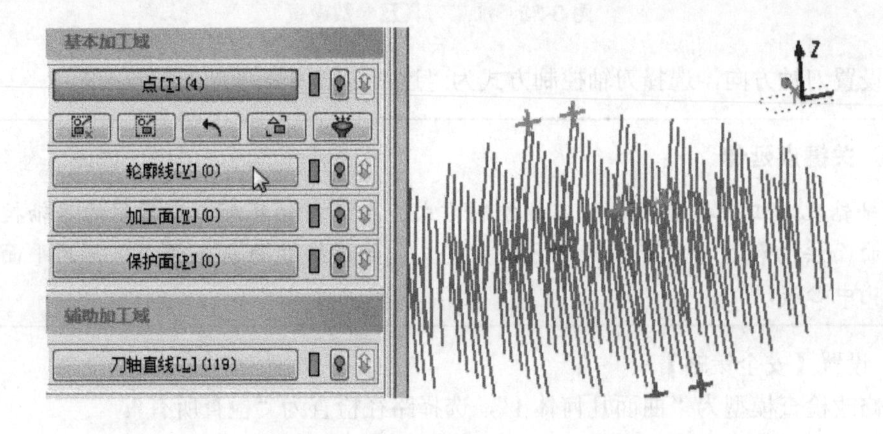

图 3-36　45×4 钻孔加工点选择

2）设置深度范围，表面高度为“0.2”，底面高度为“−45”。

（3）选择【加工刀具】　单击“刀具名称”按钮，在当前刀具表中选择“[钻头] JD-1.80”，设置主轴转速为“2000”，进给速度为“50”。

（4）设置【进给设置】　选择轴向分层方式为“限定深度”，设置吃刀深度为“0.5”。

（5）设置【安全策略】　设置与“中心孔”路径相同，此处可不做修改。

（6）计算设置　选择轮廓排序为“X 优先（往复）”。

（7）计算路径　设置完成后单击“计算”按钮，计算完成后弹出当前路径计算结果。

（8）修改路径名称　在路径树右击当前路径，选择“重命名”命令，修改路径名称为“45×4 钻孔”。

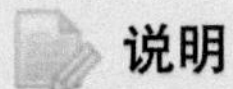

说明

其余深度的钻孔路径可参考 45×4 钻孔路径进行编程，注意对加工域以及加工深度的修改。

3.3.5　精加工

1. 上侧壁精加工

操作步骤

（1）选择【加工方法】 单击功能区“三轴加工”选项卡上“2.5 轴加工”组中的“轮廓切割”按钮，进入“刀具路径参数”界面，选择半径补偿为“向外偏移”，如图 3-37 所示。

加工方法	
方法分组(G)	2.5轴加工组
加工方法(T)	轮廓切割
工艺阶段	铣削-通用

轮廓切割	
半径补偿(M)	向外偏移
定义补偿值(V)	☐
保留曲线高度(H)	☐
从下向上切割(T)	☐
刀触点速度模式	☐
最后一层重复加工(R)	☐
使用参考路径	☐
法向控制	☐

图 3-37　加工方法设置

（2）设置【加工域】

1）单击“编辑加工域”按钮，选择轮廓线为“上侧壁轮廓线”图层所有曲线，完成后单击“确定”按钮回到“刀具路径参数”对话框，如图 3-38 所示。

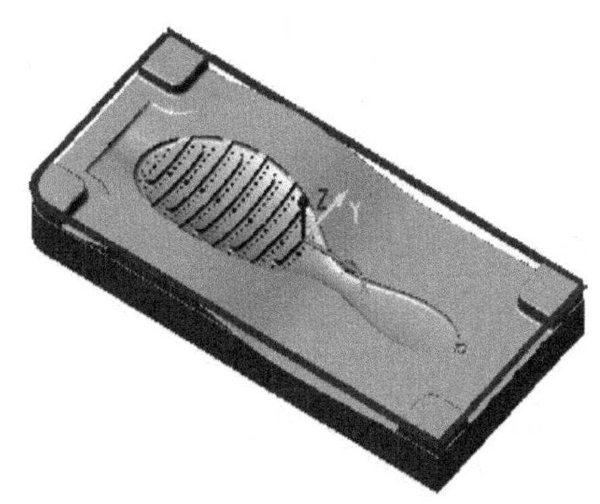

图 3-38　编辑加工域

2）设置深度范围，表面高度为“0”，底面高度为“-11.9543”。

3）设置加工余量，侧边余量和底部余量均为“0”，如图 3-39 所示。

加工图形	
编辑加工域(E)	
几何体(G)	补面几何体
点(T)	0
轮廓线(V)	1
加工材料	6061铝合金HRC15

深度范围	
表面高度(T)	0
定义加工深度(F)	☐
底面高度(M)	-11.9543
重设加工深度(R)	...

加工余量	
侧边余量(A)	0
底部余量(B)	0
保护面侧壁余量(D)	-0.02
保护面底部余量(C)	0.02

图 3-39　加工域参数

（3）选择【加工刀具】

1）单击“刀具名称”按钮，在当前刀具表中选择“[平底] JD-10.00”。

2）设置主轴转速为“4500”，进给速度为“2000”，如图 3-40 所示。

几何形状	
刀具名称(N)	[平底]JD-10.00
输出编号	7
刀具直径(D)	10
半径补偿号	7
长度补偿号	7
刀具材料	硬质合金
从刀具参数更新	...

走刀速度	
主轴转速/rpm(S)	4500
进给速度/mmpm(F)	2000
开槽速度/mmpm(T)	2000
下刀速度/mmpm(P)	2000
进刀速度/mmpm(L)	2000
连刀速度/mmpm(K)	2000
尖角降速(W)	☐
重设速度(R)	...

图 3-40　加工刀具及参数设置

（4）设置【进给设置】

1）轴向分层，选择分层方式为“限定深度”，吃刀深度为“0.1”。

2）进刀设置，选择进刀方式为“圆弧相切”，如图 3-41 所示。

3）退刀设置，勾选“与进刀方式相同”复选框 。

轴向分层	
分层方式(T)	限定深度
吃刀深度(D)	0.1
拷贝分层(Y)	☐
减少抬刀(K)	☑
侧向分层	
分层方式(T)	关闭

进刀设置	
进刀方式(T)	圆弧相切
圆弧半径(R)	5
圆弧角度(A)	90
直线引入(G)	☐
总高度(H)	0
计算失败时(E)	缩短进刀长度
进刀位置(P)	左下角

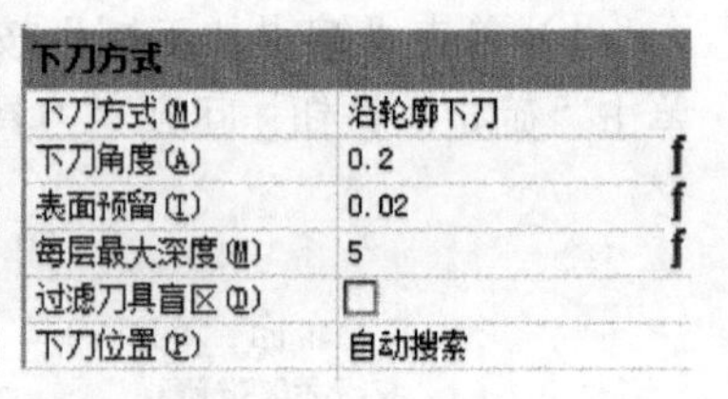

下刀方式	
下刀方式(M)	沿轮廓下刀
下刀角度(A)	0.2
表面预留(T)	0.02
每层最大深度(M)	5
过滤刀具盲区(D)	☐
下刀位置(P)	自动搜索

图 3-41　进给设置

（5）设置【安全策略】 修改检查模型为“曲面几何体 1”，选择路径检查为“检查所有”。

（6）计算路径　设置完成后单击“计算”按钮，计算完成后弹出当前路径计算结果。

（7）修改路径名称　在路径树中右击当前路径，选择“重命名”按钮，修改路径名称为“上侧壁精加工”。

说明：

“下侧壁精加工”加工路径请参考“上侧壁精加工”加工路径编制。

2. 基准面精加工

操作步骤

（1）选择【加工方法】 单击功能区“三轴加工”选项卡上“3 轴加工”组中的“成组平面加工”按钮，进入“刀具路径参数”界面，选择走刀方式为“行切走刀”，勾选“兜边一次”复选框，设置兜边量为“0.05”，如图 3-42 所示。

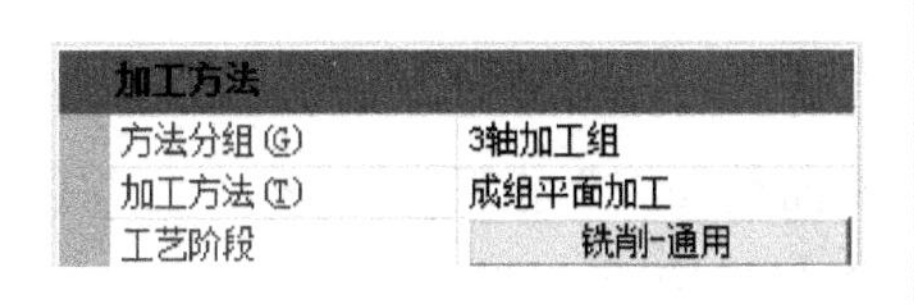

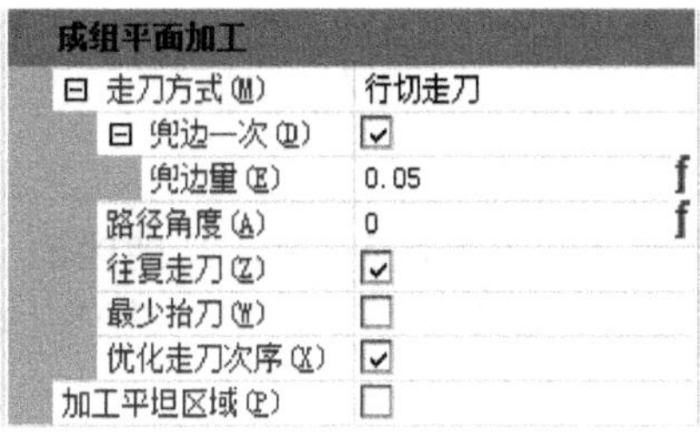

图 3-42　加工方法设置

（2）设置【加工域】

1）单击“编辑加工域”按钮，选择加工面为“顶面成组平面”图层所有曲面，完成后单击“确定”按钮✓回到“刀具路径参数”对话框。

2）设置深度范围，勾选“自动设置”复选框。

3）设置加工余量，加工面余量为“0”，如图 3-43 所示。

加工图形	
编辑加工域(E)	
几何体(G)	空
轮廓线(V)	0
加工面(W)	4
保护面(P)	0
加工材料	6061铝合金-HB95

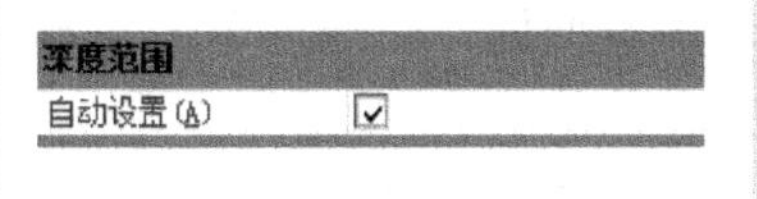

加工余量	
边界补偿(U)	关闭
边界余量(A)	0
加工面侧壁余量(B)	0
加工面底部余量(M)	0
保护面侧壁余量(D)	0
保护面底部余量(C)	0

图 3-43　加工域参数

（3）选择【加工刀具】

1）单击“刀具名称”按钮，在当前刀具表中选择“[平底] JD-10.00”。

2）设置主轴转速为“5000”，进给速度为“1500”。

（4）设置【进给设置】

1）设置路径间距为“5”。

2）选择分层方式为“限定层数”，设置路径层数为“3”，吃刀深度为“0.08”。

3）选择下刀方式为“关闭”，如图 3-44 所示。

路径间距	
间距类型(T)	设置路径间距
路径间距	5
重叠率%(R)	50

轴向分层	
分层方式(T)	限定层数
路径层数(L)	3
吃刀深度(D)	0.08
减少抬刀(K)	☑

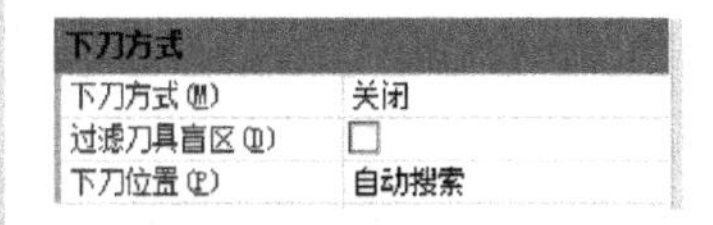

图 3-44　进给设置

（5）设置【安全策略】　修改检查模型为“曲面几何体 1”，选择路径检查为“检查所有”。

（6）计算路径　设置完成后单击“计算”按钮，计算完成后弹出当前路径计算结果。

（7）修改路径名称　在路径树中右击当前路径，选择“重命名”命令，修改路径名称为“基准面精加工”。

3. 虎口精加工

操作步骤

（1）选择【加工方法】 单击功能区的“曲面精加工”按钮，进入“刀具路径参数”界面，选择走刀方式为“等高外形（精）”，如图 3-45 所示。

加工方法	
方法分组(G)	3轴加工组
加工方法(T)	曲面精加工
工艺阶段	铣削-通用

曲面精加工	
走刀方式(M)	等高外形(精)
从下往上走刀(U)	☐
增加平面分层(F)	☑
加工区域(T)	所有面
往复走刀(Z)	☑
尖角清晰(S)	☐
局部特征加工(L)	☐

图 3-45 加工方法设置

（2）设置【加工域】

1）单击“编辑加工域”按钮，选择轮廓线为“虎口辅助线面”图层中所有曲线，选择加工面为“虎口辅助线面”图层所有曲面，完成后单击“确定”按钮回到“刀具路径参数”对话框。

2）设置深度范围，勾选“自动设置”复选框。

3）设置加工余量，加工面余量为“0”。

（3）选择【加工刀具】

1）单击“刀具名称”按钮，在当前刀具表中选择“[牛鼻] JD-6.00-0.50”。

2）设置主轴转速为“6000”，进给速度为“1500”。

（4）设置【进给设置】

1）设置路径间距为“0.08”，空间间距设置为“关闭空间路径间距”。

2）选择进刀方式为“切向进刀”，如图 3-46 所示。

路径间距	
间距类型(T)	设置路径间距
路径间距	0.08
重叠率%(R)	98.67
残留高度(H)	0.0033
空间间距设置(E)	关闭空间路径间距

进刀方式	
进刀方式(T)	切向进刀
圆弧半径(R)	3.6
圆弧角度(A)	30
封闭路径螺旋连刀(P)	☑
整圈螺旋(U)	☐
仅起末点进退刀(E)	☐
直线延伸长度(L)	0
按照行号连刀(N)	☐
最大连刀距离(D)	12
删除短路径(S)	0.02

图 3-46 进给设置

（5）设置【安全策略】 修改检查模型为“曲面几何体 1”，选择路径检查为“检查所有”。

（6）计算路径 设置完成后单击“计算”按钮，计算完成后弹出当前路径计算结果。

（7）修改路径名称 在路径树中右击当前路径，选择“重命名”按钮，修改路径名称为“虎口精加工”，结果如图 3-47 所示。对于个别杂乱路径可使用路径编辑进行删除，具体操作参考“残料补加工”步骤。

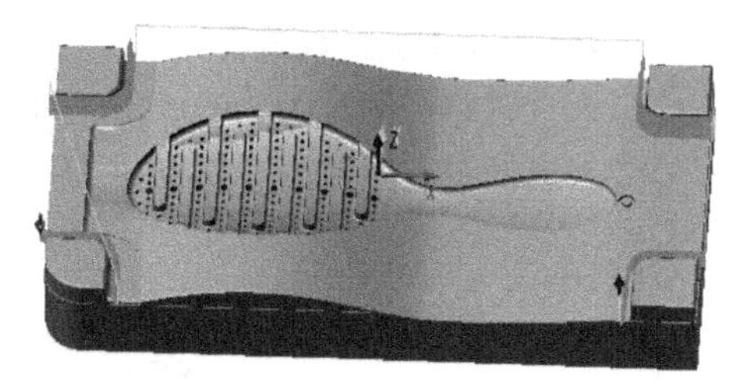

图 3-47　虎口精加工路径

4. 分型面精加工

操作步骤

（1）选择【加工方法】

1）单击功能区的“曲面精加工”按钮。

2）进入“刀具路径参数”界面，选择走刀方式为“平行截线（精）”，设置路径角度为“90”，如图 3-48 所示。

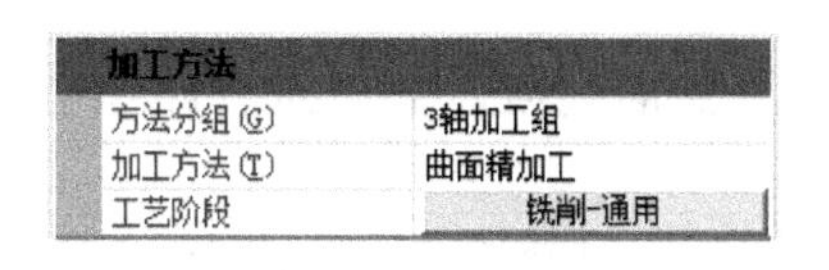

图 3-48　加工方法设置

（2）设置【加工域】

1）单击“编辑加工域”按钮，选择轮廓线为“分型面”图层所有曲线，选择加工面为“分型面”图层所有曲面，完成后单击“确定”按钮回到“刀具路径参数”对话框。

2）设置深度范围，勾选“自动设置”复选框。

3）设置加工余量，加工面侧壁余量为“0”，如图 3-49 所示。

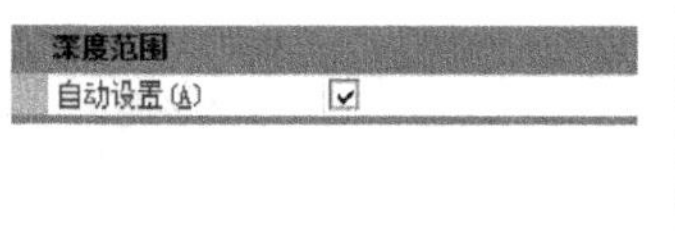

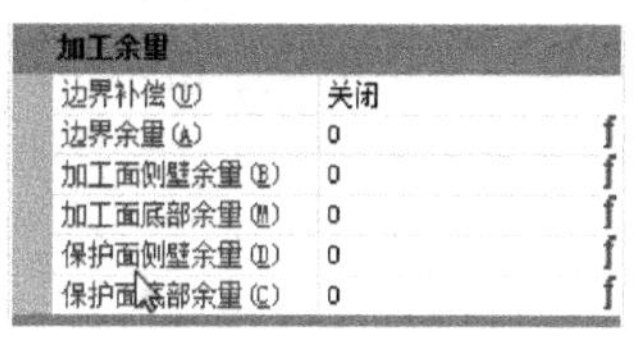

图 3-49　加工域参数

（3）选择【加工刀具】

1）单击“刀具名称”按钮，在当前刀具表中选择“[球头] JD-6.00”。

2）设置主轴转速为“8500”，进给速度为“1500”，如图 3-50 所示。

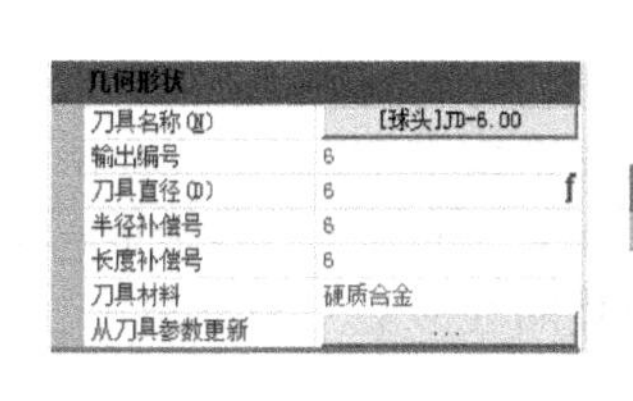

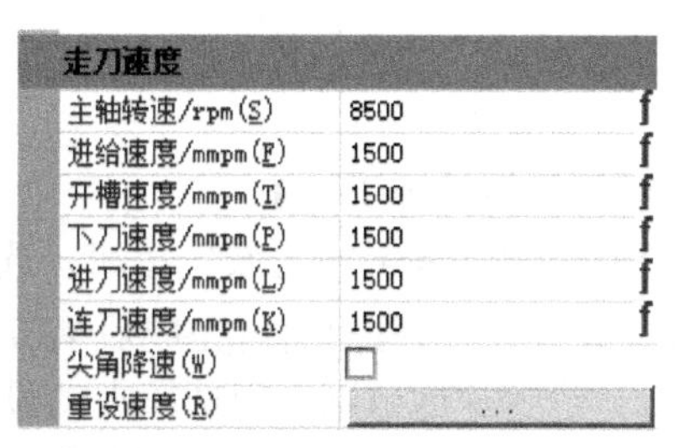

图 3-50　加工刀具及参数设置

（4）设置【进给设置】

1）设置路径间距为“0.05”，空间间距设置为“空间路径间距”。

2）选择进刀方式为“切向进刀”，如图 3-51 所示。

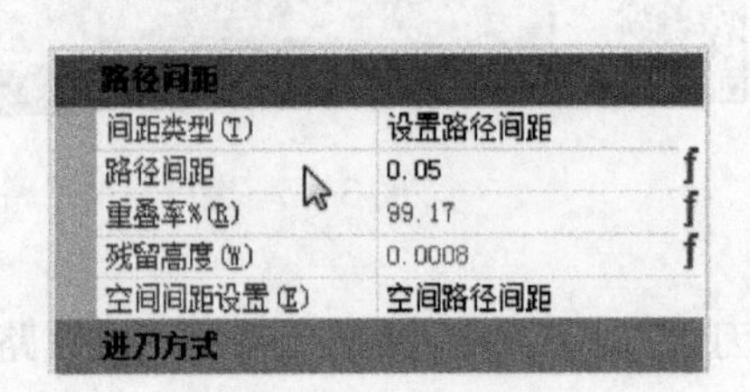

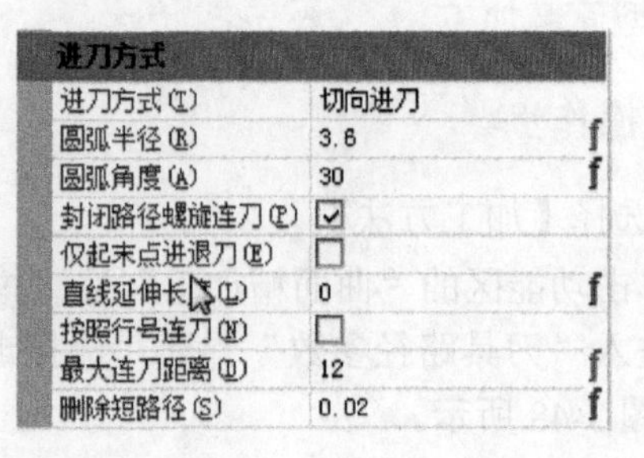

图 3-51　进给设置

（5）设置【安全策略】 修改检查模型为“曲面几何体 1”，选择路径检查为“检查全部”。

（6）计算路径　设置完成后单击“计算”按钮，计算完成后弹出当前路径计算结果。

（7）修改路径名称　在路径树中右击当前路径，选择“重命名”按钮，修改路径名称为“分型面精加工”。

5. 胶位面精加工

（1）选择【加工方法】

1）单击功能区的“曲面精加工”按钮。

2）进入“刀具路径参数”界面，选择走刀方式为“角度分区（精）”，设置平行截线角度为“90”，如图 3-52 所示。

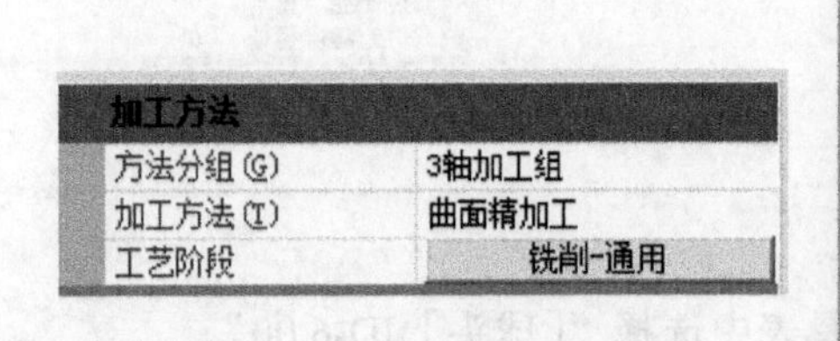

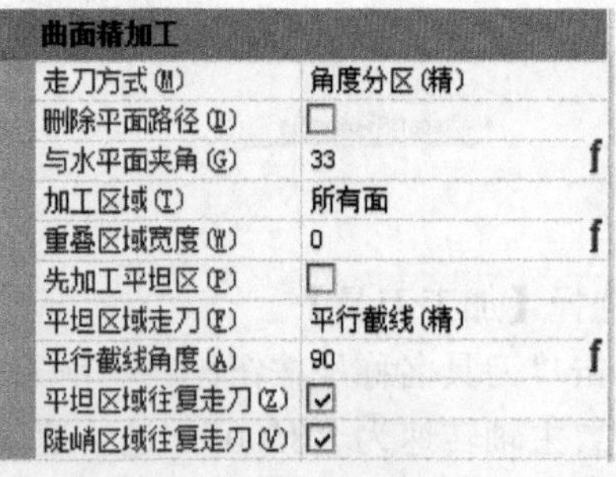

图 3-52　加工方法设置

（2）设置【加工域】

1）单击“编辑加工域”按钮，选择轮廓线为“胶位面”图层所有曲线，选择加工面为“胶位面”图层所有曲面，完成后单击“确定”按钮回到“刀具路径参数”对话框。

2）设置深度范围，勾选“自动设置”复选框。

3）设置加工余量，加工面余量为“0”。

（3）选择【加工刀具】

1）单击“刀具名称”按钮，在当前刀具表中选择“[球头] JD-2.00”。

2）设置主轴转速为“12000”，进给速度为“1500”。

（4）设置【进给设置】

1）设置平坦部分和陡峭部分路径间距均为“0.05”。

2）选择进刀方式为“切向进刀”，如图 3-53 所示。

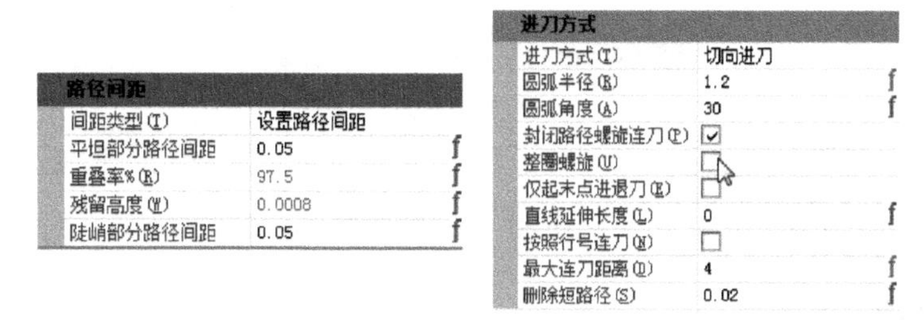

图 3-53　进给设置

（5）设置【安全策略】　修改检查模型为“曲面几何体 1”，选择路径检查为“检查所有”。

（6）计算路径　设置完成后单击“计算”按钮，计算完成后弹出当前路径计算结果。

（7）修改路径名称　在路径树中右击当前路径，选择“重命名”命令，修改路径名称为“胶位面精加工”。

6. 分型面清根

产品分型面较大，内凹角 R 较小，直接使用小刀具整体加工效率低、刀具成本高。在曲面精加工之后，使用小刀具通过曲面清根加工清除角落剩余的残料。

操作步骤

（1）选择【加工方法】

单击功能区“三轴加工”选项卡上“3 轴加工”组中的“曲面清根加工”按钮，进入“刀具路径参数”界面，选择清根方式为“混合清根”，上把刀具为［球头］JD-6.00，如图 3-54 所示。

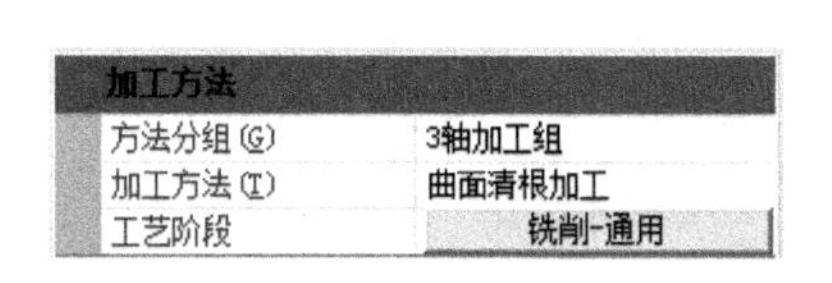

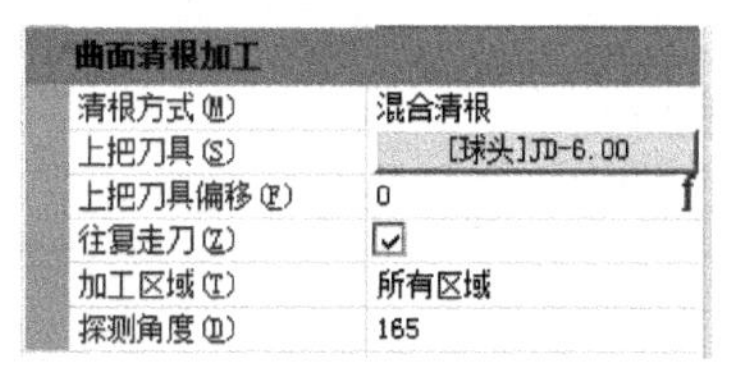

图 3-54　加工方法设置

关键点延伸

曲面清根——混合清根：根据曲面角落残料区域的分布特点自动匹配走刀方式，在平坦的区域采用多笔清根方式加工，在陡峭的区域采用局部等高方式进行加工。

（2）设置【加工域】

1）加工域选择基本与“分型面精加工”一致，选择加工面“分型面”图层所有曲面，选择轮廓线为“分型面”图层所有曲线。

2）设置深度范围，勾选“自动设置”复选框。

3）设置加工余量，加工面余量为“0”，如图 3-55 所示。

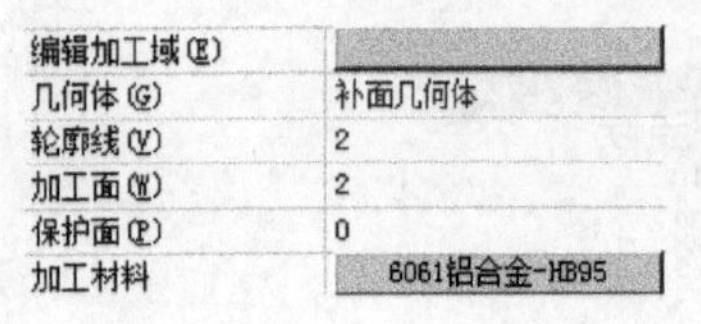

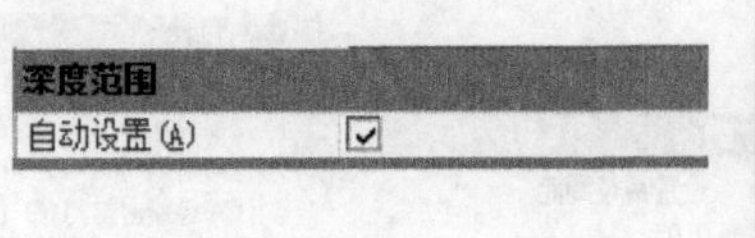

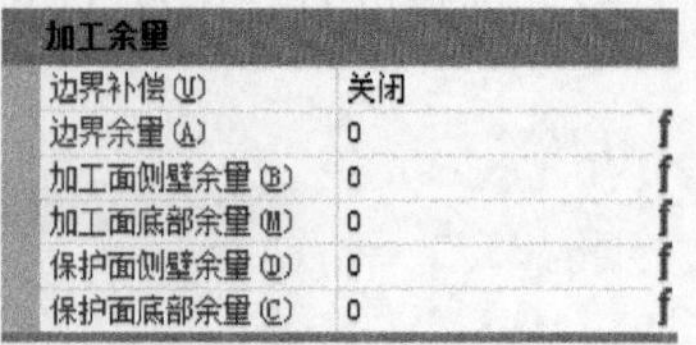

图 3-55 加工域参数

（3）选择【加工刀具】

1）单击“刀具名称”按钮，在当前刀具表中选择“[球头] JD-2.00”。

2）设置主轴转速为“12000”，进给速度为“1500”，如图 3-56 所示。

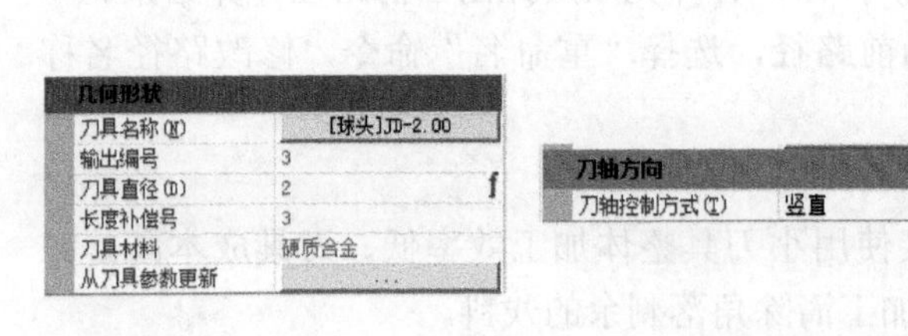

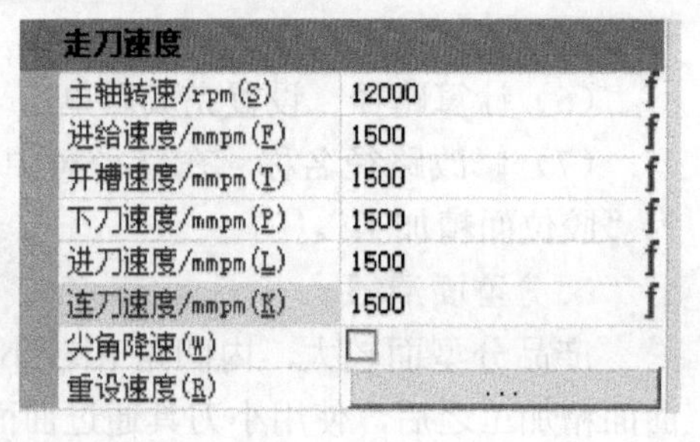

图 3-56 加工刀具及参数设置

（4）设置【进给设置】

1）设置平坦部分和陡峭部分路径间距均为“0.05”。

2）选择进刀方式为“切向进刀”，如图 3-57 所示。

路径间距	
间距类型(T)	设置路径间距
平坦部分路径间距	0.05
重叠率%(R)	97.5
残留高度(W)	0.0008
陡峭部分路径间距	0.05

进刀方式	
进刀方式(T)	切向进刀
圆弧半径(R)	0.4
圆弧角度(A)	30
整圈螺旋(U)	
最大连刀距离(D)	4
删除短路径(S)	0.02

图 3-57 进给设置

（5）设置【安全策略】 修改检查模型为“曲面几何体 1”，选择路径检查为“检查所有”。

（6）计算路径 设置完成后单击“计算”按钮，计算完成后弹出当前路径计算结果。

（7）修改路径名称 在路径树右击当前路径，选择“重命名”命令，修改路径名称为“分型面清根”。

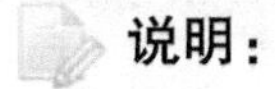**说明：**

“胶位面清根”路径请参考上节“分型面清根”相关操作。

3.3.6　虎口倒角加工

操作步骤

（1）选择【加工方法】

1）单击功能区“三轴加工”选项卡上“2.5 轴加工”组中的“单线切割”按钮。

2）进入“刀具路径参数”界面，选择半径补偿为“向左偏移”，勾选“定义补偿值”复选框，设置补偿值为“2”。

3）勾选“延伸曲线端点”复选框，设置延伸值为“4”，如图 3-58 所示。

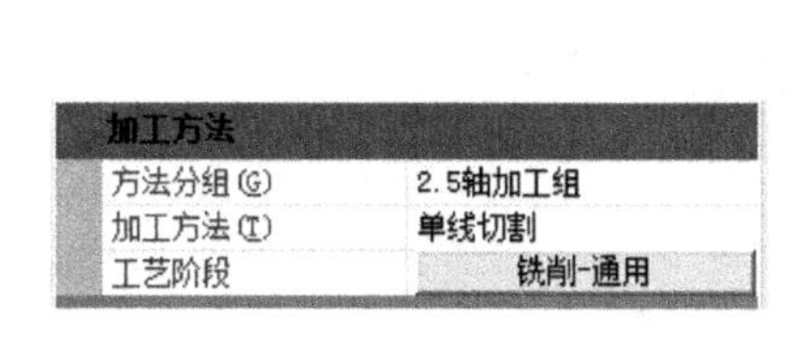

加工方法	
方法分组 (G)	2.5轴加工组
加工方法 (T)	单线切割
工艺阶段	铣削-通用

单线切割	
半径补偿 (M)	向左偏移
定义补偿值 (V)	☑
补偿值 (D)	2
延伸曲线端点 (E)	☑
延伸值 (X)	4
刻字加工	☐
ZX平面卧磨加工 (N)	☐
反向重刻一次 (R)	☐
最后一层重刻 (L)	☐
保留曲线高度 (H)	☐
往复走刀 (Z)	☑
刀触点速度模式	☐
法向控制	☐

图 3-58　加工方法设置

（2）设置【加工域】

1）单击“编辑加工域”按钮，选择轮廓线为“倒角线”图层所有曲线，完成后单击“确定”按钮回到“刀具路径参数”对话框。

2）设置深度范围，表面高度为“−0.2”，勾选“定义加工深度”复选框，设置加工深度为“1.9”。

3）设置加工余量，加工余量为“0”，如图 3-59 所示。

加工图形	
编辑加工域 (E)	
几何体 (G)	空
轮廓线 (Y)	6
加工材料	6061铝合金-HB95

深度范围	
表面高度 (T)	-0.2
定义加工深度 (F)	☑
加工深度 (D)	1.9
重设加工深度 (R)	...

加工余量	
侧边余量 (A)	0
底部余量 (B)	0
保护面侧壁余量 (D)	0
保护面底部余量 (C)	0

图 3-59　加工域参数

（3）选择【加工刀具】

1）单击“刀具名称”按钮，在当前刀具表中选择“[大头刀] JD-90-0.20-6.00”。

2）设置主轴转速为“6000”，进给速度为“1000”，如图 3-60 所示。

几何形状	
刀具名称(N)	[大头刀]JD-90-0.20-6.00
输出编号	12
顶直径(D)	6
半径补偿号	12
长度补偿号	12
刀具材料	硬质合金
从刀具参数更新	...

走刀速度	
主轴转速/rpm(S)	6000
进给速度/mmpm(F)	1000
开槽速度/mmpm(T)	1000
下刀速度/mmpm(P)	1000
进刀速度/mmpm(L)	1000
连刀速度/mmpm(K)	1000
尖角降速(W)	☐
重设速度(R)	...

图 3-60　加工刀具及参数设置

（4）设置【进给设置】

1）选择分层方式为“限定层数”，设置路径层数为“2”。

2）选择进刀方式为“圆弧相切”。

3）退刀设置勾选“与进刀方式相同”复选框。

4）选择下刀方式为“关闭”，如图 3-61 所示。

轴向分层	
分层方式(T)	限定层数
路径层数(L)	2
拷贝分层(Y)	☐
减少抬刀(K)	☑
侧向分层	
分层方式(T)	关闭

进刀设置	
进刀方式(I)	圆弧相切
圆弧半径(R)	3
圆弧角度(A)	90
直线引入(G)	☐
总高度(H)	0
计算失败时(E)	缩短进刀长度
进刀位置(P)	自动查找

下刀方式	
下刀方式(M)	关闭
过滤刀具盲区(D)	☐
下刀位置(P)	自动搜索

图 3-61　进给设置

（5）设置【安全策略】

修改检查模型为“曲面几何体 1”，选择路径检查为“检查所有”。

（6）计算设置

设置尖角形式，选择过渡方式为“直线延长”。

（7）计算路径

设置完成后单击“计算”按钮，计算完成后弹出当前路径计算结果。

（8）修改路径名称

在路径树中右击当前路径，选择“重命名”命令，修改路径名称为“虎口倒角加工”。

3.4　模拟与输出

3.4.1　机床模拟

完成程序编写工作后，需要对程序进行模拟仿真，保证程序在实际加工中的安全性。

☞ 操作步骤

1）单击功能区的“机床模拟”按钮，进入机床模拟界面，单击模拟控制台的“开始”按钮▸进行机床模拟，如图 3-62 所示。

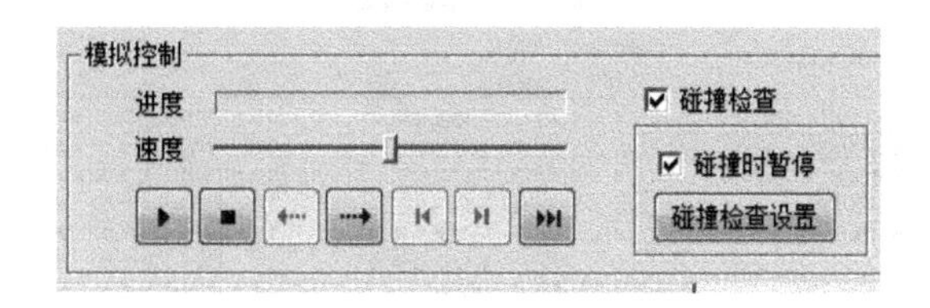

图 3-62　模拟控制台

2）机床模拟无误后单击“确定”按钮✓退出命令，模拟后路径树如图 3-63 所示。

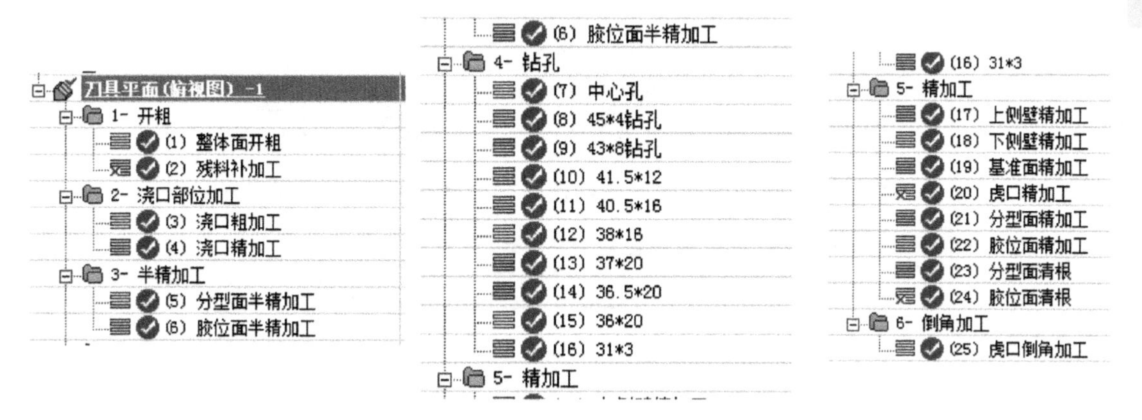

图 3-63　模拟后路径树

3.4.2　路径输出

顺利完成机床模拟工作后，接下来进行最后一步程序输出工作。

操作步骤

1）单击功能区的“输出刀具路径”按钮。

2）在“输出刀具路径（后置处理）”对话框中选择要输出的路径，根据实际加工设置好路径输出排序方法、输出文件名称。

3）若需要输出工艺单，勾选“输出 Mht 工艺单”复选框，如图 3-64 所示。

图 3-64　工艺单选项

4）单击“确定”按钮，即可输出最终的路径文件，如图 3-65 所示。

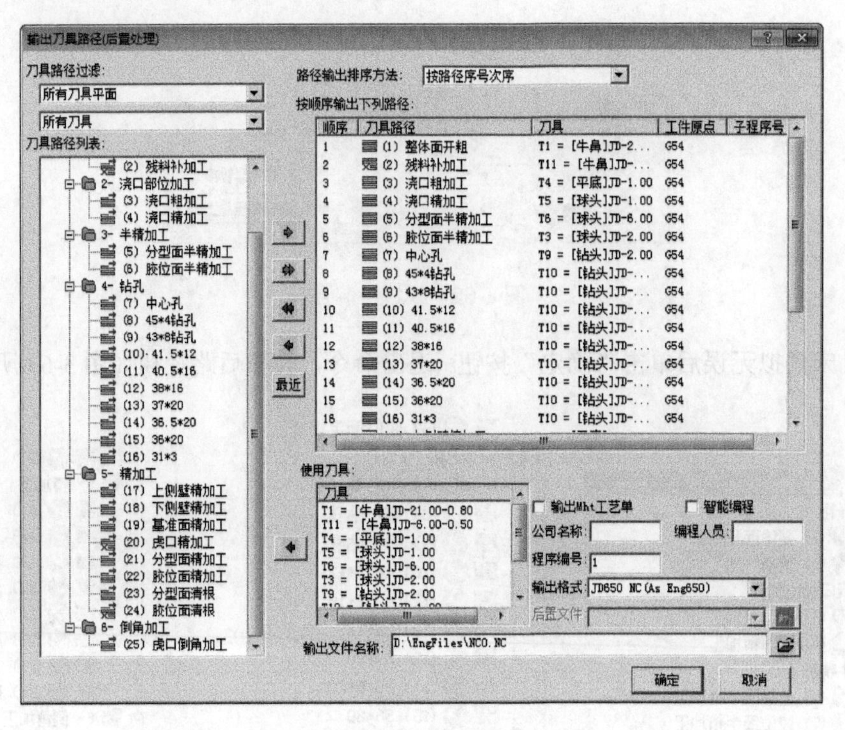

图 3-65　路径输出

3.5　实例小结

1）掌握常用曲面精加工的方法，例如等高外形、平行截线、角度分区等策略，明确加工方法中参数含义。

2）掌握五轴钻孔路径编程要点，明确加工方法中参数含义。

3）用户可以根据模型特点，选择合适的清根方法，掌握基本的清根思路。

知识拓展

五轴数控加工

五轴数控加工由进给轴 X、Y、Z 及绕 X、Y、Z 的旋转轴 A、B、C 中任意五个轴的线性插补运动。其加工特点是：在沿着整个路径运动的过程中，可对刀具方向进行优化，同时使刀具做直线运动。这样，在整个路径上都可保持最佳切削状态。对比三轴数控加工，五轴数控加工有以下优势：

1）扩展加工范围。可以加工一般三轴数控加工所不能加工或很难通过一次装夹完成加工的连续、平滑的自由曲面。

2）提高加工质量和效率。五轴设备可以采用刀具侧切削刃加工，加工效率更高。同时还可以使用更短的刀具进行加工，提升刀具刚性。

3）减少装夹次数。通过一次装夹即可完成多面加工，避免了多次装夹所带来的重复定位误差，也缩短了搬运、装夹等非加工时间。

第4章　呼吸面罩凹模加工

学习目标

- ■ 了解三轴加工转五轴加工的路径编程、基本思路和编程策略。
- ■ 熟悉使用五轴机床进行清根清角加工及参数设置方法。
- ■ 明确复杂产品加工思路，会根据加工特征合理安排加工工艺。
- ■ 熟悉并会使用路径变换功能。

4.1　实例描述

图 4-1 为呼吸面罩（热流道）凹模模具，该模型凹面无负角，整体比较陡，落差起伏大。

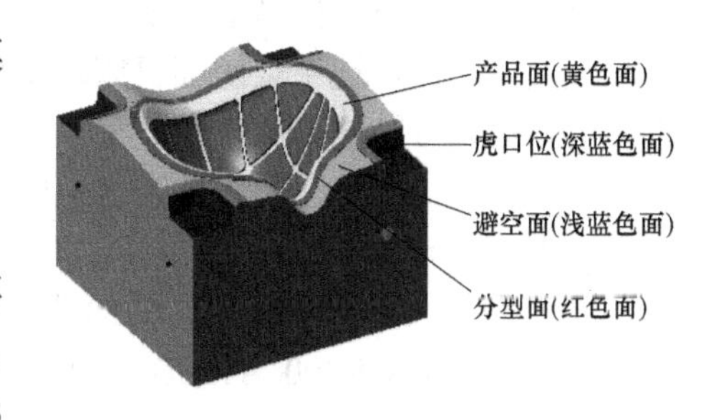

图 4-1　呼吸面罩凹模模型

4.1.1　工艺分析

工艺分析是编写加工程序前的必备工作，需要充分了解加工要求和工艺特点，合理编写加工程序。

该工件的加工要求和工艺分析如图 4-2 和图 4-3 所示。

加工要求

加工位置	产品面、虎口位、避空面、分型面
工艺要求	产品面：尺寸的极限偏差为 ±0.015mm，表面粗糙度值*Ra* <0.4μm，最小尖角清根到*R*0.3mm，要求接刀痕轻，易于后续抛光 虎口位：尺寸的极限偏差为±0.005mm，利于模具配合 避空面：要求普通加工，完成避空即可，无须严格精准管控 分型面：模具配合面，要求刀纹均匀一致，合模间隙在0.01mm以内

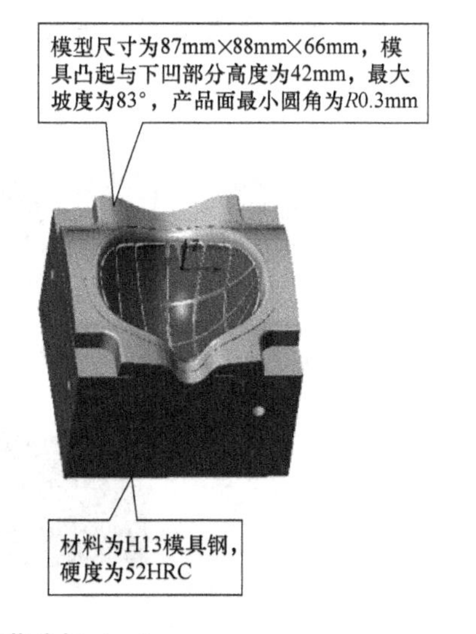

图 4-2　加工要求和工艺分析（一）

该模型凹面无负角，看似可以用三轴加工完成，但模型整体比较陡峭，根部与顶部相差68mm，坡度为83°，刀具与工件干涉范围较大

深筋位，圆角小，用三轴加工到位，使用小刀具伸出长度长，易发生断刀、弹刀情况

为了降低数控加工的困难程度，只能将最小刀具改为$R0.75$mm，模具让步使用，即便如此，刀具长径比也在7∶1以上，会出现弹刀现象，导致后面需要补焊，延长加工时间

五轴加工可通过调整角度，缩短长径比，来提高加工的稳定性，因此选用五轴加工方式

图 4-3　加工要求和工艺分析（二）

4.1.2　加工方案

1. 机床设备

产品本身材质为模具钢，硬度较高，故选用刚性强、稳定性强的 150 系列主轴机床。产品精度要求较高，选用全闭环机床加工效果好。产品凹面较深，加工特征需要用到小刀具，选用五轴机床可以使刀具伸出长度更短，有效降低弹刀情况，使加工效果更好。

综上考虑，选择全闭环机床 JDGR400_A15SH 五轴机床进行加工。

2. 加工方法

主要采用三轴分层开粗、曲面残补加工、曲面精加工、曲面清根加工等方法通过控制局部坐标系在 JDGR400_A15SH 五轴机床上完成加工，如图 4-4 和图 4-5 所示。

3. 加工刀具

呼吸面罩模具的材料为 H13 模具钢，并且对加工精度有很高的要求，因此刀具必须选择刚性强，无磨损或轻微磨损的带涂层的刀具进行加工。

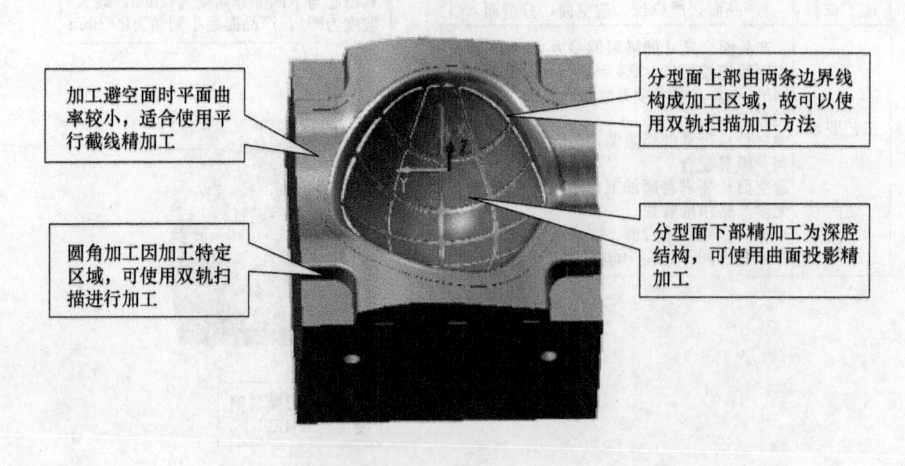

图 4-4　编程加工方案（一）

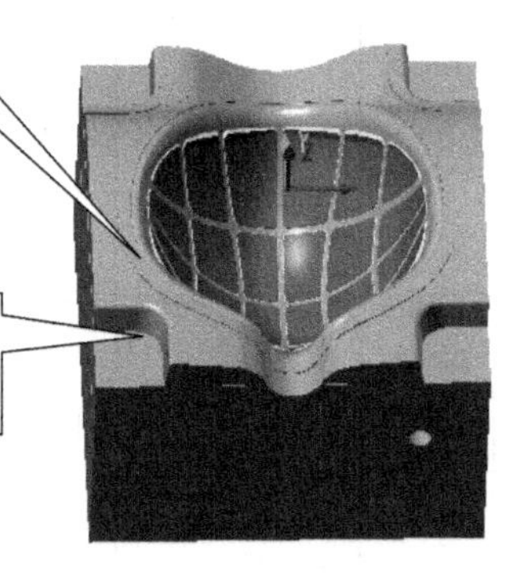

图 4-5　编程加工方案（二）

4.1.3　加工工艺卡

呼吸面罩凹模加工工艺卡见表 4-1。

表 4-1　呼吸面罩凹模加工工艺卡

序号	工步	加工方法	刀具类型	主轴转速 /（r/min）	进给速度 /（mm/min）	效果图
1	分层环切粗加工	分层区域粗加工	［平底］JD-10.00	8000	3000	
2	上表面残补	曲面残料补加工	［球头］JD-6.00	12000	3000	
3	半精加工	曲面精加工 - 平行截线（精）	［球头］JD-6.00	12000	3000	
4	避空面精加工	曲面精加工 - 平行截线（精）	［球头］JD-3.00	15000	2000	

（续）

序号	工步		加工方法	刀具类型	主轴转速/（r/min）	进给速度/（mm/min）	效果图
5	圆角精加工		导动加工 - 双轨扫描	［球头］JD-3.00	15000	2000	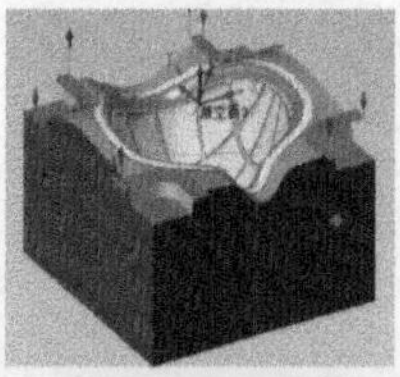
6	分型面精加工	分型面上部精加工	导动加工 - 双轨扫描	［球头］JD-3.00	15000	2000	
		分型面下部精加工	曲面投影加工 - 投影精加工	［球头］JD-6.00			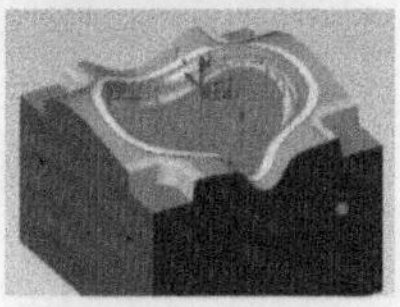
7	产品面清根加工		曲面清根加工 - 环切清根	［球头］JD-2.00	15000	3000	
8	分型面混合清根加工		曲面清根加工 - 混合清根	［球头］JD-2.00	15000	3000	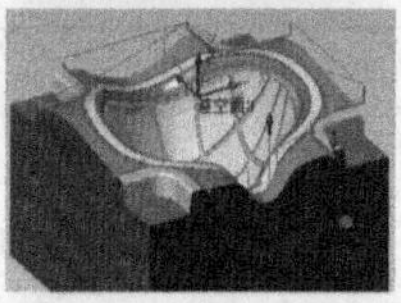
9	产品面精加工	产品面上表面精加工	曲面精加工 - 环绕等距（精）	［球头］JD-2.00	15000	3000	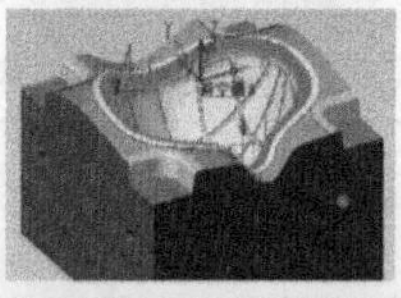
		内腔精加工					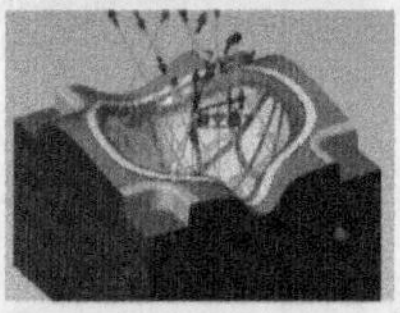
10	虎口精加工	虎口侧壁精加工	曲面精加工 - 等高外形（精）	［牛鼻］JD-6.00-0.50	7000	1500	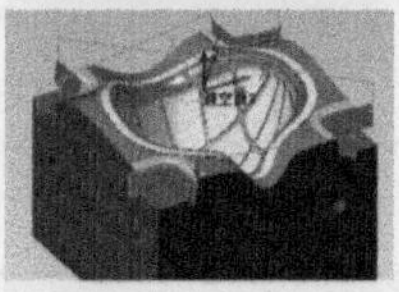
		虎口底面精加工	曲面精加工 - 平行截线（精）		5000	1000	

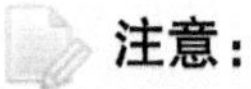

注意：

因工艺设计受限于机床选择、加工刀具、模型特点、加工要求、环境等诸多因素，故此加工工艺卡提供的工艺数据仅供参考，用户可根据具体的加工情况重新设计工艺。

4.1.4　装夹方案

采用常规零点快换夹具加转接板的方式进行装夹，将毛坯用螺钉连接在夹具板上，在转接板的另一面装拉钉，与常规零点快换夹具相连，如图 4-6 所示。

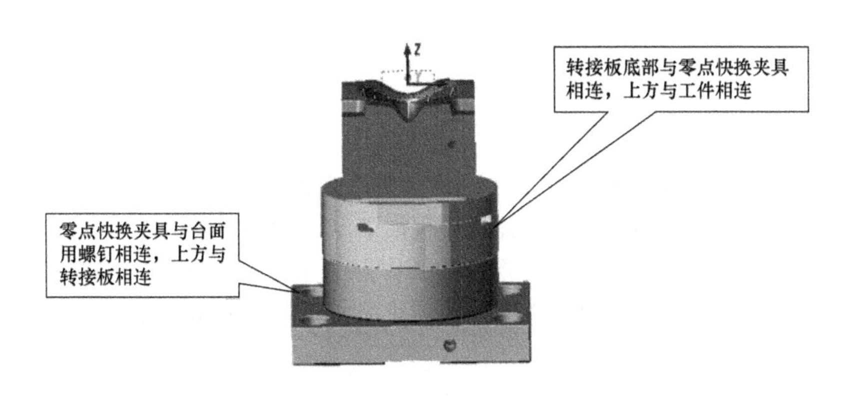

图 4-6　装夹方案

4.2　编程加工准备

编程加工前需要对加工件进行一些必要的准备工作，创建虚拟加工环境，具体内容包括：机床设置、创建刀具表、创建几何体、几何体安装设置等。

4.2.1　模型准备

启动 SurfMill 9.0 软件后，打开“呼吸面罩凹模 new”练习文件。

4.2.2　机床设置

单击功能区的“机床设置”按钮，选择机床类型为“5 轴”，选择机床文件为“JDGR400_A15SH”，选择机床输入文件格式为“JD650 NC（As Eng650）”，设置完成后单击“确定”按钮，如图 4-7 所示。

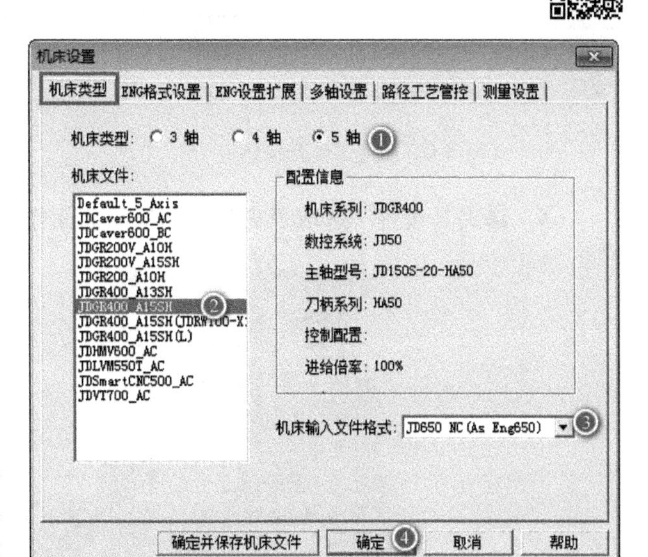

图 4-7　机床设置

4.2.3 创建刀具表

单击功能区的“当前刀具表”按钮，根据加工要求依次添加本例加工需要使用的刀具。图 4-8 为本例加工使用刀具组成的当前刀具表。

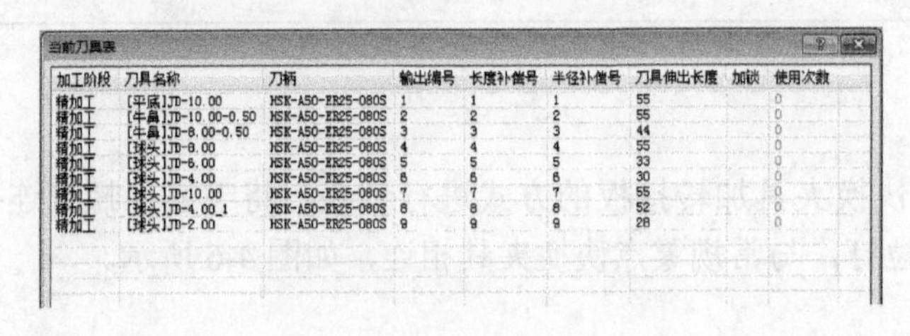
当前刀具表

加工阶段	刀具名称	刀柄	输出编号	长度补偿号	半径补偿号	刀具伸出长度	加锁	使用次数
精加工	[平底]JD-10.00	HSK-A50-ER25-080S	1	1	1	55		0
精加工	[牛鼻]JD-10.00-0.50	HSK-A50-ER25-080S	2	2	2	55		0
精加工	[牛鼻]JD-8.00-0.50	HSK-A50-ER25-080S	3	3	3	44		0
精加工	[球头]JD-8.00	HSK-A50-ER25-080S	4	4	4	55		0
精加工	[球头]JD-6.00	HSK-A50-ER25-080S	5	5	5	33		0
精加工	[球头]JD-4.00	HSK-A50-ER25-080S	6	6	6	30		0
精加工	[球头]JD-10.00	HSK-A50-ER25-080S	7	7	7	55		0
精加工	[球头]JD-4.00_1	HSK-A50-ER25-080S	8	8	8	52		0
精加工	[球头]JD-2.00	HSK-A50-ER25-080S	9	9	9	28		0

图 4-8 创建当前刀具表

4.2.4 创建几何体

双击左侧“导航工作条”窗格中的“几何体列表” 几何体列表，进行工件设置、毛坯设置和夹具设置。本例创建几何体的过程如下。

（1）工件设置 选择“工件”图层的曲面作为工件面，如图 4-9 所示。

（2）毛坯设置 选用“包围盒”的方式创建毛坯，如图 4-10 所示。

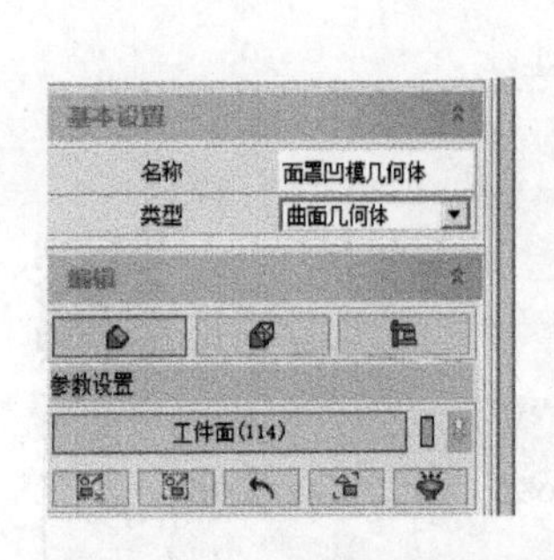

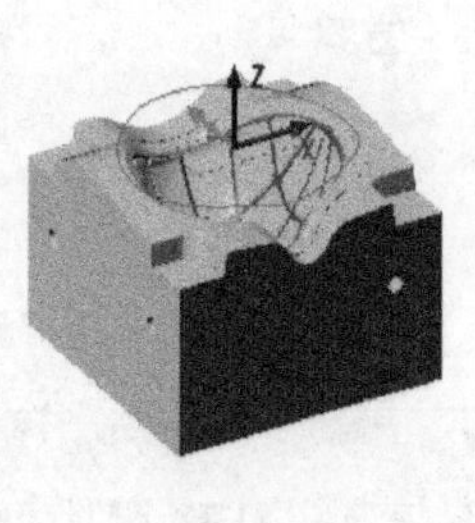

图 4-9 创建工件几何体

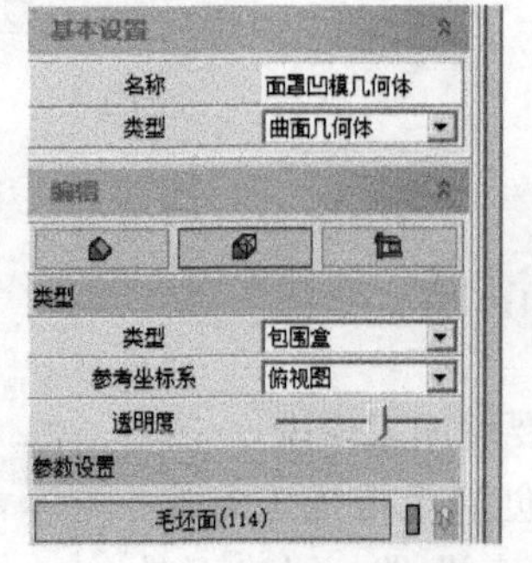

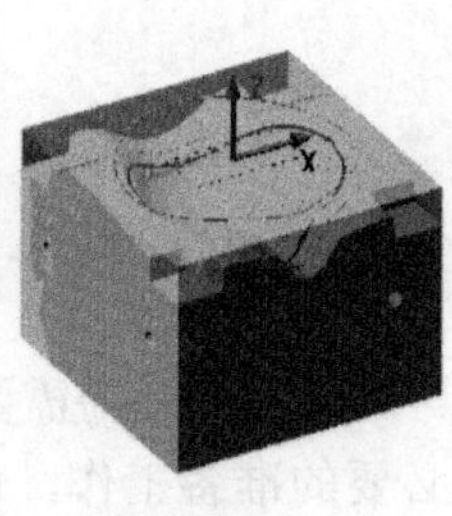

图 4-10 创建毛坯几何体

（3）夹具设置 选取“夹具”图层的曲面作为夹具面，如图 4-11 所示。

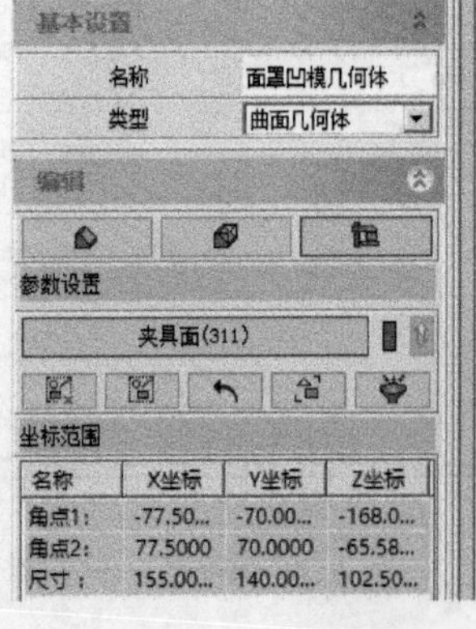

图 4-11 创建夹具几何体

4.2.5　几何体安装设置

单击功能区的“几何体安装”按钮，单击“自动摆放”按钮，完成几何体快速安装。若自动摆放后安装状态不正确，可以通过软件提供的“点对点平移”“动态坐标系”等其他方式完成几何体安装，如图 4-12 所示。

图 4-12　几何体安装

4.3　路径生成

呼吸面罩凹模加工包含了呼吸面罩凹模的开粗、精加工、清根等全部策略，只需定义工件面、分型面、产品面等加工域，通过设定几个简单的参数，选择合理的加工策略，系统就会自动调整刀轴生成光滑、无干涉的路径。

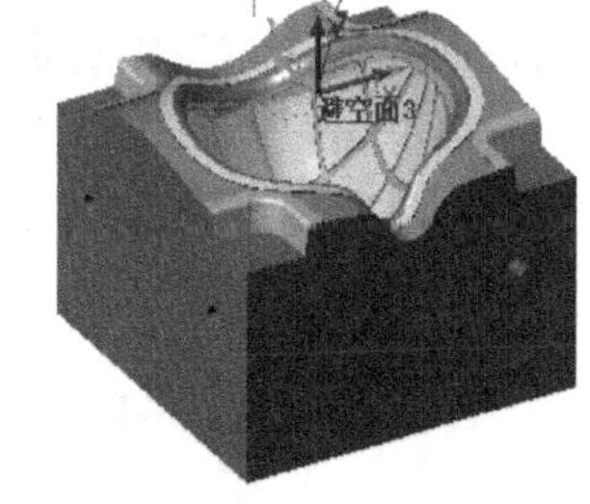

图 4-13　整体图

4.3.1　创建辅助线、面

根据加工方法，初步分析所选加工策略需要的辅助线、面，这一步将分别创建“呼吸面罩凹模加工”所需要的分型面、产品面等辅助线、面图层，如图 4-13 ～图 4-15 所示。

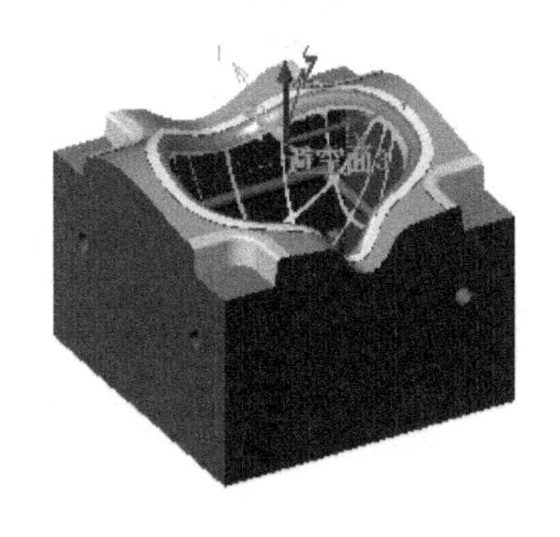

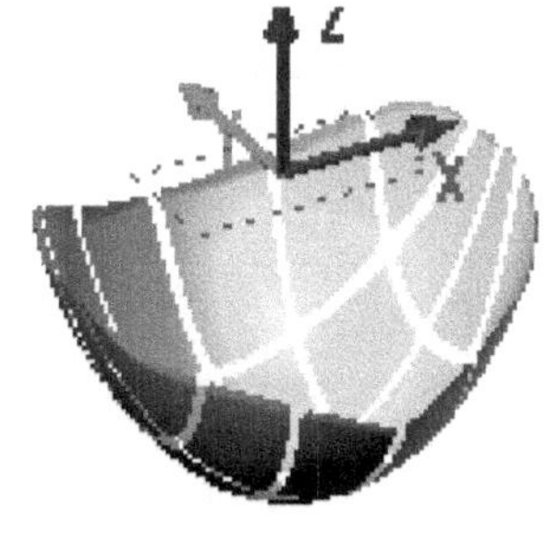

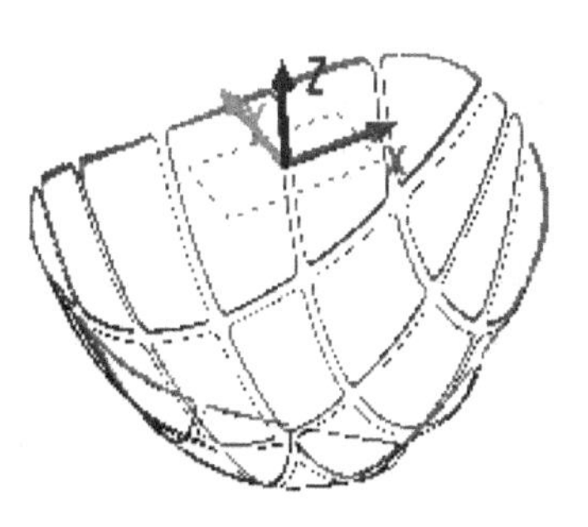

图 4-14　凹模、分型面、产品面

坐标系的创建：为了多轴刀具路径建立的便利，故建立多个坐标系来定义深腔加工，所有建立好的坐标系如图 4-16 所示。

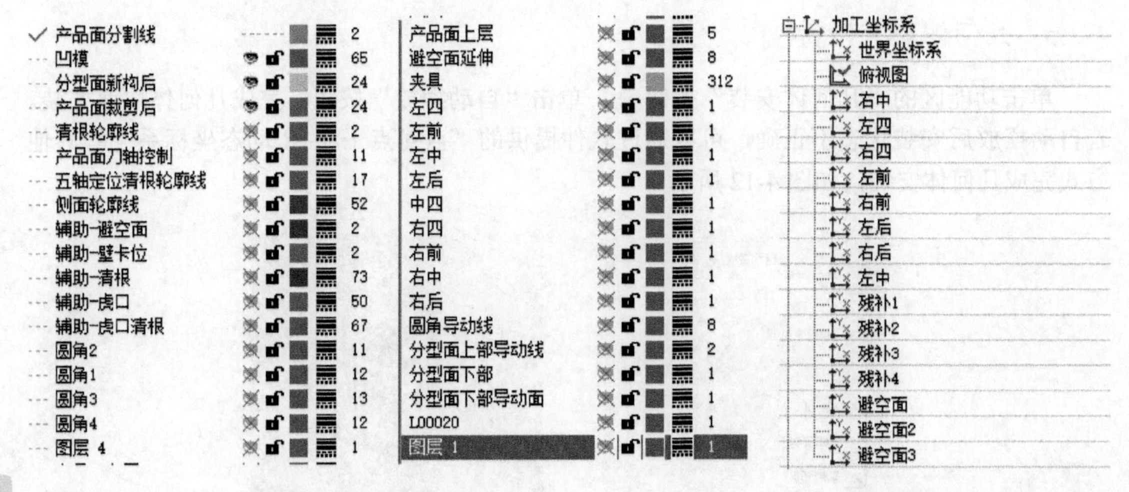

图 4-15　所有图层　　　　图 4-16　加工坐标系

4.3.2　分层环切粗加工

操作步骤

1. 选择【加工方法】

单击功能区“3 轴加工”组中的“分层区域粗加工”按钮，进入“刀具路径参数”界面，修改加工方案中的走刀方式等参数，如图 4-17 所示。

2. 设置【加工域】

1）单击“编辑加工域”按钮，选择几何体为“面罩凹模几何体”，选择加工面为面罩凹模几何体上表面，单击“确定”按钮完成加工域选择，如图 4-18 所示。

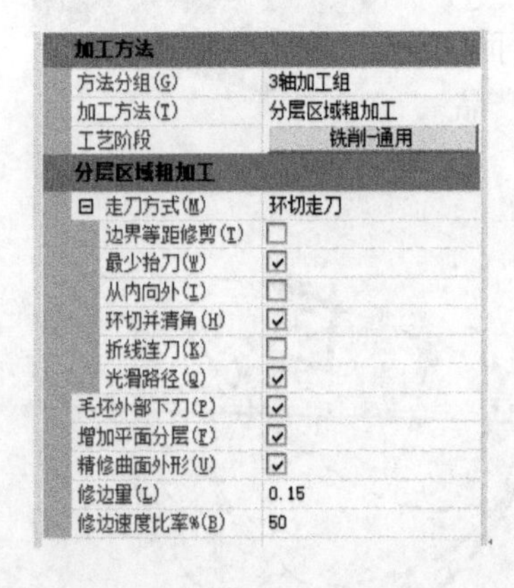

图 4-17　加工方法设置

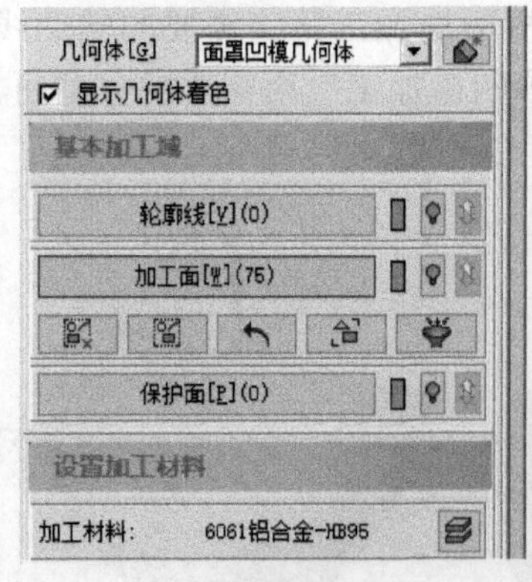

图 4-18　加工域选择

2）设置深度范围，表面高度为“0.5”，加工深度为“42”。

3）设置加工余量，该路径加工面余量和保护面余量均为“0.4”，如图 4-19 所示。

3. 选择【加工刀具】

1）单击“刀具名称”按钮，按照工艺规划在当前刀具表中选择“[平底] JD-10.00”。

2）走刀速度根据实际情况进行设置，此处主轴转速为“8000”、进给速度为“3000”，如图 4-20 所示。

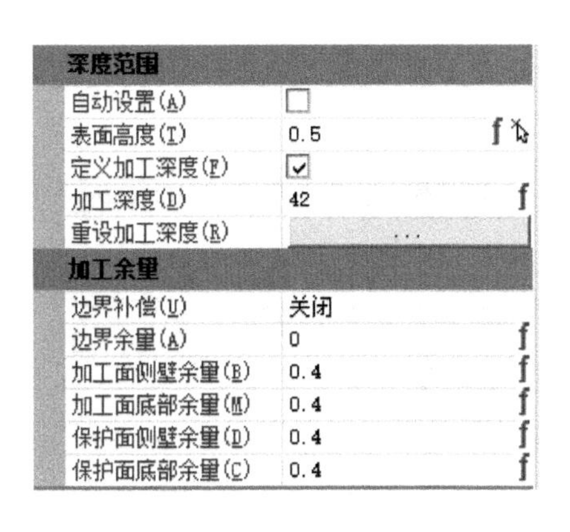

图 4-19　加工域参数

几何形状	
刀具名称(N)	[平底]JD-10.00
输出编号	30
刀具直径(D)	10
长度补偿号	30
刀具材料	硬质合金
从刀具参数更新	...
走刀速度	
主轴转速/rpm(S)	8000
进给速度/mmpm(F)	3000
开槽速度/mmpm(T)	3000
下刀速度/mmpm(P)	3000
进刀速度/mmpm(L)	3000
连刀速度/mmpm(K)	3000
尖角降速(W)	
重设速度(R)	...

图 4-20　加工刀具及参数设置

4. 设置【进给设置】

1）设置路径间距为“4”。

2）选择分层方式为“限定深度”，吃刀深度为“0.3”。

3）选择下刀方式为“螺旋下刀”。

5. 设置【安全策略】

修改检查模型为“面罩凹模几何体”，选择路径检查为“检查所有”，如图 4-21 所示。

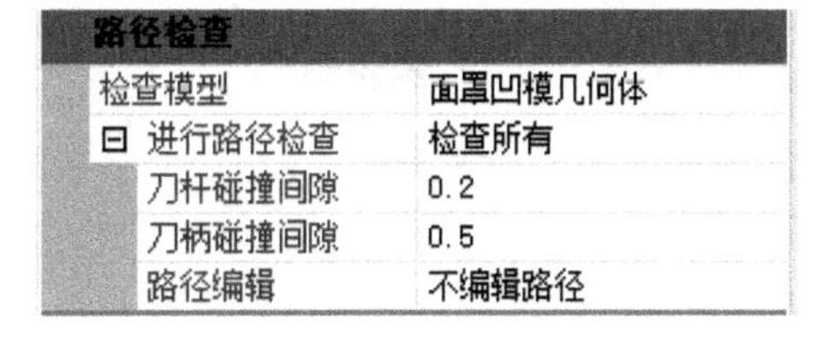

图 4-21　路径检查

6. 计算路径

设置完成后单击“计算”按钮，计算完成后弹出当前路径计算结果。

7. 修改路径名称

在路径树中右击当前路径，选择“重命名”命令，修改路径名称为“分层环切粗加工”。

4.3.3　上表面残补

1. 选择【加工方法】

单击功能区“3 轴加工”组中的“曲面残料补加工”按钮，进入“刀具路径参数”界面，修改加工方案中的加工方法、定义方式、上把刀具等参数，如图 4-22 所示。

2. 设置【加工域】

1）设置深度范围，表面高度为“0”，加工深度为“42”。

2）加工面余量和保护面余量同“分层环切粗加工”。

3. 选择【加工刀具】

1）在当前刀具表中选择“[球头] JD-6.00”。

2）设置主轴转速为“12000”，进给速度为“3000”，如图 4-23 所示。

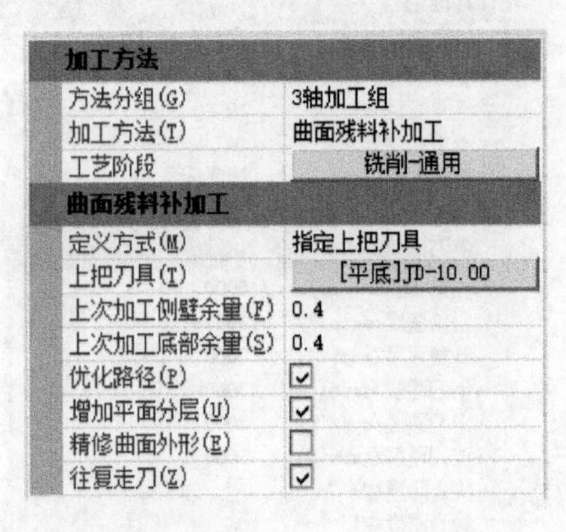

加工方法	
方法分组(G)	3轴加工组
加工方法(T)	曲面残料补加工
工艺阶段	铣削-通用
曲面残料补加工	
定义方式(M)	指定上把刀具
上把刀具(T)	[平底]JD-10.00
上次加工侧壁余量(F)	0.4
上次加工底部余量(S)	0.4
优化路径(P)	☑
增加平面分层(U)	☑
精修曲面外形(E)	☐
往复走刀(Z)	☑

图 4-22　加工方法设置

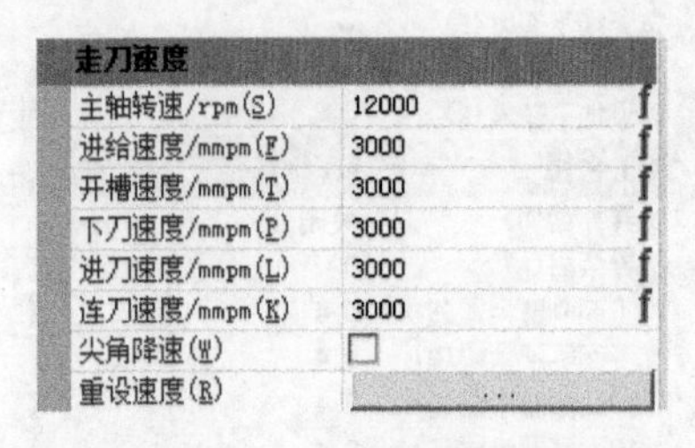

走刀速度	
主轴转速/rpm(S)	12000
进给速度/mmpm(F)	3000
开槽速度/mmpm(T)	3000
下刀速度/mmpm(P)	3000
进刀速度/mmpm(L)	3000
连刀速度/mmpm(K)	3000
尖角降速(W)	☐
重设速度(R)	...

图 4-23　刀具参数设置

4. 设置【进给设置】

1）设置路径间距为“0.5”。

2）选择轴向分层方式为“限定深度”，吃刀深度为“0.4”。

3）选择下刀方式为“螺旋下刀”，如图 4-24 所示。

路径间距	
间距类型(T)	设置路径间距
路径间距	0.5
重叠率%(R)	91.67

轴向分层	
分层方式(T)	限定深度
吃刀深度(D)	0.4
固定分层(Z)	☐
减少抬刀(K)	☑

下刀方式	
下刀方式(M)	螺旋下刀
下刀角度(A)	0.5
螺旋半径(L)	2.88
表面预留(T)	0.02
侧边预留(S)	0
每层最大深度(M)	5
过滤刀具盲区(D)	☐
下刀位置(P)	自动搜索

图 4-24　进给设置

5. 设置【安全策略】

选择路径检查为“检查所有”，修改检查模型为“面罩凹模几何体”。

6. 计算路径

设置完成后单击“计算”按钮，计算完成后弹出当前路径计算结果。

7. 修改路径名称

在路径树中右击当前路径，选择“重命名”命令，修改路径名称为“上表面残补”。

4.3.4　半精加工

☞ 操作步骤

1. 选择【加工方法】

单击功能区“3 轴加工”组中的“曲面精加工”按钮，进入“刀具路径参数”界面，修改加工方案中的走刀方式、加工区域等参数，如图 4-25 所示。

2. 设置【加工域】

加工域的设置与“分层环切粗加工”的步骤相同，深度范围也和“分层环切粗加工”一样，均可不修改。加工面余量和保护面余量均为“0.1”，如图 4-26 所示。

曲面精加工	
走刀方式(M)	平行截线(精)
删除平面路径(D)	☐
路径角度(A)	0
往复走刀(Z)	☑
修边一次(E)	☐
加工区域(T)	所有面
路径沿边界延伸(E)	☐

图 4-25　加工方法设置

加工余量	
边界补偿(U)	关闭
边界余量(A)	0
加工面侧壁余量(B)	0.1
加工面底部余量(M)	0.1
保护面侧壁余量(D)	0.1
保护面底部余量(C)	0.1

图 4-26　加工域参数

3. 选择【加工刀具】

1）在当前刀具表中选择“[球头] JD-6.00”。

2）设置主轴转速为“12000”，进给速度为“3000”。

4. 设置【进给设置】

1）设置路径间距为“0.35”，空间间距设置为“关闭空间路径间距”。

2）选择进刀方式为“切向进刀”，如图 4-27 所示。

路径间距	
间距类型(T)	设置路径间距
路径间距	0.35
重叠率%(R)	94.17
残留高度(W)	0.0105
空间间距设置(E)	关闭空间路径间距

进刀方式	
进刀方式(T)	切向进刀
圆弧半径(R)	3.6
圆弧角度(A)	30
封闭路径螺旋连刀(P)	☑
仅起末点进退刀(E)	☐
直线延伸长度(L)	0
按照行号连刀(N)	☐
最大连刀距离(D)	12
删除短路径(S)	0.02

图 4-27　进给设置

5. 设置【安全策略】

选择路径检查为“检查所有”，修改检查模型为“面罩凹模几何体”。

6. 计算路径

设置完成后单击“计算”按钮，计算完成后弹出当前路径计算结果。

7. 修改路径名称

在路径树中右击当前路径，选择“重命名”命令，修改路径名称为“半精加工”。

4.3.5　避空面精加工

操作步骤

1. 选择【加工方法】

单击功能区“3 轴加工”组中的“曲面精加工”按钮，进入“刀具路径参数”界面，修改加工方案中的走刀方式、加工区域等参数，如图 4-28 所示。

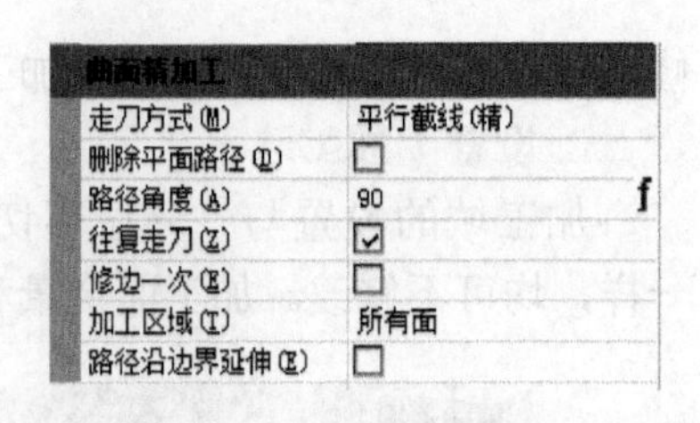

图 4-28　加工方法设置

2. 设置【加工域】

1）选择图 4-29 所示绿色区域作为加工面。

2）勾选“自动设置”复选框，加工面和保护面余量均为“0.01”，如图 4-30 所示。

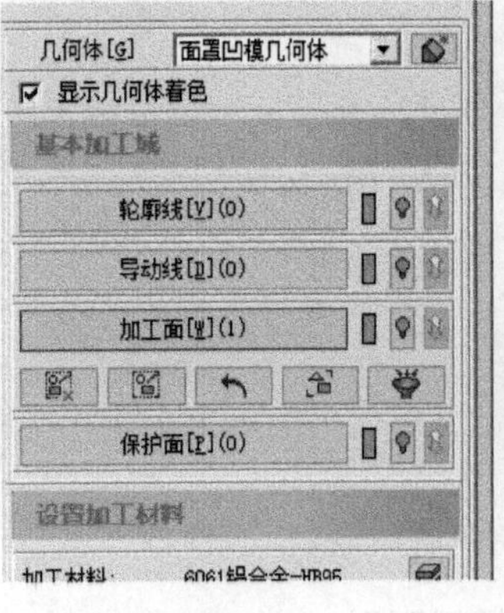

图 4-29　轮廓线

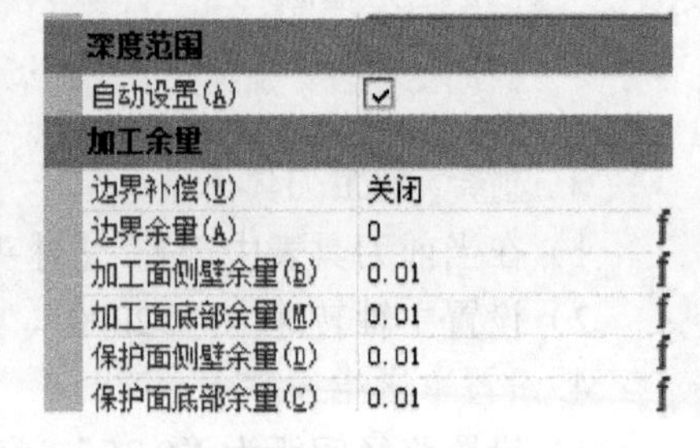

图 4-30　加工域参数

3. 选择【加工刀具】

1）选择加工刀具为“[球头] JD-3.00”。

2）修改主轴转速为“15000”，进给速度为“2000”。

4. 设置【进给参数】

1）修改路径间距为“0.03”，空间间距设置为“关闭空间路径间距”。

2）选择进刀方式为“切向进刀”。

5. 设置【安全策略】

选择路径检查为“检查所有”，修改检查模型为“面罩凹模几何体”。

6. 计算路径

设置完成后单击“计算”按钮，计算完成后弹出当前路径计算结果。

7. 修改路径名称

在路径树中右击当前路径，选择“重命名”命令，修改路径名称为“避空面精加工”。

4.3.6　圆角精加工

操作步骤

1. 选择【加工方法】

单击功能区“3 轴加工”组中的“导动加工”按钮，进入“刀具路径参数”界面，修改加工方案中的导动方式等参数，如图 4-31 所示。

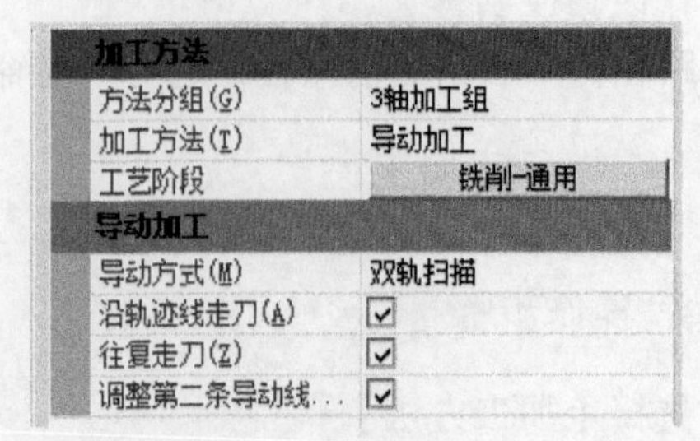

图 4-31　加工方法设置

关键点延伸

导动加工 - 双轨扫描：双轨扫描加工，就是根据曲线的走向，在加工曲面上生成刀具路径的加工方法。同样支持垂线扫描和沿轨迹线扫描两种方式，如图 4-32 所示。

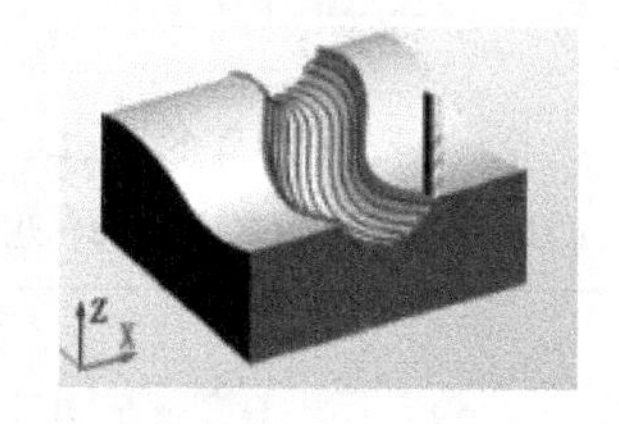

图 4-32 导动加工 - 双轨扫描

2. 设置【加工域】

1）在“圆角辅助线”图层中，选择图 4-33 中的红线作为导动线。

2）选择图 4-34 中的蓝色区域作为加工面，其中边缘的曲面在“辅助 - 清根”图层中。

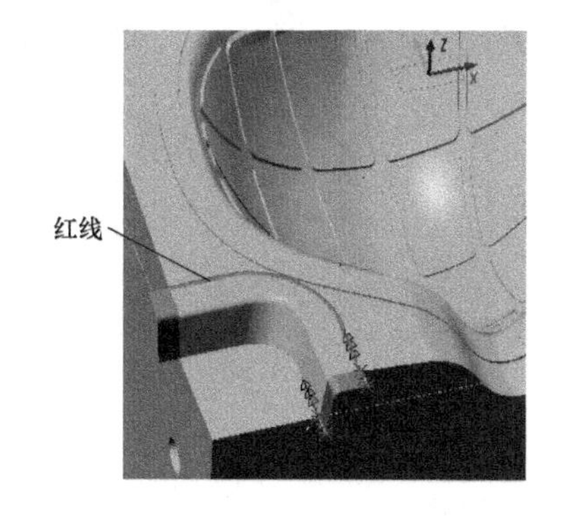

图 4-33 导动线

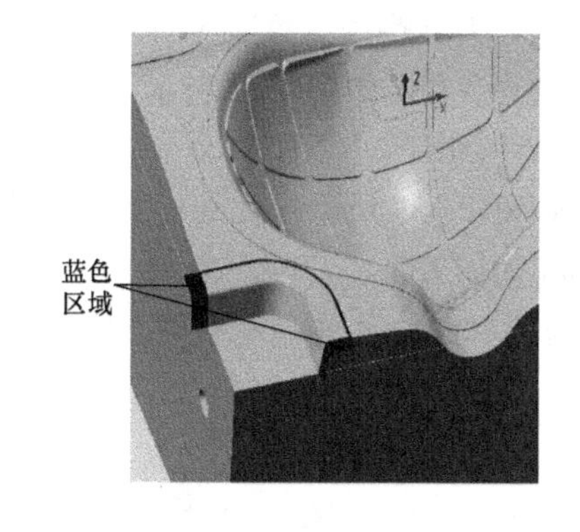

图 4-34 加工面

3）设置深度范围，表面高度为“0”、底面高度为“-14.1”。

4）设置加工面和保护面余量均为“0.05”，如图 4-35 所示。

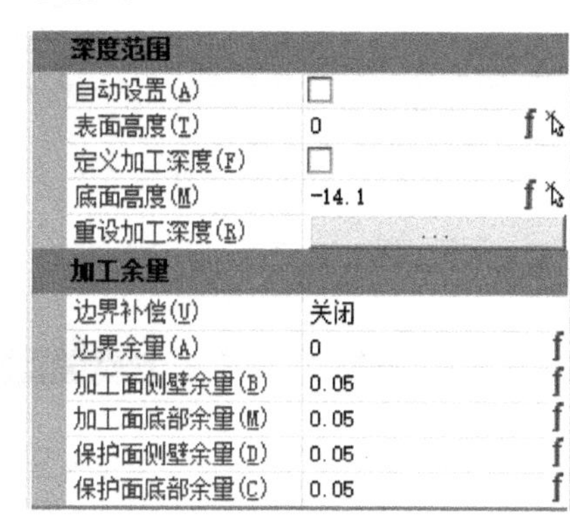

深度范围	
自动设置(A)	☐
表面高度(T)	0
定义加工深度(F)	☐
底面高度(M)	-14.1
重设加工深度(R)	...
加工余量	
边界补偿(U)	关闭
边界余量(A)	0
加工面侧壁余量(B)	0.05
加工面底部余量(M)	0.05
保护面侧壁余量(D)	0.05
保护面底部余量(C)	0.05

图 4-35 加工域参数

3. 选择【加工刀具】

1）选择加工刀具为“[球头] JD-3.00”。

2）修改主轴转速为“15000”，进给速度为“2000”。

4. 设置【进给设置】

1）修改路径间距为“0.08”，空间间距设置为“空间路径间距”。

2）选择进刀方式为“切向进刀”。

5. 设置【安全策略】

选择路径检查为“检查所有”，修改检查模型为“面罩凹模几何体”。

6. 计算路径

设置完成后单击“计算”按钮，计算完成后弹出当前路径计算结果。

7. 修改路径名称

在路径树中右击当前路径，选择“重命名”按钮，修改路径名称为“圆角精加工”。

注意：

其余三个圆角的加工，与此圆角选用一样的加工方式即可，实际操作中仅需选取不同的轮廓线和加工域，详见视频说明。

4.3.7 分型面上部精加工

操作步骤

1. 选择【加工方法】

单击功能区“3 轴加工”组中的“导动加工”按钮，进入“刀具路径参数”界面，修改加工方案中的导动方式等参数，如图 4-36 所示。

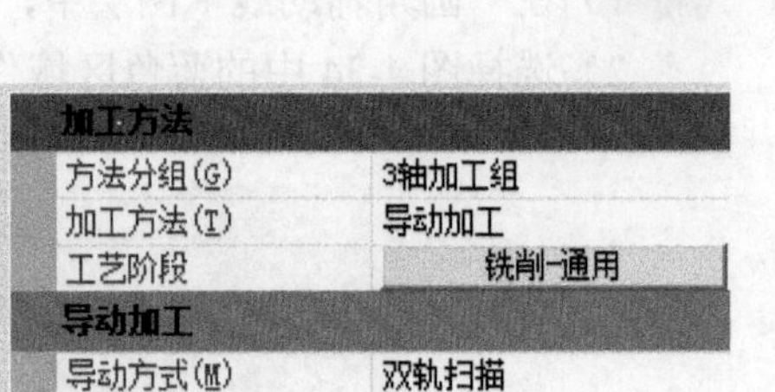

加工方法	
方法分组(G)	3轴加工组
加工方法(T)	导动加工
工艺阶段	铣削-通用
导动加工	
导动方式(M)	双轨扫描
沿轨迹线走刀(A)	☑
往复走刀(Z)	☑
调整第二条导动线...	☑

图 4-36　加工方法设置

2. 设置【加工域】

1）选择图 4-37 所示绿色线作为导动线，选择暗金色曲面作为加工面。

2）勾选“自动设置”复选框，修改加工余量参数为“0”，如图 4-38 所示。

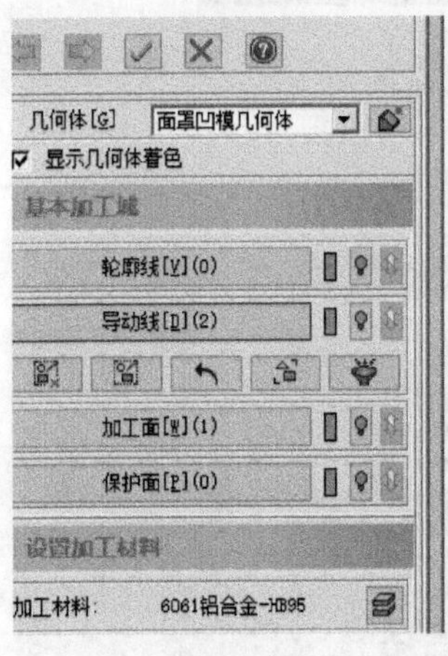

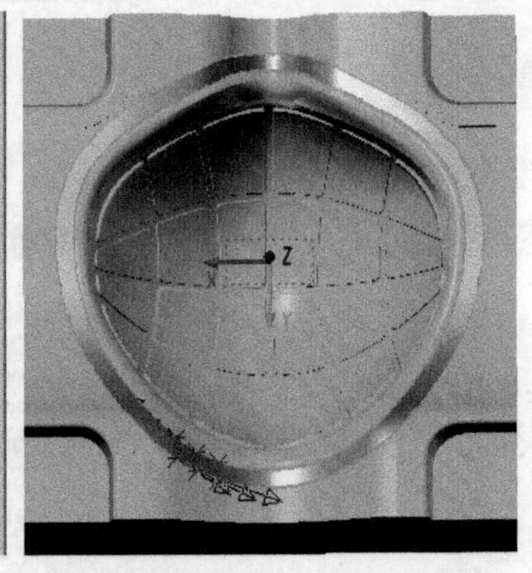

图 4-37　导动线和加工面

深度范围	
自动设置(A)	☑
加工余量	
边界补偿(U)	关闭
边界余量(A)	0
加工面侧壁余量(B)	0
加工面底部余量(M)	0
保护面侧壁余量(D)	0
保护面底部余量(C)	0

图 4-38　加工域参数

3. 选择【加工刀具】

1）选择加工刀具为“[球头] JD-3.00”。

2）修改主轴转速为“15000”，进给速度为“2000”。

4. 设置【进给设置】

1）修改路径间距为“0.05”，空间间距设置为“关闭空间路径间距”。

2）选择进刀方式为“切向进刀”。

5. 设置【安全策略】

选择路径检查为“检查所有”，修改检查模型为“面罩凹模几何体”。

6. 计算路径

设置完成后单击“计算”按钮，计算完成后弹出当前路径计算结果。

7. 修改路径名称

在路径树中右击当前路径，选择“重命名”命令，修改路径名称为“分型面上部精加工”。

4.3.8　分型面下部精加工

操作步骤

1. 选择【加工方法】

单击功能区“3 轴加工”组中的“曲面投影加工”按钮，进入“刀具路径参数”界面，修改加工方案中的加工方式、投影方向等参数，如图 4-39 所示。

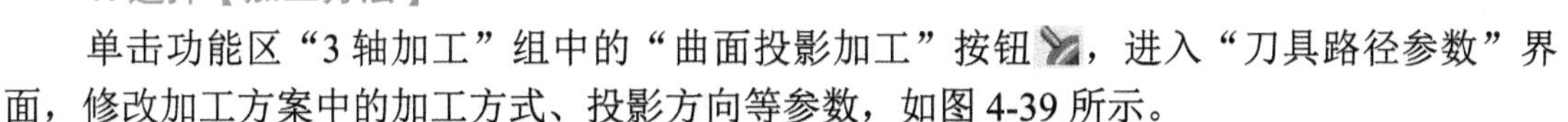

曲面投影加工	
加工方式(M)	投影精加工
走刀方向(D)	螺旋
均匀路径间距	默认
U向限界(U)	☐
V向限界(V)	☐
投影方向(P)	曲面法向
导动面偏移距离(C)	0
最大投影深度(X)	50
往复走刀(Z)	☑
参数顺序	参数递增

图 4-39　加工方法设置

关键点延伸

曲面投影加工：曲面投影加工是多轴联动加工中一个重要的加工方法，能够通过辅助导动面和刀轴控制方式生成与其他加工方法具有相同效果的加工路径。曲面投影加工是根据导动面的 U/V 流线方向生成初始投影路径，并根据设置的刀轴方式生成刀轴，然后按照一定的投影方向，将初始路径投影到加工面生成加工路径的一种多轴加工方式，如图 4-40 所示。

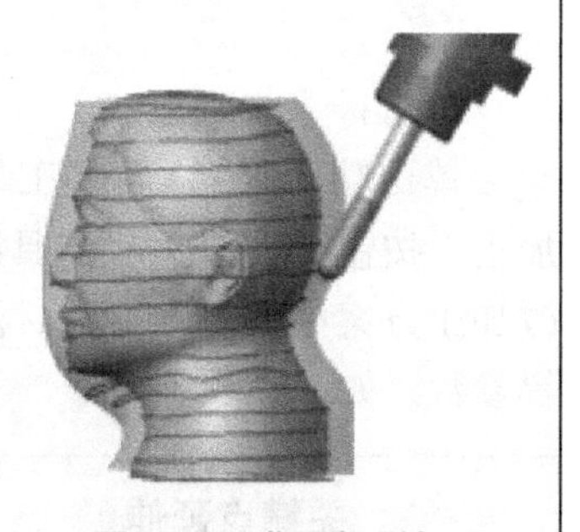

图 4-40　曲面投影加工

2. 设置【加工域】

1）在“分型面下部”图层中选择图 4-41 中的蓝色面作为加工面。

2）在“分型面下部导动面”图层中选择图 4-42 中的曲面作为导动面。

3）勾选“自动设置”复选框，修改加工余量参数为“0”，如图 4-43 所示。

图 4-41　加工面

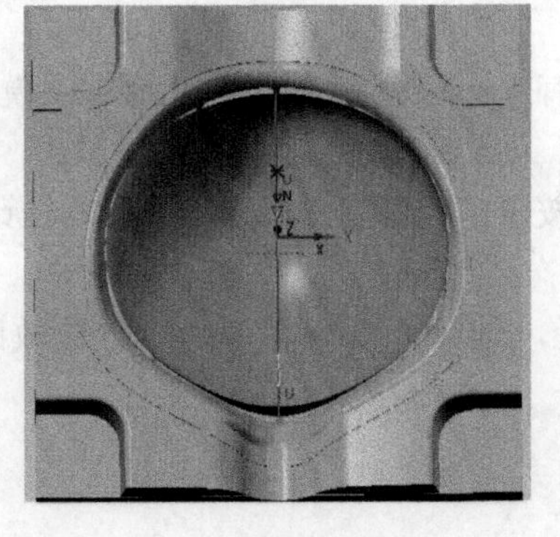

图 4-42　导动面

深度范围	
自动设置(A)	☑
加工余量	
边界补偿(U)	关闭
边界余量(A)	0
加工面侧壁余量(B)	0
加工面底部余量(M)	0
保护面侧壁余量(D)	0
保护面底部余量(C)	0

图 4-43　加工域参数

3. 选择【加工刀具】

1）选择加工刀具为“[球头] JD-6.00”。

2）修改主轴转速为“15000”，进给速度为“2000”，其余速度均为“2000”。

4. 设置【进给设置】

1）修改路径间距为“0.02”。

2）选择进刀方式为“切向进刀”。

5. 设置【安全策略】

选择路径检查为“检查所有”，修改检查模型为“面罩凹模几何体”。

6. 计算路径

设置完成后单击“计算”按钮，计算完成后弹出当前路径计算结果。

7. 修改路径名称

在路径树中右击当前路径，选择“重命名”按钮，修改路径名称为“分型面下部精加工”。

4.3.9　产品面清根加工

操作步骤

1. 选择【加工方法】

单击功能区“3 轴加工”组中的“曲面清根加工”按钮，进入“刀具路径参数”界面，修改加工方案中的加工方法、清根方式、上把刀具等参数，如图 4-44 所示。

曲面清根加工	
清根方式(M)	环切清根
上把刀具(S)	[球头]JD-6.00
上把刀具偏移(F)	0
往复走刀(Z)	☑

图 4-44　加工方法设置

关键点延伸

曲面清根加工 - 环切清根：环切清根可用于平坦曲面的残料清根，但不适合加工存在直壁的几何模型，如图 4-45 所示。

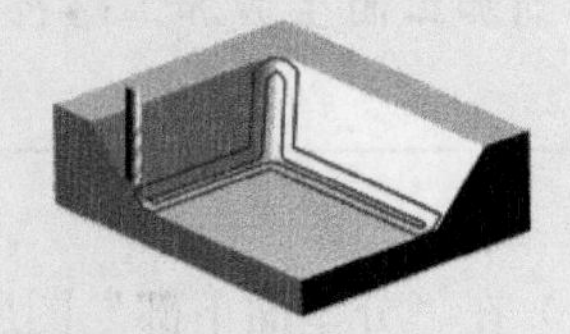

图 4-45　曲面清根加工 - 环切清根

2. 设置【加工域】

1）在“加工产品面限位线”图层中选择图 4-46 中的红色线作为轮廓线。

2）选择图 4-47 中的蓝色曲面作为加工面，选取的为全部分型面、产品面，以及凹模一部分。

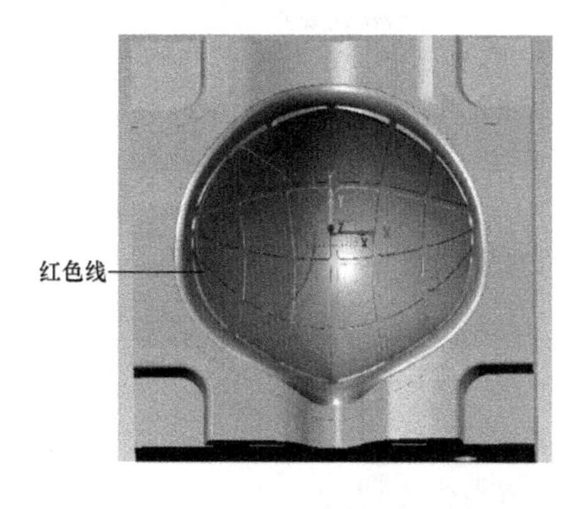

图 4-46　轮廓线

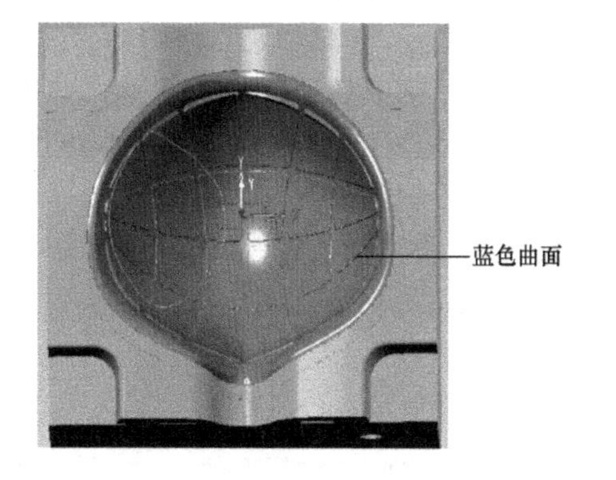

图 4-47　加工面

3）勾选“自动设置”复选框，修改加工面和保护面余量均为“0.05”。需要注意的是，此处修改局部坐标系定义为“左四”，如图 4-48 所示。

加工图形	
编辑加工域(E)	
几何体(G)	面罩凹模几何体
轮廓线(Y)	1
加工面(W)	51
保护面(P)	0
加工材料	6061铝合金-HB95
深度范围	
自动设置(A)	☑
加工余量	
边界补偿(U)	关闭
边界余量(A)	0
加工面侧壁余量(B)	0.05
加工面底部余量(M)	0.05
保护面侧壁余量(D)	0.05
保护面底部余量(C)	0.05
电极加工	
平动量(P)	0
放电间隙(G)	0
局部坐标系	
定义方式(T)	左四

图 4-48　加工域参数

3. 选择【加工刀具】

1）选择加工刀具为“[球头] JD-2.00”，刀轴控制方向选择竖直。

2）修改主轴转速为“15000”，进给速度为“3000”，其余速度均设为“3000”。

4. 设置【进给设置】

1）修改路径间距为“0.03”。

2）选择进刀方式为“切向进刀”。

5. 设置【安全策略】

选择路径检查为“检查所有”，修改检查模型为“面罩凹模几何体”。

6. 计算路径

设置完成后单击“计算”按钮，计算完成后弹出当前路径计算结果。

7. 修改路径名称

在路径树中右击当前路径，选择“重命名”命令，修改路径名称为“产品面清根加工”。

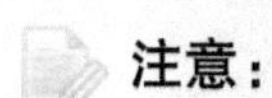
注意：

上述清根路径为一部分清根加工路径，其余部分清根加工，在编程时只需改变加工域中的轮廓线以及定义坐标系，让轮廓线和坐标系一一对应即可，在此不一一列举，选取轮廓线以及定义坐标系的操作方式详见视频。

4.3.10　分型面混合清根加工

操作步骤

1. 选择【加工方法】

单击功能区“3 轴加工”组中的“曲面清根加工”按钮，进入“刀具路径参数”界面，修改加工方案中的清根方式、上把刀具等参数，如图 4-49 所示。

曲面清根加工	
清根方式(M)	混合清根
上把刀具(S)	[球头]JD-6.00
上把刀具偏移(F)	0
残料厚度检测(C)	☐
往复走刀(Z)	☑
加工区域(I)	所有区域
探测角度(D)	165

图 4-49　加工方法设置

2. 设置【加工域】

1）在“避空面”图层中，选择图 4-50 中的绿色线作为轮廓线。

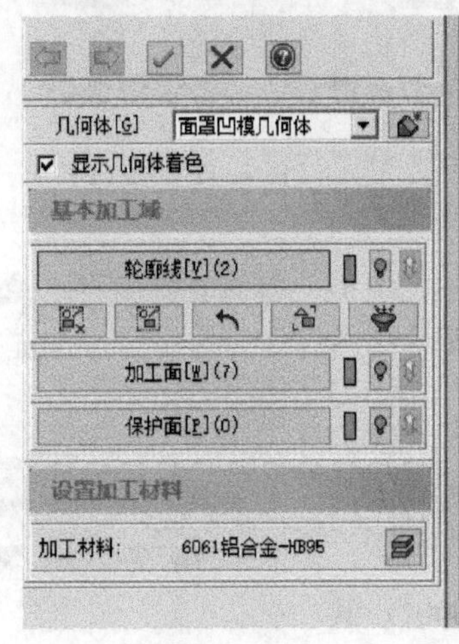

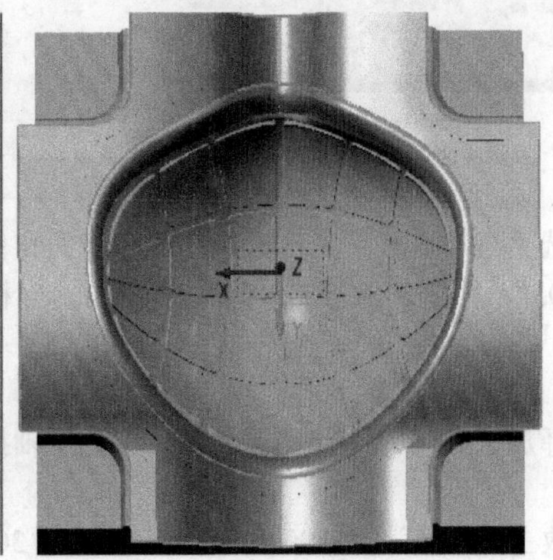

图 4-50　轮廓线

2）在图层“避空面延伸”图层中，选择图 4-51 中的蓝色曲面作为加工面。

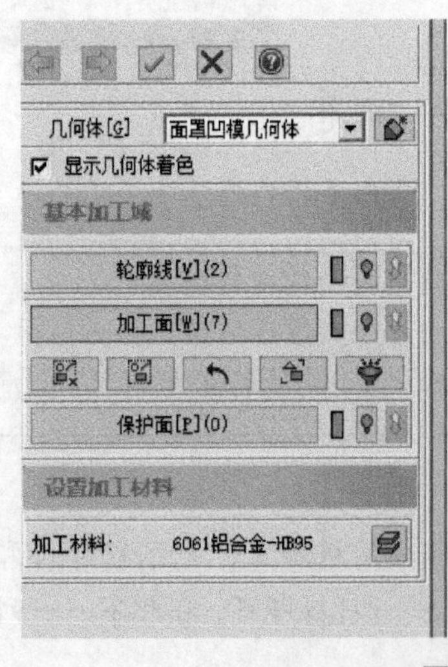

图 4-51　加工面

3）勾选“自动设置”复选框，修改加工面和保护面余量均为“0.05”，如图 4-52 所示。

深度范围	
自动设置(A)	☑
加工余量	
边界补偿(U)	关闭
边界余量(A)	0
加工面侧壁余量(B)	0.05
加工面底部余量(M)	0.05
保护面侧壁余量(D)	0.05
保护面底部余量(C)	0.05

图 4-52　加工域参数

3. 选择【加工刀具】

1）选择加工刀具为“[球头] JD-2.00”，选择刀轴控制方向为“竖直”。

2）修改主轴转速为“15000”，进给速度为“3000”。

4. 设置【进给设置】

1）修改平坦部分路径间距为“0.03”。

2）选择进刀方式为“切向进刀”。

5. 设置【安全策略】

选择路径检查为“检查所有”，修改检查模型为“面罩凹模几何体”。

6. 计算路径

设置完成后单击“计算”按钮，计算完成后弹出当前路径计算结果。

7. 修改路径名称

在路径树中右击当前路径，选择“重命名”命令，修改路径名称为“分型面混合清根加工”。

4.3.11　产品面精加工

1. 产品面上表面精加工

操作步骤

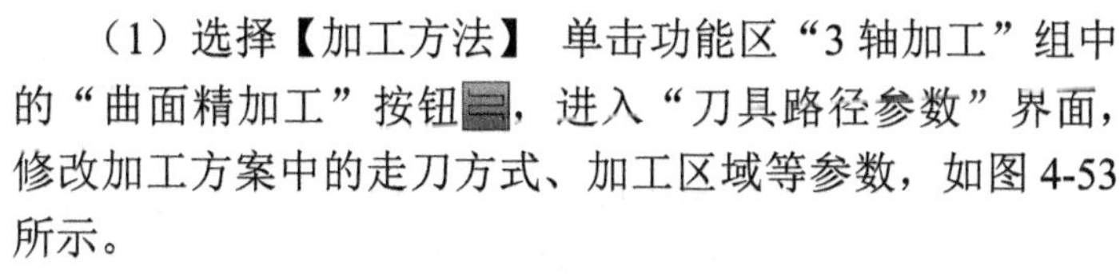

（1）选择【加工方法】　单击功能区“3 轴加工”组中的“曲面精加工”按钮，进入“刀具路径参数”界面，修改加工方案中的走刀方式、加工区域等参数，如图 4-53 所示。

加工方法	
方法分组(G)	3轴加工组
加工方法(I)	曲面精加工
工艺阶段	铣削-通用
曲面精加工	
走刀方式(M)	环绕等距(精)
删除平面路径(D)	☐
环绕方式(M)	沿外轮廓等距
从内向外(I)	☐
加工区域(I)	所有面
往复走刀(Z)	☑

图 4-53　加工方法设置

（2）设置【加工域】

1）在“产品面分割线”图层，选择图 4-54 中的粉色线作为轮廓线。

2）选择图 4-55 中的蓝色曲面作为加工面，选取的为全部分型面、产品面，以及凹模一部分。

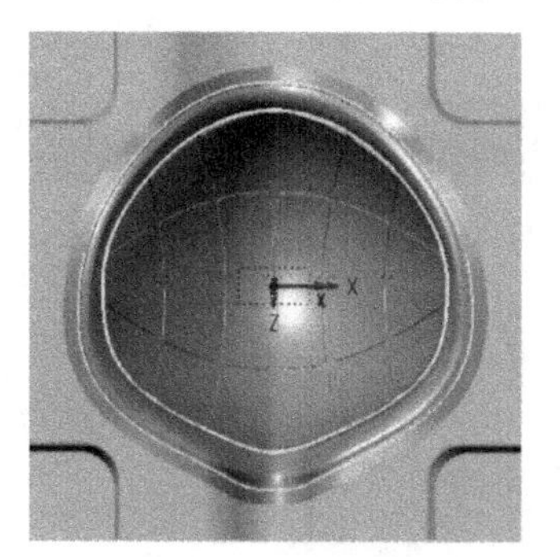

图 4-54　轮廓线

图 4-55　加工面

3）勾选“自动设置”复选框，修改加工面和保护面余量均为“0.05”，定义坐标系为默认。

（3）选择【加工刀具】

1）选择加工刀具为“[球头] JD-2.00”，选择刀轴控制方向为“竖直”。

2）修改主轴转速为“15000”，进给速度为“3000”。

（4）设置【进给设置】

1）修改路径间距为“0.03”。空间间距设置为“空间路径间距”。

2）选择进刀方式为“切向进刀”，如图 4-56 所示。

路径间距	
间距类型(T)	设置路径间距
路径间距	0.03
重叠率%(R)	98.5
残留高度(W)	0.0005
空间间距设置(E)	空间路径间距

进刀方式	
进刀方式(T)	切向进刀
圆弧半径(R)	1.2
圆弧角度(A)	30
封闭路径螺旋连刀(P)	☑
整圈螺旋(U)	☐
仅起末点进退刀(E)	☑
按照行号连刀(N)	☐
最大连刀距离(D)	4
删除短路径(S)	0.02

图 4-56 进给设置

（5）设置【安全策略】 选择路径检查为“检查所有”，修改检查模型为“面罩凹模几何体”。

（6）计算路径　设置完成后单击“计算”按钮，计算完成后弹出当前路径计算结果。

（7）修改路径名称　在路径树中右击当前路径，选择“重命名”命令，修改路径名称为“产品面上表面精加工”。

2. 内腔精加工

操作步骤

（1）选择【加工方法】 单击功能区“3 轴加工”组中的“曲面精加工”按钮，进入“刀具路径参数”界面，修改加工方案中的走刀方式、加工区域等参数，如图 4-57 所示。

（2）设置【加工域】

1）在“侧面轮廓线”图层选择图 4-58 中的粉色线作为轮廓线。

2）选择图 4-59 中的蓝色曲面作为加工面，选取的为全部分型面、产品面，以及凹模一部分。

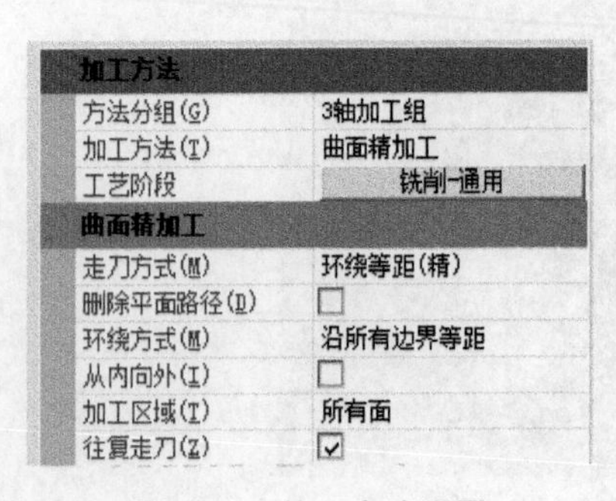

加工方法	
方法分组(G)	3轴加工组
加工方法(T)	曲面精加工
工艺阶段	铣削-通用
曲面精加工	
走刀方式(M)	环绕等距(精)
删除平面路径(D)	☐
环绕方式(M)	沿所有边界等距
从内向外(I)	☐
加工区域(T)	所有面
往复走刀(Z)	☑

图 4-57　加工方法设置

图 4-58　轮廓线

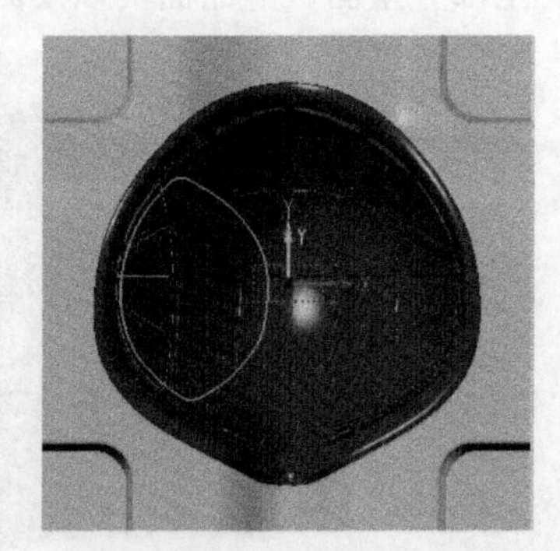

图 4-59　加工面

3）勾选“自动设置”复选框，修改加工面和保护面余量均为“0.05”。局部坐标系定义为“左四”，如图 4-60 所示。

深度范围	
自动设置(A)	☑
加工余量	
边界补偿(U)	关闭
边界余量(A)	0
加工面侧壁余量(B)	0.05
加工面底部余量(M)	0.05
保护面侧壁余量(D)	0.05
保护面底部余量(C)	0.05

局部坐标系	
定义方式(T)	左四

图 4-60　加工域参数

（3）选择【加工刀具】

1）选择加工刀具为“[球头] JD-2.00”，选择刀轴控制方向为“竖直”。

2）修改主轴转速为“15000”，进给速度为“3000”。

（4）设置【进给设置】

1）修改路径间距为“0.03”，空间间距设置为“空间路径间距”。

2）选择进刀方式为“切向进刀”。

（5）设置【安全策略】　选择路径检查为“检查所有”，修改检查模型为“面罩凹模几何体”。

（6）计算路径　设置完成后单击“计算”按钮，计算完成后弹出当前路径计算结果。

（7）修改路径名称　在路径树中右击当前路径，选择“重命名”按钮，修改路径名称为“内腔精加工”。

> **注意**
>
> 上述精加工路径为一部分精加工路径，其余部分精加工，在编程时只需改变加工域中的轮廓线以及定义坐标系，让轮廓线和坐标系一一对应即可。在此不一一列举。选取轮廓线和坐标系的操作，详见视频。

4.3.12　虎口侧壁精加工

操作步骤

1. 选择【加工方法】

单击功能区“3 轴加工”组中的“曲面精加工”按钮，进入“刀具路径参数”界面，修改加工方案中的走刀方式、加工区域等参数，如图 4-61 所示。

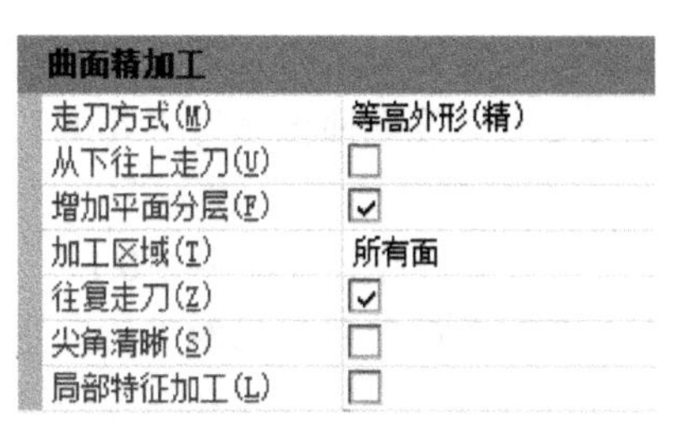

曲面精加工	
走刀方式(M)	等高外形(精)
从下往上走刀(U)	☐
增加平面分层(F)	☑
加工区域(I)	所有面
往复走刀(Z)	☑
尖角清晰(S)	☐
局部特征加工(L)	☐

图 4-61　加工方法设置

2. 设置【加工域】

1）选择图 4-62 中的绿色线作为轮廓线。

2）在图层“辅助 - 虎口”“圆角一”“圆角二”图层

中选择图 4-63 中的绿色曲面作为加工面。选择图 4-63 中的深绿色面作为保护面。

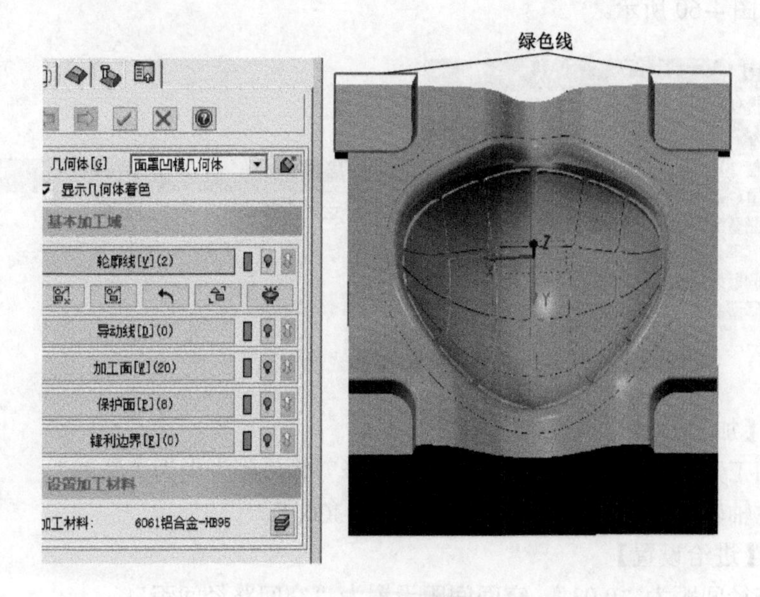

图 4-62 轮廓线

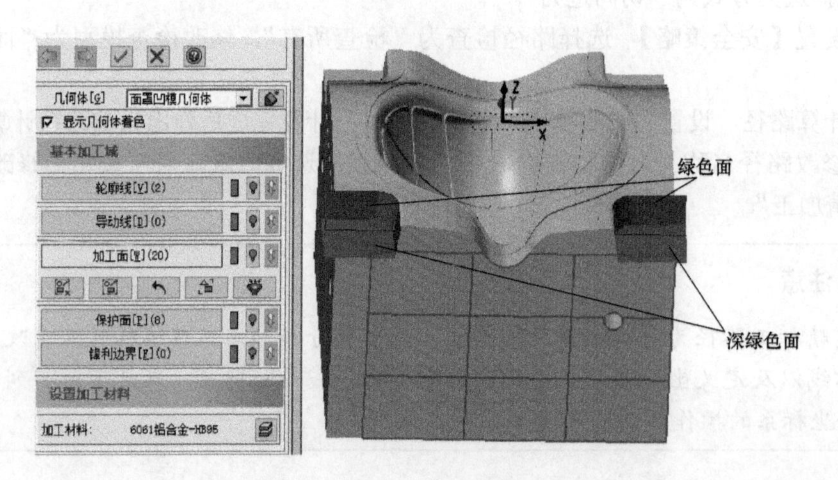

图 4-63 加工面

3）勾选“自动设置”复选框，修改加工面和保护面余量均为“0.1”，如图 4-64 所示。

3. 选择【加工刀具】

1）选择加工刀具为“[牛鼻] JD-6.00-0.50”，选择刀轴控制方向为“竖直”。

2）修改主轴转速为“7000”，进给速度为“1500”。

4. 设置【进给设置】

1）修改路径间距为“0.1”。

2）选择进刀方式为“切向进刀”。

5. 设置【安全策略】

选择路径检查为“检查所有”，修改检查模型为“面罩凹模几何体”。

6. 设置【路径变换】

设置变换类型为“镜像”，如图 4-65 所示。

深度范围	
自动设置(A)	☑
加工余量	
边界补偿(U)	关闭
边界余量(A)	0
加工面侧壁余量(B)	0.1
加工面底部余量(M)	0.1
保护面侧壁余量(D)	0.1
保护面底部余量(C)	0.1
电极加工	
平动量(P)	0
放电间隙(G)	0
局部坐标系	
定义方式(T)	默认

图 4-64　加工域参数

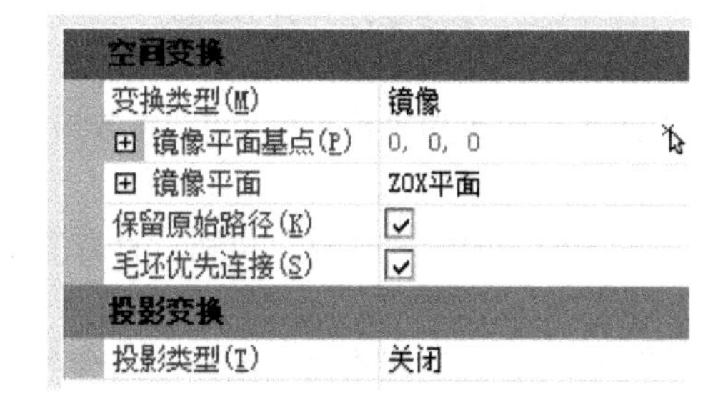

空间变换	
变换类型(M)	镜像
⊞ 镜像平面基点(P)	0, 0, 0
⊞ 镜像平面	ZOX平面
保留原始路径(K)	☑
毛坯优先连接(S)	☑
投影变换	
投影类型(T)	关闭

图 4-65　设置路径变换

7. 计算路径

设置完成后单击“计算”按钮，计算完成后弹出当前路径计算结果。

8. 修改路径名称

在路径树右击当前路径，选择“重命名”按钮，修改路径名称为“虎口侧壁精加工”。

4.3.13　虎口底面精加工

操作步骤

1. 选择【加工方法】

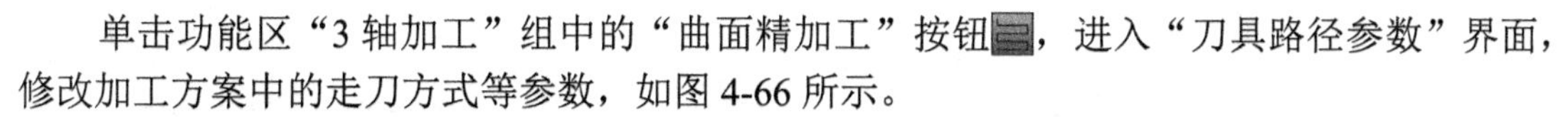

单击功能区“3 轴加工”组中的“曲面精加工”按钮，进入“刀具路径参数”界面，修改加工方案中的走刀方式等参数，如图 4-66 所示。

2. 设置【加工域】

1）打开“辅助 - 虎口”图层，选择如图 4-67 中的曲面作为加工面。

2）勾选“自动设置”复选框，修改加工面和保护面侧壁余量均为“0.5”，加工面和保护面底部余量均为“0.1”，如图 4-68 所示。

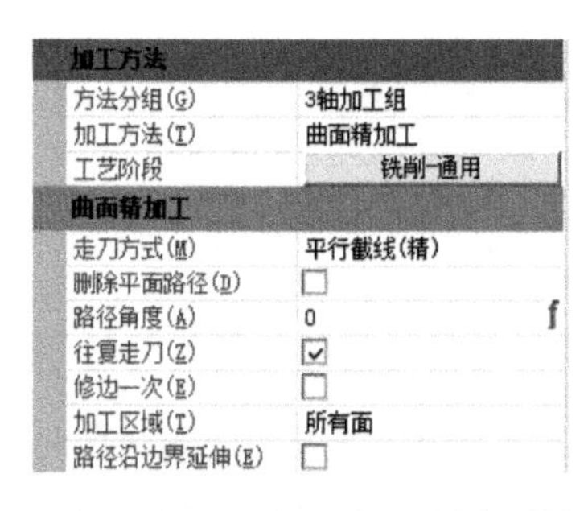

加工方法	
方法分组(G)	3轴加工组
加工方法(T)	曲面精加工
工艺阶段	铣削-通用
曲面精加工	
走刀方式(M)	平行截线(精)
删除平面路径(D)	☐
路径角度(A)	0
往复走刀(Z)	☑
修边一次(E)	☐
加工区域(I)	所有面
路径沿边界延伸(E)	☐

图 4-66　加工方法设置

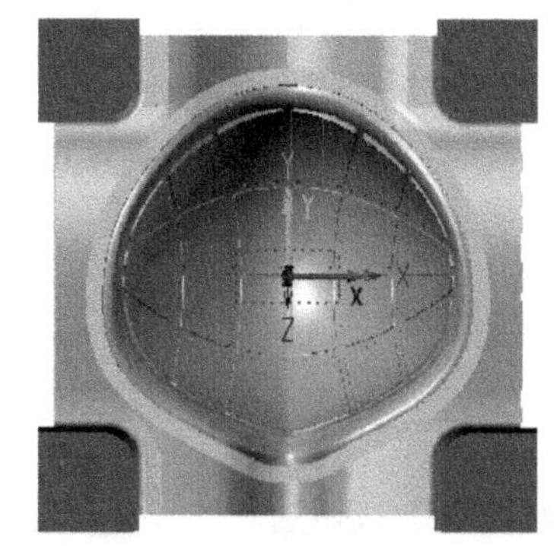

图 4-67　加工面

深度范围	
自动设置(A)	☑
加工余量	
边界补偿(U)	关闭
边界余量(A)	0
加工面侧壁余量(B)	0.5
加工面底部余量(M)	0.1
保护面侧壁余量(D)	0.5
保护面底部余量(C)	0.1
电极加工	
平动量(P)	0
放电间隙(G)	0
局部坐标系	
定义方式(T)	默认

图 4-68　加工域参数

3. 选择【加工刀具】

1）选择加工刀具为“[牛鼻] JD-6.00-0.50”。

2）修改主轴转速为“5000”，进给速度为“1000”。

4. 设置【进给设置】

1）修改路径间距为“0.5”。

2）修改进刀方式为“切向进刀”。

5. 设置【安全策略】

选择路径检查为“检查所有”，修改检查模型为“面罩凹模几何体”。

6. 计算路径

设置完成后单击“计算”按钮，计算完成后弹出当前路径计算结果。

7. 修改路径名称

在路径树右击当前路径，选择“重命名”按钮，修改路径名称为“虎口底面精加工”。

4.4 模拟和输出

4.4.1 机床模拟

操作步骤

1）单击功能区的“机床模拟”按钮，进入机床模拟界面，调节模拟速度后，单击模拟控制台的“开始”按钮进行机床模拟，如图 4-69 所示。

2）机床模拟无误后单击“确定”按钮退出命令，模拟后路径树如图 4-70 所示。

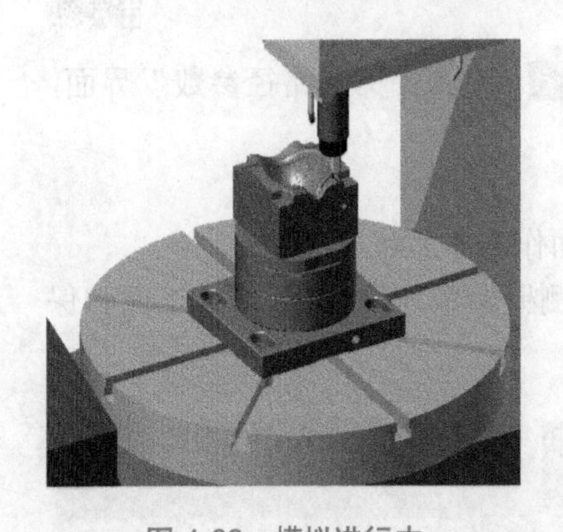

图 4-69 模拟进行中

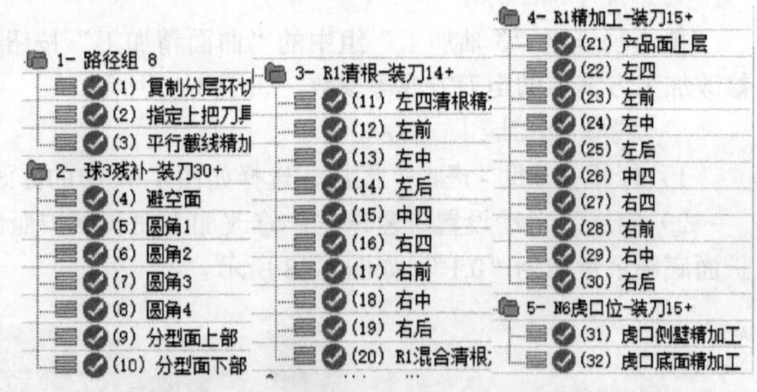

图 4-70 模拟后路径树

4.4.2 路径输出

操作步骤

1）单击功能区的“输出刀具路径”按钮。

2）在“输出刀具路径（后置处理）”对话框中选择要输出的路径，根据实际加工设置好路径输出排序方法、输出文件名称。

3）单击“确定”即可输出最终的路径文件，如图 4-71 所示。

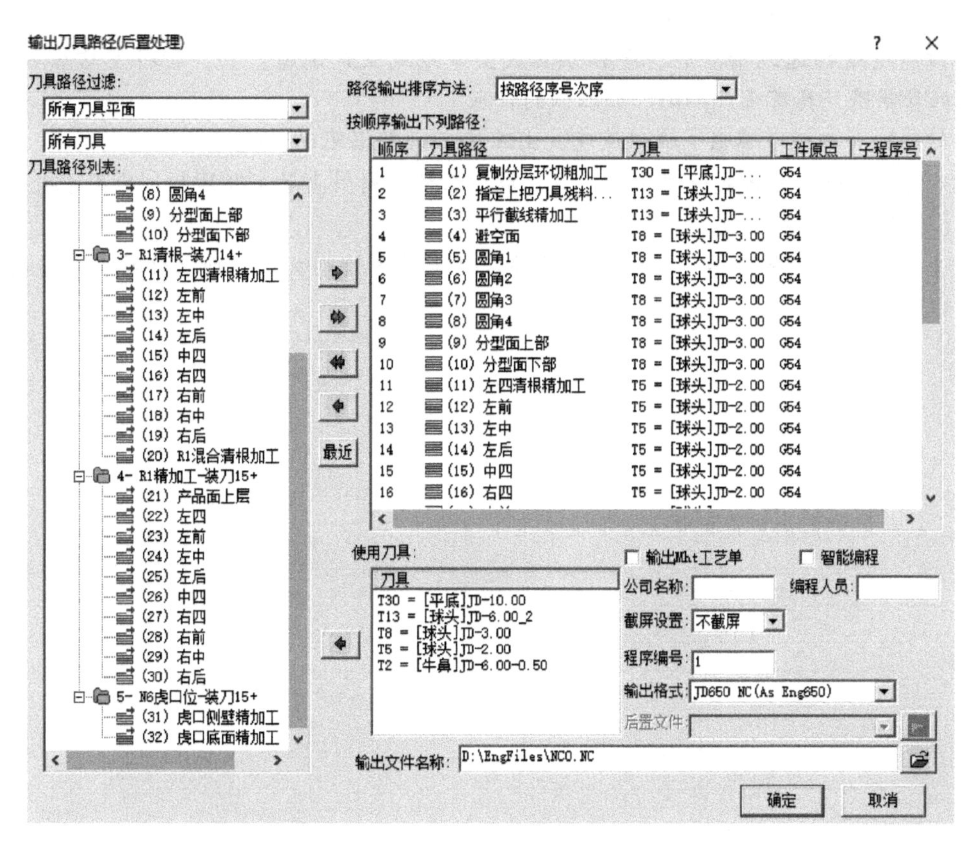

图 4-71 路径输出

4.5 实例小结

1）本章介绍了呼吸面罩凹模的加工方法和步骤，通过本章学习，用户需要掌握三轴路径转五轴加工的路径编程基本思路和编程策略。

2）呼吸面罩凹模用小刀具加工深腔，容易发生碰撞、让刀、弹刀情况，为提高加工中的稳定性，使用五轴机床来加工三轴路径。

3）呼吸面罩凹模加工实例是为使用五轴机床进行三轴加工而设计的加工案例，实际在使用过程中需要根据具体产品形状、毛坯形状选择合适的加工方法。例如毛坯形状不同可能会选择“分层区域粗加工”“四轴旋转精加工”“曲面投影精加工”等加工方法。

知识拓展

零件成型方法

零件成型加工的方式主要有四种：减材制造（切削加工等）、等材制造（模具成型）、增材制造（3D 打印等）和复合制造（3D 打印 + 切削加工等）。在工业领域这四种成型模式各具优势，其应用的行业也各不相同。

减材制造是指通过车、铣、刨、磨等切削加工获得成形零件的方式，材料重量不断减少，广泛应用于工业的各个行业。

等材制造是指通过铸、锻、焊和模具成型等方式生产制造产品，材料重量基本不变，适用于批量制造，具有生产率高、成本低的特点。

增材制造是指基于离散-堆积原理，由零件三维数据驱动，使得材料按照挤压、烧结、熔融、光固化、喷射等方式逐层堆积，直接成型零件，材料重量不断增加，应用于航空、医疗器械、核能工业等行业。

复合制造是对等材制造、增材制造后的零件再进行切削加工，使零件符合制造要求的成型过程。

第5章 镶件五轴加工

学习目标

■ 通过镶件加工案例学习对一个产品进行工艺分析的过程。
■ 掌握五轴定位加工的实际应用。
■ 进一步熟悉软件加工策略及参数设置方法。

5.1 实例描述

镶件是模具中的常见配件，主要起固定模板和填充模板之间空间的作用。镶件可以是方形或圆形。和所有的模具配件一样，镶件对精度的要求也非常高，并且一般没有成品，按照模具的需要进行定做。图 5-1 为电水壶把手模具镶件。

图 5-1 电水壶把手模具镶件

5.1.1 工艺分析

工艺分析是编写加工程序前的必备工作，需要充分了解加工要求和工艺特点，合理编写加工程序。

该工件的加工要求和工艺分析如图 5-2 所示。

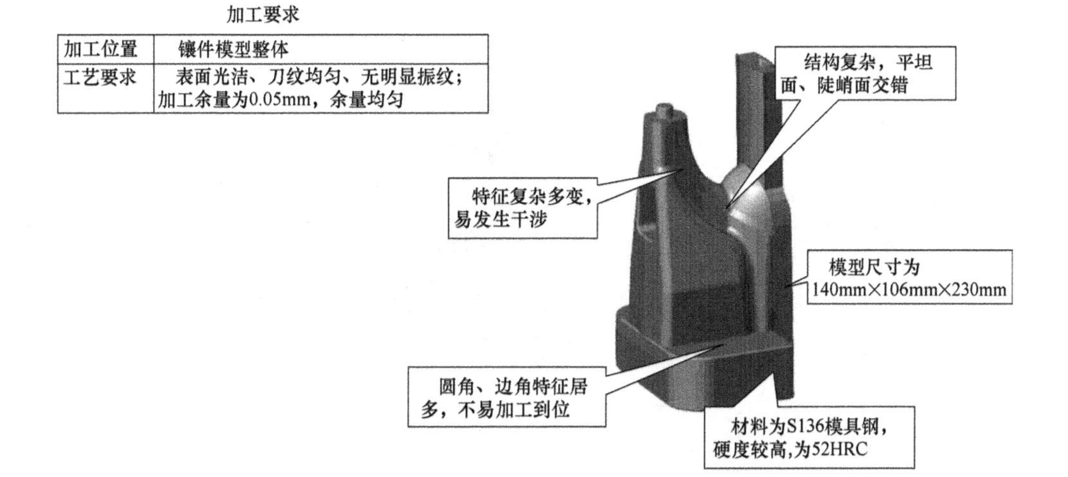

加工要求

加工位置	镶件模型整体
工艺要求	表面光洁、刀纹均匀、无明显振纹；加工余量为0.05mm，余量均匀

图 5-2 加工要求和工艺分析

5.1.2 加工方案

1. 机床设备

产品精度要求较高，考虑选择精雕全闭环五轴机床。该工件尺寸为 140mm×106mm×230mm，加上工装夹具，整体尺寸偏大，因 GR200 系列机床行程有限无法完成，因此选择 GR400 系列机床；为了提高加工效率和加工质量，选择 150 系列主轴机床。

综合考虑，选择 JDGR400_A15SH 五轴机床进行加工。

2. 加工方法

该镶件模型形状复杂，陡峭面与平坦面交错且整体高度较高，普通三轴无法加工完所有部位，需配合电火花等其他工序方能完成。为了简化工艺，考虑用五轴定位加工编程实现，具体加工方案设计如图 5-3 和图 5-4 所示。

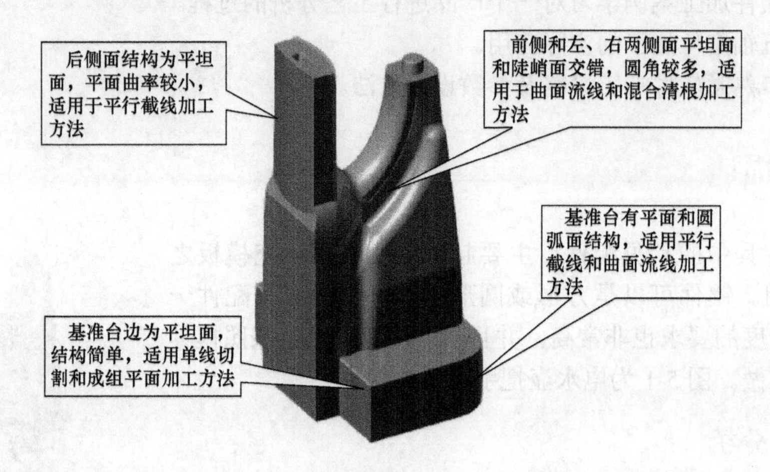

图 5-3　编程加工方案（一）

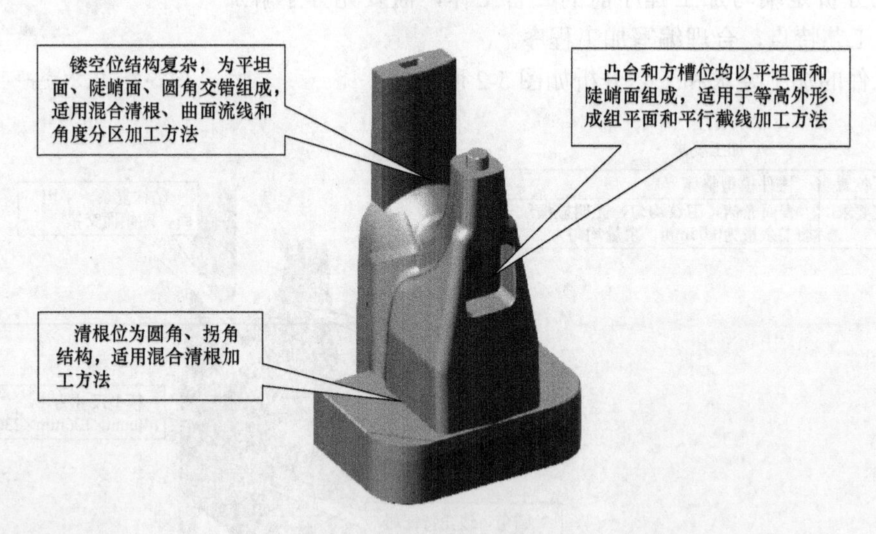

图 5-4　编程加工方案（二）

3. 加工刀具

由于模具材料的硬度较高，因此必须选择刚性强的刀具，如涂层刀。

5.1.3　加工工艺卡

通过工艺分析可以看出，电水壶镶件模型需要进行的是半精加工工序，其加工工艺卡见表 5-1。

表 5-1　电水壶镶件模型加工工艺卡

序号	工步	加工方法	刀具类型	主轴转速 /（r/min）	进给速度 /（mm/min）	效果图
1	基准台边	单线切割	［平底］JD-10.00	5000	1500	
		成组平面				
2	凸台与方槽	等高外形（精）	［牛鼻］JD-10.00-0.50	5000	1000	
		成组平面			500	
3	基准台	平行截线（精）	［球头］JD-8.00	5000	2000	
		曲面流线				
4	镂空位	混合清根	［球头］JD-8.00	5000	500	
		曲面流线				
		角度分区				
5	整体加工	平行截线（精）	［球头］JD-8.00	5000	1500	
		混合清根			800	
		曲面流线			2000	
6	清根	混合清根	［球头］JD-4.00	8000	1000	
			［球头］JD-2.00			

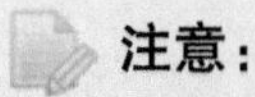

注意：

因工艺设计受限于机床选择、加工刀具、模型特点、加工要求、环境等诸多因素，故此加工工艺卡提供的工艺数据仅供参考，用户可根据具体的加工情况重新设计工艺。

5.1.4 装夹方案

产品加工位置为镶件模型整体，可装夹位为镶件底部，故采用通用夹具加螺钉固定方式装夹，以定位柱和基准台为定位基准，螺钉拉紧工件方式定位，夹具与台面用螺钉拉紧方式固定，可快速进行批量生产，如图 5-5 所示。

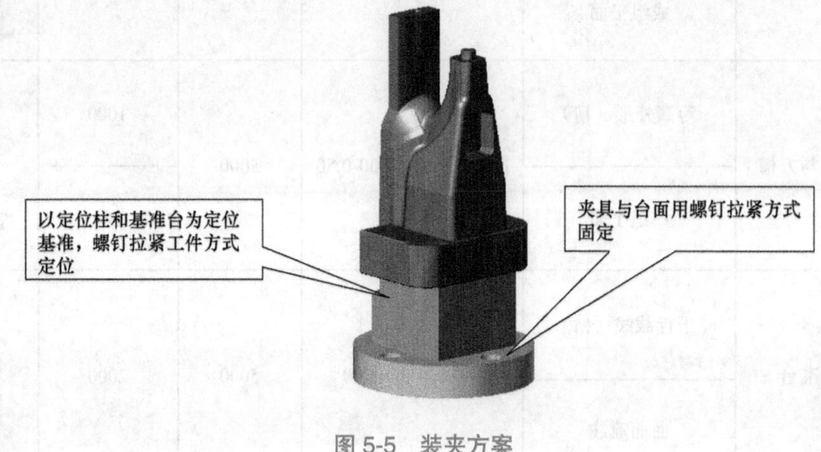

图 5-5 装夹方案

5.2 编程加工准备

编程加工前需要对加工件进行一些必要的准备工作用于创建虚拟加工环境，具体内容包括：机床设置、创建刀具表、创建几何体、几何体安装设置等。

5.2.1 模型准备

启动 SurfMill 9.0 软件后，打开“镶件五轴加工—new.escam”文件。

5.2.2 机床设置

双击左侧“导航工作条”窗格中的“机床设置” 机床设置，选择机床类型为“5 轴”，选择机床文件为“JDGR400_A15SH”，选择机床输入文件格式为“JD650 NC（As Eng650）”，设置完成后单击“确定”按钮，如图5-6所示。

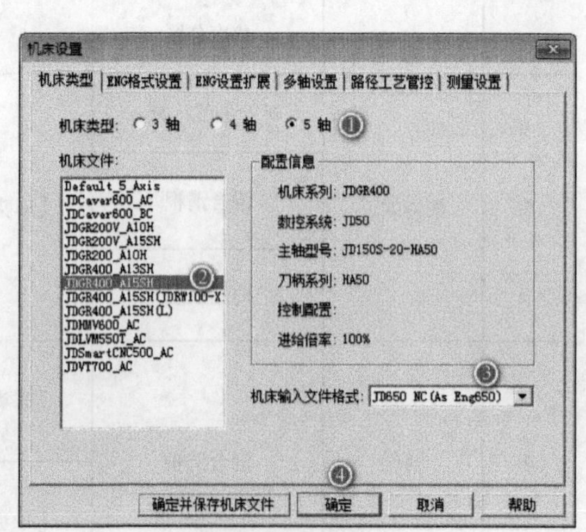

图 5-6 机床设置

5.2.3　创建刀具表

双击左侧“导航工作条”窗格中的“刀具表”刀具表，依次添加需要使用的刀具。图 5-7 为本次加工使用刀具组成的当前刀具表。

当前刀具表

加工阶段	刀具名称	刀柄	输出编号	长度补偿号	半径补偿号	刀具伸出长度	加锁	使用次数
精加工	[平底]JD-10.00	HSK-A50-ER25-080S	1	1	1	55		0
精加工	[牛鼻]JD-10.00-0.50	HSK-A50-ER25-080S	2	2	2	55		0
精加工	[牛鼻]JD-8.00-0.50	HSK-A50-ER25-080S	3	3	3	44		0
精加工	[球头]JD-8.00	HSK-A50-ER25-080S	4	4	4	55		0
精加工	[球头]JD-6.00	HSK-A50-ER25-080S	5	5	5	33		0
精加工	[球头]JD-4.00	HSK-A50-ER25-080S	6	6	6	30		0
精加工	[球头]JD-10.00	HSK-A50-ER25-080S	7	7	7	55		0
精加工	[球头]JD-4.00_1	HSK-A50-ER25-080S	8	8	8	52		0
精加工	[球头]JD-2.00	HSK-A50-ER25-080S	9	9	9	28		0

图 5-7　创建当前刀具表

5.2.4　创建几何体

双击“导航工作条”窗格中的“几何体列表”的几何体列表，进行工件设置、毛坯设置和夹具设置。

（1）工件设置　选择“工件”图层的曲面作为工件面。

（2）毛坯设置　选用“毛坯面”的方式创建毛坯，选择“毛坯面”图层的曲面作为毛坯面。

（3）夹具设置　选取“夹具”图层的曲面作为夹具面。

5.2.5　几何体安装设置

单击功能区的“几何体安装”按钮几何体安装，单击“自动摆放”按钮，完成几何体快速安装。若自动摆放后安装位置不正确，可以通过“原点平移”“绕轴旋转”等方式进行调整。

5.3　编写加工程序

镶件半精加工包含了基准台边、凸台与方槽、基准台、镂空位、整体加工、清根这几部分，选择合理的刀具，设置合适的加工参数，选择合理的加工策略，系统就会自动调整刀轴生成合理，光滑无干涉的路径。

5.3.1　基准台边

由于基准台边为平面，可选择 2.5 轴平面加工方法中的“区域加工”“单线切割”“轮廓切割”加工，也可以选择 3 轴曲面加工中的“成组平面”加工。

本案例选择了“单线切割”“成组平面”加工方式实现，现以“单线切割”为例，说明具体操作步骤。

操作步骤

1. 选择【加工方法】

1）单击功能区“三轴加工”组中的“单线切割”。

2）进入“刀具路径参数”界面，选择半径补偿为“向左偏移”，如图 5-8 所示。

2. 设置【加工域】

1）单击“编辑加工域”按钮，拾取平台边沿作为轮廓线，如图 5-9 所示，单击“确定”按钮✓完成加工域选择。

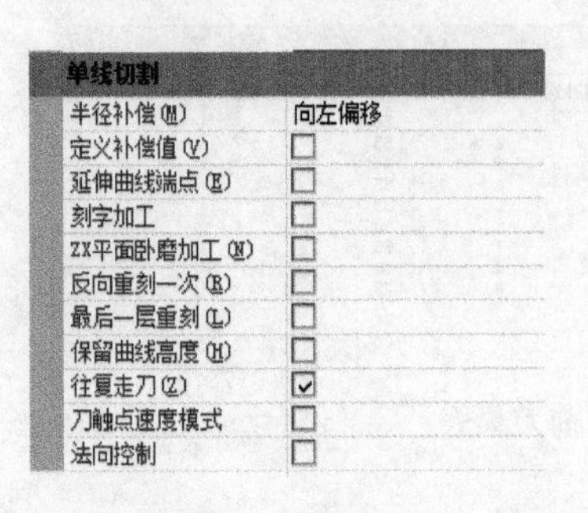

单线切割	
半径补偿(M)	向左偏移
定义补偿值(V)	☐
延伸曲线端点(E)	☐
刻字加工	☐
ZX平面卧磨加工(W)	☐
反向重刻一次(R)	☐
最后一层重刻(L)	☐
保留曲线高度(H)	☐
往复走刀(Z)	☑
刀触点速度模式	☐
法向控制	☐

图 5-8　加工方法设置

图 5-9　编辑加工域

2）选择局部坐标系为“前视图”，通过拾取边线设置表面高度，底面高度为“−14”。

3）设置侧面余量为“0.05”，其余参数使用默认值即可。

关键点延伸

成组平面路径中拾取“基准台面”作为加工域。

3. 选择【加工刀具】

1）单击“刀具名称”按钮，在当前刀具表中选择“[平底] JD-10.00”。

2）设置主轴转速为“5000”，进给速度为“1500”，如图 5-10 所示。

几何形状	
刀具名称(N)	[平底]JD-10.00
输出编号	1
刀具直径(D)	10
半径补偿号	1
长度补偿号	1
刀具材料	硬质合金
从刀具参数更新	...

走刀速度	
主轴转速/rpm(S)	5000
进给速度/mmpm(F)	1500
开槽速度/mmpm(T)	1500
下刀速度/mmpm(P)	1500
进刀速度/mmpm(L)	1500
连刀速度/mmpm(K)	1500
尖角降速(W)	☐
重设速度(R)	...

图 5-10　加工刀具及参数设置

4. 设置【进给设置】

选择分层方式为“限定深度”，设置吃刀深度为“0.5”，如图 5-11 所示。

轴向分层	
分层方式(T)	限定深度
吃刀深度(D)	0.5
拷贝分层(Y)	☐
减少抬刀(K)	☑

下刀方式	
下刀方式(M)	沿轮廓下刀
下刀角度(A)	0.5
表面预留(T)	0.02
每层最大深度(M)	5
过滤刀具盲区(D)	☐
下刀位置(P)	自动搜索

图 5-11　进给设置

5. 设置【安全策略】

修改检查模型为“曲面几何体 1”，选择路径检查为“检查所有”，如图 5-12 所示。

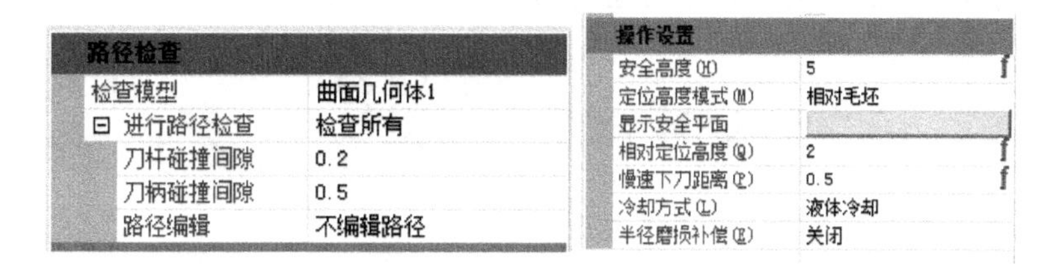

图 5-12　路径检查

6. 计算路径

单击“计算”按钮，计算完成后弹出当前路径计算结果，显示有无过切或碰撞路径，以及避免刀具碰撞的最短刀具伸出长度，确定路径是否安全。

参考单线切割加工方法的操作步骤，成组平面加工方法与其类似，此处不赘述，详见视频。

5.3.2　凸台与方槽

由于凸台曲面存在拔模角度，因此使用“等高外形”加工方法。凸台和方槽底部为平面，选择“成组平面”加工方法。

凸台特征适合使用“等高外形”加工方法，下面以凸台为例，说明具体操作步骤。

操作步骤

1. 选择【加工方法】

单击“导航工作条”窗格中的“曲面精加工”，进入“刀具路径参数”界面，修改加工方案中的加工方法、走刀方式等，如图 5-13 所示。

2. 设置【加工域】

1）单击“编辑加工域”按钮，选择凸台侧壁作为加工面，单击“确定”按钮完成加工域选择，如图 5-14 所示。

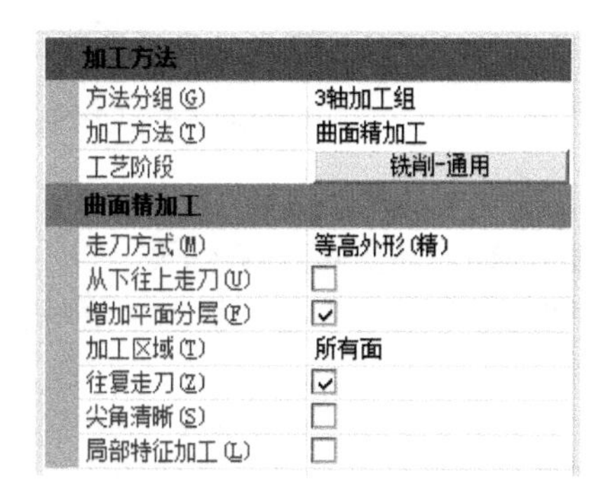

图 5-13　加工方法设置

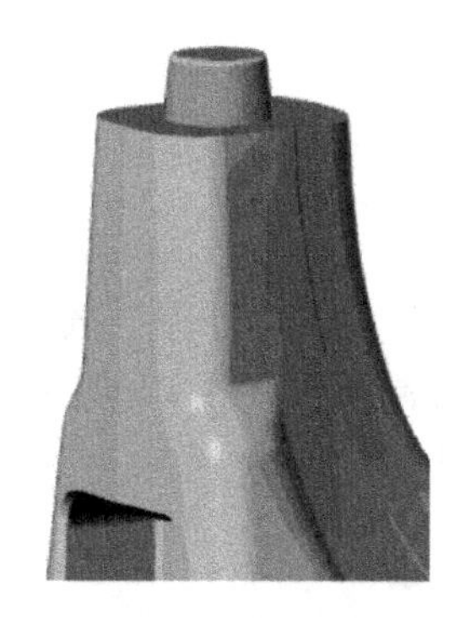

图 5-14　编辑加工域

2）选择局部坐标系为“默认”。

3. 选择【加工刀具】

1）单击“刀具名称”按钮，在当前刀具表中选择“[牛鼻] JD-10.00-0.50”。

2）设置主轴转速为“5000”，进给速度为“1000”，如图 5-15 所示。

几何形状	
刀具名称(N)	[牛鼻]JD-10.00-0.50
输出编号	2
刀具直径(D)	10
底直径(d)	9
圆角半径(R)	0.5
半径补偿号	2
长度补偿号	2
刀具材料	硬质合金
从刀具参数更新	...

刀轴方向	
刀轴控制方式(T)	竖直
走刀速度	
主轴转速/rpm(S)	5000
进给速度/mmpm(F)	1000
开槽速度/mmpm(T)	1000
下刀速度/mmpm(P)	1000
进刀速度/mmpm(L)	1000
连刀速度/mmpm(K)	1000
尖角降速(W)	☐
重设速度(R)	...

图 5-15　加工刀具及参数设置

4. 设置【进给设置】

相关参数如图 5-16 所示。

5. 设置【安全策略】

选择路径检查为“检查所有”，修改检查模型为“曲面几何体 1”，如图 5-17 所示。

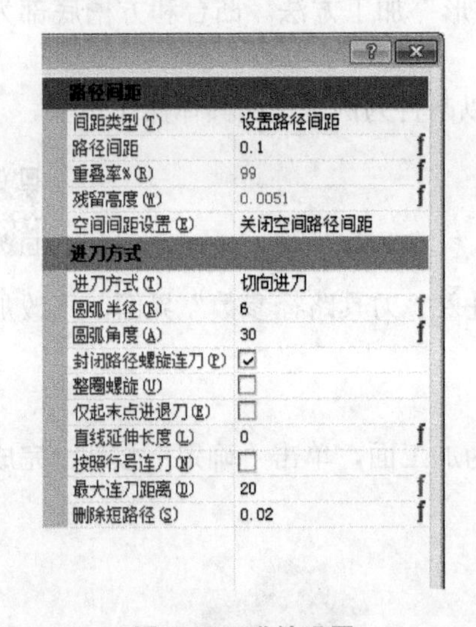

图 5-16　进给设置

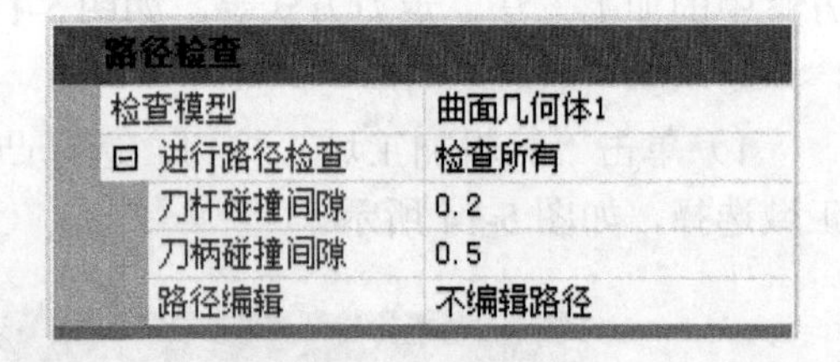

图 5-17　路径检查

6. 计算路径

设置完成后单击“计算”按钮，计算完成后弹出当前路径计算结果。

参考“等高外形（精）”加工方法的操作步骤，“成组平面”加工方法与其类似，此处不赘述，详见视频。

5.3.3　基准台

基准台使用了“平行截线”“曲面流线”加工方法，按不同加工区域分成多个路径生成。以“平行截线”加工为例，说明具体操作。

本案例选择了“平行截线”的加工方法，现以“平行截线”为例，说明具体操作步骤。

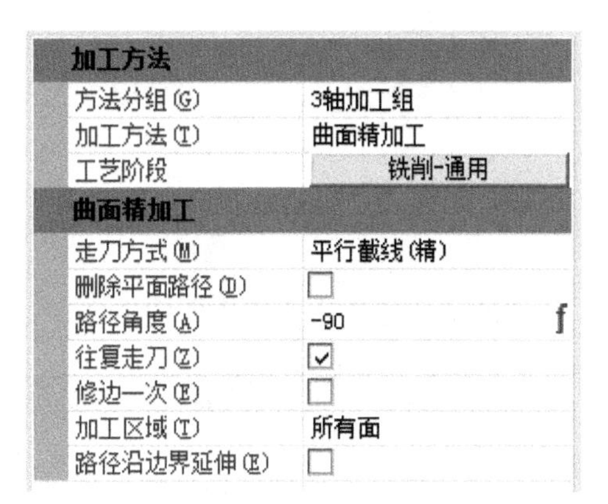

图 5-18　加工方法设置

操作步骤

1. 选择【加工方法】

单击功能区的“曲面精加工”按钮，进入“刀具路径参数”界面，修改加工方案中的加工方法、走刀方式等相关参数，如图 5-18 所示。

2. 设置【加工域】

1）单击“编辑加工域”按钮，从图 5-19 所示的三个面中选择一个作为加工域，单击“确定”按钮完成加工域选择。

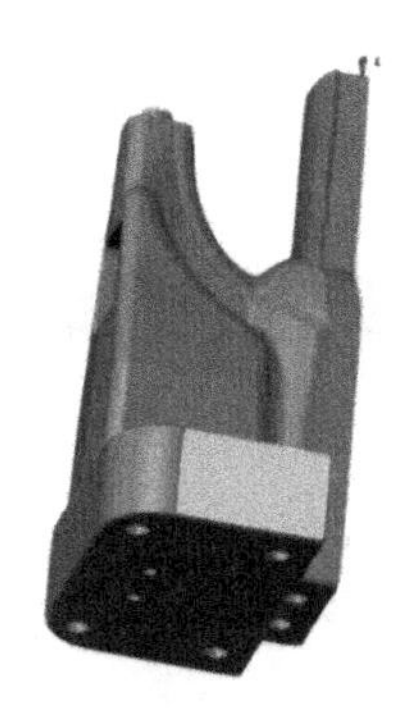

路径角度为“−90”

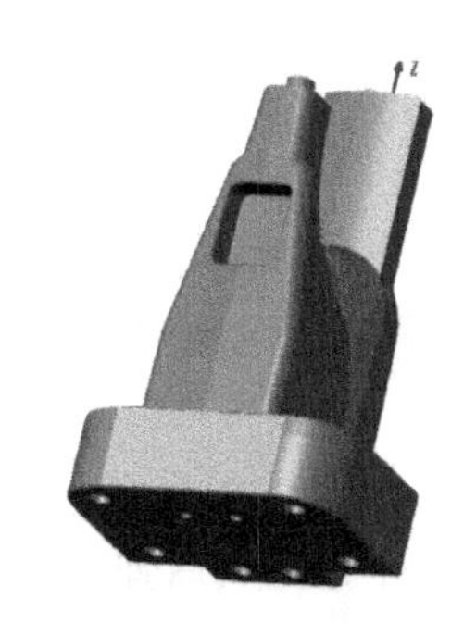

路径角度为“90”

路径角度为“180”

图 5-19　编辑加工域

> **关键点延伸**
>
> 根据该镶件形状特点，这几个加工面位于不同的平面，刀轴方向不同，故需对基准台的三个面分别进行加工，即分三条路径加工。用户在拾取不同加工域时要注意局部坐标系的设置。

2）设置加工面和保护面的余量均为“0.05”，边界余量为“−0.5”，如图 5-20 所示。

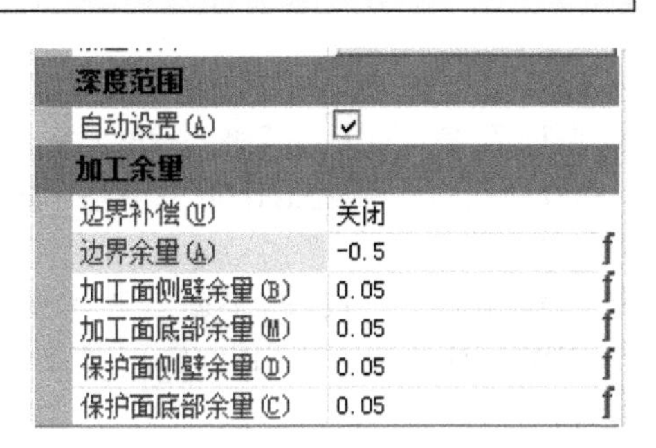

图 5-20　加工余量

3. 选择【加工刀具】

1）单击“刀具名称”按钮，在当前刀具表中选择“[球头] JD-8.00”。

2）设置主轴转速为“5000”，进给速度为“2000”，如图 5-21 所示。

4. 设置【进给设置】

相关参数如图 5-22 所示。

几何形状	
刀具名称(N)	[球头]JD-8.00
输出编号	4
刀具直径(D)	8
半径补偿号	4
长度补偿号	4
刀具材料	硬质合金
从刀具参数更新	...
刀轴方向	
刀轴控制方式(I)	竖直
走刀速度	
主轴转速/rpm(S)	5000
进给速度/mmpm(F)	2000
开槽速度/mmpm(T)	2000
下刀速度/mmpm(P)	2000
进刀速度/mmpm(L)	2000
连刀速度/mmpm(K)	2000
尖角降速(W)	☐
重设速度(R)	...

图 5-21　加工刀具及参数设置

路径间距	
间距类型(T)	设置路径间距
路径间距	0.15
重叠率%(R)	98.13
残留高度(H)	0.0023
进刀方式	
进刀方式(I)	切向进刀
圆弧半径(R)	4.8
圆弧角度(A)	30
封闭路径螺旋连刀(P)	☑
仅起末点进退刀(E)	☐
直线延伸长度(L)	0
按照行号连刀(N)	☐
最大连刀距离(D)	16
删除短路径(S)	0.02

图 5-22　进给设置

5. 设置【安全策略】

选择路径检查为“检查所有”，修改检查模型为“曲面几何体 1”，如图 5-23 所示。

路径检查	
检查模型	曲面几何体1
⊟ 进行路径检查	检查所有
刀杆碰撞间隙	0.2
刀柄碰撞间隙	0.5
路径编辑	不编辑路径

图 5-23　路径检查

6. 计算路径

设置完成后单击“计算”按钮，计算完成后弹出当前路径计算结果。

参考“平行截线（精）”加工方法的操作步骤，“曲面流线”加工方法与其类似，此处不赘述，详见视频。

5.3.4　镂空位

镂空位形状复杂，根据半精加工需求，需要对平面、曲面、间隙进行加工，故选择“混合清根”“角度分区”“曲面流线”相配合的加工方法。

镂空位使用了“混合清根”“角度分区”“曲面流线”的加工方法，下面以“混合清根”加工方法为例，说明具体操作步骤。

操作步骤

1. 选择【加工方法】

1）双击“导航工作条”窗格中的“曲面清根加工”。

2）进入“刀具路径参数”界面，选择清根方式为“混合清根”，并设置相关参数，如图 5-24 所示。

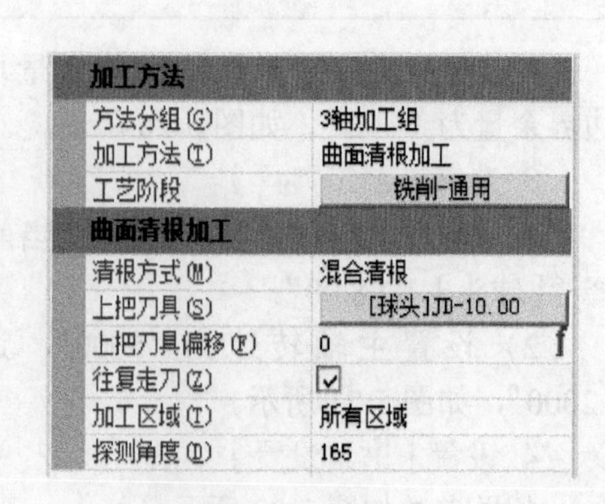

加工方法	
方法分组(G)	3轴加工组
加工方法(T)	曲面清根加工
工艺阶段	铣削-通用
曲面清根加工	
清根方式(M)	混合清根
上把刀具(S)	[球头]JD-10.00
上把刀具偏移(F)	0
往复走刀(Z)	☑
加工区域(I)	所有区域
探测角度(D)	165

图 5-24　加工方法设置

2. 设置【加工域】

1）单击“编辑加工域”按钮，拾取产品面和轮廓线，单击“确定”按钮完成加工域选择，如图 5-25 所示。

2）设置加工面和保护面余量均为“0.05”，如图 5-26 所示。

3）选择局部坐标系为“自定义”，选择清根面为坐标系法平面，如图 5-27 所示。

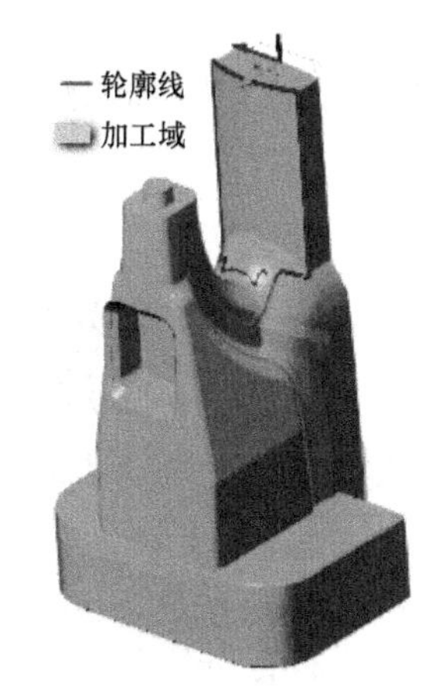

图 5-25　编辑加工域

加工余量	
边界补偿 (U)	关闭
边界余量 (A)	0
加工面侧壁余量 (B)	0.05
加工面底部余量 (M)	0.05
保护面侧壁余量 (D)	0.05
保护面底部余量 (C)	0.05

图 5-26　加工余量

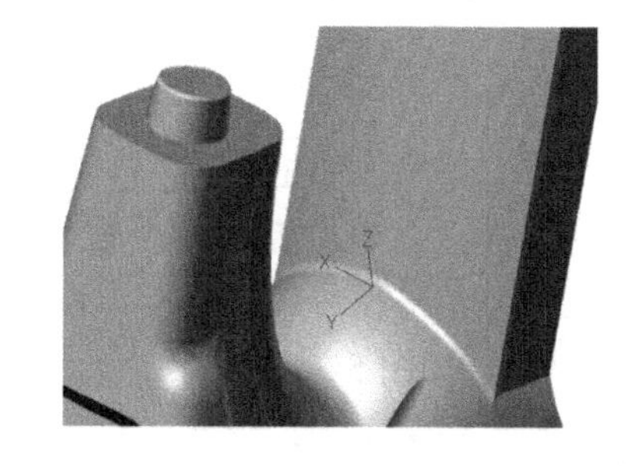

图 5-27　局部坐标系自定义

3. 选择【加工刀具】

1）单击“刀具名称”按钮，在当前刀具表中选择“[球头] JD-8.00”。

2）设置主轴转速为“5000”，进给速度为“500”，如图 5-28 所示。

4. 设置【进给参数】

设置路径间距为“0.1”，进刀方式保持默认即可，如图 5-29 所示。

几何形状	
刀具名称 (N)	[球头]JD-8.00
输出编号	4
刀具直径 (D)	8
长度补偿号	4
刀具材料	硬质合金
从刀具参数更新	...
刀轴方向	
刀轴控制方式 (T)	竖直
走刀速度	
主轴转速/rpm (S)	5000
进给速度/mmpm (F)	500
开槽速度/mmpm (T)	500
下刀速度/mmpm (P)	500
进刀速度/mmpm (L)	500
连刀速度/mmpm (K)	500
尖角降速 (W)	☐
重设速度 (R)	...

图 5-28　加工刀具及参数设置

路径间距	
间距类型 (T)	设置路径间距
平坦部分路径间距	0.1
重叠率% (R)	98.75
残留高度 (W)	0.0015
陡峭部分路径间距	0.5
进刀方式	
进刀方式 (T)	切向进刀
圆弧半径 (R)	0.4
圆弧角度 (A)	30
整圈螺旋 (U)	☐
最大连刀距离 (D)	16
删除短路径 (S)	0.02

图 5-29　进给设置

5. 设置【安全策略】

选择路径检查为“检查所有”，修改检查模型为“曲面几何体 1”，如图 5-30 所示。

路径检查	
检查模型	曲面几何体1
⊟ 进行路径检查	检查所有
刀杆碰撞间隙	0.2
刀柄碰撞间隙	0.5
路径编辑	不编辑路径

图 5-30　路径检查

6. 计算路径

设置完成后单击“计算”按钮，计算完成后弹出当前路径计算结果。

参考“混合清根”加工方法的操作步骤，“曲面流线”“角度分区”加工方法与其类似，此处不赘述，详见视频。

5.3.5 整体加工

模型整体结构较为复杂，平坦面与陡峭面交错，平坦面适合采用“平行截线”“曲面流线”加工方法，交错面适合采用“混合清根”的加工方法。

下面以“平行截线”加工为例，说明具体操作步骤。

☞ 操作步骤

1. 选择【加工方法】

双击“导航工作条”窗格中的“曲面精加工”，进入“刀具路径参数”界面，修改走刀方式为“平行截线（精）”，如图 5-31 所示。

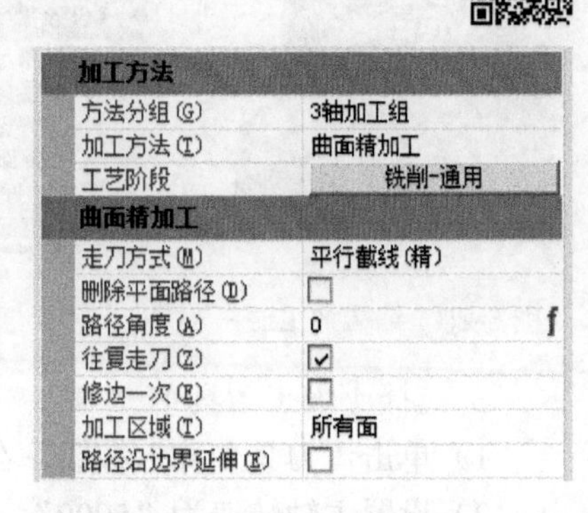

加工方法	
方法分组 (G)	3轴加工组
加工方法 (T)	曲面精加工
工艺阶段	铣削-通用
曲面精加工	
走刀方式 (M)	平行截线（精）
删除平面路径 (D)	☐
路径角度 (A)	0
往复走刀 (Z)	☑
修边一次 (E)	☐
加工区域 (T)	所有面
路径沿边界延伸 (E)	☐

图 5-31　加工方法设置

2. 设置【加工域】

1）单击“编辑加工域”按钮，选择图 5-32 所示的其中一个面作为加工域，单击“确定”按钮☑完成加工域选择。

2）设置加工面和保护面余量均为“0.05”，如图 5-33 所示。

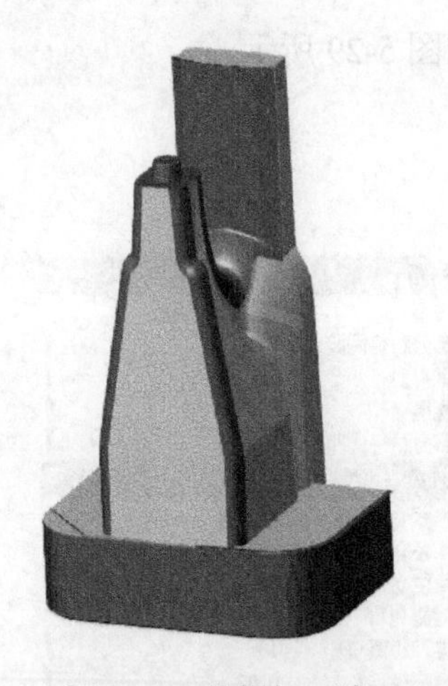

图 5-32　编辑加工域

加工余量	
边界补偿 (U)	关闭
边界余量 (A)	0
加工面侧壁余量 (B)	0.05
加工面底部余量 (M)	0.05
保护面侧壁余量 (D)	0.05
保护面底部余量 (C)	0.05

图 5-33　加工余量

3. 选择【加工刀具】

1）单击“刀具名称”按钮，在当前刀具表中选择“[球头] JD-8.00”。

2）设置主轴转速为“5000”，进给速度为“1500”，如图 5-34 所示。

4. 设置【进给设置】

修改路径间距为“0.15”，进刀方式保持默认即可，如图 5-35 所示。

5. 设置【安全策略】

选择路径检查为“检查所有”，修改检查模型为“曲面几何体 1”，如图 5-36 所示。

几何形状	
刀具名称(N)	[球头]JD-8.00
输出编号	4
刀具直径(D)	8
半径补偿号	4
长度补偿号	4
刀具材料	硬质合金
从刀具参数更新	...
刀轴方向	
刀轴控制方式(I)	竖直
走刀速度	
主轴转速/rpm(S)	5000
进给速度/mmpm(F)	1500
开槽速度/mmpm(I)	1500
下刀速度/mmpm(P)	1500
进刀速度/mmpm(L)	1500
连刀速度/mmpm(K)	1500
尖角降速(W)	☐
重设速度(R)	...

图 5-34　加工刀具及参数设置

路径间距	
间距类型(T)	设置路径间距
路径间距	0.15
重叠率%(R)	98.13
残留高度(W)	0.0023
空间间距设置(E)	关闭空间路径间距
进刀方式	
进刀方式(T)	切向进刀
圆弧半径(R)	4.8
圆弧角度(A)	30
封闭路径螺旋连刀(P)	☑
仅起末点进退刀(E)	☐
直线延伸长度(L)	0
按照行号连刀(N)	☐
最大连刀距离(D)	16
删除短路径(S)	0.02

图 5-35　进给设置

路径检查	
检查模型	曲面几何体1
⊟ 进行路径检查	检查所有
刀杆碰撞间隙	0.2
刀柄碰撞间隙	0.5
路径编辑	不编辑路径

图 5-36　路径检查

6. 路径计算

设置完成后单击“计算”按钮，计算完成后弹出当前路径计算结果。在路径树右击当前路径组，选择“重命名”命令，修改路径名称为“整体加工”。

5.3.6　清根

清根加工可以保证不同曲面交接处残料加工到位，本案例使用了“混合清根”的加工方法，先后使用 R2 和 R1 的球头刀进行加工。

> **关键点延伸**
>
> 通过分析模型发现，除了方槽区域外，曲面交接处最小圆角为 *R*2.03mm，故可选择“球 4”或“球 2”刀具进行清根处理。但上一道工序使用“球 8”刀具进行半精加工，留下的残料过多，考虑到加工平稳性和模具残料硬度高，避免小刀具在加工时出现断刀或弹刀，故选择“球 4”（R2）刀具先行去除部分余量，消除大部分残料后再用“球 2”（R1）刀具进行最终残料加工。

下面以 R2 球头刀混合清根为例，说明具体操作步骤。

操作步骤

1. 选择【加工方法】

双击“导航工作条”窗格中的“曲面清根加工”，进入“刀具路径参数”界面，选择清根方式为“混合清根”，如图 5-37 所示。

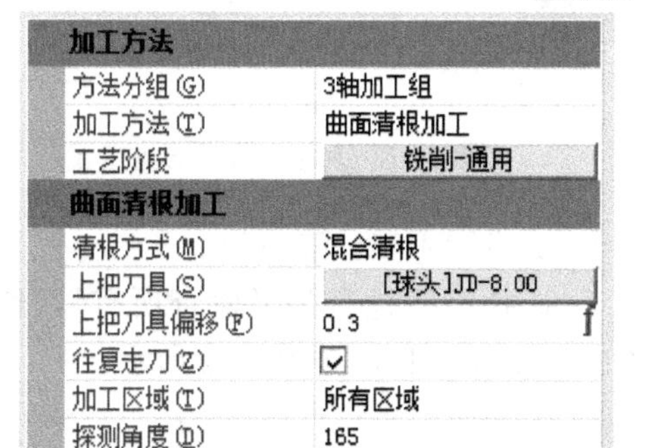

图 5-37　加工方法设置

2. 设置【加工域】

1）单击“编辑加工域”按钮，拾取加工面和轮廓线，单击“确定”按钮✓完成加工域选择，如图 5-38 所示。

2）设置加工面和保护面余量均为“0.05”，如

图 5-39 所示。

图 5-38　编辑加工域

加工余量	
边界补偿 (U)	关闭
边界余量 (A)	0
加工面侧壁余量 (B)	0.05
加工面底部余量 (M)	0.05
保护面侧壁余量 (D)	0.05
保护面底部余量 (C)	0.05

图 5-39　加工余量

3. 选择【加工刀具】

1）单击“刀具名称”按钮，在当前刀具表中选择“[球头] JD-4.00”。

2）设置主轴转速为“8000”，进给速度为“1000”，如图 5-40 所示。

4. 设置【进给设置】

设置路径间距为“0.08”，选择进刀方式为“切向进刀”，如图 5-41 所示。

几何形状	
刀具名称 (N)	[球头] JD-4.00
输出编号	6
刀具直径 (D)	4
长度补偿号	6
刀具材料	硬质合金
从刀具参数更新	...
刀轴方向	
刀轴控制方式 (T)	竖直
走刀速度	
主轴转速/rpm (S)	8000
进给速度/mmpm (F)	1000
开槽速度/mmpm (T)	1000
下刀速度/mmpm (P)	1000
进刀速度/mmpm (L)	1000
连刀速度/mmpm (K)	1000
尖角降速 (W)	☐
重设速度 (R)	...

图 5-40　加工刀具及参数设置

路径间距	
间距类型 (T)	设置路径间距
平坦部分路径间距	0.08
重叠率% (R)	98
残留高度 (W)	0.0012
陡峭部分路径间距	0.08
进刀方式	
进刀方式 (T)	切向进刀
圆弧半径 (R)	0.4
圆弧角度 (A)	30
整圈螺旋 (U)	☐
最大连刀距离 (D)	8
删除短路径 (S)	0.02

图 5-41　进给设置

5. 设置【安全策略】

选择路径检查为“检查所有”，修改检查模型为“曲面几何体 1”，如图 5-42 所示。

路径检查	
检查模型	曲面几何体1
⊟ 进行路径检查	检查所有
刀杆碰撞间隙	0.2
刀柄碰撞间隙	0.5
路径编辑	不编辑路径

图 5-42　路径检查

6. 路径计算

设置完成后单击“计算”按钮，计算完成后弹出当前路径计算结果。

参考“混合清根”加工方法的操作步骤，“R1 清根”加工方法与其类似，此处不赘述，详见视频。

5.4 模拟和输出

5.4.1 机床模拟

对已编写的程序进行模拟仿真是检验程序正确性最直观、快捷的方法，编程人员可以通过软件自带的“机床模拟”功能检验程序的正确性。

操作步骤

1）单击功能区的“机床模拟”按钮，进入机床模拟界面“机床模拟”，调节模拟速度后，单击模拟控制台的“开始”按钮进行机床模拟，如图 5-43 所示。

2）机床模拟无误后单击“确定”按钮退出命令，模拟后路径树如图 5-44 所示。

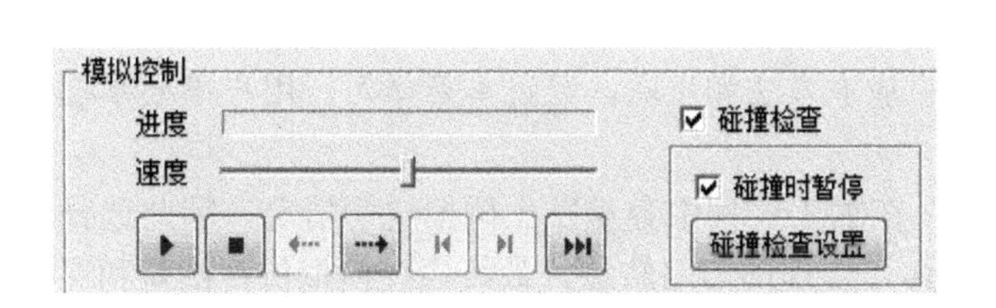

图 5-43 模拟控制台

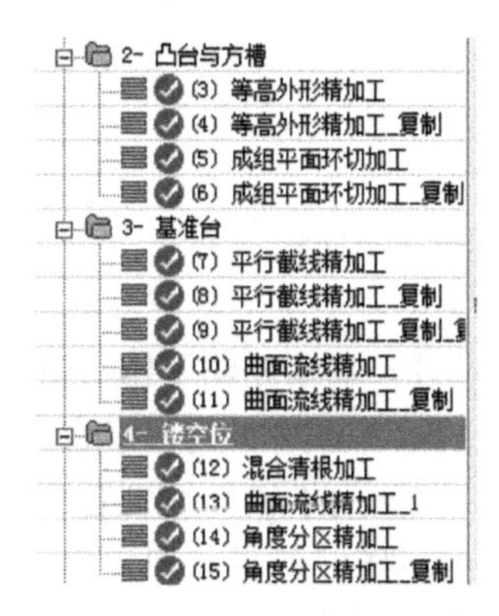

图 5-44 模拟后路径树

5.4.2 路径输出

顺利完成机床模拟工作后，接下来进行最后一步程序输出工作。此项工作是将编程文件转化为机床可以识别的数控系统代码，进而控制机床运行。

操作步骤

1）单击功能区的“输出刀具路径”按钮。

2）在“输出刀具路径（后置处理）”对话框中选择要输出的路径，根据实际加工设置好路径输出排序方法、输出文件名称。

3）若需要输出工艺单，勾选“输出 Mht 工艺单”复选框，如图 5-45 所示。

4）单击“确定”按钮，即可输出最终的路径文件，如图 5-46 所示。

图 5-45 工艺单选项

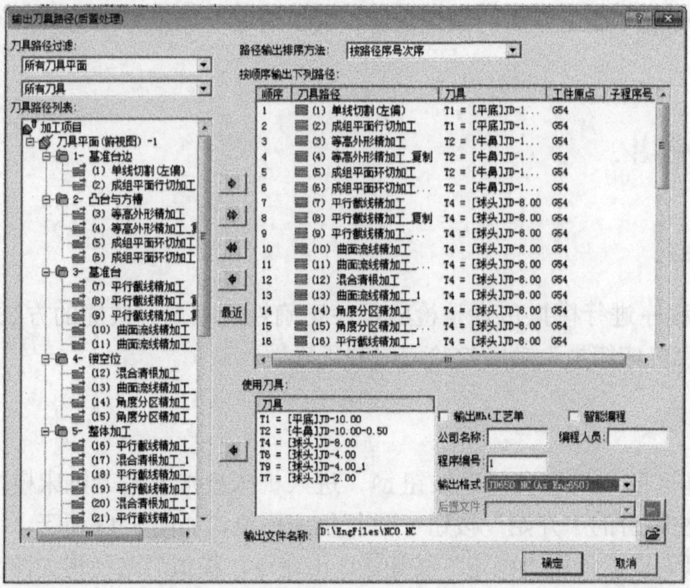

图 5-46　路径输出

5.5　实例小结

1）本章介绍了镶件五轴定位加工的基本方法和步骤，经过本章学习，用户需要掌握镶件的编程思路和编程策略。

2）由于镶件体型较大、特征复杂，在加工过程中容易发生碰撞过切情况，因此选择合适的机床、刀具，创建合适的检查几何体，合理的刀路轨迹，最终通过模拟仿真检验和保障加工安全性。

知识拓展

五轴数控加工编程的核心

五轴数控加工编程的基础是理解刀轴的矢量变化，而刀轴的矢量变化是通过摆动工作台或主轴来实现的。对于矢量不发生变化的固定轴铣削场合，一般用三轴铣削即可加工出产品。五轴数控加工的关键就是通过控制刀轴的矢量在空间位置的不断变化，或使刀轴的矢量与机床原始坐标系构成空间某个角度，利用铣刀的侧切削刃或底切削刃来完成加工。

模块 3

综 合 编 程

第6章 接骨板加工

学习目标

- ■ 熟悉钛合金医疗器械加工基本思路，并能够根据零件特点安排加工工艺。
- ■ 熟悉五轴定位加工在复杂曲面中的加工策略及参数设置方法。
- ■ 熟悉文件模板的使用方法，能够运用到同类型产品的编程加工中。
- ■ 掌握虚拟加工编程环境的搭建过程。

6.1 实例描述

接骨板是带孔板状骨折内固定器件，临床上常与骨螺钉或者接骨丝配合使用，用于治疗骨折。接骨板特征复杂，曲面和孔槽特征较多，加工精度及表面光洁程度要求高，如图 6-1 所示。

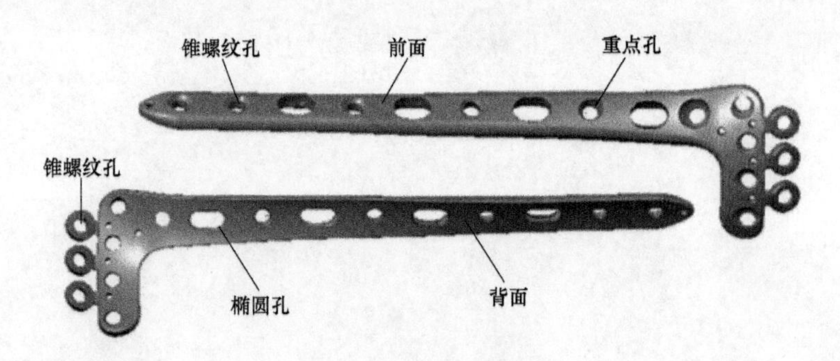

图 6-1 接骨板模型

6.1.1 工艺分析

工艺分析是编写加工程序前的必备工作，需要充分了解加工要求和工艺特点，合理编写加工程序。

该工件的加工要求和工艺分析如图 6-2 所示。

6.1.2 加工方案

1. 机床设备

产品精度要求较高且特征复杂，需要完成前、背曲面及多个孔加工，考虑选择精雕全

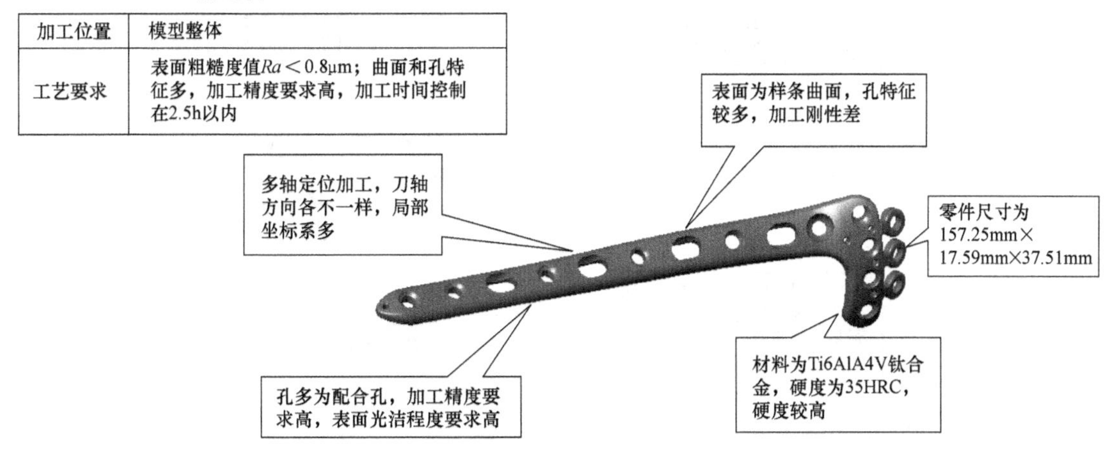

图 6-2　加工要求和工艺分析

闭环五轴机床。该产品毛坯尺寸为 160mm×20mm×45mm，配合工装夹具，整体尺寸偏大，综合考虑选择 GR400 系列机床；该产品材料为难加工的钛合金，为提高加工效率和产品质量，选择 150 系列主轴机床。

综合以上因素，选择 JDGR400_A15SH 五轴机床。

2. 加工方法

采用 SurfMill 软件五轴定位加工、曲面投影、钻孔、轮廓切割等加工方法加工编程，如图 6-3 和图 6-4 所示。

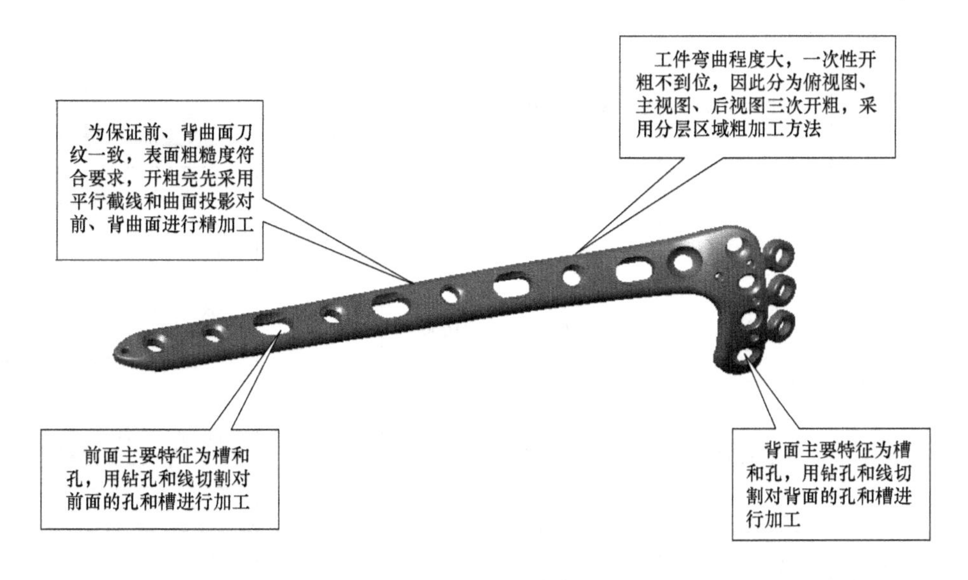

图 6-3　编程加工方案（一）

3. 加工刀具

钛合金属于难加工材料，硬度较高，加工过程中容易发生粘刀情况，因此必须选择刚性强的刀具。产品边角及孔特征较多，刀具需进行避空处理。

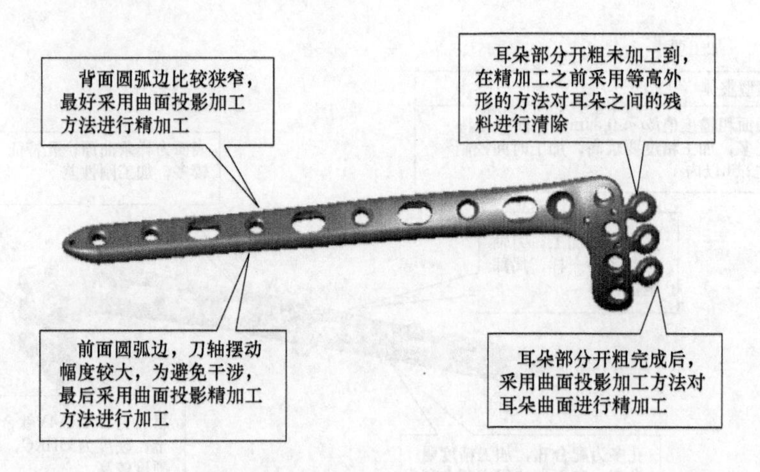

图 6-4　编程加工方案（二）

6.1.3　加工工艺卡

接骨板加工工艺卡见表 6-1。

表 6-1　接骨板加工工艺卡

序号	工步	加工方法	刀具类型	主轴转速/(r/min)	进给速度/(mm/min)	效果图
1	毛坯修整	单线切割、轮廓切割	［平底］JD-10.00	16000	2000	
2	开粗	分层区域粗加工	［平底］JD-10.00	16000	2000	
3	前面精加工	平行截线（精）、曲面投影	［球头］JD-6.00	16000	2000	
4	背面精加工	叶片精加工	［球头］JD-6.00	16000	2000	
5	前面钻孔	五轴钻孔	［钻头］JD-3.50	6000	600	
6	前方槽加工	轮廓切割 曲面精加工	［平底］JD-3.00	12000	2000	
7	前倒角（成形刀）	轮廓切割	自定义刀具 JD-6.00-6.00	5000	500	

（续）

序号	工步	加工方法	刀具类型	主轴转速/（r/min）	进给速度/（mm/min）	效果图
8	前曲面倒角	等高外形精加工	［球头］JD-3.00	16000	2000	
9	前小孔及倒角	五轴钻孔、曲面精加工	［钻头］JD-1.70 ［钻头］JD-1.65 ［球头］JD-1.00	12000	1500	
10	背倒角	轮廓切割	［锥度平底刀］JD-30-3.00	7000	200	
11	背长槽倒角	曲面流线精加工、等高外形精加工	［球头］JD-2.00	16000	1000	
12	小孔背倒角	直纹面侧铣	［平底］JD-3.00	10000	800	
13	耳朵残补（一）	等高外形（精）单线切割	［平底］JD-1.00	12000	1000	
14	耳朵残补（二）	等高外形（精）	［平底］JD-1.50	11000	1000	
15	弯曲圆弧	曲面投影	［球头］JD-1.00	16000	1500	
16	耳朵圆角	导动加工	［球头］JD-1.00	16000	1500	
17	三个小槽	单线切割	［球头］JD-0.80	12000	1500	

（续）

序号	工步	加工方法	刀具类型	主轴转速 /（r/min）	进给速度 /（mm/min）	效果图
18	三个耳朵侧铣	直纹面侧铣	［平底］JD-0.80	12000	1000	
19	头部侧铣	单线切割	［平底］JD-2.00	10000	1500	
20	正面圆弧	曲面投影	［球头］JD-3.00	16000	1500	
21	背面圆弧边	曲面投影	［球头］JD-2.00	16000	1500	
22	连接筋去残料	等高外形（精）	［球头］JD-3.00	16000	1500	
23	落料	平行截线（精）	［球头］JD-3.00	15000	1200	

注意：

因工艺设计受限于机床选择、加工刀具、模型特点、加工要求、环境等诸多因素，故此加工工艺卡提供的工艺数据仅供参考，用户可根据具体的加工情况重新设计工艺。

6.1.4 装夹方案

产品加工位置为整个接骨板，可装夹整块毛坯进行加工，故采用专用夹具加螺钉固定方式装夹，如图 6-5 所示，对毛坯进行表面光刀处理后，以毛坯表面为基准进行加工，夹具与台面用螺钉拉紧方式固定，可快速进行批量生产。

图 6-5 装夹方案

6.2　编程加工准备

编程加工前需要对工件进行一些必要的准备工作，创建虚拟加工环境，具体内容包括：机床设置、创建刀具表、创建几何体、几何体安装设置等。

6.2.1　模型准备

启动 SurfMill 9.0 软件后，打开“接骨板加工实例 -new”文件。

6.2.2　机床设置

双击左侧“导航工作条”窗格中的“机床设置” 机床设置，选择机床类型为“5 轴”，选择机床文件为“JDGR400_A15SH”，选择机床输入文件格式为“JD650 NC（As Eng650）”，设置完成后单击“确定”按钮，如图 6-6 所示。

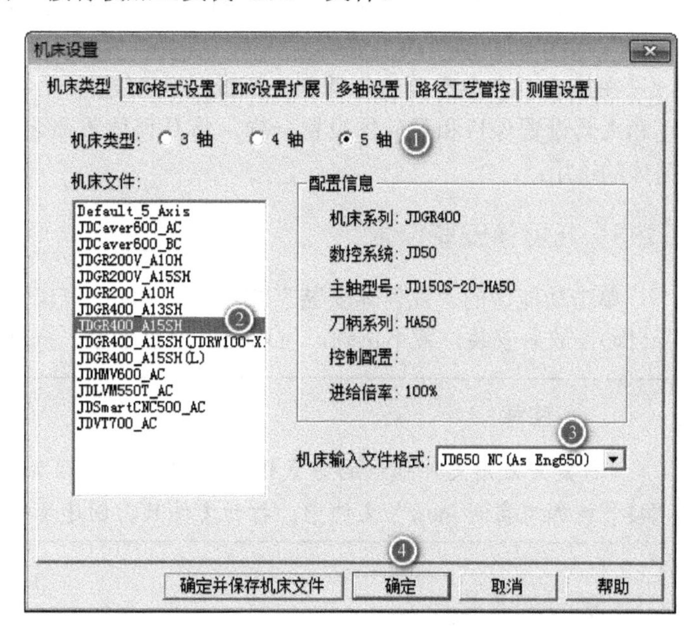

图 6-6　机床设置

6.2.3　创建刀具表

双击左侧“导航工作条”窗格中的“刀具表” 刀具表，依次添加需要使用的刀具。图 6-7 为本次加工使用刀具组成的当前刀具表。

当前刀具表

加工阶段	刀具名称	刀柄	输出编号	长度补偿号	半径补偿号	刀具伸出长度	加锁	使用次数
粗加工	[平底]JD-10.00	HSK-A50-ER25-080S	1	1	1	48		0
精加工	[平底]JD-3.00	HSK-A50-ER16-110S	2	2	2	28		0
精加工	[平底]JD-2.00	HSK-A50-ER16-110S	3	3	3	20		0
精加工	[平底]JD-1.50	HSK-A50-ER16-110S	4	4	4	15		0
精加工	[平底]JD-1.00	HSK-A50-ER16-110S	5	5	5	25		0
精加工	[平底]JD-0.80	HSK-A50-ER16-110S	6	6	6	23		0
精加工	[锥度平底]JD-30-3.00	HSK-A50-ER16-110S	7	7	7	20		0
精加工	[钻头]JD-3.50	HSK-A50-ER25-080S	8	8	8	25		0
精加工	[钻头]JD-1.70	HSK-A50-ER16-110S	9	9	9	20		0
精加工	[钻头]JD-1.65	HSK-A50-ER25-080S	10	10	10	25		0
精加工	[球头]JD-6.00	HSK-A50-ER16-110S	11	11	11	30		0
精加工	[球头]JD-3.00	HSK-A50-ER25-080S	12	12	12	25		0
精加工	[球头]JD-2.00	HSK-A50-ER16-110S	13	13	13	35		0
精加工	[球头]JD-1.00	HSK-A50-ER25-080S	14	14	14	25		0
精加工	[球头]JD-0.80	HSK-A50-ER16-110S	15	15	15	23		0
精加工	[自定义]JD-6.00-6.00	HSK-A50-ER16-110S	16	16	16	20		0

图 6-7　创建当前刀具表

6.2.4　创建几何体

双击左侧“导航工作条”窗格中的“几何体列表” 几何体列表，进行工件设置、毛坯设置和夹具设置。

（1）工件设置　选择“工件”“加强筋”“接骨板底座”图层的曲面作为工件面。

（2）毛坯设置　选用“毛坯面”的方式创建毛坯，选择“毛坯面”图层的曲面作为毛坯面。

（3）夹具设置　选取“夹具”图层的曲面作为夹具面。将几何体重命名为“几何体”。

工件有些部位需要倒角处理，部分倒角生成过程中，如果选取“几何体”作为加工域几何体，由于保护面的影响，生成路径存在多处连刀和打折现象，因此需要建立一个“空几何体”，用作倒角路径的生成。

在最后工序中需要进行落料，因此还需要建立一个加工面只有工件图层的几何体，毛坯和夹具设置保持和几何体设置一样，将几何体重命名为“落料几何体”，用于落料加工几何体的选用。

6.2.5　几何体安装设置

单击功能区的“几何体安装”按钮，单击“自动摆放”按钮，完成几何体快速安装。若自动摆放后安装位置不正确，可以通过原点平移、绕轴旋转方式进行调整。

> **注意：**
>
> 本案例采用文件模板的方式进行编程，“2 编程加工准备”部分工作已完成，保存在“接骨板加工实例 -new”文件中，打开文件只需创建几何体，然后从下一节开始进行编程。

6.3　编写加工程序

接骨板加工包含了开粗、曲面精加工、钻孔、倒角等加工，根据不同的特征采用不同的加工方法。加工方法多为五轴定位加工，需要建立多个局部坐标系、辅助面 / 线。

为了提高编程效率，本节编程操作步骤不同其他章节，采用文件模板的方式进行编程，文件模板中已经包含路径、参数，以及编程过程中用到辅助线 / 面等。在文件模板中将局部坐标系和辅助线、面已建好，包含的路径及路径参数也已准备好，用户只需打开“接骨板加工实例 -new”文件，选择每条路径的加工域进行计算，就可以生成路径。

6.3.1　创建辅助线 / 面

根据加工方法，进行初步分析，并将选用加工策略所需要的辅助线 / 面创建好，分别用路径序号进行命名，以此区分路径中所用到的辅助线 / 面，辅助线、面图层如图 6-8 所示。

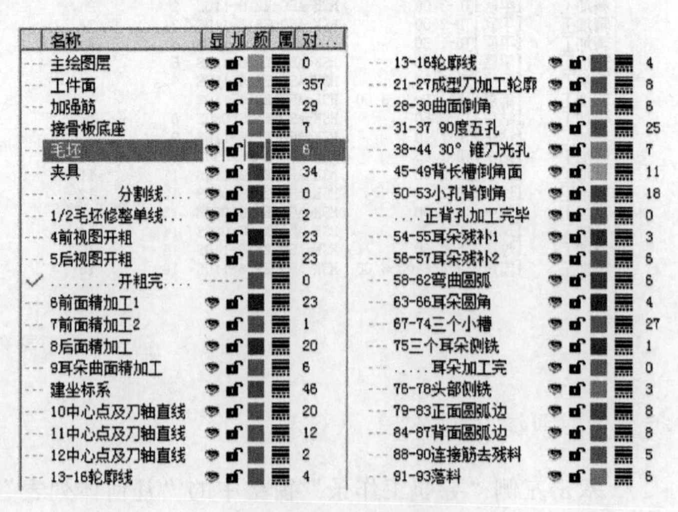

图 6-8　辅助线、面图层

本案例中多为定位加工，需要建立大量的局部坐标系，为了提升编程效率，现已将局部坐标系建立完毕，如图 6-9 所示。

如图 6-9　局部坐标系（顺序左上右下）

6.3.2　毛坯修整

由于毛坯尺寸误差较大，需要对毛坯进行修整，可选择 2.5 轴加工中的“单线切割”“轮廓切割”等加工方法。

操作步骤

1. Z 向修整

1）双击“导航工作条”窗格中的“Z 向修整”，进入“刀具路径参数”界面。

2）单击“编辑加工域”按钮，如图 6-10 所示。

3）单击“1/2 毛坯修整单线和轮廓线显示”图层显示按钮。

4）拾取单条曲线作为轮廓线，单击“确定”按钮完成加工域选择，如图 6-11 所示。

5）单击“计算”按钮，生成“Z 向修整”路径，计算结果如图 6-12 所示。

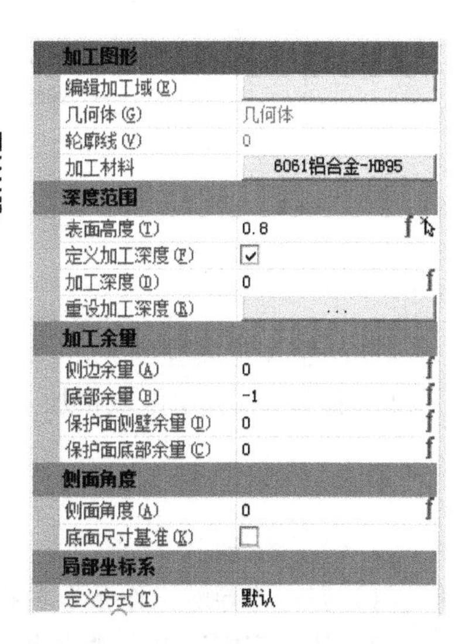

图 6-10　加工方法设置

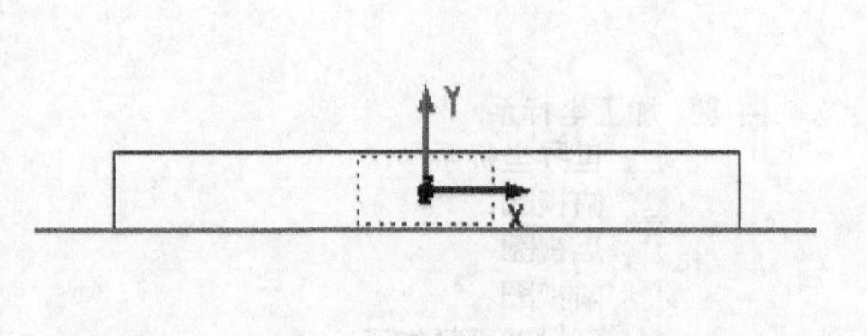

图 6-11　Z 向修整加工域

2. XY 修整

1）双击“导航工作条”窗格中的“XY 修整”，进入“刀具路径参数”界面。

2）单击“编辑加工域”按钮。

3）选择矩形轮廓线作为轮廓线，如图 6-13 所示，单击“确定”按钮完成加工域选择。

4）单击“计算”按钮，计算完成后单击“确定”按钮，生成“XY 修整”路径。

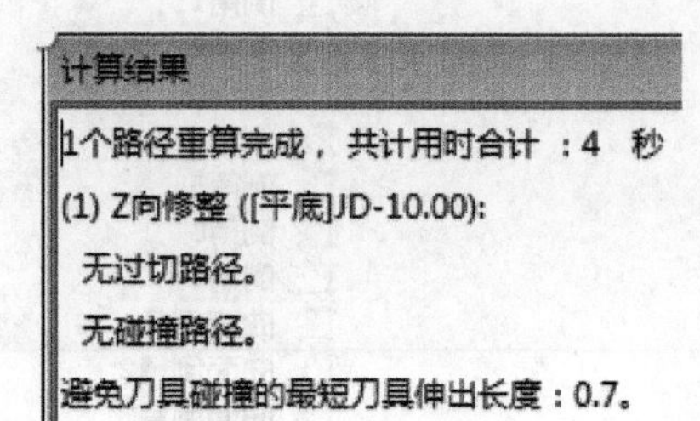

图 6-12　计算结果

5）单击“1/2 毛坯修整单线和轮廓线显示”图层显示按钮，关闭图层显示。

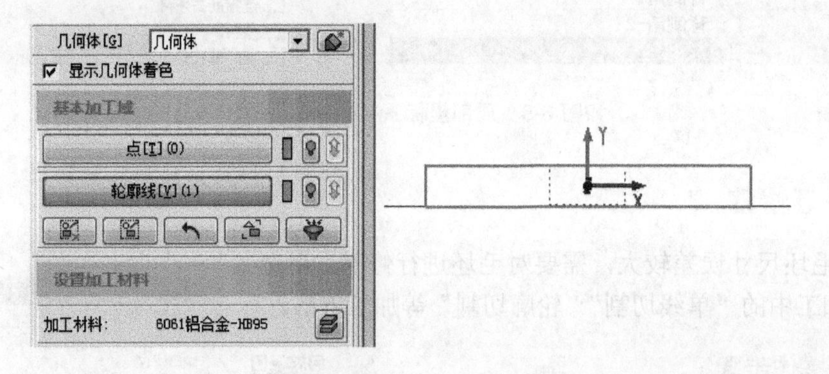

图 6-13　XY 修整加工域

6.3.3　开粗

产品整体弯曲程度大，一次开粗不到位，因此需要在俯视、前视、后视三个方位进行开粗，采用三轴分层区域粗加工方法进行加工。

操作步骤

1. 俯视图开粗

1）右击“导航工作条”窗格中的“俯视图开粗”，选择“重算”命令。

2）计算完成后单击“确定”按钮，生成“俯视图开粗”路径。

2. 前视图开粗

1）双击“导航工作条”窗格中的“前视图开粗”，进入“刀具路径参数”界面，单击“编辑加工域”按钮。

2）单击“4 前视图开粗”图层显示按钮。

3）拾取矩形曲线作为轮廓线，拾取全部曲面作为加工面，如图 6-14 所示，单击“确定”按钮✓完成加工域选择。

4）单击“计算”按钮，完成后单击“确定”按钮，生成“前视图开粗”路径。

5）单击“4 前视图开粗”图层显示按钮，关闭图层显示。

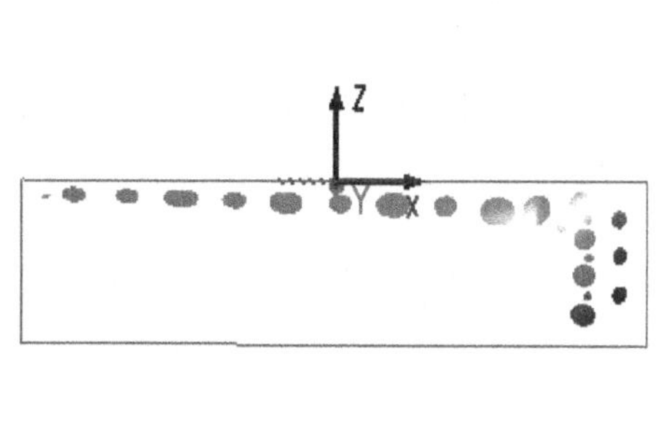

图 6-14　前视图开粗加工域

3. 后视图开粗

1）双击“导航工作条”窗格中的“后视图开粗”路径，进入“刀具路径参数”界面，单击“编辑加工域”按钮。

2）单击“5 后视图开粗”图层显示按钮。

3）拾取矩形曲线作为轮廓线，拾取全部曲面作为加工面，如图 6-15 所示，单击“确定”按钮✓完成加工域选择。

4）单击“计算”按钮；计算完成后单击“确定”按钮，生成“后视图开粗”路径。

5）单击“5 后视图开粗”图层显示按钮，关闭图层显示。

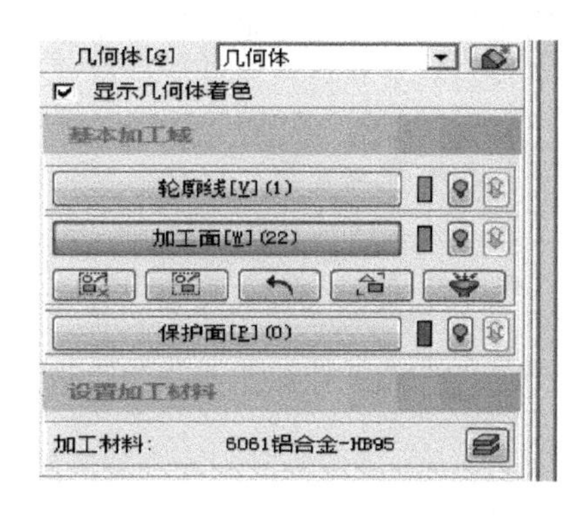

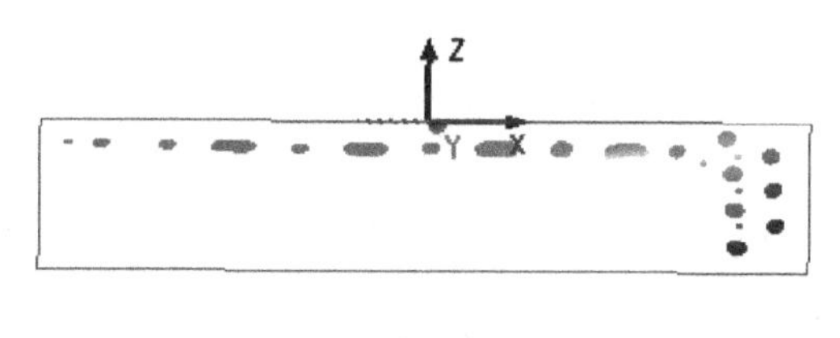

图 6-15　后视图开粗加工域

6.3.4 前面精加工

接骨板前面较平坦，可以采用平行截线加工方法；侧面为圆弧曲面，为保证前后曲面刀纹一致性，表面粗糙度符合要求，可采用五轴曲面投影精加工的方法进行加工。

操作步骤

1. 前面精加工 1

1）双击“导航工作条”窗格中的“前面精加工 1”，进入“刀具路径参数”界面，单击“编辑加工域”按钮。

2）单击“6 前面精加工 1”图层显示按钮。

3）拾取图 6-16 所示的曲线作为轮廓线，拾取全部曲面作为加工面，单击“确定”按钮完成加工域选择。

4）单击“计算”按钮，计算完成后单击“确定”按钮，生成“前面精加工 1”路径。

5）单击“6 前面精加工 1”图层显示按钮，关闭图层显示。

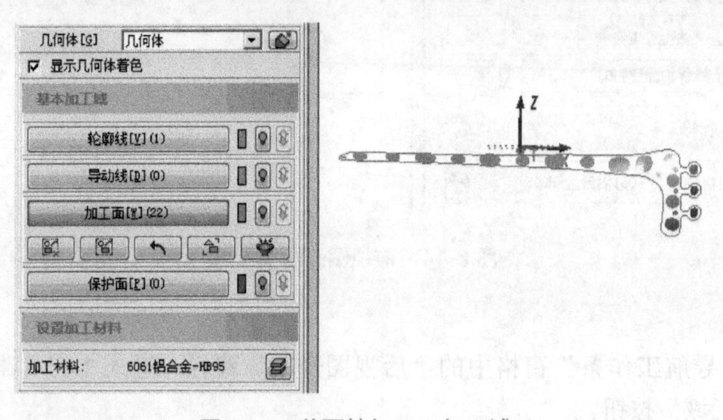

图 6-16 前面精加工 1 加工域

2. 前面精加工 2

1）双击“导航工作条”窗格中的“前面精加工 2”，进入“刀具路径参数”界面，单击“编辑加工域”按钮。

2）单击“7 前面精加工 2”图层显示按钮。

3）拾取图 6-17 所示的曲面作为导动面，单击“确定”按钮完成加工域选择。

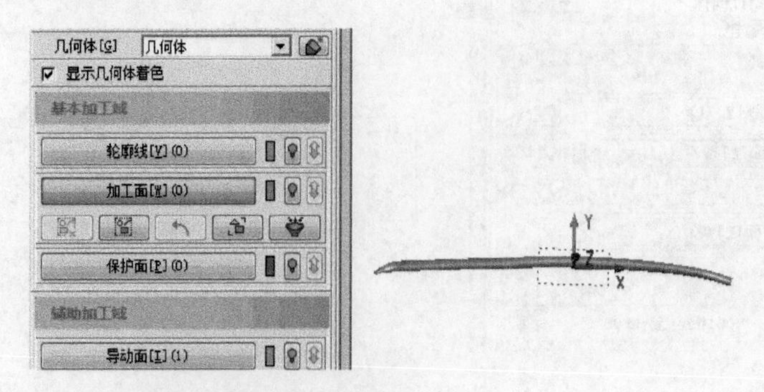

图 6-17 前面精加工 2 加工域

4）单击“计算”按钮，计算完成后单击“确定”按钮，生成“前面精加工 2”路径。

5）单击“7 前面精加工 2”图层显示按钮，关闭图层显示。

6.3.5　背面精加工

接骨板背面特征为后面曲面和耳朵曲面，均较为平坦，可以采用“平行截线”加工方法。

操作步骤

1. 后面精加工

1）双击“导航工作条”窗格中的“后面精加工”，进入“刀具路径参数”界面，单击“编辑加工域”按钮。

2）单击“8 后面精加工”图层显示按钮。

3）拾取图 6-18 所示的曲线作为轮廓线，拾取全部曲面作为加工面，单击“确定”按钮完成加工域选择。

4）单击“计算”按钮，计算完成后单击“确定”按钮，生成“后面精加工”路径。

5）单击“8 后面精加工”图层显示按钮，关闭图层显示。

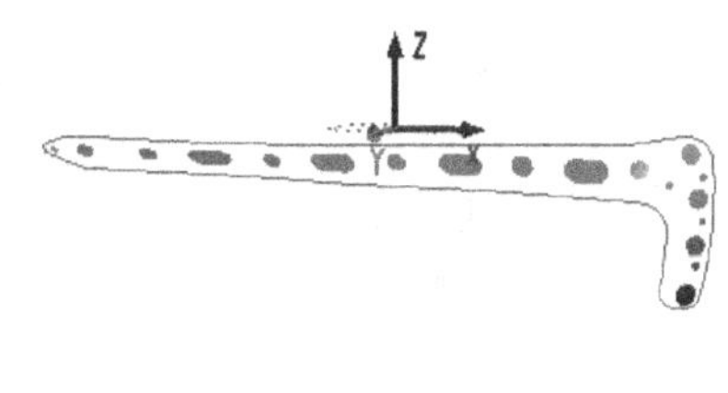

图 6-18　后面精加工加工域

2. 耳朵曲面精加工

1）双击“导航工作条”窗格中的“耳朵曲面精加工”路径，进入“刀具路径参数”界面，单击“编辑加工域”按钮。

2）单击“9 耳朵曲面精加工”图层显示按钮。

3）拾取图 6-19 所示的曲线作为轮廓线，拾取全部曲面作为加工面，单击“确定”按钮完成加工域选择。

4）单击“计算”按钮，计算完

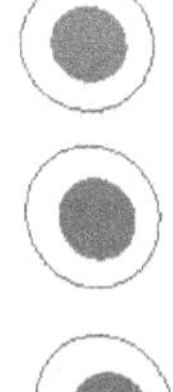

图 6-19　耳朵曲面精加工加工域

成后单击“确定”按钮，生成“前面精加工 2”路径。

5）单击“9 耳朵曲面精加工”图层显示按钮，关闭图层显示。

6.3.6 前面钻孔

接骨板前面孔、槽特征较多，各孔轴线不平行，此处采用多轴定位加工的方法，选择不同的刀轴方向，实现安全、高效的孔加工过程。

操作步骤

1. 钻孔 1

1）双击“导航工作条”窗格中的“钻孔 1”，进入“刀具路径参数”界面，单击“编辑加工域”按钮。

2）单击“10 中心点及刀轴直线”图层显示按钮。

3）框选所有点作为点，框选所有直线作为刀轴直线，如图 6-20 所示，单击“确定”按钮完成加工域选择。

4）单击“计算”按钮，计算完成后单击“确定”按钮，生成“钻孔 1”路径。

5）单击“10 中心点及刀轴直线”图层显示按钮，关闭图层显示。

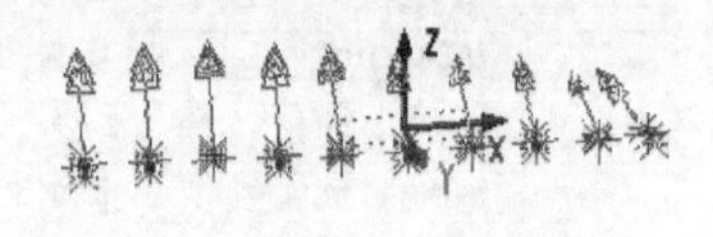

图 6-20 钻孔 1 加工域

2. 钻孔 2

1）双击“导航工作条”窗格中的“钻孔 2”，进入“刀具路径参数”界面，单击“编辑加工域”按钮。

2）单击“11 中心点及刀轴直线”图层显示按钮。

3）框选所有点作为点，框选所有直线作为刀轴直线，如图 6-21 所示，单击“确定”按钮完成加工域选择。

4）单击“计算”按钮，计算完

图 6-21 钻孔 2 加工域

成后单击“确定”按钮，生成“钻孔 2”路径。

5）单击“11 中心点及刀轴直线”图层显示按钮，关闭图层显示。

3. 钻孔 3

1）双击“导航工作条”窗格中的“钻孔 3”，进入“刀具路径参数”界面，单击“编辑加工域”按钮。

2）单击“12 中心点及刀轴直线”图层显示按钮。

3）框选所有点作为点，框选所有直线作为刀轴直线，如图 6-22 所示，单击“确定”按钮✓完成加工域选择。

图 6-22　钻孔 3 加工域

4）单击“计算”按钮，计算完成后单击“确定”按钮，生成“钻孔 3”路径。

5）单击“12 中心点及刀轴直线”图层显示按钮，关闭图层显示。

关键点延伸

五轴钻孔：五轴钻孔加工实际是在三轴基础上实现的定位加工，用户只要选择好钻孔位置，定义刀轴方向，就可以实现多轴钻孔加工。

多轴定位加工：生成多个孔的加工路径时，首先将刀具抬到 Z 向零平面，然后根据加工孔的位置将工件进行定位，再进行下一个孔的加工。这种路径生成模式安全性高。多轴定位加工提供了多种钻孔类型，如中心钻孔、高速钻孔、精镗孔、深钻孔等。

6.3.7　前方槽加工

前方槽为镂空结构，槽轮廓可使用 2.5 轴单线切割方法加工，槽倒角选择等高外形方法加工。

操作步骤

1. 槽 1

1）双击“导航工作条”窗格中的“槽 1”，进入“刀具路径参数”界面，单击“编辑加工域”按钮。

2）单击“13-16 轮廓线”图层显示按钮。

3）选择最左侧曲线作为轮廓线，如图 6-23 所示，单击“确定”按钮✓完成加工域选择。

4）单击“计算”按钮，计算完成后单击“确定”按钮，生成“槽 1”路径。

2. 槽 2、槽 3、槽 4

1）重复“槽 1”操作步骤，依次完成“槽 2”“槽 3”“槽 4”路径的编程。

2）单击“13-16 轮廓线”图层显示按钮，关闭图层显示。

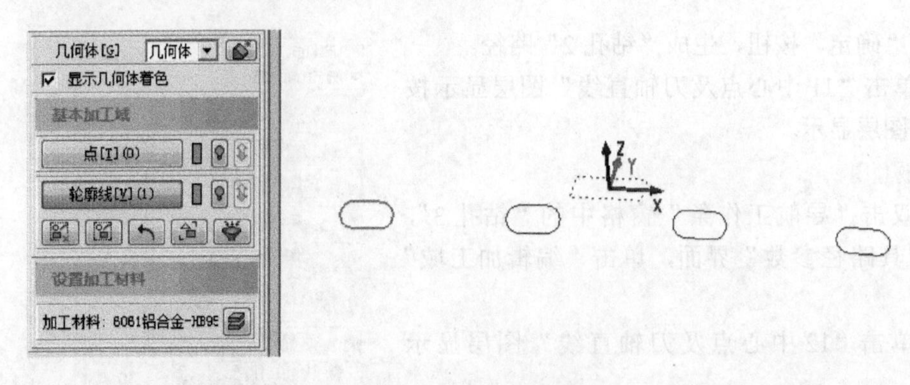

图 6-23　槽 1 加工域

注意：

在“槽 2”“槽 3”“槽 4”编程中，编辑加工域时应注意“轮廓线”的选择，加工域中“轮廓线”从左到右依次选取“13-16 轮廓线”图层中的曲线，应与路径序号对应，不可选错。

3. 槽 1 倒角

1）双击“导航工作条”窗格中的“槽 1 倒角”，进入“刀具路径参数”界面，单击“编辑加工域”按钮。

2）单击“工件面”图层显示按钮。

3）选择最左方槽圆角面作为加工面，如图 6-24 所示，单击“确定”按钮完成加工域选择。

4）单击“计算”按钮，计算完成后单击“确定”按钮，生成“槽 1 倒角”路径。

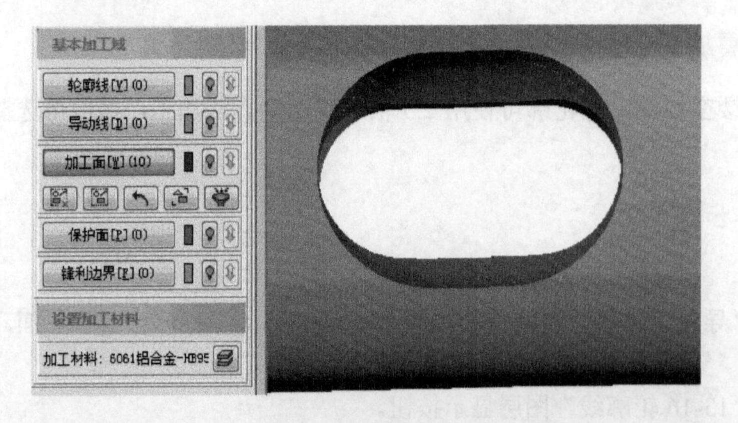

图 6-24　槽 1 倒角加工域

4. 槽 2 倒角、槽 3 倒角、槽 4 倒角

1）重复“槽 1 倒角”操作步骤，依次完成“槽 2 倒角”“槽 3 倒角”“槽 4 倒角”路径的编程，如图 6-25 所示。

2）单击“加工面”图层显示按钮，关闭图层显示。

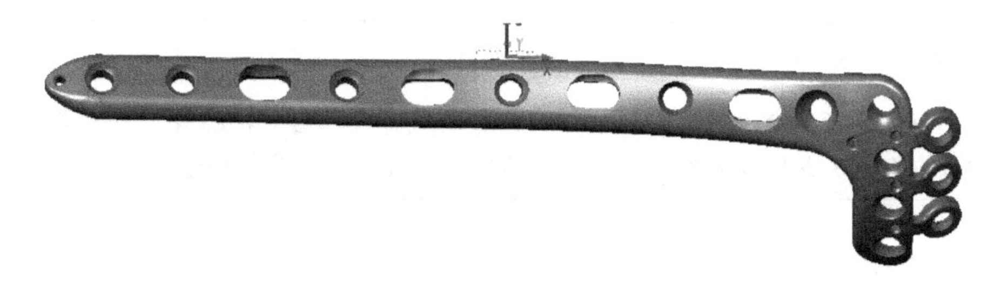

图 6-25　槽 2 倒角、槽 3 倒角、槽 4 倒角加工域

注意：

在“槽 2 倒角”“槽 3 倒角”“槽 4 倒角”编程中，编辑加工域时应注意“加工面”的选择，从左到右依次选取“工件面”图层中的方槽倒角面，应与路径序号对应，不可选错。

6.3.8　前倒角（成形刀）

前倒角采用定制成形刀进行加工，可提高加工效率，此处加工方法选择“轮廓切割”。

操作步骤

1. 倒角 1

1）双击“导航工作条”窗格中的“倒角 1”，单击“编辑加工域”按钮。

2）单击“21-27 成形刀加工轮廓线”图层显示按钮。

3）选择最左侧曲线作为轮廓线，如图 6-26 所示，单击“确定”按钮完成加工域选择。

4）单击“计算”按钮，计算完成后单击“确定”按钮，生成“倒角 1”路径。

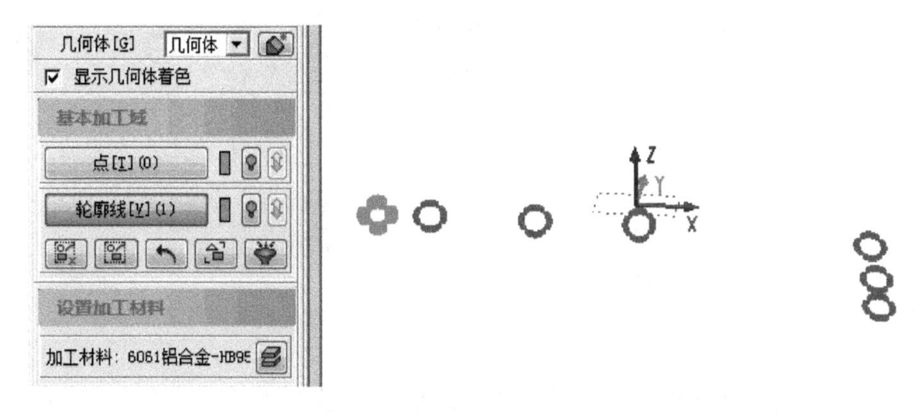

图 6-26　倒角 1 加工域

2. 倒角 2、倒角 3、…、倒角 7

1）重复“倒角 1”的操作步骤，依次完成“倒角 2”至“倒角 7”的路径编辑。

2）单击“21-27 成形刀加工轮廓线”图层显示按钮，关闭图层显示。

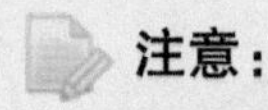**注意：**

在“倒角 2”至“倒角 7”编程中，编辑加工域时应注意“轮廓线”的选择，从左到右依次选取“21-27 成形刀加工轮廓线”图层中的曲线，应与路径序号对应，不可选错。

6.3.9 前曲面倒角

前曲面孔倒角采用等高外形精加工方法进行加工。

操作步骤

1. 曲面倒角 1

1）双击“导航工作条”窗格中的“曲面倒角 1”，进入“刀具路径参数”界面，单击“编辑加工域”按钮。

2）单击“28-30 曲面倒角”图层显示按钮。

3）选择最左侧曲线作为轮廓线，选择最左侧曲面作为加工面，如图 6-27 所示，单击“确定”按钮完成加工域选择。

4）单击“计算”按钮，计算完成后单击“确定”按钮，生成“曲面倒角 1”路径。

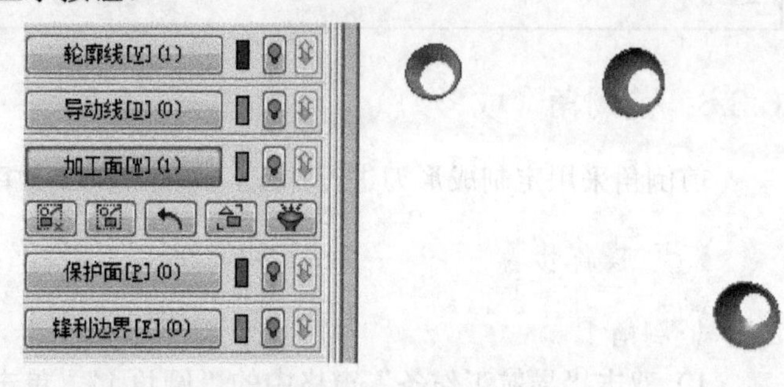

图 6-27　曲面倒角 1 加工域

2. 曲面倒角 2

1）双击“导航工作条”窗格中的“曲面倒角 2”，进入“刀具路径参数”界面，单击“编辑加工域”按钮。

2）选择中间曲线作为轮廓线，选择中间曲面作为加工面，如图 6-28 所示，单击“确定”按钮完成加工域选择。

3）单击“计算”按钮，计算完成后单击“确定”按钮，生成“曲面倒角 2”路径。

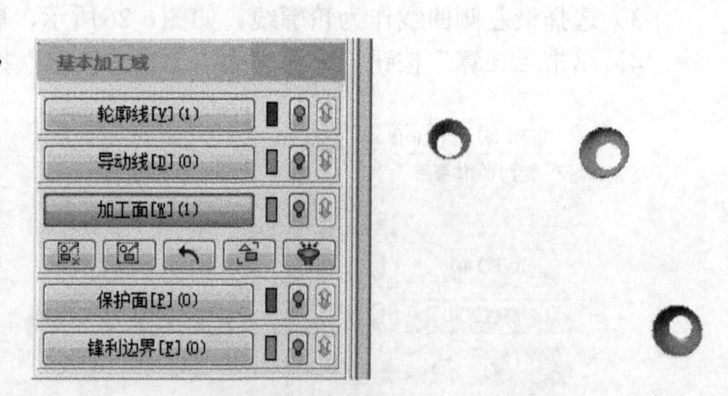

图 6-28　曲面倒角 2 加工域

3. 曲面倒角 3

1）双击“导航工作条”窗格中的“曲面倒角 3”，进入“刀具路径参数”界面，单击“编辑加工域”按钮。

2）选择最右侧曲线作为轮廓线，选择最右侧曲面作为加工面，如图 6-29 所示，单击“确定”按钮完成加工域选择。

3）单击“计算”按钮，计算完成后单击“确定”按钮，生成“曲面倒角 3”路径。

4）单击“28-30 曲面倒角”图层显示按钮，关闭图层显示。

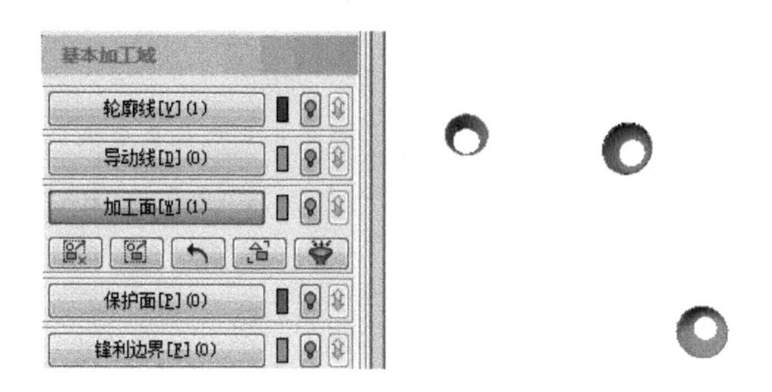

图 6-29　曲面倒角 3 加工域

6.3.10　前小孔及倒角

接骨板前面小孔与前面钻孔相同，采用多轴定位加工的方法，孔倒角采用曲面流线加工的方法。

操作步骤

1. D1.7 平头钻

1）双击“导航工作条”窗格中的“D1.7 平头钻”，进入“刀具路径参数”界面，单击“编辑加工域”按钮。

2）单击“31-37　90 度五孔”图层显示按钮。

3）选择图 6-30 所示红色箭头指示的存在点作为点，选择点所对应的直线作为刀轴直线，单击“确定”按钮✓完成加工域选择。

4）单击“计算”按钮，计算完成后单击“确定”按钮，生成“D1.7 平头钻”路径。

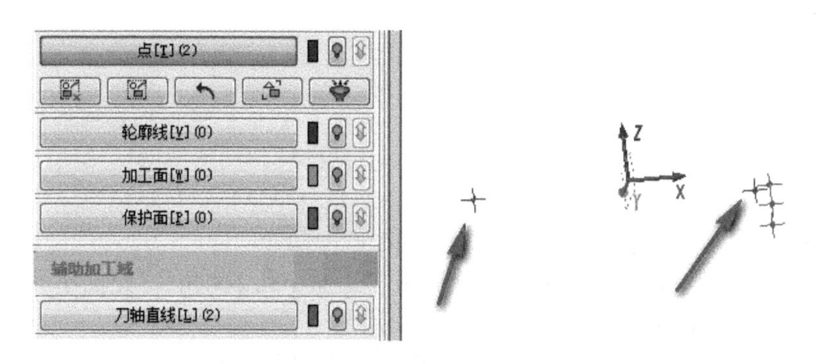

图 6-30　D1.7 平头钻加工域

2. D1.65 平头钻

1）双击“导航工作条”窗格中的“D1.65 平头钻”，进入“刀具路径参数”界面，单击“编辑加工域”按钮。

2）选择图 6-31 所示红色矩形内的存在点作为点，选择点所对应的直线作为刀轴直线，单击“确定”按钮✓完成加工域选择。

3）单击“计算”按钮，计算完成后单击“确定”按钮，生成“D1.65 平头钻”路径。

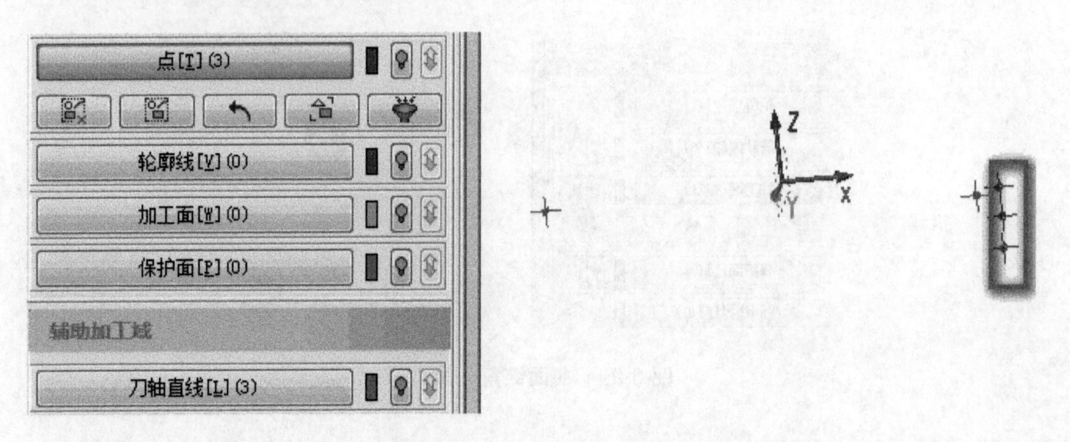

图 6-31　D1.65 平头钻加工域

3. 正面小孔 1 倒角

1）双击“导航工作条”窗格中的“正面小孔 1 倒角”，进入“刀具路径参数”界面，单击“编辑加工域”按钮。

2）选择孔 1 的轮廓线作为轮廓线，选择孔 1 的曲面作为加工面，如图 6-32 所示，单击“确定”按钮✓完成加工域选择。

3）单击“计算”按钮，计算完成后单击“确定”按钮，生成“正面小孔 1 倒角”路径。

图 6-32　正面小孔 1 倒角加工域

4. 正面小孔 2 倒角、正面小孔 3 倒角、正面小孔 4 倒角

1）重复“正面小孔 1 倒角”步骤，依次完成“正面小孔 2 倒角”“正面小孔 3 倒角”“正面小孔 4 倒角”路径的编程。

2）单击“31-37 90 度五孔”图层显示按钮，关闭图层显示。

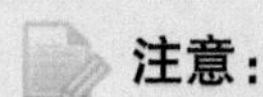

注意：

在“正面小孔 2 倒角”“正面小孔 3 倒角”“正面小孔 4 倒角”编程中，编辑加工域时应注意“轮廓线”的选择，按照顺序依次选择对应的轮廓线，“加工面”按照顺序依次选择曲面，应与路径序号对应，不可选错。

6.3.11　背倒角

背倒角的加工方法选择“轮廓切割”。

操作步骤

1. 背倒角 1

1）双击“导航工作条”窗格中的“背倒角 1”，进入“刀具路径参数”界面，单击“编辑加工域”按钮。

2）单击“38-44 30° 锥刀光孔”图层显示按钮。

3）选择图 6-33 所示序号 38 的轮廓线作为轮廓线，单击“确定”按钮完成加工域选择。

4）单击“计算”按钮，计算完成后单击“确定”按钮，生成“背倒角 1”路径。

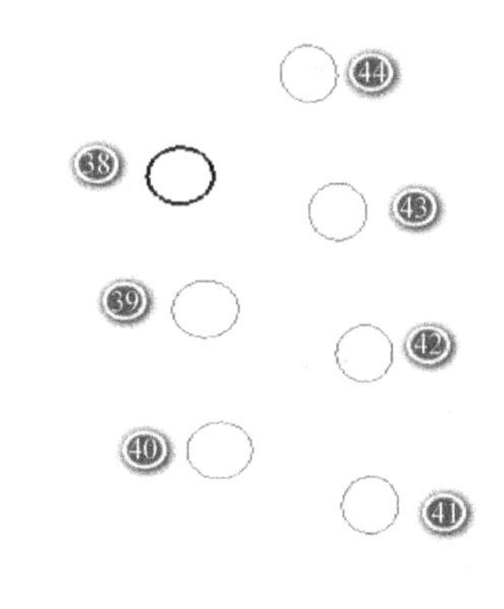

图 6-33　背倒角 1 加工域

2. 背倒角 2、背倒角 3、…、背倒角 7

1）重复“背倒角 1”操作步骤，依次完成“背倒角 2”至“背倒角 7”路径的编程。

2）单击“38-44 30° 锥刀光孔”图层显示按钮，关闭图层显示。

> **注意：**
>
> 在“背倒角 2”至“背倒角 7”编程中，编辑加工域时应注意“轮廓线”的选择，应与路径序号对应，不可选错，可参照上图编号。

6.3.12　背长槽倒角

背长槽倒角及孔倒角曲面较简单，选择曲面流线加工、等高外形加工，可以实现较高表面质量。

操作步骤

1. 背长槽倒角 1

1）双击“导航工作条”窗格中的“背长槽倒角 1”，进入“刀具路径参数”界面，单击

“编辑加工域”按钮。

2）单击“45-49 背长槽倒角面”图层显示按钮。

3）选择图 6-34 所示的序号 45 曲面作为加工面，单击“确定”按钮完成加工域选择。

4）单击“计算”按钮，计算完成后单击“确定”按钮，生成“背长槽倒角 1”路径。

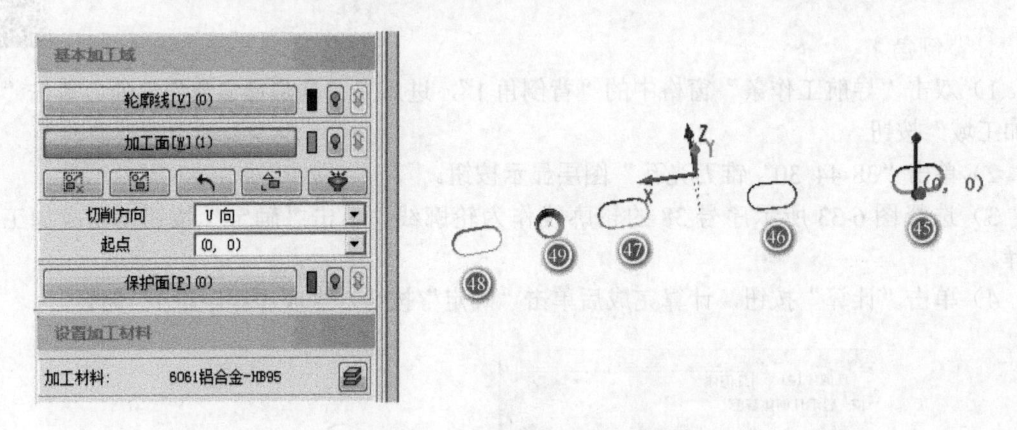

图 6-34　背长槽倒角 1 加工域

2. 背长槽倒角 2、背长槽倒角 3、背长槽倒角 4

重复“背长槽倒角 1”操作步骤，依次完成“背长槽倒角 2”“背长槽倒角 3”“背长槽倒角 4”路径的编辑。

注意：

在“背长槽倒角 2”“背长槽倒角 3”“背长槽倒角 4”编程中，编辑加工域时应注意“加工面”的选择，应与路径序号对应，不可选错。

3. 曲面倒角 4

1）双击“导航工作条”窗格中的“曲面倒角 4”，进入“刀具路径参数”界面，单击“编辑加工域”按钮。

2）选择图 6-34 所示的路径中序号 49 对应的轮廓线作为轮廓线，选择图 6-34 所示的路径中序号 49 对应的曲面作为加工面，如图 6-35 所示，单击“确定”按钮完成加工域选择。

3）单击“计算”按钮，计算完成后单击“确定”按钮，生成“曲面倒角 4”路径。

4）单击“45-49 背长槽倒角面”图层显示按钮，关闭图层显示。

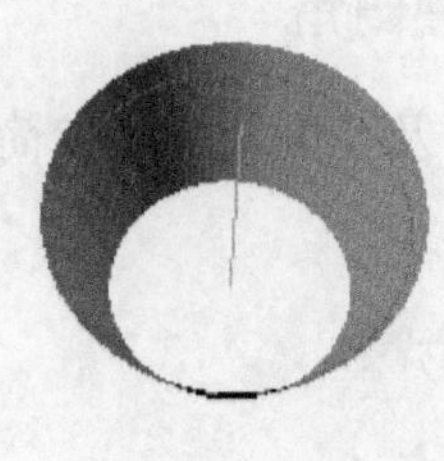

图 6-35　曲面倒角 4 加工域

6.3.13　小孔背倒角

小孔背倒角采用直纹面侧铣加工的方法进行加工。

操作步骤

1. 小孔背倒角 1

1）双击“导航工作条”窗格中的“小孔背倒角 1”，进入“刀具路径参数”界面，单击“编辑加工域”按钮。

2）单击“50-53 小孔背倒角”图层显示按钮。

3）选择图 6-36 所示最左侧的曲面作为挡墙曲面，单击“确定”按钮完成加工域选择。

4）单击“计算”按钮，计算完成后单击“确定”按钮，生成“小孔背倒角 1”路径。

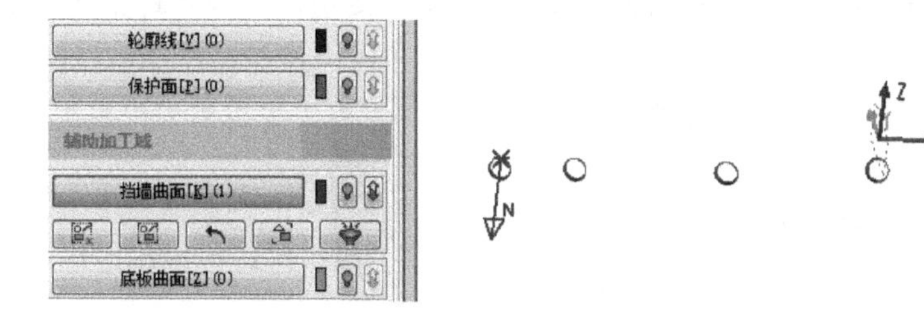

图 6-36　小孔背倒角 1 加工域

2. 小孔背倒角 2、小孔背倒角 3、小孔背倒角 4

1）重复“小孔背倒角 1”操作步骤，依次完成“小孔背倒角 2”“小孔背倒角 3”“小孔背倒角 4”路径的编程。

2）单击“50-53 小孔背倒角”图层显示按钮，关闭图层显示。

注意：

在“小孔背倒角 2”“小孔背倒角 3”“小孔背倒角 4”编程中，编辑加工域时应注意“挡墙曲面”的选择，从左到右依次选择曲面，应与路径序号对应，不可选错。

关键点延伸

直纹面侧铣：利用刀具的侧刃，沿所选的挡墙曲面进行铣削，起到对曲面光刀的作用，主要用于单张曲面的加工，对于多张挡墙曲面，流线方向保持一致，并且曲面之间衔接光顺的情况下，也可以使用该方式加工。提供两种路径生成模式，即“刀轴不变”和“刀触点不变”

选择“刀轴不变”选项生成的路径会针对挡墙曲面做一次投影，在保证刀轴不变情况下，使路径分布更规律，刀轴更加光顺。但当挡墙面扭曲比较大的时候，会造成刀触点改变，发生欠切问题。

选择“刀触点不变”选项生成路径时不再针对挡墙面进行投影，对于过切的位置只调整刀轴，保证刀触点不发生改变。

6.3.14 耳朵残补（一）

耳朵部分开粗未加工到位，需要对耳朵之间的残料进行补加工，根据不同区域选择“等高外形（精）”“单线切割”加工方法。

操作步骤

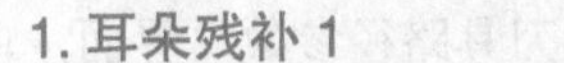

1. 耳朵残补 1

1）双击“导航工作条”窗格中的“耳朵残补 1”，单击“编辑加工域”按钮。

2）单击“54-55 耳朵残补 1”图层显示按钮。

3）选择最左侧曲线作为轮廓线，选择最左侧曲面作为加工面，单击“确定”按钮☑完成加工域选择，如图 6-37 所示。

4）单击“计算”按钮，计算完成后单击“确定”按钮，生成“耳朵残补 1”路径。

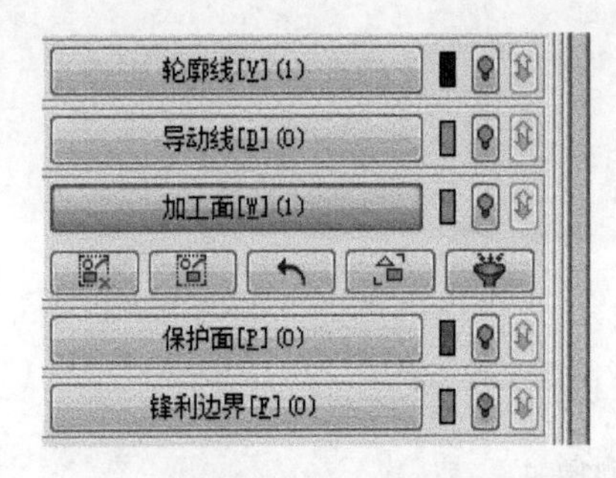

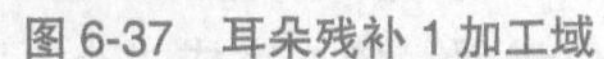

图 6-37 耳朵残补 1 加工域

2. 耳朵残补 2

1）双击“导航工作条”窗格中的“耳朵残补 2”，进入“刀具路径参数”界面，单击“编辑加工域”按钮。

2）选择最右侧曲线作为轮廓线，单击“确定”按钮☑完成加工域选择，如图 6-38 所示。

3）单击“计算”按钮，计算完成后单击“确定”按钮，生成“耳朵残补 2”路径。

4）单击“54-55 耳朵残补 1”图层显示按钮，关闭图层显示。

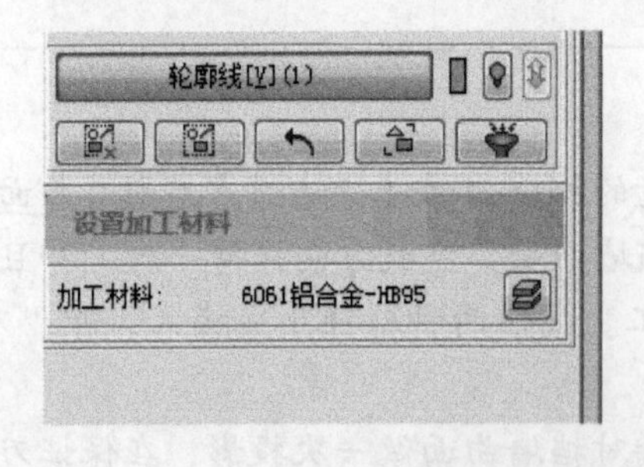

图 6-38 耳朵残补 2 加工域

6.3.15 耳朵残补（二）

与耳朵残补（一）结构一样，选择“等高外形（精）”加工的加工方法加工耳朵残补（二）。

操作步骤

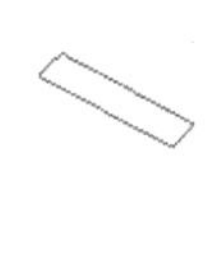

1. 耳朵残补 3

1）双击“导航工作条”窗格中的“耳朵残补 3”，进入“刀具路径参数”界面，单击“编辑加工域”按钮。

2）单击“56-57 耳朵残补 2”图层显示按钮。

3）选择最左侧曲线作为轮廓线，选择最左侧蓝色曲面作为加工面，如图 6-39 所示，单击“确定”按钮完成加工域选择。

4）单击“计算”按钮，计算完成后单击“确定”按钮，生成“耳朵残补 3”路径。

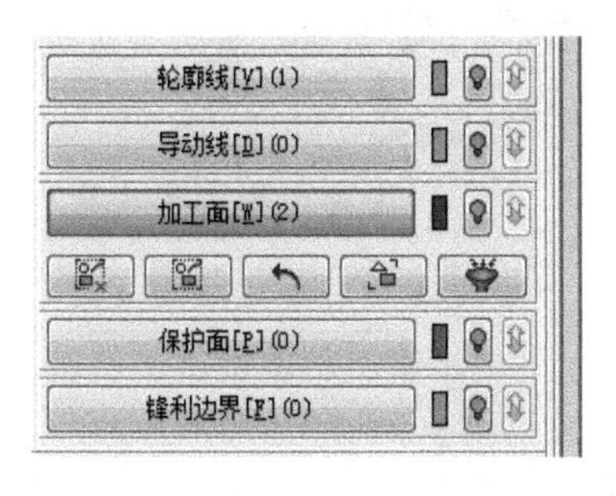

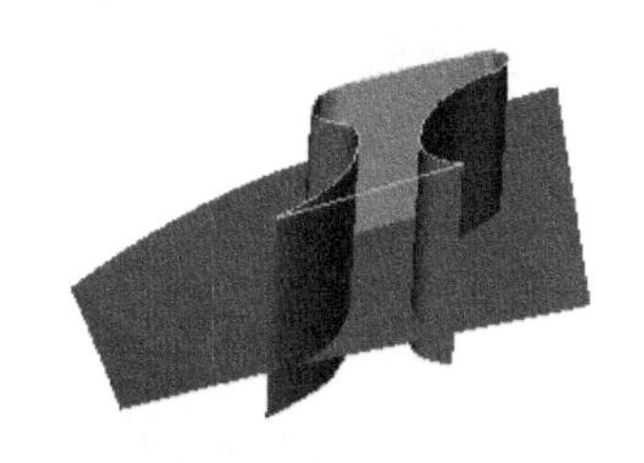

图 6-39 耳朵残补 3 加工域

2. 耳朵残补 4

1）双击“导航工作条”窗格中的“耳朵残补 4”，进入“刀具路径参数”界面，单击“编辑加工域”按钮。

2）选择最右侧曲线作为轮廓线，单击“确定”按钮完成加工域选择，如图 6-40 所示。

3）单击“计算”按钮，计算完成后单击“确定”按钮，生成“耳朵残补 4”路径。

4）单击“56-57 耳朵残补 2”图层显示按钮，关闭图层显示。

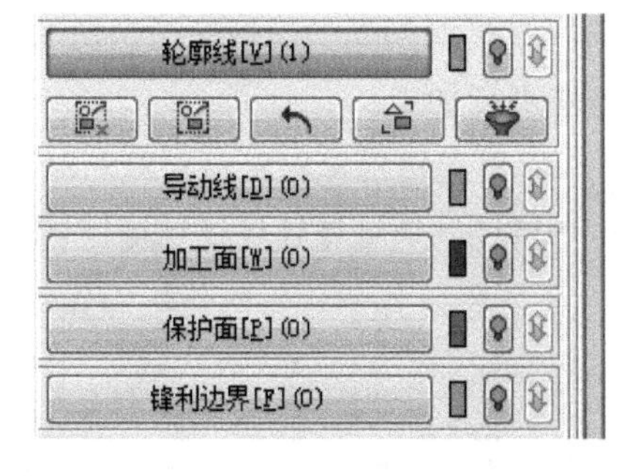

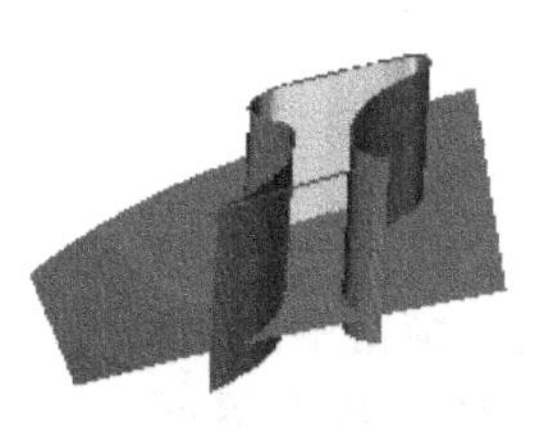

图 6-40 耳朵残补 4 加工域

6.3.16 弯曲圆弧

耳朵曲面为弯曲圆弧，需要保证与侧边连接处刀纹一致，因此选择投影精加工的方法进行加工。

操作步骤

1. 弯曲圆弧 1

1）双击“导航工作条”窗格中的“弯曲圆弧 1”，进入“刀具路径参数”界面，单击“编辑加工域”按钮。

2）单击“58-62 弯曲圆弧”图层显示按钮。

3）选择最左侧曲面作为导动面，如图 6-41 所示，单击“确定”按钮完成加工域选择。

4）单击“计算”按钮，计算完成后单击“确定”按钮，生成“弯曲圆弧 1”路径。

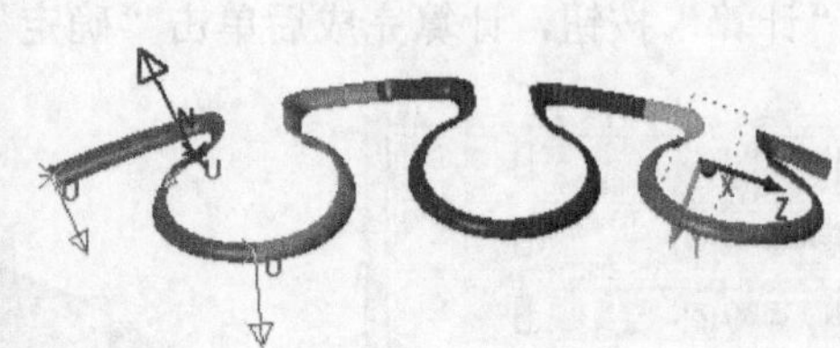

图 6-41　弯曲圆弧 1 加工域

2. 弯曲圆弧 2、弯曲圆弧 3、…、弯曲圆弧 5

1）重复“弯曲圆弧 2”操作步骤，依次完成“弯曲圆弧 2”至“弯曲圆弧 5”路径的编程。

2）单击“58-62 弯曲圆弧”图层显示按钮，关闭图层显示。

注意：

在“弯曲圆弧 2”至“弯曲圆弧 5”编程中，编辑加工域时应注意“导动面”的选择，从左到右依次选择曲面，应与路径序号对应，不可选错。

6.3.17　耳朵圆角

背面耳朵圆角结构采用导动加工中单轨扫描方法进行加工。

操作步骤

1. 耳朵圆角 1

1）双击“导航工作条”窗格中的“耳朵圆角 1”，进入“刀具路径参数”界面，单击“编辑加工域”按钮。

2）单击“工件面”和“63-66 耳朵圆角”图层显示按钮。

3）选择圆形曲线作为导动线，选择上表面和圆角曲面作为加工面，如图 6-42 所示，单击“确定”按钮完成加工域选择。

图 6-42　耳朵圆角 1 加工域

4）单击“计算”按钮，计算完成后单击“确定”按钮，生成“耳朵圆角 1”路径。

关键点延伸

导动加工：是一种基于导动线而生成路径的方法，包括以下四种加工方法：曲线投影，单轨扫描，双轨扫描，曲线吸附。这些加工方法常用于加工模具上的小槽和流线型曲面组，也可以用于单线体字的雕刻加工。

单轨扫描：根据曲线的走向，在加工曲面上生成刀具路径。

2. 耳朵圆角 2

1）双击“导航工作条”窗格中的“耳朵圆角 2”，进入“刀具路径参数”界面，单击“编辑加工域”按钮。

2）选择曲线作为导动线，选择曲面作为导动面，如图 6-43 所示，单击“确定”按钮完成加工域选择。

3）单击“计算”按钮，计算完成后单击“确定”按钮，生成“耳朵圆角 2”路径。

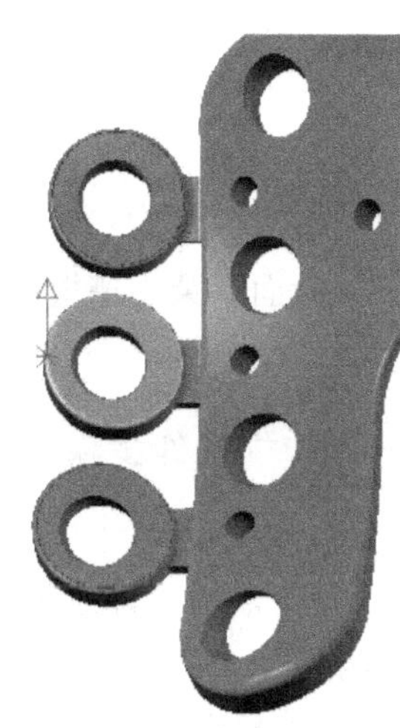

图 6-43　耳朵圆角 2 加工域

3. 耳朵圆角 3

1）双击“导航工作条”窗格中的“耳朵圆角 3”，进入“刀具路径参数”界面，单击“编辑加工域”按钮。

2）选择曲线作为导动线，选择曲面作为加工面，如图 6-44 所示，单击“确定”按钮完成加工域选择。

3）单击“计算”按钮，计算完成后单击“确定”按钮，生成“耳朵圆角 3”路径。

图 6-44　耳朵圆角 3 加工域

4. 拐角

1）双击“导航工作条”窗格中的“拐角”，进入“刀具路径参数”界面，单击“编辑加工域”按钮。

2）选择曲线作为导动线，选择曲面作为导动面，如图 6-45 所示，单击“确定”按钮完成加工域选择。

3）单击“计算”按钮，计算完成后单击“确定”按钮，生成

“拐角”路径。

4）单击“工件面”“63-66 耳朵圆角”图层显示按钮，关闭图层显示。

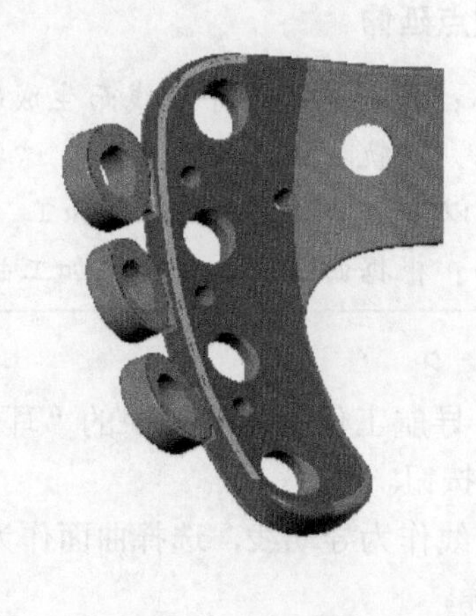

图 6-45　拐角加工域

6.3.18　三个小槽

背面耳朵小槽根据区域不同，选择“单线切割”“等高外形（精）”“环绕等距”等加工方法进行加工。

操作步骤

1. 三个小槽 1

1）双击“导航工作条”窗格中的“三个小槽 1”，进入“刀具路径参数”界面，单击“编辑加工域”按钮。

2）单击“67-74 三个小槽”图层显示按钮。

3）选择曲线作为轮廓线，如图 6-46 所示，单击“确定”按钮完成加工域选择。

4）单击“计算”按钮，计算完成后单击“确定”按钮，生成“三个小槽 1”路径。

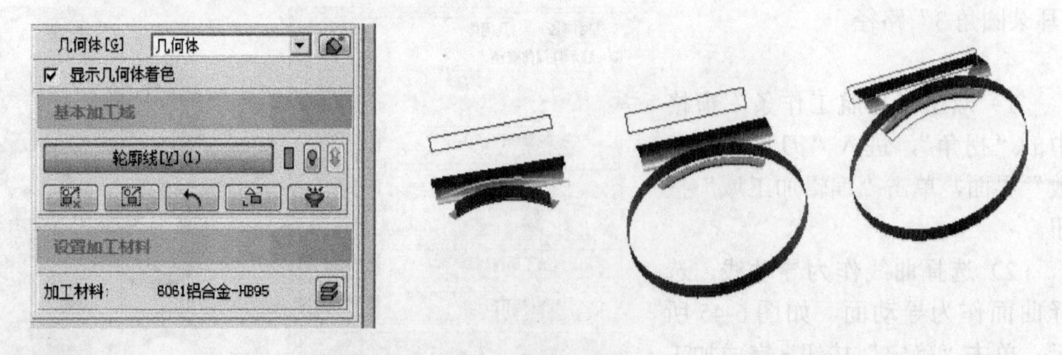

图 6-46　三个小槽 1 加工域

2. 三个小槽 2、三个小槽 3、…、三个小槽 7

重复“三个小槽 1”操作步骤，依次完成“三个小槽 2”至“三个小槽 7”路径的编程。

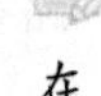

注意：

在“三个小槽2”至“三个小槽7”编程中，编辑加工域时应注意“加工域”的选择，按照视频演示中选择对应的加工域，应与路径序号对应，不可选错。

3. 三个小槽底面

1）双击“导航工作条”窗格中的“三个小槽底面”，进入“刀具路径参数”界面，单击“编辑加工域”按钮。

2）选择曲线作为轮廓线，选择曲面作为加工面，如图6-47所示，单击“确定”按钮完成加工域选择。

3）单击“计算”按钮，计算完成后单击“确定”按钮，生成“三个小槽底面”路径。

4）单击“67-74三个小槽”图层显示按钮，关闭图层显示。

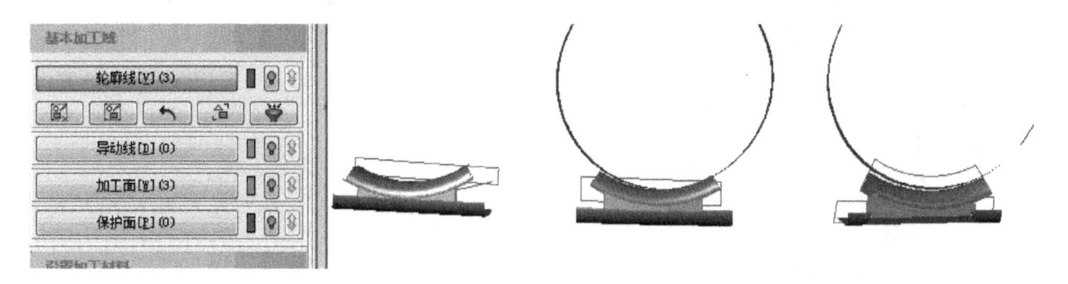

图6-47 三个小槽底面加工域

关键点延伸

环绕等距：环绕等距精加工可以生成环绕状的刀具路径。根据环绕等距路径的特点，等距方式包括沿外轮廓等距、沿所有边界等距、沿孤岛等距、沿指定点等距、沿导动线等距等，这些方式根据加工模型的特征，可以应用于不同的场合。空间环绕等距路径环之间的空间距离基本相同，适合加工既有陡峭位置又有平缓位置的表面形状。

6.3.19 三个耳朵侧铣

耳朵侧边选择“直纹面侧铣”方法，利用刀具侧刃进行加工，起到光刀作用。

操作步骤

1）双击“三个耳朵侧铣”后，在“刀具路径参数”界面中单击“编辑加工域”按钮。

2）单击“75三个耳朵侧铣”图层显示按钮。

3）选择曲面作为挡墙曲面，如图6-48所示，单击“确

图6-48 三个耳朵侧铣加工域

定”按钮完成加工域选择。

4）单击“计算”按钮，计算完成后单击“确定”按钮，生成“三个耳朵侧铣”路径。

5）单击“75 三个耳朵侧铣”图层显示按钮，关闭图层显示。

6.3.20　头部侧铣

头部侧铣同耳朵侧铣一样，根据结构不同选择“单线切割”“直纹面侧铣”方法。

操作步骤

1. 头部侧铣

1）双击“头部侧铣”后，在生成的界面中单击“编辑加工域”按钮。

2）单击“76-78 头部侧铣”图层显示按钮。

3）选择左下侧曲线作为轮廓线，如图6-49所示，单击“确定”按钮完成加工域选择。

4）单击“计算”按钮，计算完成后单击“确定”按钮，生成“头部侧铣”路径。

图 6-49　头部侧铣加工域

2. 肩部侧铣

1）双击“肩部侧铣”后，在生成的界面中单击“编辑加工域”按钮。

2）选择曲面作为挡墙曲面，如图 6-50 所示，单击“确定”按钮完成加工域选择。

3）单击“计算”按钮，计算完成后单击“确定”按钮，生成“肩部侧铣”路径。

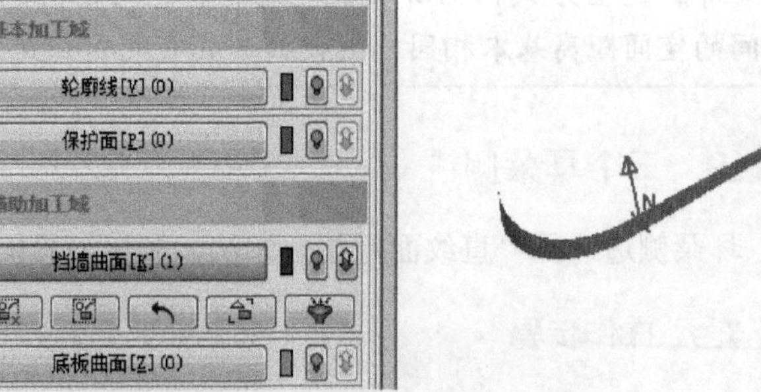
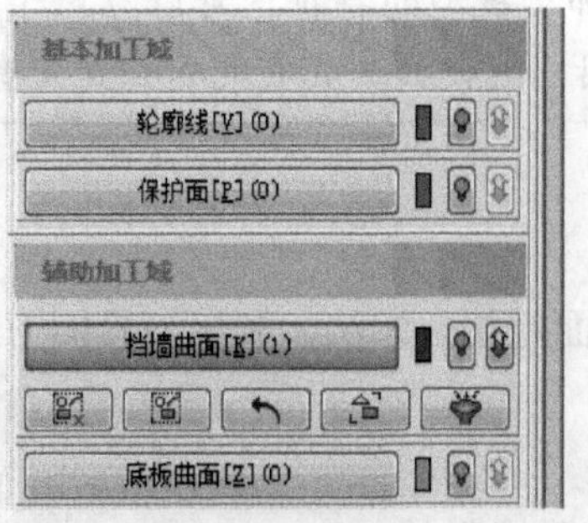

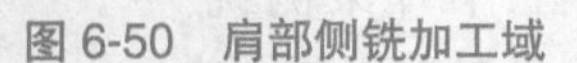

图 6-50　肩部侧铣加工域

3. 尾部侧铣

1）双击“尾部侧铣”后，在生成的界面中单击“编辑加工域”按钮。

2）选择图6-51所示箭头指向的曲线作为轮廓线，单击“确定”按钮完成加工域选择。

3）单击“计算”按钮，计算完成后单击“确定”按钮，生成“尾部侧铣”路径。

4）单击“76-78 头部侧铣”图层显示按钮，关闭图层显示。

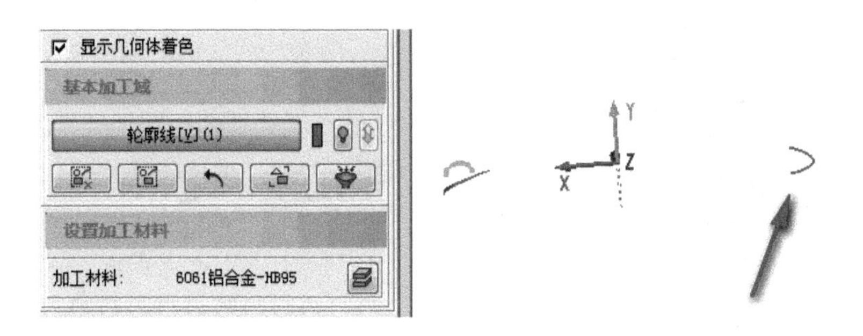

图 6-51　尾部侧铣加工域

6.3.21　正面圆弧边

由于刀轴摆动幅度较大，为避免干涉，采用“投影精加工”方法加工正面圆弧边。

操作步骤

1. 正面圆弧边

1）双击“正面圆弧边”后，在生成的界面中单击“编辑加工域”按钮。

2）单击“79-83 正面圆弧边”图层显示按钮。

3）选择右下曲面作为导动面，如图 6-52 所示，单击“确定”按钮完成加工域选择。

4）单击“计算”按钮，计算完成后单击“确定”按钮，生成“正面圆弧边”路径。

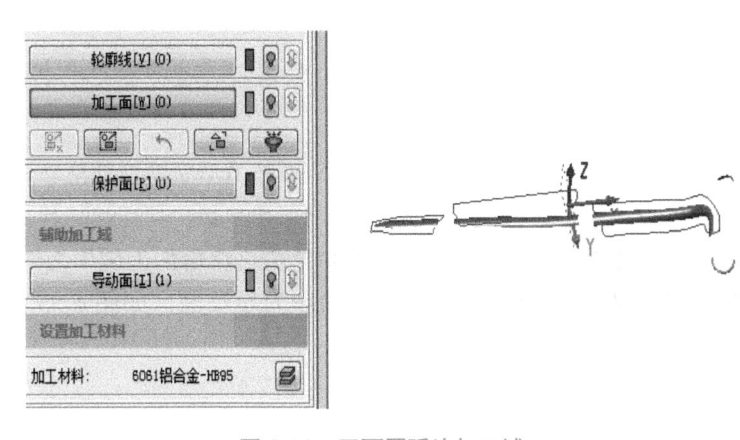

图 6-52　正面圆弧边加工域

2. 拐弯圆弧边

1）双击“拐弯圆弧边”后，在生成的界面中单击“编辑加工域”按钮。

2）选择右上曲面作为导动面，如图 6-53 所示，单击“确定”按钮完成加工域选择。

3）单击“计算”按钮，计算完成后单击“确定”按钮，生成“拐弯圆弧边”路径。

3. 底部圆弧边 1

1）双击“底部圆弧边 1”后，在生成的界面中单击“编辑加工域”按钮。

2）选择左侧曲线作为轮廓线，选择左侧曲面作为导动面，如图 6-54 所示，单击“确定”按钮完成加工域选择。

3）单击“计算”按钮，计算完成后单击“确定”按钮，生成“底部圆弧边 1”路径。

图 6-53　拐弯圆弧边加工域

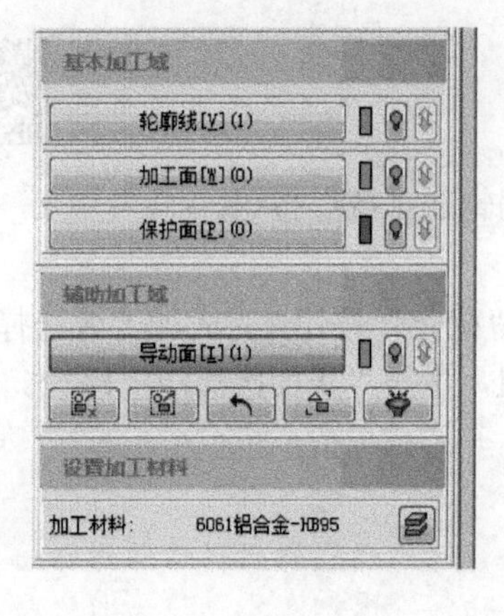

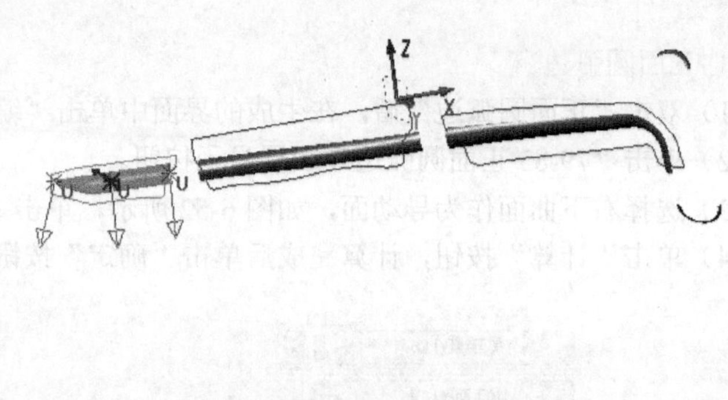

图 6-54　底部圆弧边 1 加工域

4. 底部圆弧边 2

1）双击“底部圆弧边 2”后，在生成的界面中单击“编辑加工域”按钮。

2）选择中间曲线作为轮廓线，选择中间曲面作为导动面，如图 6-55 所示，单击“确定”按钮完成加工域选择。

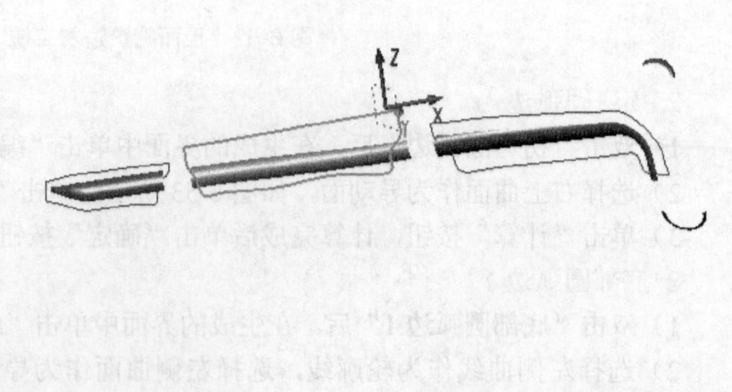

图 6-55　底部圆弧边 2 加工域

3）单击“计算”按钮，计算完成后单击“确定”按钮，生成“底部圆弧边 2”路径。

5. 底部圆弧边 3

1）双击“底部圆弧边 3”后，在生成的界面中单击“编辑加工域”按钮。

2）选择右侧曲线作为轮廓线，选择右侧曲面作为导动面，如图 6-56 所示，单击“确定”按钮✓完成加工域选择。

3）单击“计算”按钮，计算完成后单击“确定”按钮，生成“底部圆弧边 3”路径。

4）单击“79-83 正面圆弧边”图层显示按钮，关闭图层显示。

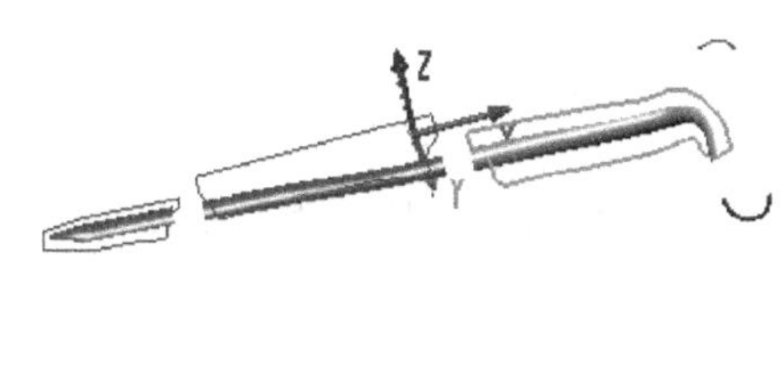

图 6-56　底部圆弧边 3 加工域

6.3.22　背面圆弧边

背面圆弧边比较狭窄，可以采用“投影精加工方法”进行加工，以保证刀纹一致性。

操作步骤

1. 背面圆弧边 1

1）双击“背面圆弧边 1”后，在生成的界面中单击“编辑加工域”按钮。

2）单击“84-87 背面圆弧边”图层显示按钮。

3）选择左侧曲面作为导动面，选择左侧曲线作为轮廓线，如图 6-57 所示，单击“确定”按钮✓完成加工域选择。

4）单击“计算”按钮，计算完成后单击“确定”按钮，生成“正面圆弧边”路径。

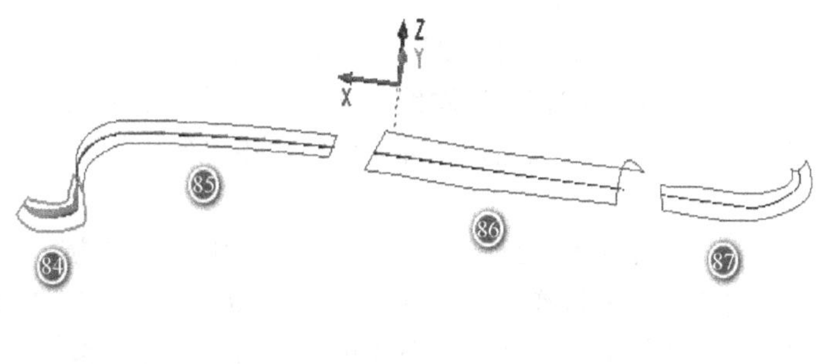

图 6-57　背面圆弧边 1 加工域

2. 背面圆弧边 2、背面圆弧边 3、背面圆弧边 4

1）重复“背面圆弧边 1”操作步骤，依次完成“背面圆弧边 2”“背面圆弧边 3”“背面圆弧边 4”路径的编程。

2）单击“84-87 背面圆弧边”图层显示按钮，关闭图层显示。

注意：

在“背面圆弧边 2”“背面圆弧边 3”“背面圆弧边 4”编程中，编辑加工域时应注意“导动面”的选择，“轮廓线”选择图 6-57 所示路径序号对应的曲线，“导动面”选择图可参照上图编号。路径序号对应的曲面，应与路径序号对应，不可选错。

6.3.23 连接筋去残料

选择“等高外形（精）”加工方法加工连接筋。

操作步骤

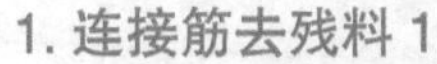

1. 连接筋去残料 1

1）双击“连接筋去残料 1”后，在生成的界面中单击“编辑加工域”按钮。

2）单击“88-90 连接筋去残料”图层显示按钮。

3）选择左侧曲线作为轮廓线，如图 6-58 所示，单击“确定”按钮完成加工域选择。

4）单击“计算”按钮，计算完成后单击“确定”按钮，生成“连接筋去残料 1”路径。

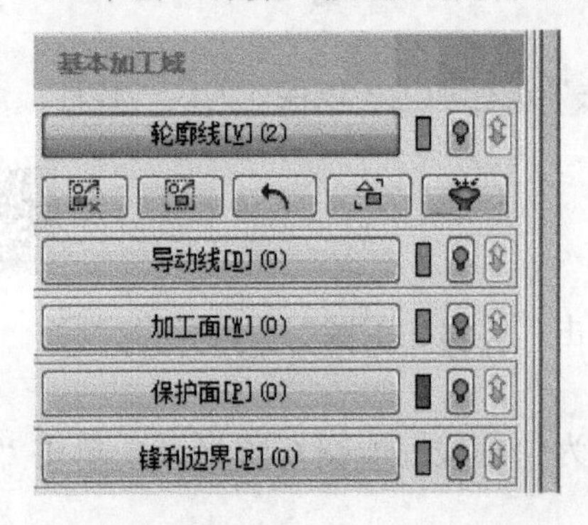

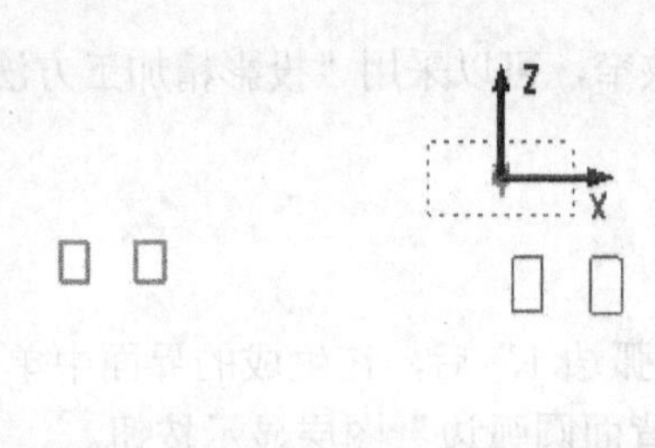

图 6-58 连接筋去残料 1 加工域

2. 连接筋去残料 2

1）双击“连接筋去残料 2”后，在生成的界面中单击“编辑加工域”按钮。

2）选择中间曲线作为轮廓线，如图 6-59 所示，单击“确定”按钮完成加工域选择。

3）单击“计算”按钮，计算完成后单击“确定”按钮，生成“连接筋去残料 2”路径。

3. 连接筋去残料 3

1）双击“连接筋去残料 3”，单击“编辑加工域”按钮。

2）选择右侧曲线作为轮廓线，如图 6-60 所示，单击“确定”按钮完成加工域选择。

3）单击“计算”按钮，计算完成后单击“确定”按钮，生成“连接筋去残料 3”路径。

4）单击“88-90 连接筋去残料”图层显示按钮，关闭图层显示。

图 6-59　连接筋去残料 2 加工域

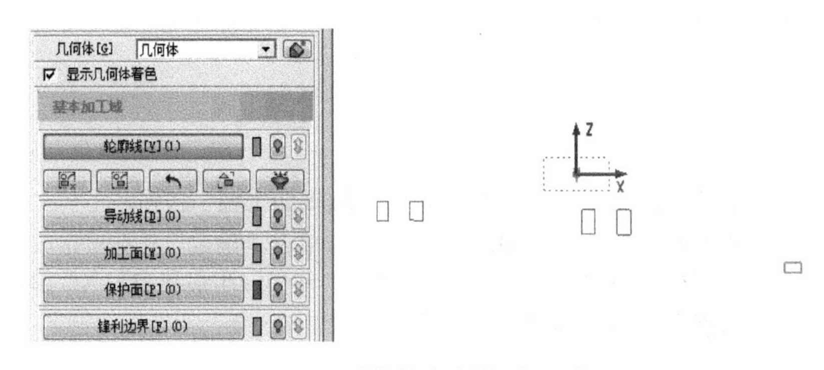

图 6-60　连接筋去残料 3 加工域

6.3.24　落料

根据连接筋与接骨板连接处的曲面结构不同，可选择“平行截线（精）”“曲面流线”方法。

操作步骤

1. 落料 1

1）双击“落料 1”后，在生成的界面中单击“编辑加工域”按钮。

2）单击“91-93 落料”图层显示按钮。

3）选择中间曲线作为轮廓线，如图 6-61 所示，单击“确定”按钮完成加工域选择。

4）单击“计算”按钮，计算完成后单击“确定”按钮，生成“落料 1”路径。

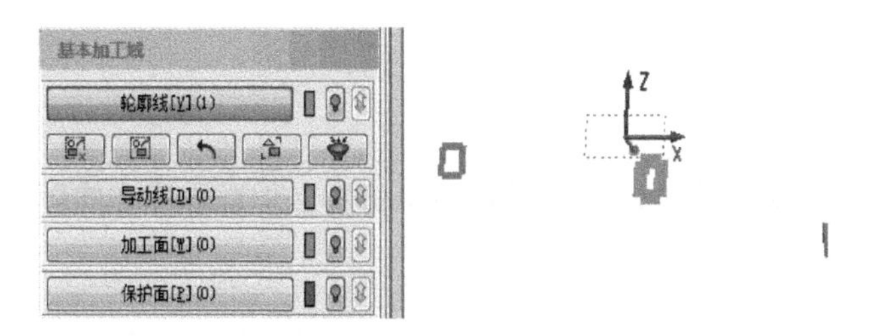

图 6-61　落料 1 加工域

2. 落料 2

1）双击“落料 2”后，在生成的界面中单击“编辑加工域”按钮。

2）选择右侧曲面作为加工面，如图 6-62 所示，单击“确定”按钮完成加工域选择。

3）单击“计算”按钮，计算完成后单击“确定”按钮，生成“落料 2”路径。

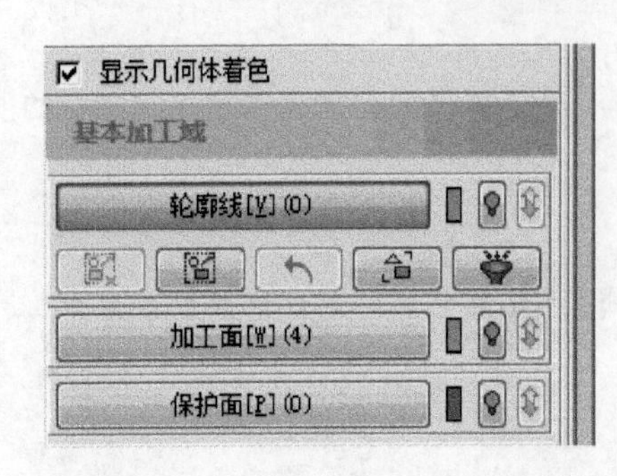

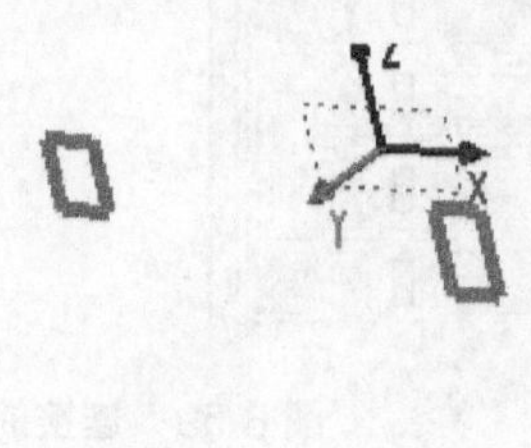

图 6-62　落料 2 加工域

3. 落料 3

1）双击“落料 3”后，在生成的界面中单击“编辑加工域”按钮。

2）“选择左侧曲线作为轮廓线，如图 6-63 所示，单击“确定”按钮完成加工域选择。

3）单击“计算”按钮，计算完成后单击“确定”按钮，生成“落料 3”路径。

4）单击“91-93 落料”图层显示按钮，关闭图层显示。

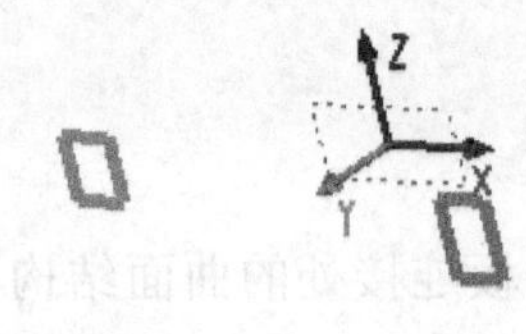

图 6-63　落料 3 加工域

6.4　模拟和输出

6.4.1　机床模拟

完成程序编写工作后，需要对程序进行模拟仿真，保证程序在实际加工中的安全性。

操作步骤

1）单击功能区的“机床模拟”按钮进入机床模拟界面，调节模拟速度后，单击模拟控制台的“开始”按钮▶进行机床模拟，如图 6-64 所示。

2）机床模拟无误后单击“确定”按钮✓退出命令，模拟后路径树如图 6-65 和图 6-66 所示。

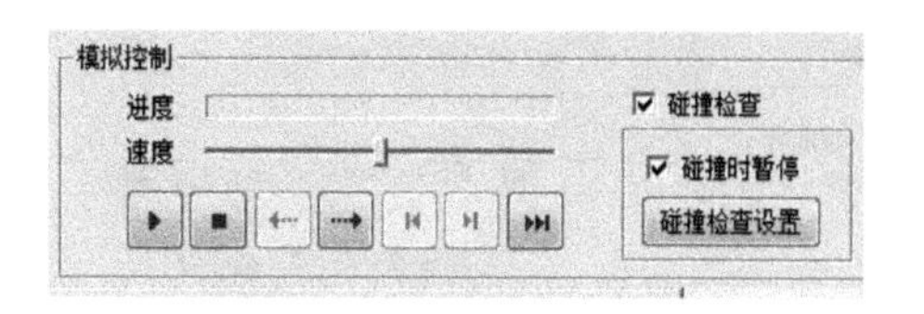

图 6-64　模拟进行中

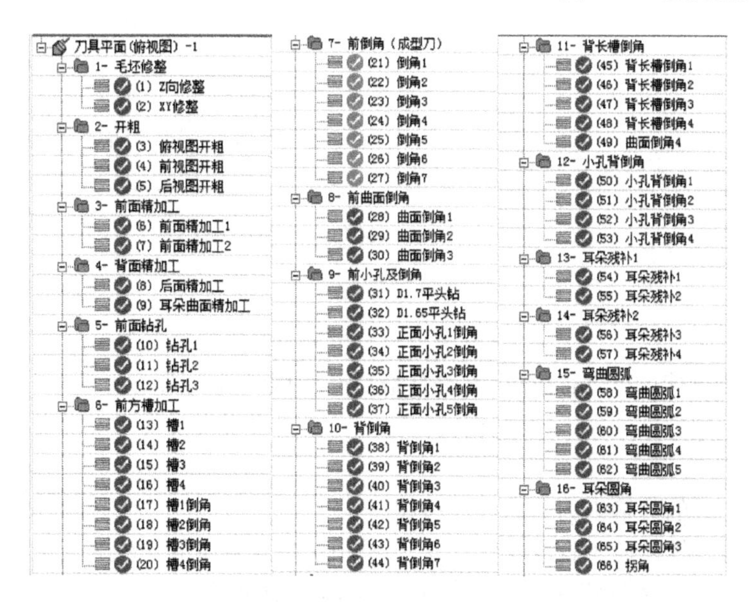

图 6-65　模拟后路径树（一）

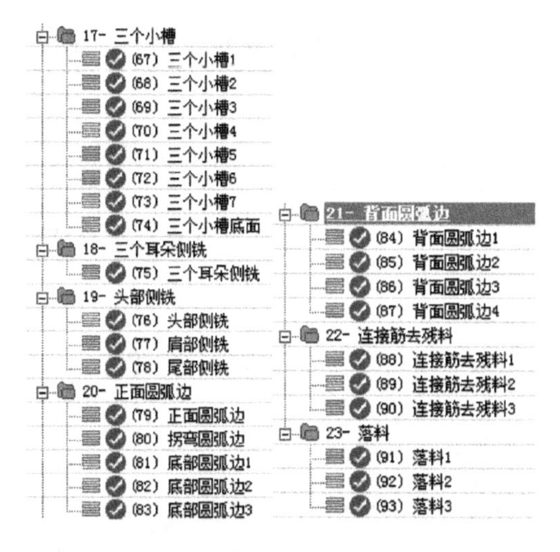

图 6-66　模拟后路径树（二）

3）机床模拟无误后，单击“保存为文件模板”按钮，在弹出的对话框中设置模板名称为“接骨板加工实例”，单击“创建”按钮，就可以将此案例保存为文件模板，下次使用此模板时，单击“新建”按钮，选择文件模板，单击“确定”按钮，就初始化到文档开始界面。利用文件模板，可以保存案例中相关设置，以便下次快速生成路径，如图 6-67 所示。

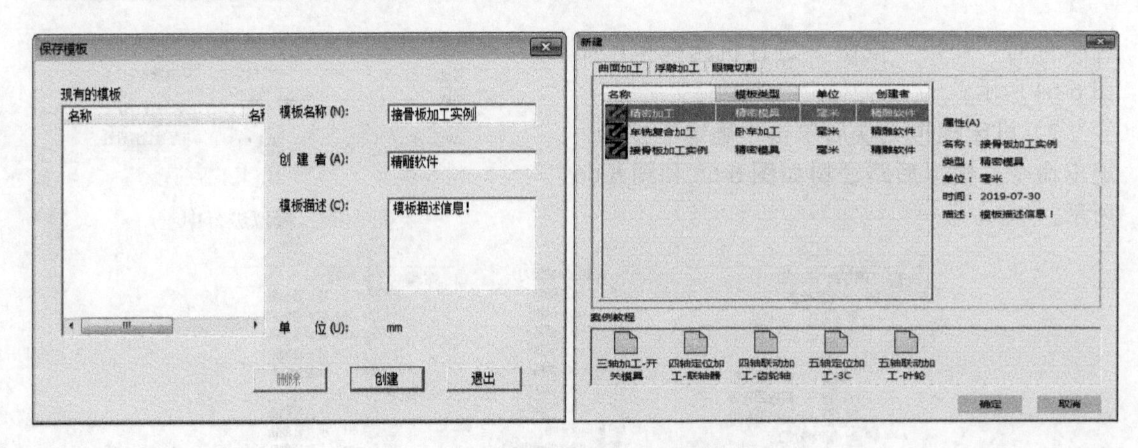

图 6-67 保存为文件模板

6.4.2 路径输出

顺利完成机床模拟工作后，接下来进行最后一步程序输出工作。

操作步骤

1）单击功能区的“输出刀具路径”按钮。

2）在“输出刀具路径（后置处理）”对话框中选择要输出的路径，根据实际加工设置好路径输出排序方法、输出文件名称。

3）若需要输出工艺单，勾选“输出 Mht 工艺单”复选框，如图 6-68 所示。

4）单击“确定”按钮，即可输出最终的路径文件，如图 6-69 所示。

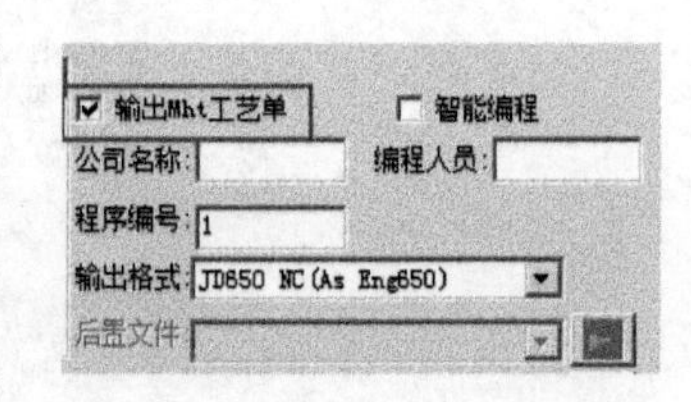

图 6-68 工艺单选项

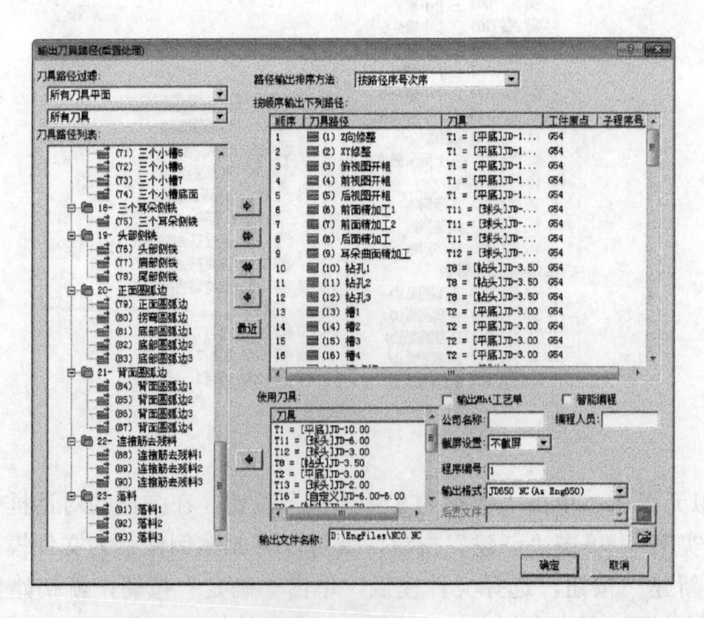

图 6-69 路径输出

6.5　实例小结

1）本章介绍了接骨板加工实例的加工方法和步骤，经过本节学习，用户需要掌握五轴编程基本思路和编程策略。

2）接骨板孔位较多，加工精度要求较高，工件装夹既要保证刚性，又要保证加工效率，还需要一次性装夹加工所有特征，是一个典型的五轴加工应用案例。

3）接骨板在加工的过程容易变形，为保证加工过程中工件的刚性，本案例采用三个加强筋与底座连接，避免加工过程工件因刀具切削受力而产生变形。

4）接骨板特征繁多，多采用多轴定位加工，要加工到各个部位，就需要使用局部坐标系，本节应用了大量的局部坐标系，还有图层，这也是多轴定位加工的一个特点。在编程的过程中注意局部坐标系和图层的管理方法。对于复杂工件而言，使用文件模板可以提高编程效率。

知识拓展

数控加工中的坐标系

（1）机床坐标系　数控加工的运动其实就是刀具和工件之间的相对运动。为了描述这个相对运动，需要准确定义刀具的空间位置，最有效的办法就是对刀具运动空间建立一个坐标系。数控机床使用了笛卡儿直角坐标系，用于定义刀具的运动空间，这个坐标系就是机床坐标系。

（2）工件坐标系　工件坐标系是由机床坐标系平移获得的，是与加工编程相关的坐标系，其参照系是工件或工件图样，可细分为编程坐标系与加工坐标系。一般情况下，编程坐标系与加工坐标系是重合的。

1）编程坐标系。编程时，编程人员可以不考虑机床坐标系，而根据图样的工艺特点和编程的方便性而自行确定编程时的坐标系及编程原点，这种坐标系称为编程坐标系，其参照系是工件图样。

2）加工坐标系。加工时，由于装夹位置的不确定性，每一次装夹工件的位置不完全相同，为此，数控系统提供了专门的坐标系选择和设置指令，可以在机床坐标系中任意地确定加工时的加工原点和坐标系，这种坐标系称为加工坐标系，其参照系是实物工件。

第7章 节气门加工

学习目标

■ 通过节气门加工案例学习掌握压铸件的工艺分析过程。

■ 熟悉在机测量功能在压铸件加工中的使用方法。

■ 进一步掌握虚拟加工环境的搭建过程。

7.1 实例描述

节气门是控制空气进入发动机的一道可控阀门。它是由 PCM 的负载循环信号控制步进电动机运动，从而带动同心蝶阀轴的旋转实现蝶阀的开合。其主要结构包括蝶阀、同心蝶阀轴、步进电动机（节气门上）、齿轮，如图 7-1 所示。

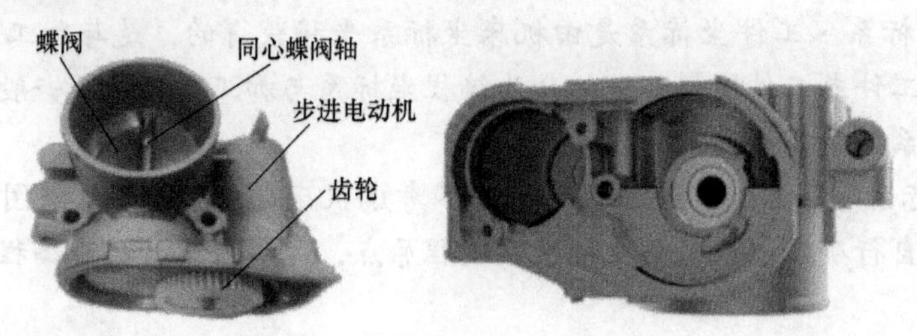

图 7-1 节气门结构及压铸型腔

7.1.1 工艺分析

工艺分析是编写加工程序前的必备工作，需要充分了解加工要求和工艺特点，合理编写加工程序。

该工件毛坯面加工余量分布、加工要求和工艺分析如图 7-2 和图 7-3 所示。

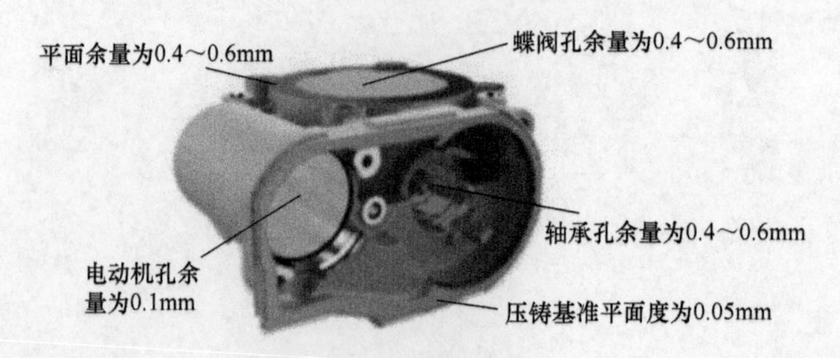

图 7-2 毛坯面余量分布

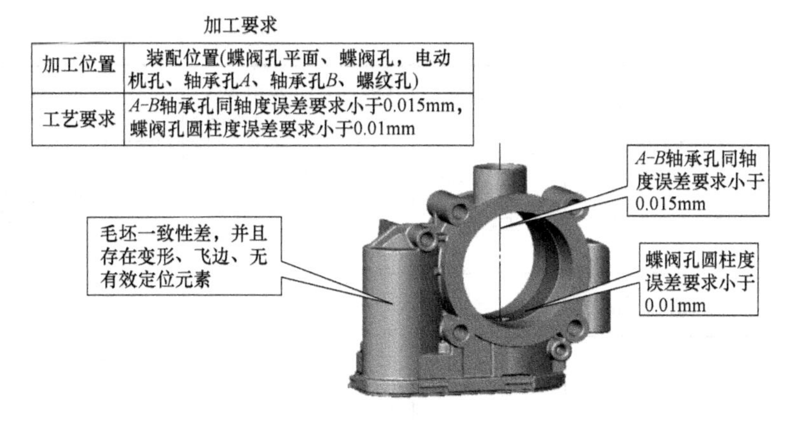
加工要求

加工位置	装配位置(蝶阀孔平面、蝶阀孔，电动机孔、轴承孔A、轴承孔B、螺纹孔)
工艺要求	A-B轴承孔同轴度误差要求小于0.015mm，蝶阀孔圆柱度误差要求小于0.01mm

图 7-3　加工要求和工艺分析

7.1.2　加工方案

1. 机床设备

产品加工精度要求较高，选择精雕全闭环五轴机床。工件结构复杂，需使用夹具进行装夹，整体尺寸偏大，由于 GR200 系列机床行程有限，无法完成，因此选择 GR400 系列机床。为了提高加工效率和加工效果，选择 150 大转矩主轴机床。

综合以上因素，选择 JDGR400_A15SH 五轴机床进行加工。

2. 加工方法

此类压铸件毛坯因生产批次不同导致来料一致性差，存在变形、飞边、无有效定位元素，并且加工角度多、特征位置多、同轴度要求高，若采用三轴机床加工，则需要依靠多夹位加工，并且每一个夹位均需重建基准，很难保证过程基准的准确性，进而无法保证产品的几何公差要求。采用五轴定位加工，可以合并夹位，减少周转，具体加工方案设计如图 7-4 和图 7-5 所示。

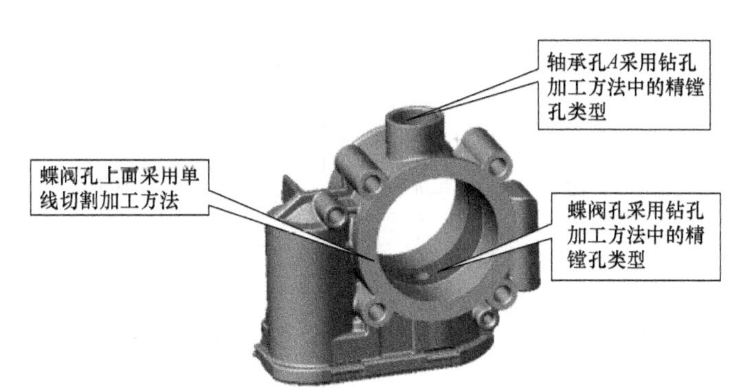

图 7-4　编程加工方案（一）

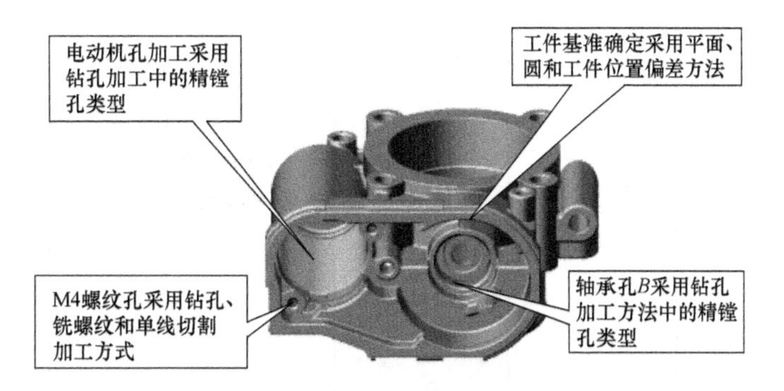

图 7-5　编程加工方案（二）

3. 加工刀具

根据加工特征特点，加工使用刀具主要以平底刀、锥度平底刀、牛鼻刀、盘刀、钻头、螺纹铣刀、镗刀、测头为主。

7.1.3　加工工艺卡

节气门加工工艺卡见表 7-1。

表 7-1　节气门加工工艺卡

序号	工步	加工方法	刀具类型	主轴转速 /（r/min）	进给速度 /（mm/min）	效果图
1	工件测量摆正	平面测量	［测头］ JD-5.00	—	—	
		圆测量				
		工件位置偏差	—	—	—	
2	（孔）粗加工	轮廓切割	［平底］ JD-10 粗	9000	2000	
3	（孔）半精加工	轮廓切割	［平底］ JD-10.00 粗	10000	1000	
4	倒角加工	单线切割	［锥度平底刀］ JD-90-0.20	10000	1000	

（续）

序号	工步	加工方法	刀具类型	主轴转速 /（r/min）	进给速度 /（mm/min）	效果图
5	螺纹孔加工（定心孔）	钻孔	［定心钻］JD-6.00	3000	100	
	螺纹孔加工（螺纹底孔）		［钻头］JD-3.3	4000	100	
	螺纹孔加工（螺纹铣削）	铣螺纹	［螺纹铣刀］JD-3.00-0.70-4	10000	2000	
6	镗孔加工	钻孔	［镗刀］JD-22	3000	100	
			［镗刀］JD-35.4	2000	100	
			［镗刀］JD-22	3000	100	
			［镗刀］JD-22.5	2800	100	
			［镗刀］JD-D57.00	2000	100	
7	孔精加工	轮廓切割	［平底］JD-10 精	10000	1000	
	上表面精加工	单线切割	［盘刀］JD-D80.00	3000	600	

（续）

序号	工步	加工方法	刀具类型	主轴转速/（r/min）	进给速度/（mm/min）	效果图
8	工件特征测量	圆柱测量	［测头］JD-5.00	—	—	

> **注意：**
>
> 因工艺设计受限于机床选择、加工刀具、模型特点、加工要求、环境等诸多因素，故此加工工艺卡提供的工艺数据仅供参考，用户可根据具体的加工情况重新设计工艺。

7.1.4 装夹方案

工件加工位置为安装位（蝶阀孔平面、蝶阀孔，电动机孔、轴承孔 A、轴承孔 B、螺纹孔），采用零点快换夹具，以压铸基准面为定位基准，装夹方便，快速上、下料，缩短非加工时间，可以快速地进行小批量生产，如图 7-6 所示。

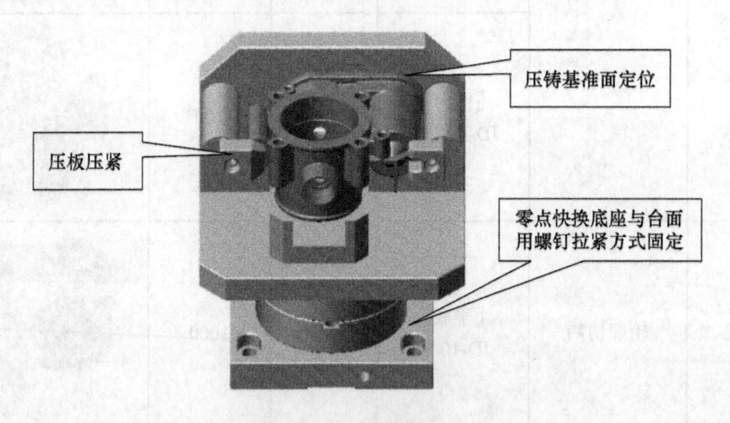

图 7-6 装夹方案

7.2 编程加工准备

编程加工前需要对加工件进行一些必要的准备工作，创建虚拟加工环境，具体内容包括：机床设置、创建刀具表、创建几何体、几何体安装设置等。

7.2.1　模型准备

启动 SurfMill 9.0 软件后，打开“节气门加工 -new”练习文件。

7.2.2　机床设置

单击功能区的“机床设置”按钮 机床设置，选择机床类型为“5 轴”，选择机床文件为“JDGR400_A15SH”，选择机床输入文件格式为“JD650 NC（As Eng650）”，设置完成后单击“确定”按钮，如图 7-7 所示。

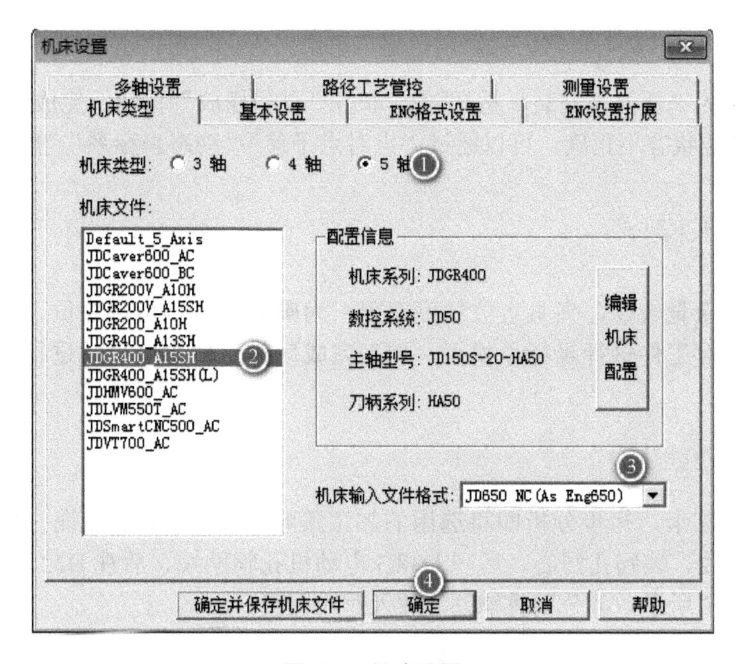

图 7-7　机床设置

7.2.3　创建刀具表

单击功能区的“当前刀具表”按钮，依次添加加工所需要使用的刀具。图 7-8 为本次加工使用刀具组成的当前刀具表。

当前刀具表

加工阶段	刀具名称	刀柄	输出编号	长度补偿号	半径补偿号	刀具伸出长度	加锁	使用次
精加工	[测头]JD-5.00	HSK-A50-RENISHAW	1	1	1	50		0
精加工	[平底]JD-10 粗	HSK-A50-ER25-080S	2	2	2	45		0
精加工	[锥度平底]JD-90-0.20	HSK-A50-ER16-070S	3	3	3	23		0
精加工	[定心钻]JD-6.00	HSK-A50-ER25-080S	4	4	4	35		0
精加工	[钻头]JD-3.3	HSK-A50-ER25-080S	5	5	5	41.4		0
精加工	[螺纹铣刀]JD-3.00-0.70	HSK-A50-ER25-080S	6	6	6	39.4		0
精加工	[平底]JD-10精	HSK-A50-ER25-080S	7	7	7	45		0
精加工	[镗刀]JD-35.4	HSK-A50-C18-87S砂轮刀柄	8	8	8	100		0
精加工	[镗刀]JD-57.00	HSK-A50-C18-87S砂轮刀柄	9	9	9	120		0
精加工	[盘刀]JD-80.00	HSK-A50-C18-87S砂轮刀柄	10	10	10	50		0
精加工	[镗刀]JD-22	HSK-A50-C18-87S砂轮刀柄	11	11	11	30		0
精加工	[镗]JD-22.5	HSK-A50-C18-87S砂轮刀柄	12	12	12	51.5		0

图 7-8　创建当前刀具表

7.2.4 创建几何体

双击左侧“导航工作条”窗格中的“几何体列表”几何体列表，进行工件设置、毛坯设置和夹具设置。

（1）工件设置　选择“工件”图层的曲面作为工件面。

（2）毛坯设置　选用“毛坯面”的方式创建毛坯，选择“工件面”图层的曲面作为毛坯面，毛坯面余量设置为“0.5”。

（3）夹具设置　选取“夹具”图层曲面作为夹具面。

7.2.5 几何体安装设置

单击功能区的“几何体安装”按钮，单击“自动摆放”按钮，完成几何体快速安装。若自动摆放后安装状态不正确，可以通过“点对点平移”“动态坐标系”等方式进行调整。

7.3 编写加工程序

节气门毛坯余量较少，夹具定位精度有限，为确保加工不出现偏位，在加工前需使用软件的测量功能对工件进行坐标系找正，加工完成后对工件重点尺寸进行测量，确保加工精度。

7.3.1 创建辅助线 / 面

根据加工工艺卡，初步分析即将选用的加工策略所需的辅助线 / 面，这一步将分别创建蝶阀上面辅助线、蝶阀孔圆心、后视 D38.3 电动机孔辅助线、后视 D22 轴承孔辅助线等，如图 7-9 ～图 7-12 所示，并分别将辅助线放入对应图层。

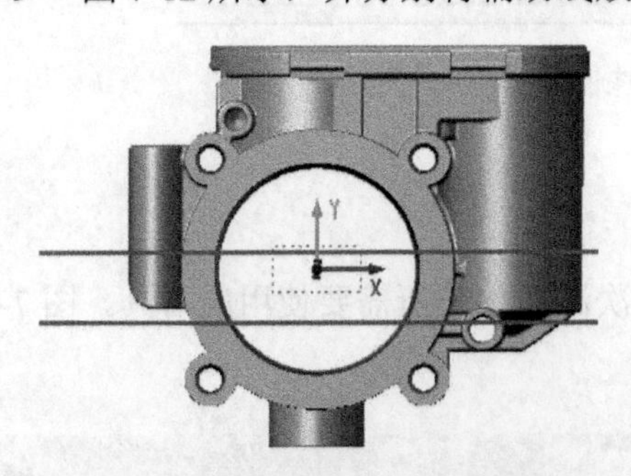

图 7-9　俯视蝶阀上面辅助线

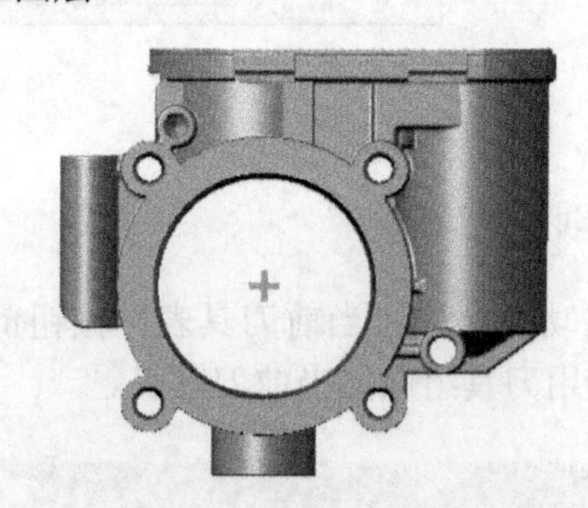

图 7-10　俯视蝶阀孔圆心

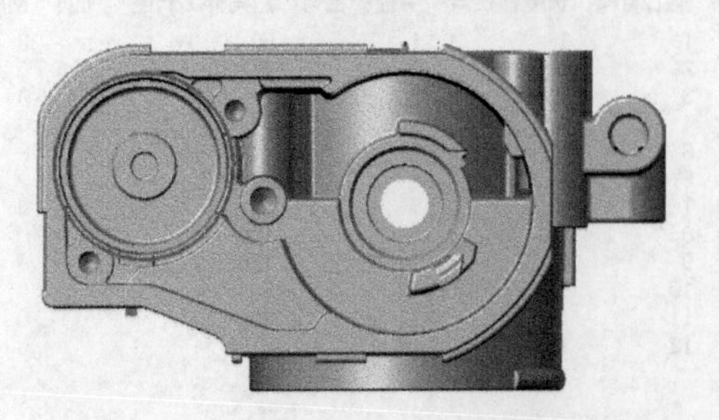

图 7-11　后视 D38.3 电动机孔辅助线

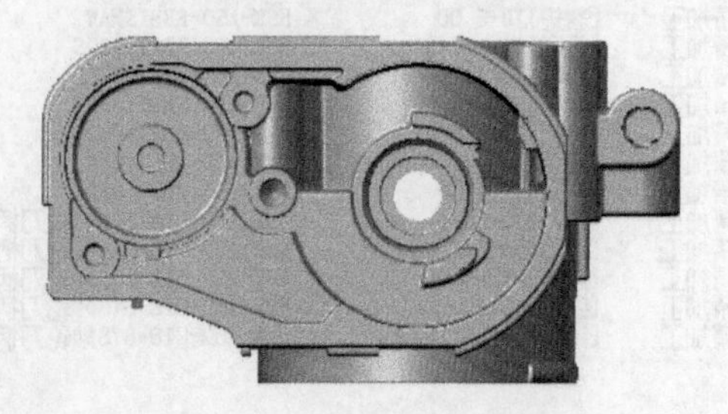

图 7-12　后视 D22 轴承孔辅助线

7.3.2　工件测量摆正

1. 后视夹具平面测量

☞ 操作步骤

（1）选择【加工方法】 单击功能区中的“在机测量”按钮，单击“平面”，进入“平面参数”界面，如图 7-13 所示。

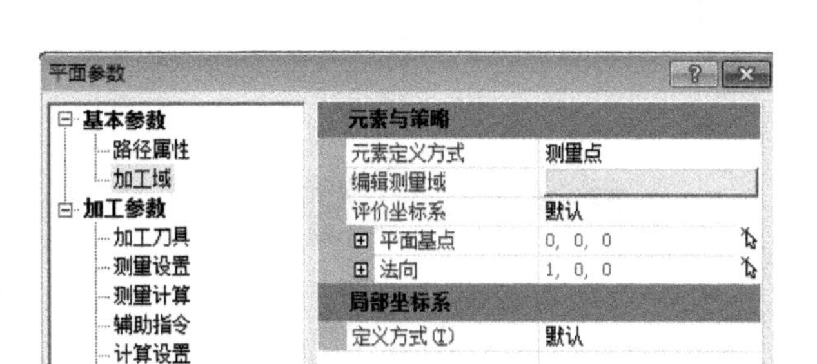

图 7-13　加工方法设置

（2）设置【加工域】

1）单击“编辑测量域”按钮，单击“曲面手动”按钮拾取“后视夹具平面”。

2）使用“通过存在点”方式进行布点，完成后单击“确定”按钮回到“平面参数”对话框，如图 7-14 所示。

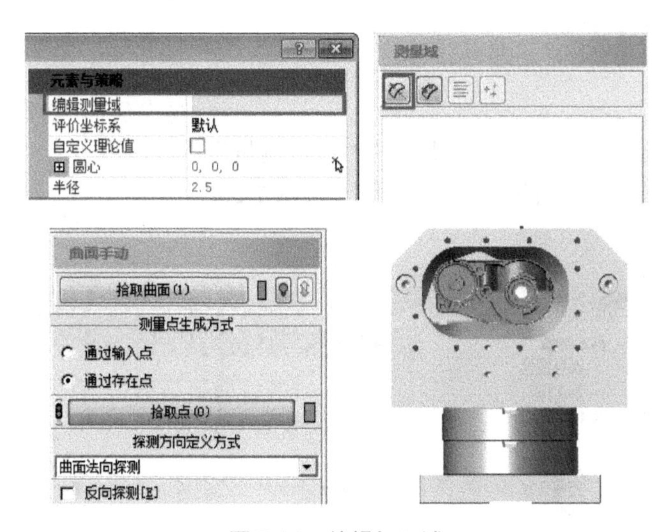

图 7-14　编辑加工域

3）设置局部坐标系为“后视图”，如图 7-15 所示。

（3）选择【加工刀具】 单击“刀具名称”按钮，选择“[测头] JD-5.00”，如图 7-16 所示。

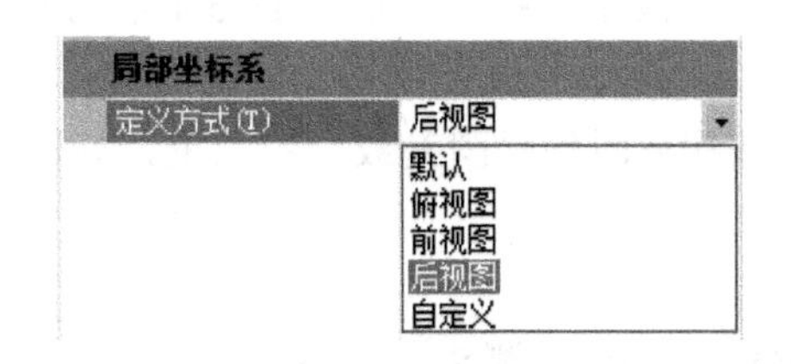

图 7-15　局部坐标系

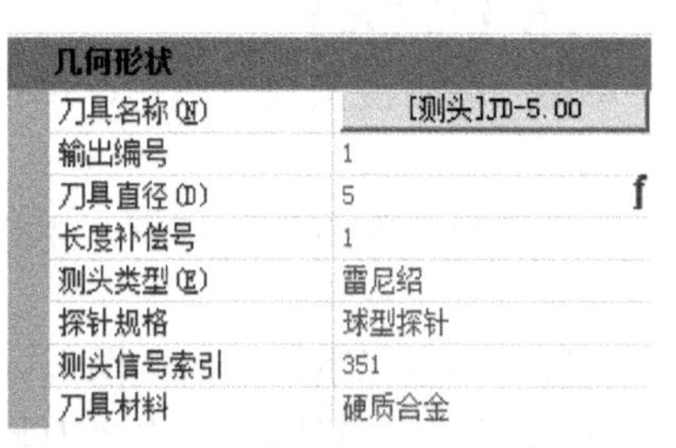

图 7-16　加工刀具

（4）设置【测量连接】 设置连接模式为“直接直线连接”，如图 7-17 所示。

（5）设置【加工次序】 设置轮廓排序为“最短距离”，如图 7-18 所示。

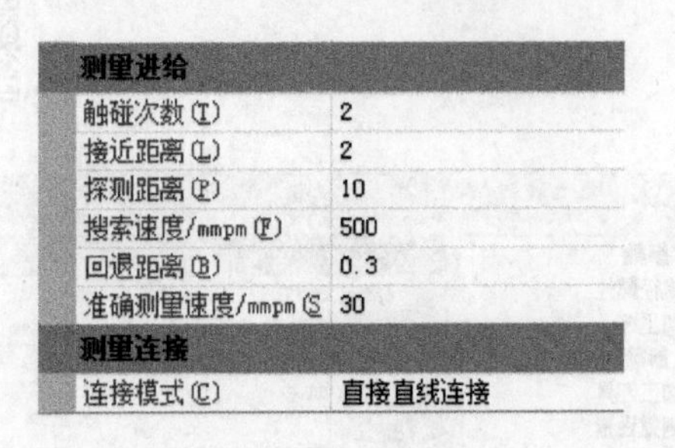

测量进给	
触碰次数 (T)	2
接近距离 (L)	2
探测距离 (P)	10
搜索速度/mmpm (F)	500
回退距离 (B)	0.3
准确测量速度/mmpm (S)	30
测量连接	
连接模式 (C)	直接直线连接

图 7-17 测量连接

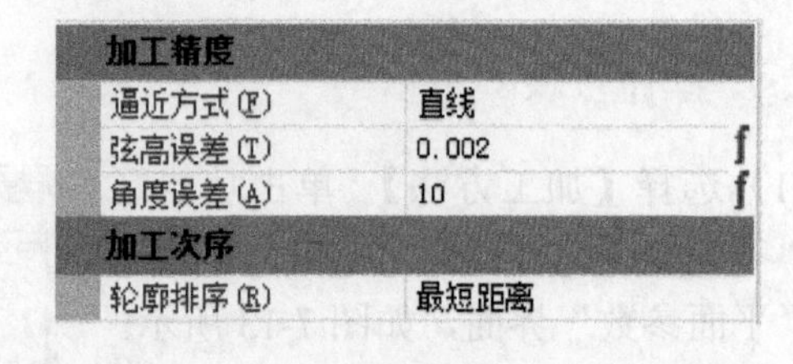

加工精度	
逼近方式 (F)	直线
弦高误差 (T)	0.002
角度误差 (A)	10
加工次序	
轮廓排序 (R)	最短距离

图 7-18 加工次序

（6）设置【路径属性】 修改路径名称为“后视夹具平面测量”，其余参数保持默认，如图 7-19 所示。

（7）计算路径 设置完成后单击“计算”按钮，计算完成后弹出当前路径计算结果。

2. 后视电动机孔圆测量

操作步骤

（1）选择【加工方法】 单击功能区的“在机测量”按钮，单击“圆”，进入“圆参数”界面，如图 7-20 所示。

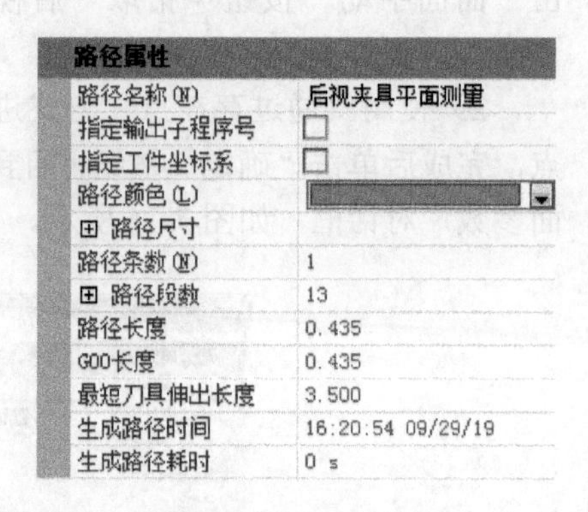

路径属性	
路径名称 (N)	后视夹具平面测量
指定输出子程序号	
指定工件坐标系	
路径颜色 (L)	
⊞ 路径尺寸	
路径条数 (N)	1
⊞ 路径段数	13
路径长度	0.435
G00长度	0.435
最短刀具伸出长度	3.500
生成路径时间	16:20:54 09/29/19
生成路径耗时	0 s

图 7-19 路径属性

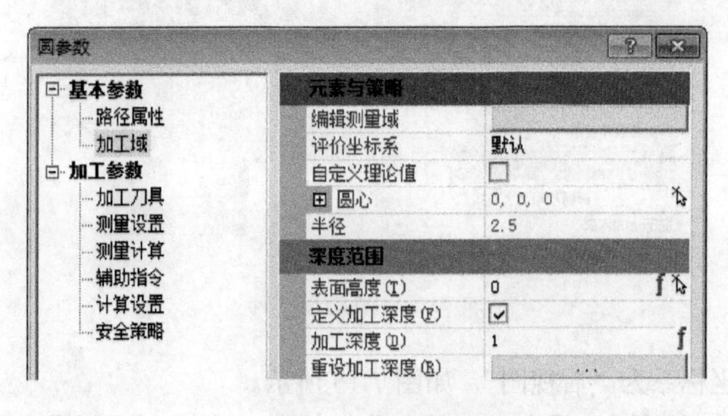

图 7-20 加工方法设置

（2）设置【加工域】

1）单击“编辑测量域”按钮，单击“曲线自动”按钮拾取“后视 D35.4 电动机孔辅助线”。

2）勾选“反向探测”复选框，单击“确定”按钮回到“圆参数”对话框，如图 7-21 所示。

3）设置局部坐标系为“后视图”。

（3）选择【加工刀具】 单击“刀具名称”按钮，选择“[测头] JD-5.00”。

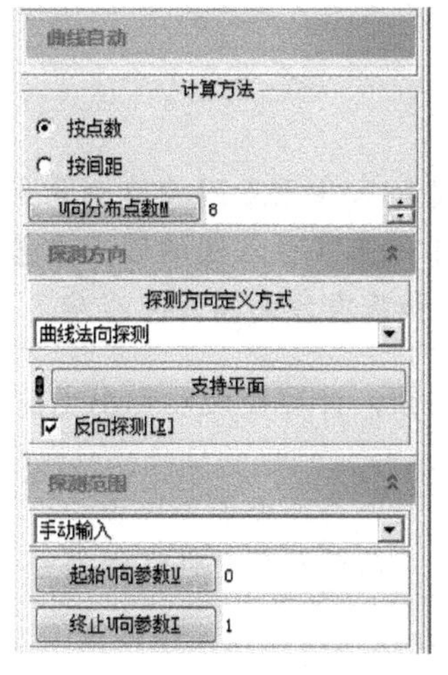

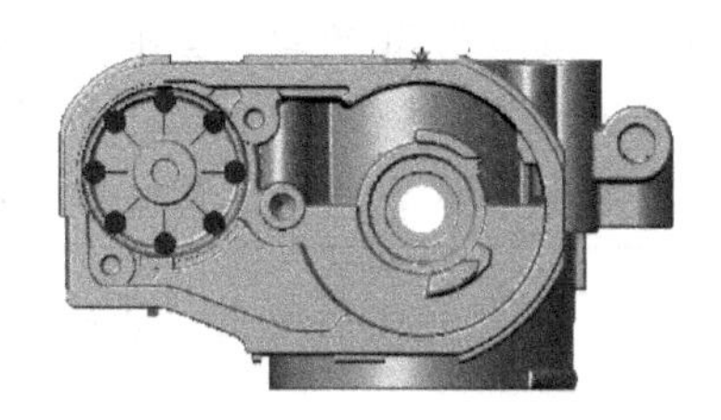

图 7-21　编辑加工域

（4）设置【测量连接】　设置连接模式为“直接直线连接”，如图 7-22 所示。

（5）设置【路径属性】　修改路径名称为“后视电动机孔圆测量”，其余参数保持默认。

（6）计算路径　设置完成后单击“计算”按钮，计算完成后弹出当前路径计算结果。

3. 后视轴承孔圆测量

后视轴承孔圆测量编程请参考上节“后视电动机孔圆测量”相关操作，此处不赘述。

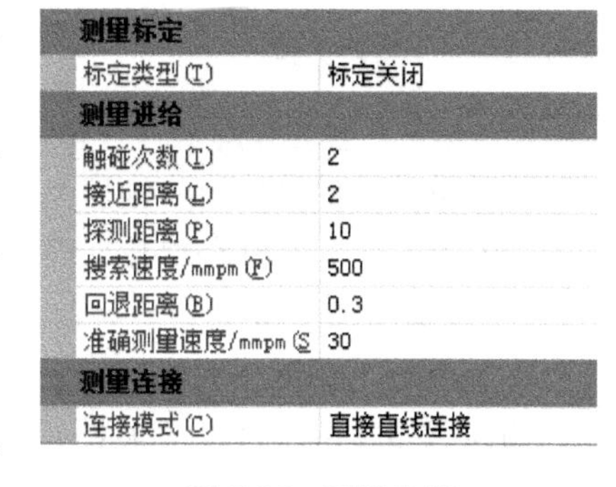

图 7-22　测量连接

4. 工件位置偏差

操作步骤

（1）选择【加工方法】　单击功能区的“在机测量”按钮，单击“工件位置偏差”，进入“工件位置偏差参数”界面，如图 7-23 所示。

（2）设置【工件位置偏差】

1）单击“创建方式”按钮，选择“一面两圆法”创建坐标系，如图 7-24 所示。

2）选择基准平面为“后视夹具平面测量”。

3）选择基准方向圆为“后视轴承孔圆测量”。

4）选择基准原点圆为“后视电动机孔圆测量”。

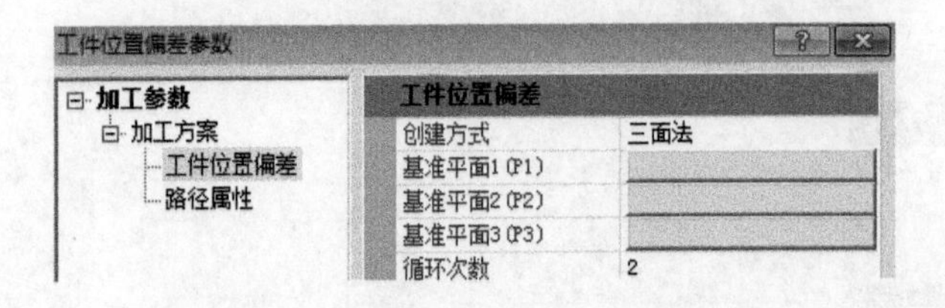

图 7-23　工件位置偏差参数

工件位置偏差	
创建方式	一面两圆法
基准平面 (P)	后视夹具平面测量
基准方向圆 (D)	后视轴承孔圆测量
基准原点圆 (O)	后视电机孔圆测量
循环次数	2

图 7-24　工件位置偏差设置

关键点延伸

一面两圆法：通过基准平面、基准方向圆和基准原点圆构建测量坐标系。其中基准平面确定坐标系 Z 轴方向和坐标系原点 Z 坐标；基准原点圆的圆心在基准平面上的投影为坐标系原点的 X 坐标和 Y 坐标；坐标系原点和基准方向圆的连线确定坐标系 X 轴方向。

（3）计算路径　设置完成后单击“计算”按钮，计算完成后弹出当前路径计算结果。

7.3.3　粗加工

该产品粗加工的加工域均为孔壁（圆柱面），可选择 2.5 轴的“单线切割”“轮廓切割”方法进行加工。

此处使用“轮廓切割”加工方法，以“后视 D22 轴承孔粗加工”为例，说明具体操作步骤。

操作步骤

1. 选择【加工方法】

1）单击功能区的“三轴加工”按钮，单击“轮廓切割”。

2）进入“刀具路径参数”界面，选择半径补偿为“向内偏移”，如图 7-25 所示。

2. 设置【加工域】

1）单击“编辑加工域”按钮，拾取“后视 D22 轴承孔辅助线”作为加工线，完成后单击“确定”按钮回到“刀具路径参数”对话框，如图 7-26 所示。

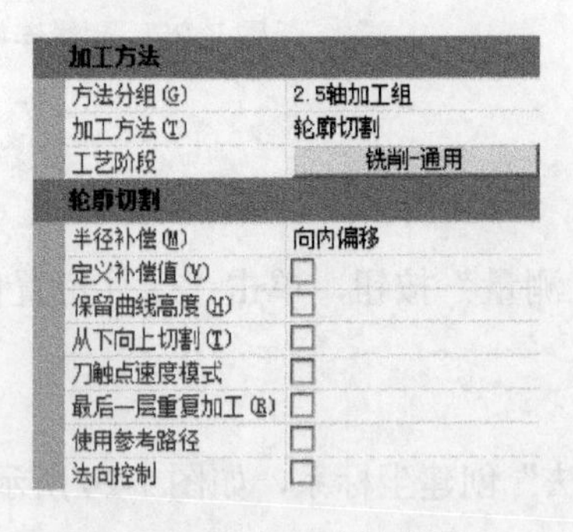

图 7-25　加工方法设置

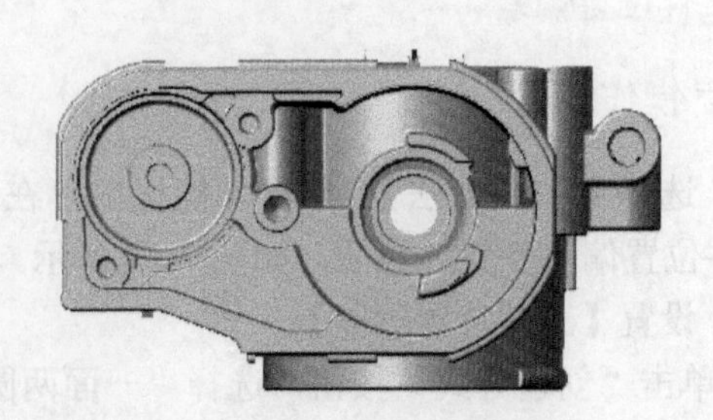

图 7-26　编辑加工域

2）设置深度范围，表面高度为“0”，加工深度为“7”。

3）设置加工余量，侧边余量和底部余量均为“0.05”。

4）设置局部坐标系为“后视图”。

5）其余参数保持默认即可，如图 7-27 所示。

加工图形	
编辑加工域 (E)	
几何体 (G)	曲面几何体
点 (T)	0
轮廓线 (V)	1
加工材料	6061铝合金-HB95

深度范围	
表面高度 (T)	0
定义加工深度 (F)	☑
加工深度 (D)	7
重设加工深度 (R)	...

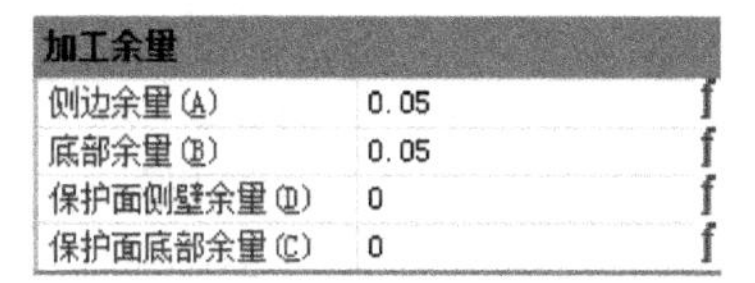

加工余量	
侧边余量 (A)	0.05
底部余量 (B)	0.05
保护面侧壁余量 (D)	0
保护面底部余量 (C)	0

图 7-27　加工域参数

3. 选择【加工刀具】

1）单击“刀具名称”按钮，选择“[平底] JD-10 粗”。

2）设置主轴转速为“9000”，进给速度为“2000”，如图 7-28 所示。

几何形状	
刀具名称 (N)	[平底]JD-10 粗
输出编号	2
刀具直径 (D)	10
半径补偿号	2
长度补偿号	2
刀具材料	硬质合金
从刀具参数更新	...

走刀速度	
主轴转速/rpm (S)	9000
进给速度/mmpm (F)	2000
开槽速度/mmpm (T)	2000
下刀速度/mmpm (P)	1500
进刀速度/mmpm (L)	2000
连刀速度/mmpm (K)	2000
尖角降速 (W)	☐
重设速度 (R)	...

图 7-28　加工刀具及参数设置

4. 设置【进给设置】

1）选择分层方式为“限定深度”，吃刀深度为“0.5”。

2）选择进刀方式为“关闭”，勾选“与进刀方式相同”复选框。

3）选择下刀方式为“沿轮廓下刀”，如图 7-29 所示。

轴向分层	
分层方式 (T)	限定深度
吃刀深度 (D)	0.5
拷贝分层 (Y)	☐
减少抬刀 (K)	☑
侧向分层	
分层方式 (T)	关闭

进刀设置	
进刀方式 (T)	关闭
进刀位置 (P)	自动查找
退刀设置	
与进刀方式相同 (M)	☑
重复加工长度 (P)	0

下刀方式	
下刀方式 (M)	沿轮廓下刀
下刀角度 (A)	0.5
表面预留 (T)	0.02
每层最大深度 (M)	5
过滤刀具盲区 (D)	☐
下刀位置 (P)	自动搜索

图 7-29　进给设置

5. 设置【安全策略】

选择路径检查模型为“路径加工域”，其余参数保持默认，如图 7-30 所示。

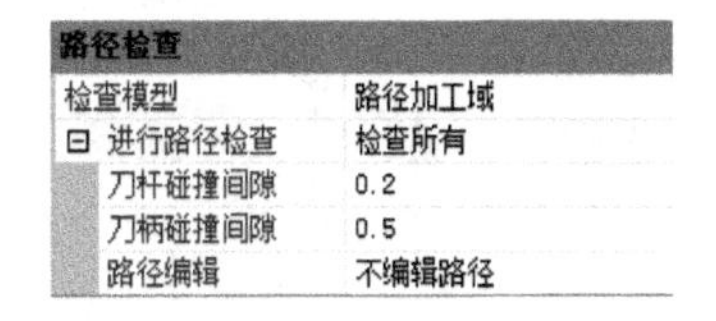

路径检查	
检查模型	路径加工域
⊟ 进行路径检查	检查所有
刀杆碰撞间隙	0.2
刀柄碰撞间隙	0.5
路径编辑	不编辑路径

图 7-30　路径检查

6. 计算路径

设置完成后单击“计算”按钮，计算完成后弹出当前路径计算结果。

7.3.4　半精加工

此处半精加工的加工域与粗加工相同，故也使用“轮廓切割”的加工方法。

☞ 操作步骤

1. 选择【加工方法】

1）在左侧“导航工作条”窗格中复制“后视 D22 轴承孔粗”路径。

2）双击复制得到的路径，进入“刀具路径参数”界面，路径参数保持默认，如图 7-31 所示。

2. 设置【加工域】

1）设置深度范围，表面高度为“0”，加工深度为“7”。

2）设置加工余量，侧边余量为“0.01”，底部余量为“0”。

3）设置局部坐标系为“后视图”。

4）其余参数保持默认即可，如图 7-32 所示。

加工方法	
方法分组(G)	2.5轴加工组
加工方法(T)	轮廓切割
工艺阶段	铣削-通用
轮廓切割	
半径补偿(M)	向内偏移
定义补偿值(V)	☐
保留曲线高度(H)	☐
从下向上切割(T)	☐
刀触点速度模式	☐
最后一层重复加工(R)	☐
使用参考路径	☐
法向控制	☐

图 7-31　加工方法设置

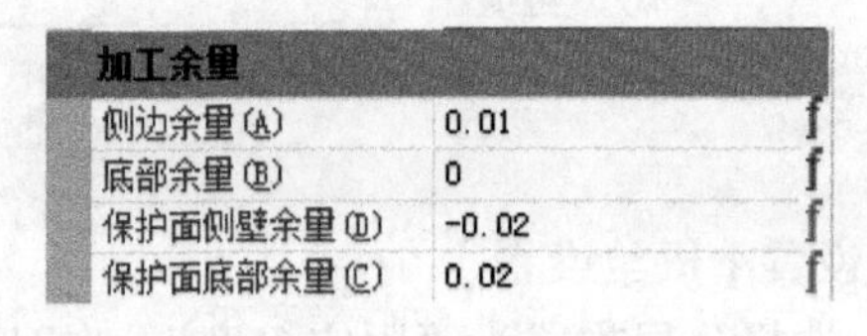

加工余量	
侧边余量(A)	0.01
底部余量(B)	0
保护面侧壁余量(D)	-0.02
保护面底部余量(C)	0.02

图 7-32　加工域参数

3. 选择【加工刀具】

1）单击“刀具名称”按钮，选择“[平底] JD-10.00 粗”。

2）设置主轴转速为“10000”，进给速度为“1000”。

4. 设置【进给设置】

1）选择分层方式为“关闭”。

2）选择进刀方式为“圆弧相切”，勾选“与进刀方式相同”复选框。

3）选择下刀方式为“关闭”，如图 7-33 所示。

轴向分层	
分层方式(T)	关闭
减少抬刀(K)	☑
侧向分层	
分层方式(T)	关闭

进刀设置	
进刀方式(T)	圆弧相切
圆弧半径(R)	3
圆弧角度(A)	120
直线引入(G)	☐
总高度(H)	0
计算失败时(E)	缩短进刀长度
进刀位置(P)	自动查找

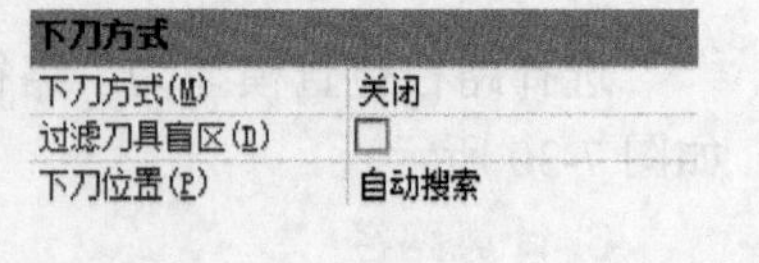

下刀方式	
下刀方式(M)	关闭
过滤刀具盲区(D)	☐
下刀位置(P)	自动搜索

图 7-33　进给设置

> **关键点延伸**
>
> 关闭下刀：不生成下刀路径，在加工雕刻深度小于 0.05mm 或雕刻比较软的非金属材料时，可以使用关闭下刀方式。
>
> 竖直下刀：通过设置表面预留高度，在刀具铣削前降低进给速度来优化下刀过程，具有竖直下刀距离短，效率高的特点。但 Z 轴冲击力大，在金属材料加工时容易损伤刀具和主轴系统，一般用在软材料加工、侧边精修等加工中。
>
> 沿轮廓下刀：在使用开槽加工、轮廓切割加工、加工小区域时，可以采用沿轮廓下刀方式。材料越硬，下刀角度应越小，一般为 0.5° ~ 5°。

5. 设置【安全策略】

安全策略设置与路径“后视 D22 轴承孔粗”相同，此处可不做修改。

6. 计算路径

设置完成后单击“计算”按钮，计算完成后弹出当前路径计算结果。

7.3.5　倒角加工

倒角的加工使用了“特征加工”方法。

操作步骤

1. 选择【加工方法】

1）单击“特征加工”按钮，单击“倒角加工”，进入“刀具路径参数”界面。

2）选择“半径补偿”为“向左偏移”，修改刀具位置高度为“1”，如图 7-34 所示。

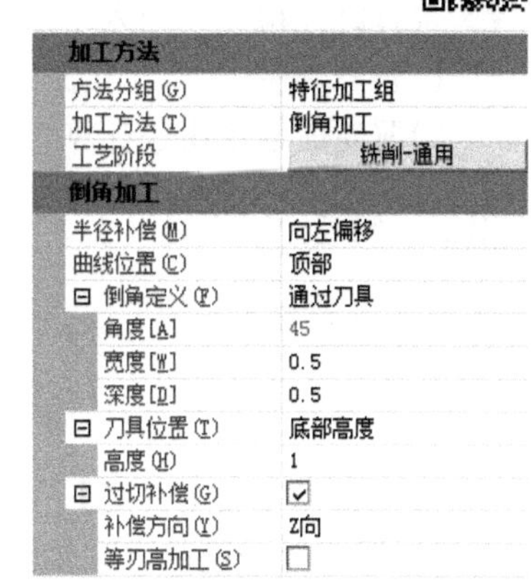

图 7-34　加工方法设置

2. 设置【加工域】

1）单击“编辑加工域”按钮，拾取“后视 D22 轴承孔辅助线”作为轮廓线，完成后单击“确定”按钮✔回到“刀具路径参数”对话框。

2）设置深度范围，表面高度为“0”，底面高度为“–1”。

3）设置局部坐标系为“后视图”；其余参数保持默认即可，如图 7-35 所示。

3. 选择【加工刀具】

1）单击“刀具名称”按钮，选择“[锥度平底] JD-90-0.20”。

2）设置主轴转速为“10000”，进给速度为“1000”。

4. 设置【进给设置】

1）选择分层方式为“限定层数”，设置吃刀深度为“0.5”。

2）选择进刀方式为“水平圆弧”，勾选“与进刀方式相同”复选框。

3）选择下刀方式为“沿轮廓下刀”，如图 7-36 所示。

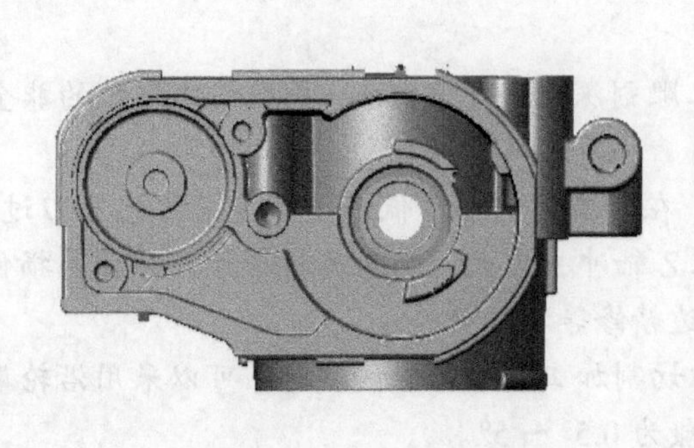

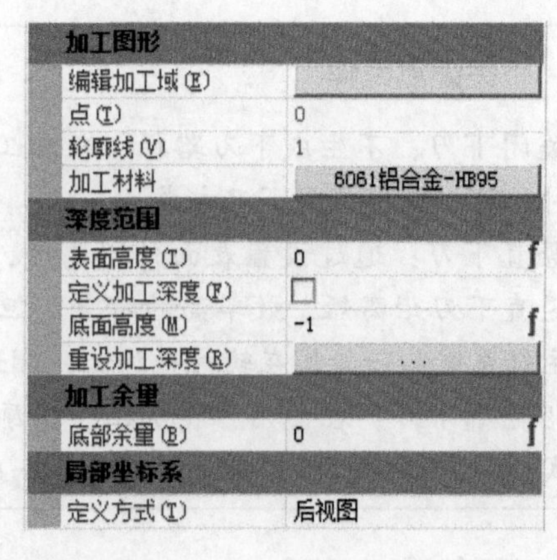

加工图形	
编辑加工域(E)	
点(T)	0
轮廓线(V)	1
加工材料	6061铝合金-HB95
深度范围	
表面高度(T)	0
定义加工深度(F)	☐
底面高度(M)	-1
重设加工深度(R)	...
加工余量	
底部余量(B)	0
局部坐标系	
定义方式(T)	后视图

图 7-35　加工域参数

轴向分层	
分层方式(T)	限定层数
路径层数(L)	2
吃刀深度(D)	0.5
拷贝分层(Y)	☐
减少抬刀(K)	☑

进刀设置	
进刀方式(M)	水平圆弧
直线延伸(T)	☐
圆弧半径(R)	1
圆弧角度(A)	90

退刀设置	
与进刀方式相同(D)	☑
重复加工长度(V)	0
最大连刀距离(X)	12

图 7-36　进给设置

5. 设置【安全策略】

选择路径检查模型为“曲面几何体”，其余参数保持默认。

6. 计算路径

设置完成后单击“计算”按钮，计算完成后弹出当前路径计算结果。

7.3.6　螺纹孔加工

1. M4 螺纹定心孔

操作步骤

（1）选择【加工方法】

1）单击功能区的“三轴加工”按钮，单击“钻孔”。

2）进入“刀具路径参数”界面，选择钻孔类型为“中心钻孔”。

3）选择取点方式为“圆心取点”，圆直径为“3.3”，其余参数保持默认，如图 7-37 所示。

（2）设置【加工域】

1）单击“编辑加工域”按钮，拾取“后视 M4 螺纹孔辅助线”作为轮廓线，完成后单击“确定”按钮☑回到“刀具路径参数”对话框。

2）设置深度范围，表面高度为“14”，勾选“定义加工深度”复选框，加工深度为“1.4”。

加工方法	
方法分组(G)	2.5轴加工组
加工方法(T)	钻孔
工艺阶段	铣削-通用
钻孔	
钻孔类型(M)	中心钻孔(G81)
R平面高度(D)	0
贯穿距离(P)	0
刀尖补偿(T)	0
过滤重点(F)	☐
保留原始高度(H)	☐
回退模式(R)	回退安全高度
直线路径(L)	☐
特征取点	
取点方式(M)	圆心取点
⊟ 过滤直径(F)	☑
圆直径(D)	3.3
直径误差(F)	0.01
包括圆弧(A)	☐

图 7-37　加工方法设置

3）选择局部坐标系为“后视图”。

4）其余参数保持默认即可，如图 7-38 所示。

（3）选择【加工刀具】

1）选择“[定心钻] JD-6.00”。

2）设置主轴转速为“3000”，进给速度为“100”。

（4）设置【安全策略】　安全策略参数保持默认，如图 7-39 所示。

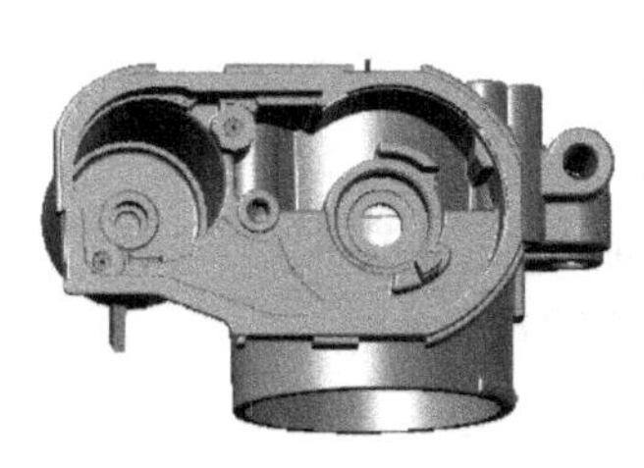

加工图形	
编辑加工域(E)	
几何体(G)	曲面几何体
点(I)	0
轮廓线(V)	2
加工材料	6061铝合金-HB95
深度范围	
表面高度(T)	14
定义加工深度(F)	☑
加工深度(D)	1.4
重设加工深度(R)	...
局部坐标系	
定义方式(T)	后视图

图 7-38　加工域参数

路径检查	
检查模型	路径加工域
⊟ 进行路径检查	检查所有
刀杆碰撞间隙	0.2
刀柄碰撞间隙	0.5
路径编辑	不编辑路径

操作设置	
安全高度(H)	5
定位高度模式(M)	相对毛坯
显示安全平面	
相对定位高度(Q)	2
冷却方式(L)	液体冷却

图 7-39　路径检查

（5）计算路径　设置完成后单击“计算”按钮，计算完成后弹出当前路径计算结果。

2. M4 螺纹底孔

操作步骤

（1）选择【加工方法】

1）在左侧“导航工作条”窗格中复制“M4 螺纹定心孔”路径。

2）双击复制得到的路径，进入“刀具路径参数”界面，修改钻孔类型为“深孔钻（G83）”。

3）选择取点方式为“圆心取点”，设置圆直径为“3.3”。

4）其他参数保持默认，如图 7-40 所示。

加工方法	
方法分组(G)	2.5轴加工组
加工方法(T)	钻孔
工艺阶段	铣削-通用
钻孔	
钻孔类型(M)	深孔钻(G83)
R平面高度(D)	0
贯穿距离(P)	0
刀尖补偿(T)	0
过滤重点(F)	☐
保留原始高度(H)	☐
回退模式(R)	回退安全高度
直线路径(L)	☐

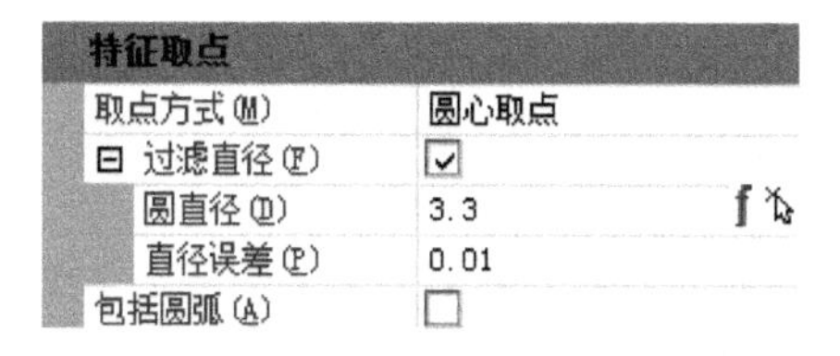

特征取点	
取点方式(M)	圆心取点
⊟ 过滤直径(F)	☑
圆直径(D)	3.3
直径误差(P)	0.01
包括圆弧(A)	☐

图 7-40　加工方法设置

（2）设置【加工域】

1）加工域设置与“M4 螺纹定心孔”路径相同，此处可不做修改。

2）设置深度范围，表面高度为“14”，勾选“定义加工深度”复选框，加工深度为“8”。

3）选择局部坐标系为“后视图”。

4）其余参数保持默认即可，如图 7-41 所示。

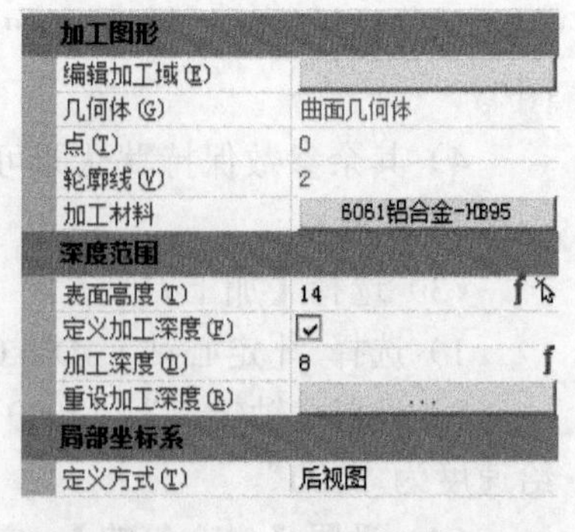

加工图形	
编辑加工域(E)	
几何体(G)	曲面几何体
点(T)	0
轮廓线(V)	2
加工材料	6061铝合金-HB95
深度范围	
表面高度(T)	14
定义加工深度(E)	☑
加工深度(D)	8
重设加工深度(R)	...
局部坐标系	
定义方式(T)	后视图

图 7-41　加工域参数

（3）选择【加工刀具】

1）选择“[钻头] JD-3.3”。

2）设置主轴转速为“4000”，进给速度为“100”。

（4）设置【进给设置】 选择分层方式为“限定深度”，吃刀深度为“3”，如图 7-42 所示。

轴向分层	
分层方式(T)	限定深度
吃刀深度(D)	3
减少抬刀(K)	☑

图 7-42　进给设置

（5）设置【安全策略】 安全策略设置与“M4 螺纹定心孔”路径相同，此处可不做修改。

（6）计算路径　设置完成后单击“计算”按钮，计算完成后弹出当前路径计算结果。

3. M4 螺纹铣削

☞ 操作步骤

（1）选择【加工方法】

1）单击功能区的“三轴加工”按钮，单击“铣螺纹”，进入“刀具路径参数”界面，切换加工方式为“内螺纹右旋”。

2）单击“螺纹库”按钮选择“M4”。

3）选择取点方式“圆心取点”，圆直径为“3.3”。

4）其余参数保持默认，如图 7-43 所示。

（2）设置【加工域】

1）单击“编辑加工域”按钮，拾取“后视 M4 螺纹孔辅助线”作为轮廓线，完成后单击“确定”按钮☑回到“刀具路径参数”对话框，如图 7-44 所示。

加工方法	
方法分组(G)	2.5轴加工组
加工方法(T)	铣螺纹加工
工艺阶段	铣削-通用
铣螺纹加工	
加工方式(T)	内螺纹右旋
公称直径(D)	4
螺距(P)	0.7
底孔直径(M)	3.3
锥度(C)	0°（圆柱）
轴向分割(A)	☐
螺纹库(L)	...
过滤重点(F)	☐
保留原始高度(R)	☐
从上往下走刀	☐
特征取点	
取点方式(M)	圆心取点
⊟ 过滤直径(F)	☑
圆直径(D)	3.3
直径误差(F)	0.002
包括圆弧(A)	☐

图 7-43　加工方法设置

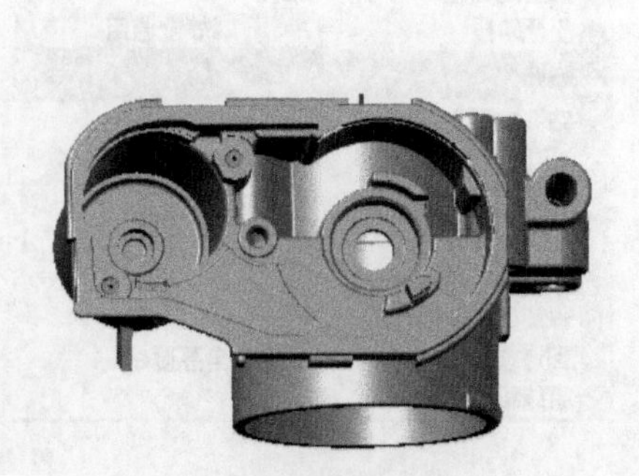

图 7-44　编辑加工域

2）设置深度范围，表面高度为“14”，勾选“定义加工深度”复选框，加工深度为“6”。

3）选择局部坐标系为“后视图”；其余参数保持默认即可，如图 7-45 所示。

加工图形	
编辑加工域(E)	
几何体(G)	曲面几何体
点(I)	0
轮廓线(V)	2
加工材料	6061铝合金-HB95

深度范围	
深度设置方式(E)	路径范围
表面高度(T)	14
定义加工深度(F)	☑
加工深度(D)	6
重设加工深度(R)	...

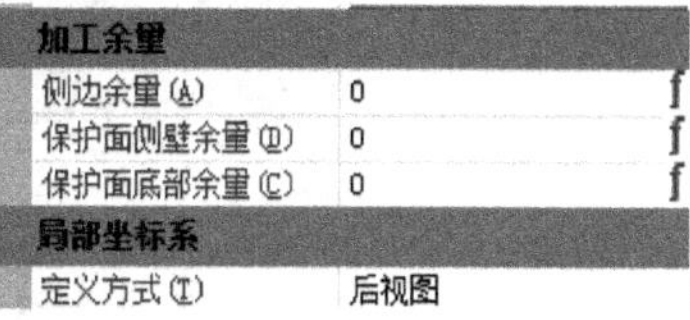

加工余量	
侧边余量(A)	0
保护面侧壁余量(D)	0
保护面底部余量(C)	0
局部坐标系	
定义方式(T)	后视图

图 7-45　加工域参数

（3）选择【加工刀具】

1）选择“[螺纹铣刀] JD-3.00-0.70-4”。

2）设置主轴转速为“10000”，进给速度为“2000”。

（4）设置【安全策略】 选择路径检查模型为“路径加工域”，其余参数保持默认。

（5）设置【进给设置】

1）选择侧向分层为“限定深度”，吃刀深度为“0.1”，其余参数保持默认。

2）选择进刀方式为“圆弧相切”，如图 7-46 所示。

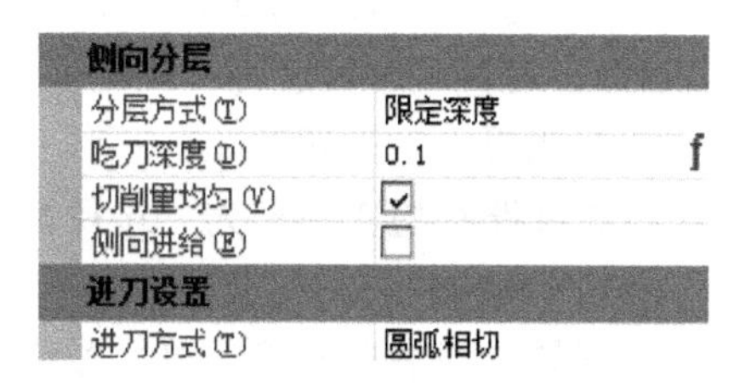

侧向分层	
分层方式(T)	限定深度
吃刀深度(D)	0.1
切削量均匀(V)	☑
侧向进给(E)	☐
进刀设置	
进刀方式(T)	圆弧相切

图 7-46　进给设置

（6）计算路径　设置完成后单击“计算”按钮，计算完成后弹出当前路径计算结果。

7.3.7　镗孔加工

镗孔加工使用钻孔加工方法中的“精镗孔”类型。

操作步骤

1. 选择【加工方法】

1）单击功能区的“三轴加工”按钮，单击“钻孔”，进入“刀具路径参数”界面，切换钻孔类型为“精镗孔（G76）”。

2）选择取点方式“圆心取点”。

3）设置圆直径为“22”，其余参数保持默认，如图 7-47 所示。

2. 设置【加工域】

1）单击“编辑加工域”按钮，拾取“后视 D22 轴承孔辅助线”作为轮廓线，完成后单击“确定”按钮✔回到“刀具路径参数”对话框。

2）设置深度范围，表面高度为“0”，勾选“定义加工深度”复选框，加工深度为“7”。

3）选择局部坐标系为“后视图”；其余参数保持默认即

加工方法	
方法分组(G)	2.5轴加工组
加工方法(T)	钻孔
工艺阶段	铣削-通用
钻孔	
钻孔类型(M)	精镗孔(G76)
R平面高度(D)	0
孔底偏移量(O)	0.2
设置暂停时间(B)	☐
贯穿距离(P)	0
刀尖补偿(T)	0
过滤重点(F)	☐
保留原始高度(H)	☐
回退模式(R)	回退安全高度
特征取点	
取点方式(M)	圆心取点
⊟ 过滤直径(F)	☑
圆直径(D)	22
直径误差(E)	0.002
包括圆弧(A)	☐

图 7-47　加工方法设置

可，如图 7-48 所示。

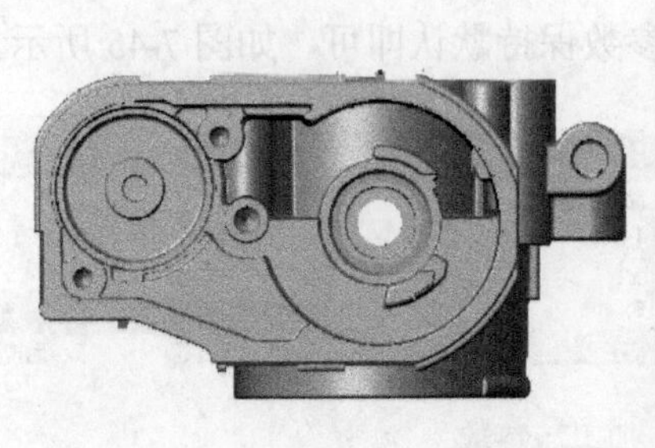

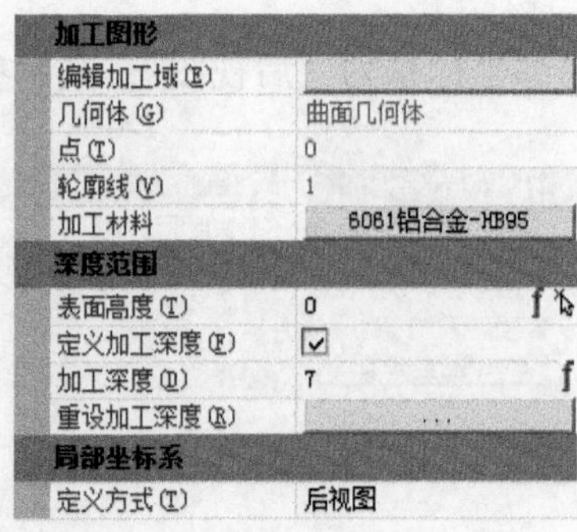

加工图形	
编辑加工域(E)	
几何体(G)	曲面几何体
点(I)	0
轮廓线(V)	1
加工材料	6061铝合金-HB95
深度范围	
表面高度(T)	0
定义加工深度(F)	☑
加工深度(D)	7
重设加工深度(R)	…
局部坐标系	
定义方式(T)	后视图

图 7-48　编辑加工域

3. 选择【加工刀具】

1）选择“[镗刀] JD-22”。

2）设置主轴转速为“3000”、进给速度为“100”。

4. 设置【安全策略】

选择路径检查模型为“路径加工域”，其余参数保持默认。

5. 计算路径。

设置完成后单击“计算”按钮，计算完成后弹出当前路径计算结果。

7.3.8　上表面精加工

精加工使用“单线切割”加工方法。

操作步骤

1. 选择【加工方法】

单击功能区的“三轴加工”按钮，单击“单线切割”，进入“刀具路径参数”界面，选择半径补偿方式为“关闭”，如图 7-49 所示。

2. 设置【加工域】

1）单击“编辑加工域”按钮，拾取“俯视蝶阀孔上面辅助线”作为轮廓线，完成后单击“确定”按钮☑回到“刀具路径参数”对话框，如图 7-50 所示。

加工方法	
方法分组(G)	2.5轴加工组
加工方法(T)	单线切割
工艺阶段	铣削-通用
单线切割	
半径补偿(M)	关闭
延伸曲线端点(E)	☐
刻字加工	☐
反向重刻一次(R)	☐
最后一层重刻(L)	☐
保留曲线高度(H)	☐

图 7-49　加工方法设置

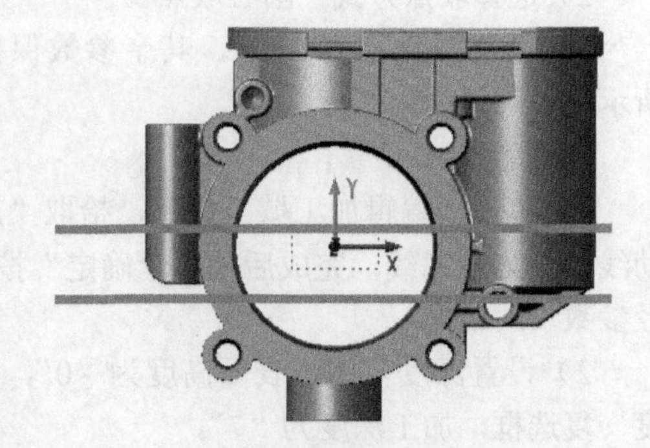

图 7-50　编辑加工域

2）设置深度范围，表面高度为“1”，底面高度为“0”。

3）设置加工余量，侧边余量为“0”，底部余量为“0”。

4）选择局部坐标系为“后视图”；其余参数保持默认即可，如图 7-51 所示。

加工图形	
编辑加工域 (E)	
几何体 (G)	曲面几何体
轮廓线 (V)	1
加工材料	6061铝合金-HB95

深度范围	
表面高度 (T)	1
定义加工深度 (F)	☐
底面高度 (M)	0
重设加工深度 (R)	...

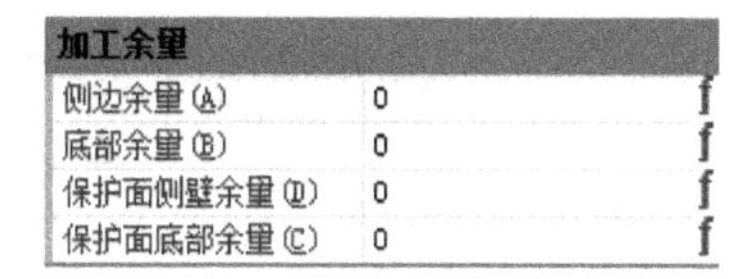

加工余量	
侧边余量 (A)	0
底部余量 (B)	0
保护面侧壁余量 (D)	0
保护面底部余量 (C)	0

图 7-51　加工域参数

3. 选择【加工刀具】

1）选择“[盘刀] JD-80.00”。

2）设置主轴转速为“3000”，进给速度为“600”。

4. 设置【进给设置】

1）选择分层方式为“关闭”。

2）选择进刀方式为“关闭”，勾选“与进刀方式相同”复选框。

3）选择下刀方式为“竖直下刀”，如图 7-52 所示。

轴向分层	
分层方式 (T)	关闭
减少抬刀 (K)	☑

进刀设置	
进刀方式 (T)	关闭
进刀位置 (P)	自动查找
退刀设置	
与进刀方式相同 (M)	☑
重复加工长度 (P)	0

下刀方式	
下刀方式 (M)	竖直下刀
表面预留 (T)	0.02
侧边预留 (S)	0
过滤刀具盲区 (D)	☐
下刀位置 (P)	自动搜索

图 7-52　进给设置

5. 设置【安全策略】

选择路径检查模型为“路径加工域”，其余参数保持默认。

6. 计算路径

设置完成后单击“计算”按钮，计算完成后弹出当前路径计算结果。

7.3.9　工件特征测量

该工件中包含很多孔特征，为保证各孔的几何公差，此处采用了“圆柱元素”测量方法。

操作步骤

1. 选择【加工方法】

单击功能区的“在机测量”按钮，单击“圆柱”，进入“圆柱参数”界面，如图 7-53 所示。

2. 设置【加工域】

1）单击“编辑测量域”按钮，拾取“后视 D22 轴承孔测量辅助面”作为圆柱面，单击“圆柱截面”布点

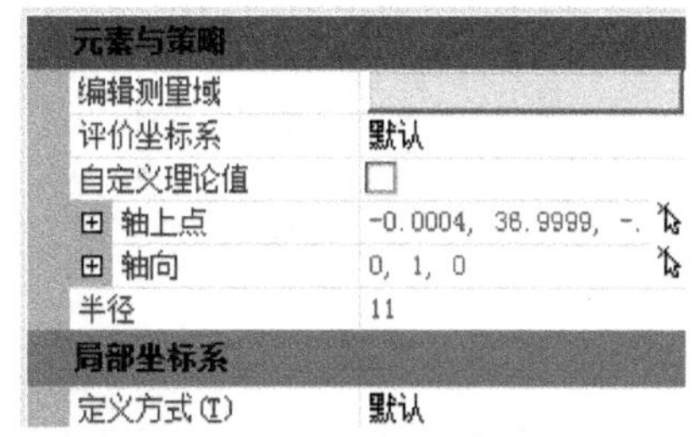

元素与策略	
编辑测量域	
评价坐标系	默认
自定义理论值	☐
⊞ 轴上点	-0.0004, 36.9999, -.
⊞ 轴向	0, 1, 0
半径	11
局部坐标系	
定义方式 (T)	默认

图 7-53　加工方法设置

按钮进入“布点”界面。

2）进行设置后完成圆柱测量布点，单击“确定”按钮回到“圆柱参数”对话框，如图 7-54 所示。

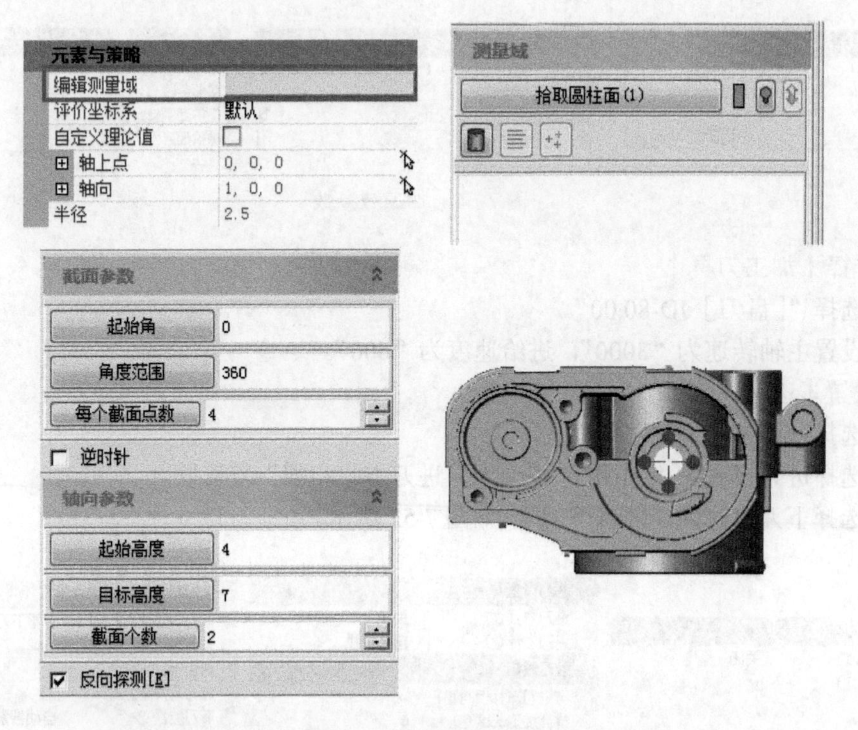

图 7-54 编辑加工域

3）设置局部坐标系为“后视图”。

3. 选择【加工刀具】

单击“刀具名称”按钮，选择“[测头] JD-5.00”。

4. 设置【测量连接】

设置连刀速度为“3000”，如图 7-55 所示。

测量标定	
标定类型(T)	标定关闭
测量进给	
触碰次数(T)	2
接近距离(L)	2
探测距离(P)	10
搜索速度/mmpm(F)	500
回退距离(B)	0.3
准确测量速度/mmpm(S	30

测量连接	
连刀速度/mmpm(K)	3000
测量数据输出	
测量数据输出类型	输出数据关闭
检测数据输出类型	报表格式
检测数据更新方式	原有文件增加数据
检测文件目标号	2
检测文件目录	D:\EngFiles\Report.t

图 7-55 测量连接

5. 计算路径

设置完成后单击“计算”按钮，计算完成后弹出当前路径计算结果。

> **关键点延伸**
>
> 圆柱元素用于测量孔类零件或轴类零件，可定义圆柱探测起始角和角度范围，测量结果输出被测圆柱的圆柱度、半径、轴向。
>
> 在机械制造领域，许多的零件如缸体、缸盖、齿轮和减速电动机摆线轮等都有孔系特征，为了满足装配的互换性，需要保证各孔的位置尺寸和形状尺寸，使用 SurfMill 9.0 软件中“圆柱元素测量”功能可以在孔特征面布置测量点，生成相应的数控程序，实现对孔（圆柱）类特征圆柱度、半径及位置的在机检测。

7.4　模拟和输出

7.4.1　机床模拟

完成程序编写工作后，需要对程序进行模拟仿真，保证程序在实际加工中的安全性。

操作步骤

1）单击功能区的“机床模拟”按钮进入机床模拟界面。

2）调节模拟速度后，单击模拟控制台的“开始”按钮进行机床模拟，如图 7-56 所示。

3）机床模拟无误后单击“确定”按钮退出命令，模拟后路径树如图 7-57 所示。

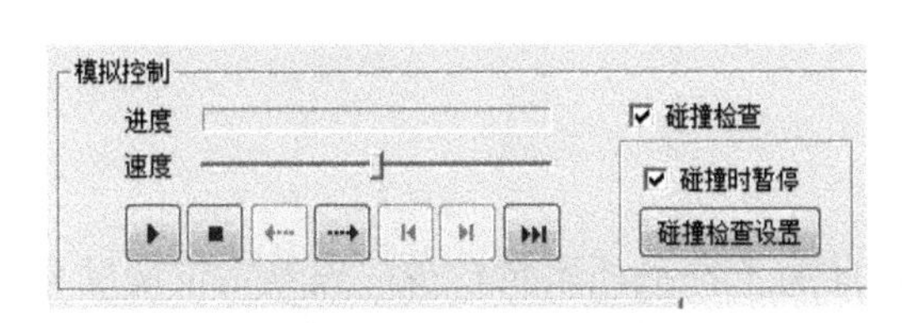

图 7-56　模拟控制台

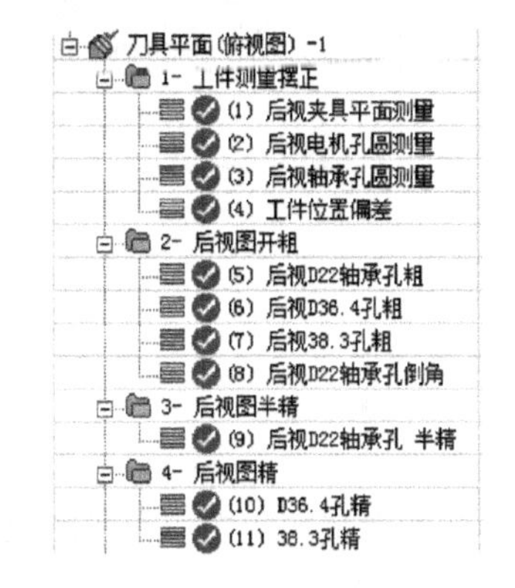

图 7-57　模拟后路径树

7.4.2　路径输出

顺利完成机床模拟工作后，接下来进行最后一步程序输出工作。此项工作是将编程文件转化为机床可以识别的数控指令，进而控制机床运行。

操作步骤

1）单击功能区的“输出刀具路径”按钮。

2）在“输出刀具路径（后置处理）”对话框中选择要输出的路径，根据实际加工设置好路径输出排序方法、输出文件名称。

3）若需要输出工艺单，勾选“输出 Mht 工艺单”复选框，如图 7-58 所示。

4）单击“确定”按钮，即可输出最终的路径文件，如图 7-59 所示。

图 7-58　工艺单选项

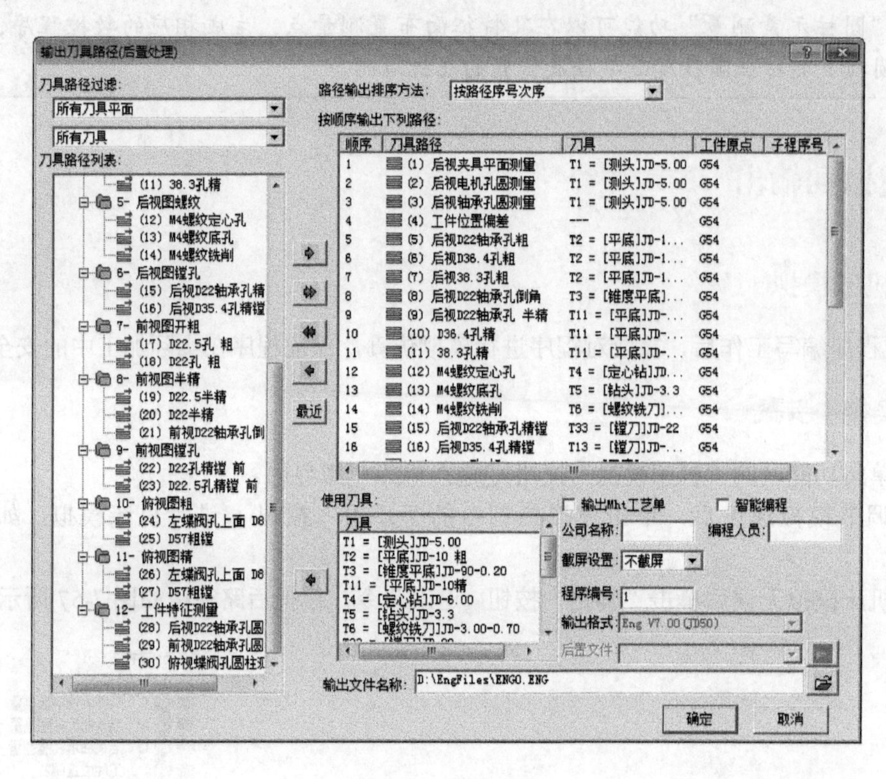

图 7-59　路径输出

7.5　实例小结

1）本章案例中节气门为典型的压铸件，此类工件毛坯余量较少，夹具定位精度有限，需使用在机测量的“工件位置偏差”功能对毛坯进行坐标系找正，以避免后续加工出现偏位。

2）本章案例特征数较多，工件尺寸要求相对较高，加工前需要根据工程图分析零件特点，安排合理的加工工艺，确保加工满足尺寸公差要求。

3）本章案例中孔特征较多，当出现由于主轴或刀柄上粘有异物情况时，容易导致镗刀跳动变大，使得孔直径变大超差。在加工结束后可在机进行工件重点尺寸的测量，能有效避免因上述情况导致的批量报废。

4）本章“单线切割”“轮廓切割”功能使用较多，可合理使用下刀、分层等参数来编制不同加工阶段路径，使用中需要明确各个参数具体含义。

5）通过本章学习，用户熟悉在机测量工件位置偏差功能的使用方法，在后续编程中可以融会贯通。

知识拓展

压铸件制造

压铸是一种高效、低成本的生产方式。由于压铸件结构紧凑，性能优良，因此被广泛应用于汽车、家电等多个领域。

压铸件的制造过程分为两个阶段：第一个阶段是使用压铸机制造出压铸毛坯；第二个阶段是应用数控设备加工一些定位或装配使用特征，基本都是平面、孔和边，这些加工特征简单，但是分布在不同的加工方向，需要多角度定位加工，通常采用镗、铣、钻、攻、铰复合加工方式。有时还要求一次装夹完成多工位精密加工，以达到更高的几何精度要求。

第8章 五轴综合加工实例

学习目标

- ■ 明确复杂零件的加工思路，会根据零件特点安排加工工艺。
- ■ 熟悉多轴定位加工和多轴联动加工，会根据特征特点进行路径编程。
- ■ 熟练使用曲面投影加工方法，会制作导动面以及加工辅助用线、面。
- ■ 熟悉路径变换功能及其使用方法。

8.1 实例描述

图 8-1 所示的某五轴精密加工大赛赛题模型包含多个特征，存在不规则曲面，传统加工方式难以满足其加工要求。下面将以此模型为例，通过从开粗到精加工的完整流程来具体介绍常用五轴加工方法。通过本节学习，将会对类似五轴工件加工思路有一个系统性的认识。

图 8-1 某五轴精密加工大赛赛题模型

8.1.1 工艺分析

工艺分析是编写加工程序前的必备工作，需要充分了解加工要求和工艺特点，合理编写加工程序。该工件的加工要求和工艺分析如图 8-2 和图 8-3 所示。

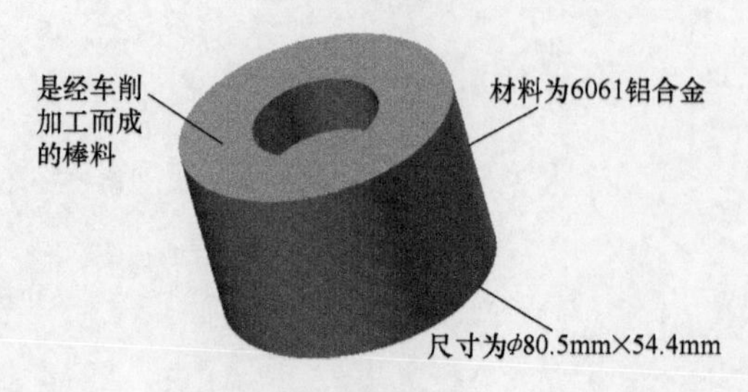

图 8-2 毛坯

加工要求

加工位置	模型整体
工艺要求	工件表面不允许有任何碰伤、划伤等加工缺陷，严格按照工件标注公差进行加工(个别位置的极限偏差为±0.01mm)；锐边倒钝$C0.2$；模型特征较多，含有曲面，模型最小圆角为$R5$mm

圆孔直径的极限偏差为±0.01mm

相对底面要求垂直度公差为0.003mm

外轮廓极限偏差为0.03～0.05mm

八角椭圆槽槽深的极限偏差为0.03～0.05mm

相对上圆孔同轴度公差为0.02mm

相对底面平行度公差为0.01mm

图 8-3　加工要求和工艺分析

8.1.2　加工方案

1. 机床设备

产品精度要求较高，考虑选择精雕全闭环五轴机床；该工件配合工装夹具整体高度尺寸较大，GR200 系列机床行程有限，无法完成，因此选择 GR400 系列机床。为了提高加工效率和加工质量，选择 150 系列主轴机床。

综合考虑，选择 JDGR400_A15SH 五轴机床进行加工。

2. 加工方法

该工件有多个面需要加工，若采用三轴加工，则必须设计多套工装夹具，分多个工序实现，整体工艺复杂。为了简化工艺，提高加工精度，考虑采用五轴定位配合 2.5 轴加工编程实现，分正、反面两个工序加工。

工序一：加工工件反面，为工序二加工提供定位基准和锁紧螺纹孔，加工方法以 2.5 轴加工方法为主，如图 8-4 所示。

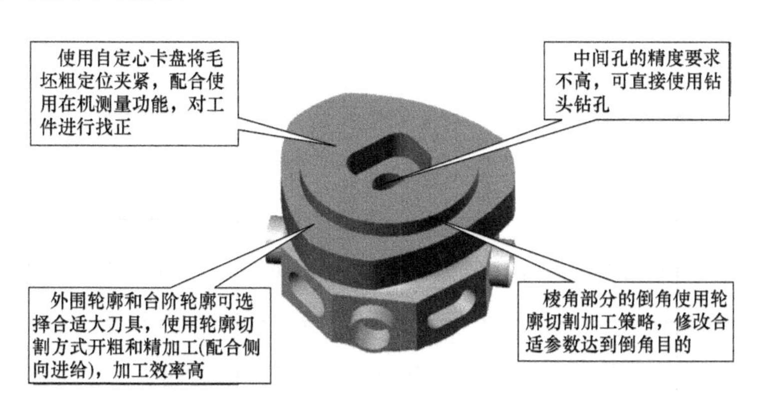

图 8-4　工序一编程加工方案

工序二：对工件正面进行加工，主要采用多轴定位加工方式，凹槽部位采用曲面投影和五轴曲线加工方法，如图 8-5 所示。

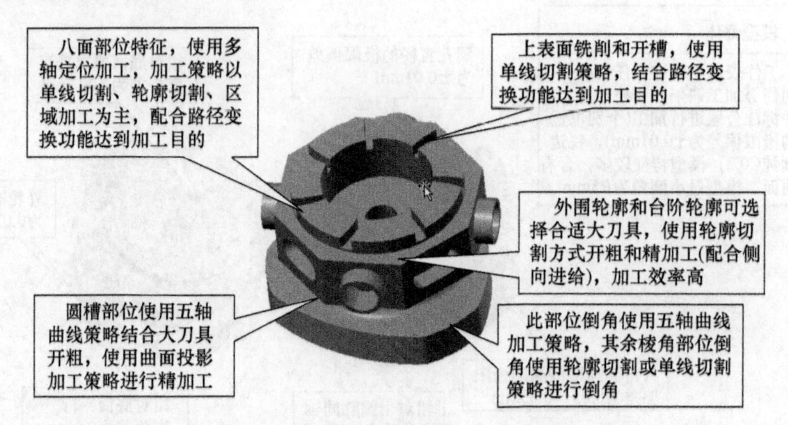

图 8-5　工序二编程加工方案

为了提高加工精度，加工前使用测量功能将工件摆正，工序一加工完成后使用定位方槽对工件进行定位，然后进行工序二。

3. 加工刀具

根据工件特征特点，加工使用的刀具主要以平底刀、球头刀、钻头、测头为主。

8.1.3　加工工艺卡

某五轴精密加工大赛赛题模型加工工艺卡见表 8-1。

表 8-1　某五轴精密加工大赛赛题模型加工工艺卡

序号	工步	加工方法	刀具类型	主轴转速 /(r/min)	进给速度 /(mm/min)	效果图
工序一						
1	工件摆正	—	[测头] JD-5.00	—	—	
2	定心	深孔钻（G83）	[钻头] JD-6.00	2000	200	
3	D11 钻孔	深孔钻（G83）	[钻头] JD-11.00	2000	200	
4	外轮廓粗	轮廓切割	[平底] JD-10.00	8000	5000	
5	外轮廓精	轮廓切割	[平底] JD-10.00	10000	1000	

（续）

序号	工步	加工方法	刀具类型	主轴转速/（r/min）	进给速度/（mm/min）	效果图
工序一						
6	D57 轮廓粗	轮廓切割	［平底］JD-10.00	8000	5000	
7	D57 轮廓精	轮廓切割	［平底］JD-10.00	10000	1000	
8	凹槽粗	轮廓切割	［平底］JD-10.00	8000	5000	
9	凹槽精补加工	轮廓切割	［平底］JD-10.00	10000	500	
10	倒角	轮廓切割	［大头刀］JD-90-0.20-6.00	10000	1000	
11	前面测量和后面测量	—	［测头］JD-5.00	—	—	
工序二						
1	D58 圆台粗	轮廓切割	［平底］JD-10.00	8000	5000	
2	D58 圆台精	轮廓切割	［平底］JD-10.00	10000	1000	
3	外轮廓粗	轮廓切割	［平底］JD-10.00	8000	5000	
4	环形槽粗	分层粗加工	［平底］JD-6.00	10000	3000	

（续）

序号	工步	加工方法	刀具类型	主轴转速 /（r/min）	进给速度 /（mm/min）	效果图
工序二						
5	八角椭圆槽粗	轮廓切割	［平底］JD-6.00	10000	3000	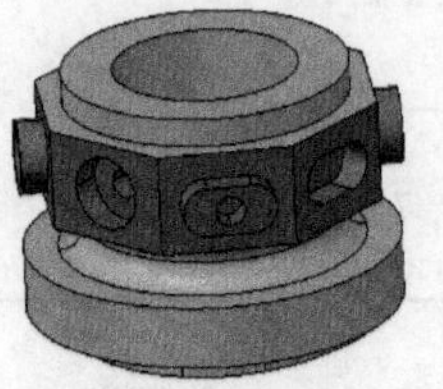
6	八角椭圆槽精	轮廓切割	［平底］JD-6.00	12000	500	
7	D15 圆柱粗	区域加工	［平底］JD-10.00	8000	5000	
8	D15 圆柱精	轮廓切割	［平底］JD-10.00	10000	600	
9	D12 圆孔粗	单线切割	［平底］JD-10.00	8000	5000	
10	D12 圆孔精	轮廓切割	［平底］JD-10.00	10000	500	
11	D15 圆柱上面精	轮廓切割	［平底］JD-10.00	10000	500	
12	椭圆槽上面精	轮廓切割	［平底］JD-10.00	10000	1000	
13	环形槽清根	投影精加工	［球头］JD-6.00	12000	1500	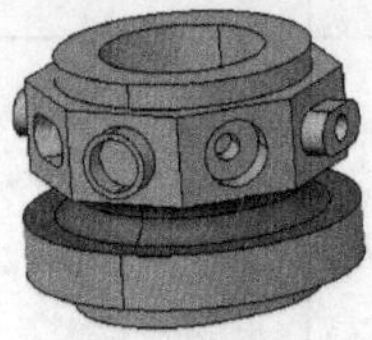
14	环形槽精					
15	俯视槽粗	单线切割	［平底］JD-2.00	12000	2500	
16	俯视槽精	单线切割	［平底］JD-2.00	14000	1500	
17	倒角	轮廓切割	［大头刀］JD-90-0.20-6.00	10000	1000	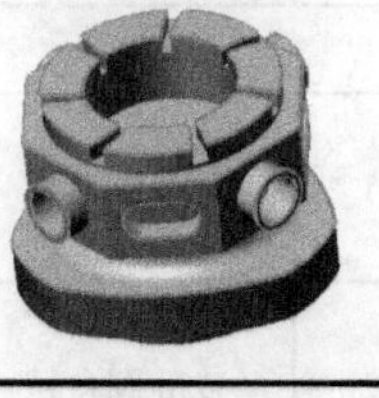

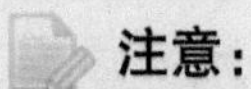

注意：

因工艺设计受限于机床选择、加工刀具、模型特点、加工要求、环境等诸多因素，故此加工工艺卡提供的工艺数据仅供参考，用户可根据具体的加工情况重新设计工艺。

8.1.4 装夹方案

工序一使用自定心卡盘装夹；工序二使用工序一加工的定位凹槽为定位基准，采用螺钉拉紧方式固定；为提高加工效率，工序一、二中的工件均安装在零点快换上，工件加工均以工件表面作为 Z 向加工基准，如图 8-6 所示。

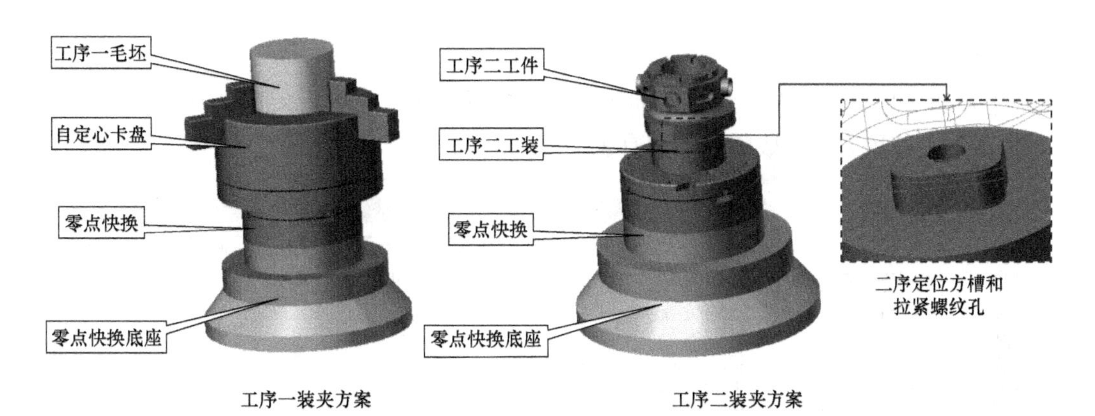

图 8-6　装夹方案

8.2　编程加工准备

编程加工前需要对加工件进行一些必要的准备工作，创建虚拟加工环境，具体内容包括：机床设置、创建刀具表、创建几何体、几何体安装设置等。

8.2.1　模型准备

启动 SurfMill 9.0 软件后，打开“五轴综合实例教程 -new”练习文件。

8.2.2　机床设置

双击左侧“导航工作条”窗格中的“机床设置”机床设置，选择机床类型为“5 轴”，选择机床文件为“JDGR400_A15SH”，选择机床输入文件格式为“JD650 NC（As Eng650）”，设置完成后单击“确定”按钮，如图 8-7 所示。

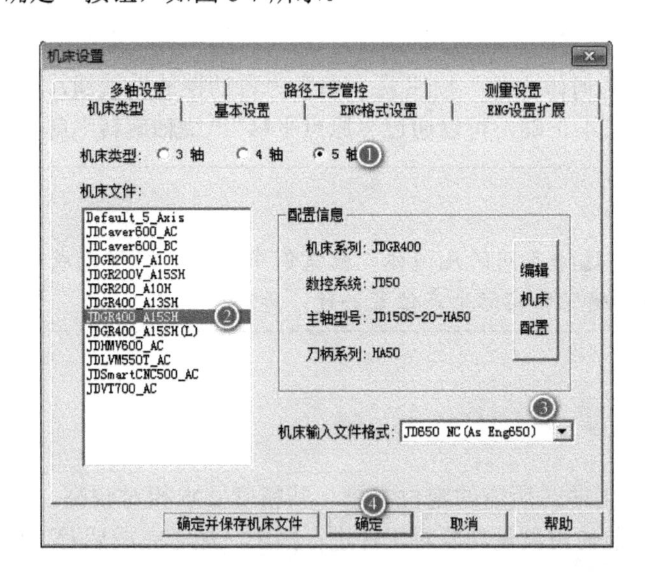

图 8-7　机床设置

8.2.3　创建刀具表

双击左侧“导航工作条”窗格中的“刀具表”刀具表，依次添加需要使用的刀具。图8-8为本次加工使用刀具组成的当前刀具表。

当前刀具表

加工阶段	刀具名称	刀柄	输出编号	长度补偿号	半径补偿号	刀具伸出长度	加锁	使用次数
测量	[测头]JD-5.00	HSK-A50-RENISHAW	20	20	20	35		0
精加工	[平底]JD-10.00	HSK-A50-ER25-080S	1	1	1	35		0
精加工	[平底]JD-6.00	HSK-A50-ER25-080S	2	2	2	30		0
精加工	[平底]JD-2.00	HSK-A50-ER25-080S	4	4	4	20		0
精加工	[球头]JD-6.00	HSK-A50-ER25-080S	5	5	5	25		0
精加工	[钻头]JD-6.00	HSK-A50-ER25-080S	6	6	6	25		0
精加工	[钻头]JD-11.00	HSK-A50-ER25-080S	7	7	7	100		0
精加工	[大头刀]JD-90-0.20-6.00	HSK-A50-ER25-080S	9	9	9	25		0

图8-8　创建当前刀具表

8.2.4　创建几何体

本案例中一共分为两个工序（工序一和工序二），因此需要创建两个不同的几何体以备后用。

本例创建“一序几何体”的过程如下：

双击左侧“导航工作条”窗格中的“几何体列表”几何体列表进行工件设置、毛坯设置和夹具设置。

（1）工件设置　选择“一序 - 工件”图层的曲面作为工件面。

（2）毛坯设置　选用“毛坯面”的方式创建毛坯，选择“一序 - 毛坯”图层的曲面作为毛坯面。

（3）夹具设置　选取“一序 - 夹具”图层曲面作为夹具面。

按照上述步骤，用户再自行创建一个“二序几何体”。

8.2.5　几何体安装设置

单击功能区的“几何体安装”按钮，单击“自动摆放”按钮，完成几何体快速安装。若自动摆放后安装状态不正确，可以通过“原点平移”“绕轴旋转”等方式进行调整。

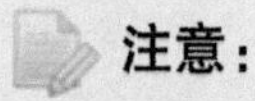

注意：

在不同的工序中选择不同的几何体。此案例中工序二编程完成后，需对“二序几何体”进行重新安装，确保和实际生产位置一致，再进行模拟。

8.3　编写加工程序（工序一）

工序一主要加工工序二所需的定位方槽，其精度要求相对较高，为了提高加工效率和质量，在工序一编程前使用测量功能对工件进行摆正，加工完成后对工件进行测量，确保工件的加工精度。

8.3.1　工件摆正

1. 顶平面测量

操作步骤

（1）选择【加工方法】 单击功能区的“在机测量”按钮，单击“平面”，进入“平面参数”界面。

（2）设置【加工域】

1）单击“编辑测量域”按钮，单击“曲面自动”按钮拾取工序一的毛坯面顶面。

2）选择布点区域完成自动布点，如图 8-9 所示。

3）单击“确定”按钮回到“平面参数”对话框。

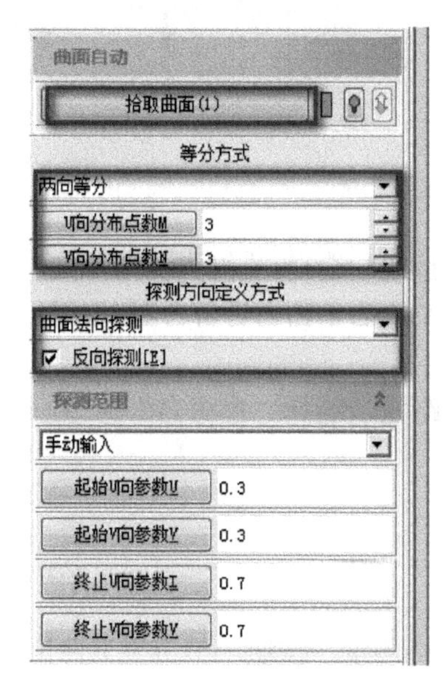

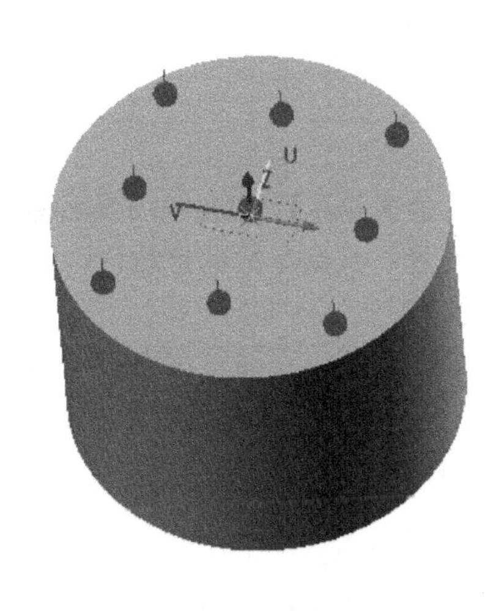

图 8-9　编辑加工域

（3）选择【加工刀具】 单击“刀具名称”按钮，选择“[侧头] JD-5.00”，如图 8-10 所示。

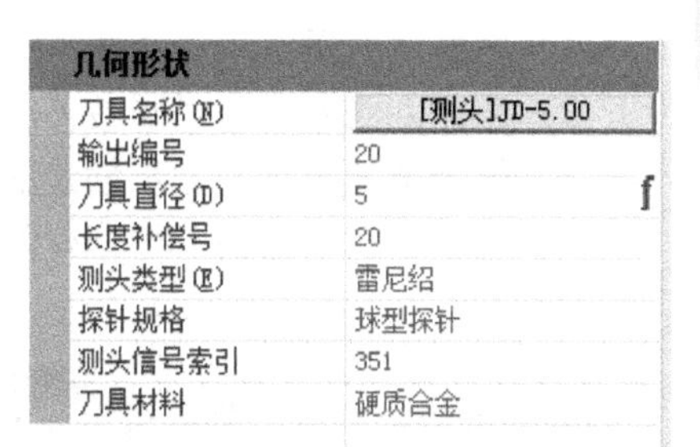

几何形状	
刀具名称(N)	[测头]JD-5.00
输出编号	20
刀具直径(D)	5
长度补偿号	20
测头类型(E)	雷尼绍
探针规格	球型探针
测头信号索引	351
刀具材料	硬质合金

图 8-10　加工刀具

（4）计算路径　其余参数保持默认，设置完成后单击“计算”按钮。计算完成后弹出当前路径计算结果，即有无过切或碰撞路径，以及避免刀具碰撞的最短装夹长度，确定路径是否安全。

（5）修改路径名称　在路径树中右击当前路径，选择“重命名”命令，修改路径名称为“顶平面”。

2. 圆柱测量

操作步骤

（1）选择【加工方法】 单击功能区的“在机测量”按钮，单击“圆柱”按钮，进入

“圆柱参数”界面。

（2）设置【加工域】

1）单击“编辑测量域”按钮。

2）单击“圆柱截面”按钮拾取工序一的毛坯面圆柱面，如图 8-11 所示。

3）设置界面参数和轴向参数，完成后单击“确定”按钮回到“圆柱参数”对话框。

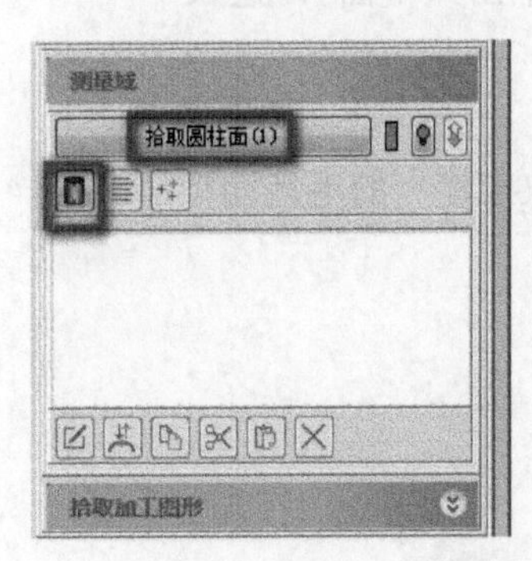

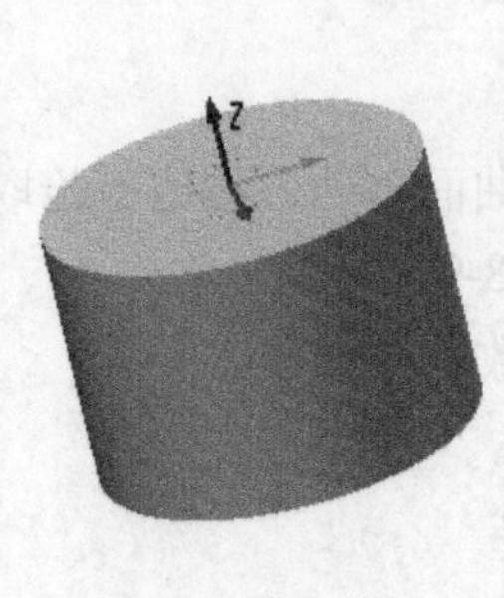

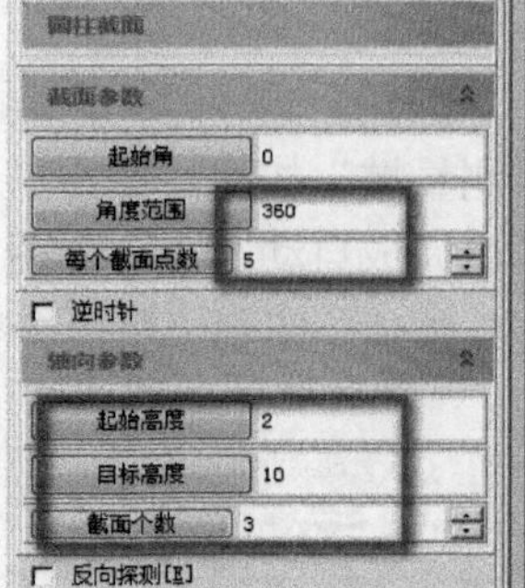

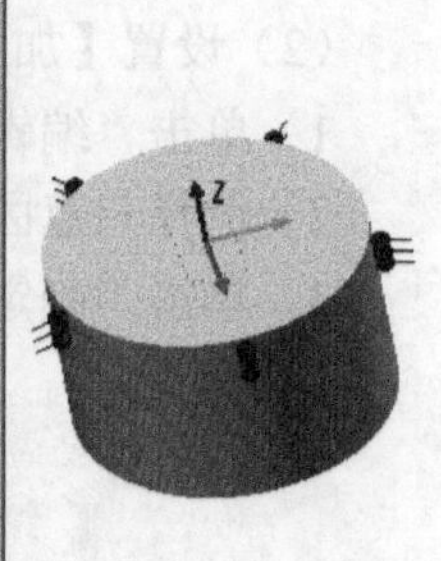

图 8-11　编辑加工域

（3）选择【加工刀具】 单击“刀具名称”按钮，选择“[侧头] JD-5.00”。

（4）计算路径　其余参数保持默认，设置完成后单击“计算”按钮。计算完成后弹出当前路径计算结果。

（5）修改路径名称　在路径树中右击当前路径，选择“重命名”命令，修改路径名称为“圆柱”。

3. 工件位置偏差

操作步骤

（1）选择【加工方法】 单击功能区的“在机测量”按钮，单击“工件位置偏差”按钮，进入“工件位置偏差参数”界面。

（2）设置【工件位置偏差】

1）单击“创建方式”按钮。

2）选择创建方式为“回转体法”。

3）选择基准圆柱为上步创建的“圆柱”。

4）选择基准平面为上步创建的“顶平面”，如图 8-12 所示。

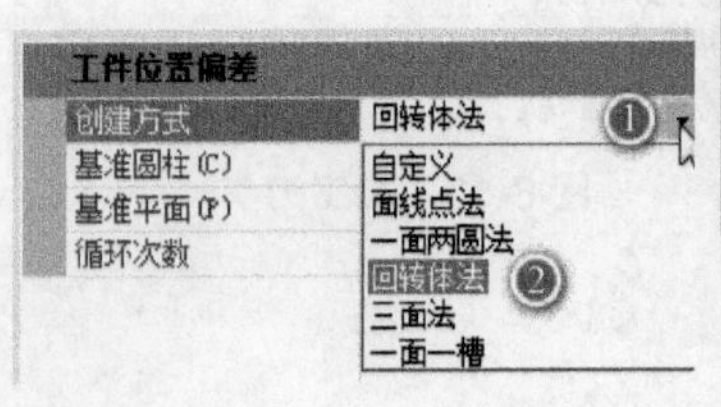

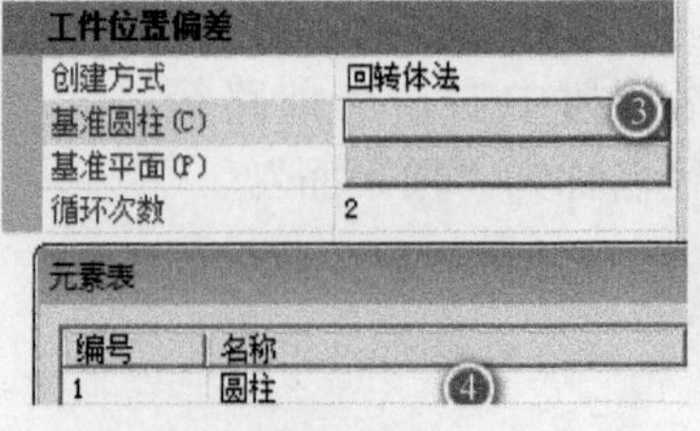

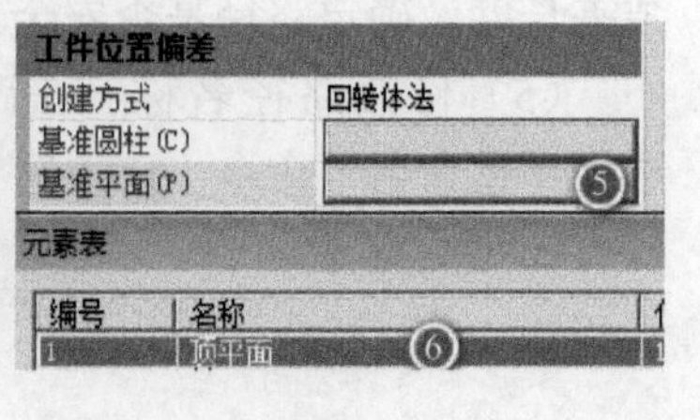

图 8-12　工件位置偏差设置

（3）计算路径　其余参数保持默认，设置完成后单击“计算”按钮。计算完成后弹出当前路径计算结果。

（4）修改路径名称　在路径树中右击当前路径，选择“重命名”命令，修改路径名称为“工件位置偏差”。

8.3.2　定心和钻孔

1. 定心

操作步骤

（1）选择【加工方法】

1）双击左侧“导航工作条”窗格中的“钻孔”按钮，进入“刀具路径参数”界面。

2）选择钻孔类型为“深孔钻（G83）”。

3）其余参数保持默认，如图 8-13 所示。

（2）设置【加工域】

1）单击“编辑加工域”按钮。

2）拾取“钻孔圆心点”作为点，如图 8-14 所示。

3）单击“确定”按钮回到“刀具路径参数”对话框。

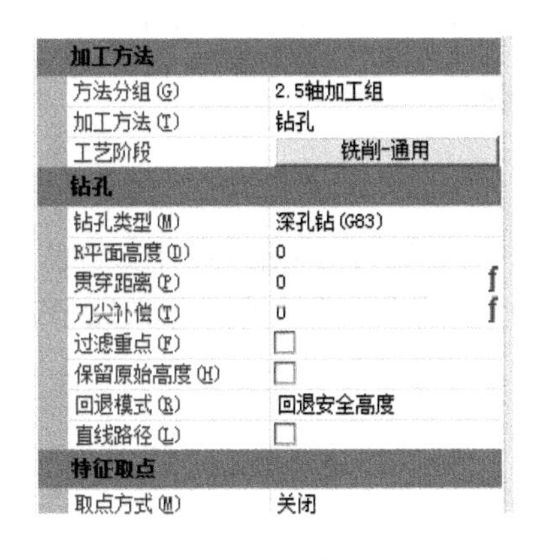

图 8-13　加工方法设置

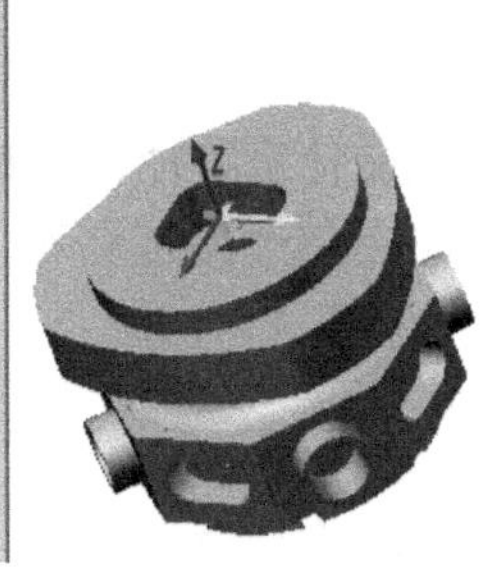

图 8-14　编辑加工域

4）设置深度范围，表面高度为“0”，勾选“定义加工深度”复选框，加工深度为“1”。

5）其余参数保持默认即可，如图 8-15 所示。

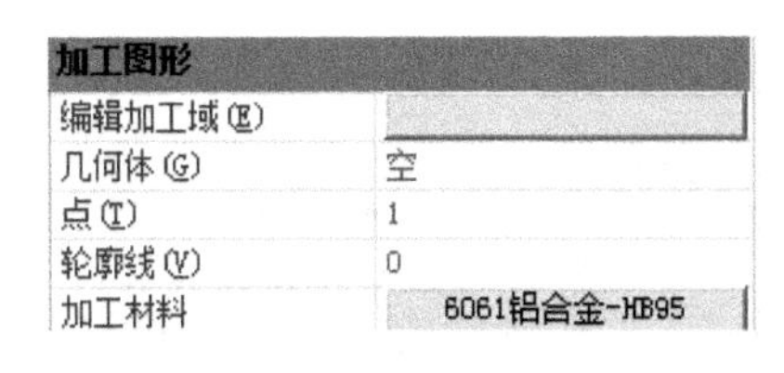

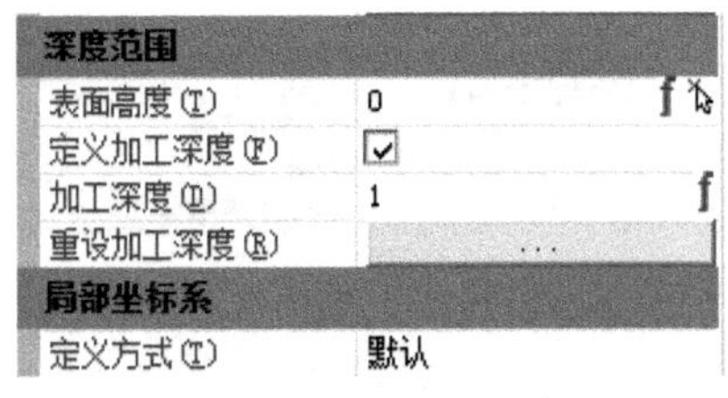

图 8-15　加工域参数

（3）选择【加工刀具】

1）根据加工工艺卡选择“[钻头] JD-6.00”。

2）设置主轴转速为“2000”，进给速度为“200”，如图 8-16 所示。

几何形状	
刀具名称(N)	[钻头]JD-6.00
输出编号	6
刀具直径(D)	6
长度补偿号	6
刀具材料	硬质合金
从刀具参数更新	...

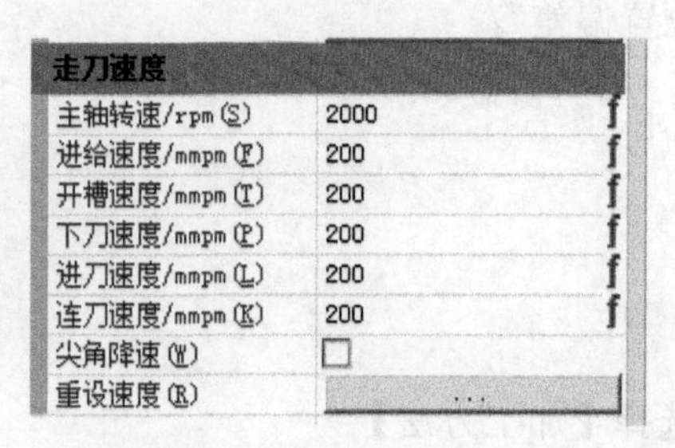

走刀速度	
主轴转速/rpm(S)	2000
进给速度/mmpm(F)	200
开槽速度/mmpm(T)	200
下刀速度/mmpm(P)	200
进刀速度/mmpm(L)	200
连刀速度/mmpm(K)	200
尖角降速(W)	☐
重设速度(R)	...

图 8-16　加工刀具及参数设置

（4）设置【进给设置】　选择轴向分层方式为“限定深度”，吃刀深度为“1”，如图 8-17 所示。

（5）设置【安全策略】　选择路径检查模型为“一序几何体”，其余参数保持默认，如图 8-18 所示。

轴向分层	
分层方式(T)	限定深度
吃刀深度(D)	1
减少抬刀(K)	☑

图 8-17　进给设置

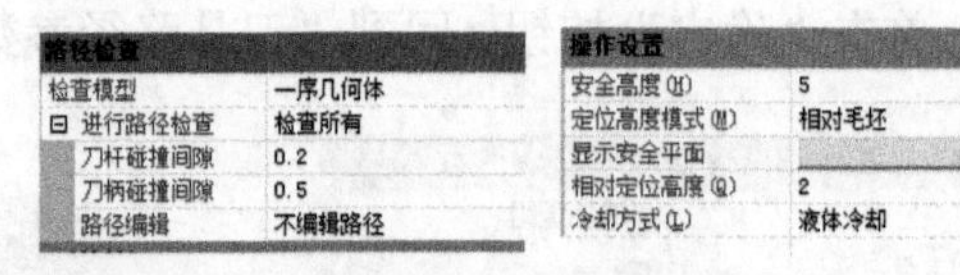

路径检查	
检查模型	一序几何体
⊟ 进行路径检查	检查所有
刀杆碰撞间隙	0.2
刀柄碰撞间隙	0.5
路径编辑	不编辑路径

操作设置	
安全高度(H)	5
定位高度模式(M)	相对毛坯
显示安全平面	
相对定位高度(G)	2
冷却方式(L)	液体冷却

图 8-18　路径检查

（6）计算路径　设置完成后单击“计算”按钮，计算完成后弹出当前路径计算结果。

（7）修改路径名称　在路径树中右击当前路径，选择“重命名”命令，修改路径名称为“定心”。

2. D11 钻孔

操作步骤

（1）选择【加工方法】

1）在左侧路径树中复制“定心”路径。

2）双击复制得到的路径，进入“刀具路径参数”界面，参数保持默认，如图 8-19 所示。

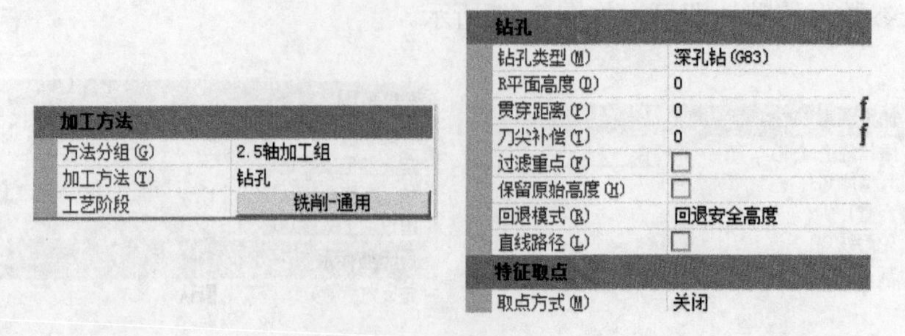

加工方法	
方法分组(G)	2.5轴加工组
加工方法(T)	钻孔
工艺阶段	铣削-通用

钻孔	
钻孔类型(M)	深孔钻(G83)
R平面高度(D)	0
贯穿距离(P)	0
刀尖补偿(T)	0
过滤重点(F)	☐
保留原始高度(H)	☐
回退模式(R)	回退安全高度
直线路径(L)	☐
特征取点	
取点方式(M)	关闭

图 8-19　加工方法设置

（2）设置【加工域】

1）加工域的设置与“定心”路径相同，此处可不做修改。

2）设置深度范围，表面高度为“0”，底面高度为“-42”。

3）其余参数保持默认即可，如图 8-20 所示。

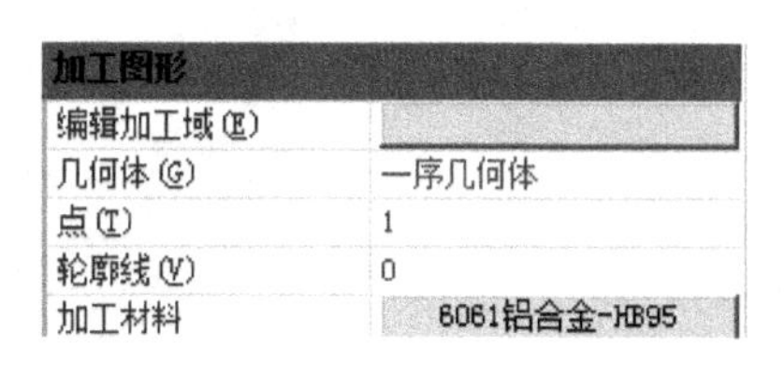

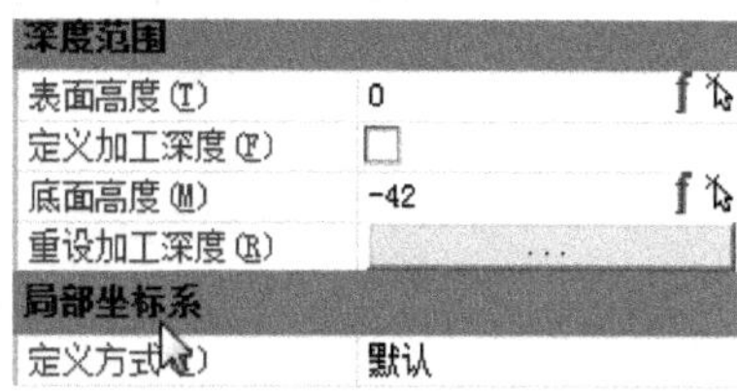

图 8-20　加工域参数

（3）选择【加工刀具】

1）加工刀具根据加工工艺卡选择“[钻头] JD-11.00”。

2）设置主轴转速为“2000”，进给速度为“200”，如图 8-21 所示。

（4）设置【进给设置】　选择轴向分层方式为“限定深度”，吃刀深度为“3”，如图 8-22 所示。

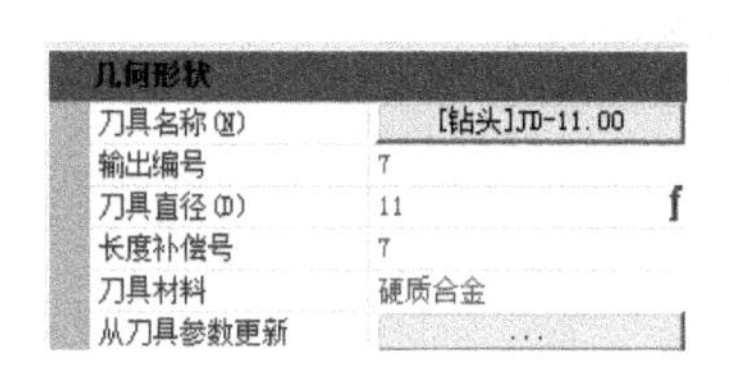

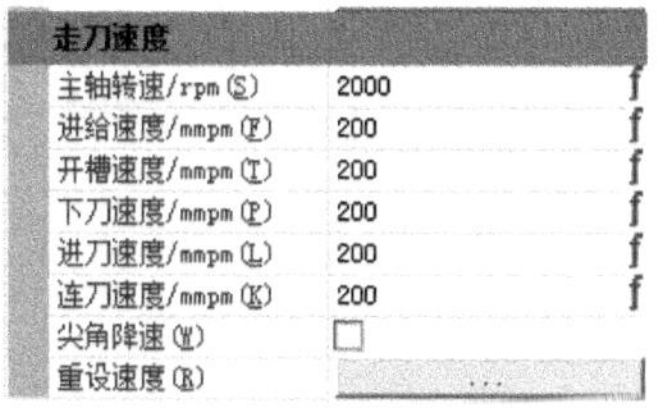

图 8-21　加工刀具及参数设置

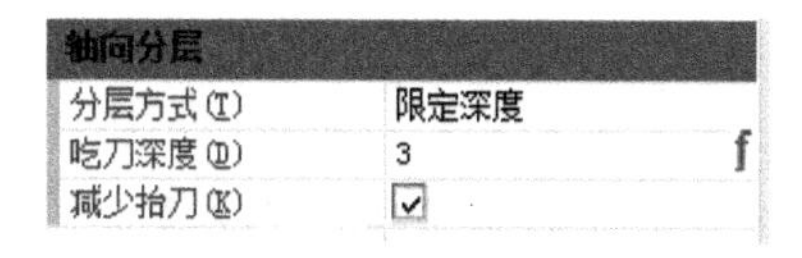

图 8-22　进给设置

（5）设置【安全策略】　安全策略的设置与“定心”路径相同，此处可不做修改。

（6）计算路径　设置完成后单击“计算”按钮，计算完成后弹出当前路径计算结果。

（7）修改路径名称　在路径树中右击当前路径，选择“重命名”命令，修改路径名称为“D11 钻孔”。

8.3.3　外轮廓加工

1. 外轮廓粗

操作步骤

（1）选择【加工方法】

1）在“导航工作条”窗格中双击“轮廓切割”按钮。

2）进入“刀具路径参数”界面，选择半径补偿为“向外偏移”，如图 8-23 所示。

（2）设置【加工域】

1）单击“编辑加工域”按钮，拾取“凸轮轮廓线”作为轮廓线。

2）完成后单击“确定”按钮☑回到“刀具路径参数”对话框，如图 8-24 所示。

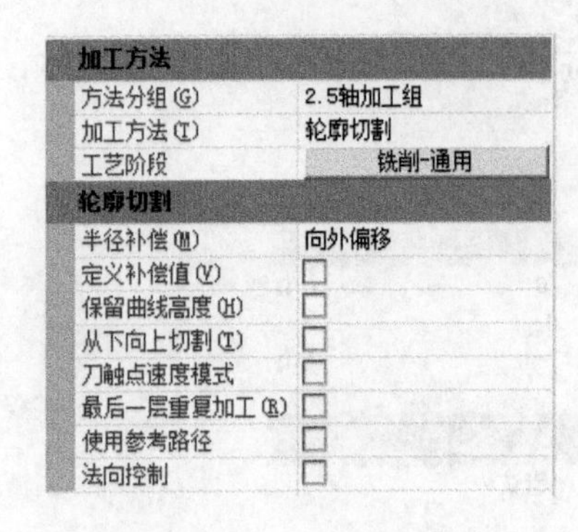

图 8-23　加工方法设置

图 8-24　编辑加工域

3）设置深度范围，表面高度为“0”，底面高度为“-18.15”。

4）设置加工余量，侧边余量为“0.1”，底部余量为“-0.5”。

5）其余参数保持默认即可，如图 8-25 所示。

加工图形	
编辑加工域 (E)	
几何体 (G)	一序几何体
点 (I)	0
轮廓线 (V)	1
加工材料	6061铝合金-HB95

深度范围	
表面高度 (T)	0
定义加工深度 (F)	☐
底面高度 (M)	-18.15
重设加工深度 (R)	...

加工余量	
侧边余量 (A)	0.1
底部余量 (B)	-0.5
保护面侧壁余量 (D)	-0.02
保护面底部余量 (C)	0.02

图 8-25　加工域参数

（3）选择【加工刀具】

1）单击“刀具名称”按钮，选择“[平底] JD-10.00”。

2）设置主轴转速为“8000”，进给速度设置为“5000”，如图 8-26 所示。

几何形状	
刀具名称 (N)	[平底]JD-10.00
输出编号	1
刀具直径 (D)	10
半径补偿号	1
长度补偿号	1
刀具材料	硬质合金
从刀具参数更新	...

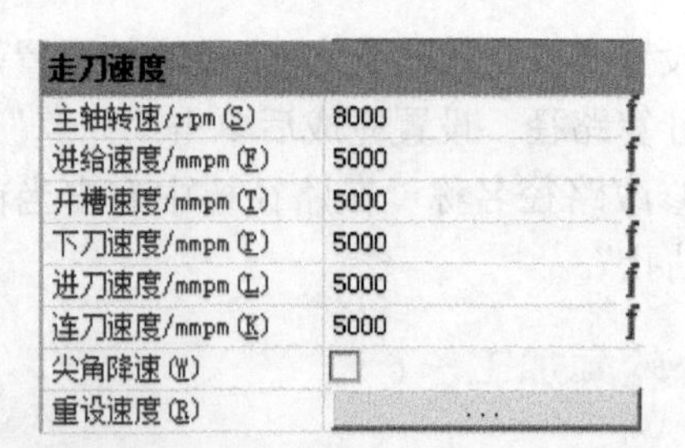

图 8-26　加工刀具及参数设置

（4）设置【进给设置】

1）选择轴向分层方式为“限定深度”，吃刀深度为“1”。

2）选择进刀方式为“关闭”，退刀方式为“圆弧相切”。

3）选择下刀方式为“沿轮廓下刀”，如图 8-27 所示。

（5）设置【安全策略】 选择路径检查模型为“一序几何体”，其余参数保持默认，如图 8-28 所示。

轴向分层	
分层方式(T)	限定深度
吃刀深度(D)	1
拷贝分层(Y)	☐
减少抬刀(K)	☑
侧向分层	
分层方式(T)	关闭

进刀设置	
进刀方式(T)	关闭
进刀位置(P)	自动查找
退刀设置	
与进刀方式相同(M)	☐
退刀方式(T)	圆弧相切
圆弧半径(R)	5
圆弧角度(A)	90
直线引出(L)	☐
总高度(H)	0
重复加工长度(P)	0
退刀位置(P)	自动查找

下刀方式	
下刀方式(M)	沿轮廓下刀
下刀角度(A)	0.5
表面预留(T)	0.02
每层最大深度(M)	5
过滤刀具盲区(D)	☐
下刀位置(P)	自动搜索

图 8-27　进给设置

路径检查	
检查模型	一序几何体
⊟ 进行路径检查	检查所有
刀杆碰撞间隙	0.2
刀柄碰撞间隙	0.5
路径编辑	不编辑路径

操作设置	
安全高度(H)	5
定位高度模式(M)	相对毛坯
显示安全平面	
相对定位高度(Q)	2
慢速下刀距离(P)	0.5
冷却方式(L)	液体冷却
半径磨损补偿(E)	关闭

图 8-28　路径检查

（6）计算路径　设置完成后单击“计算”按钮，计算完成后弹出当前路径计算结果。

（7）修改路径名称　在路径树中右击当前路径，选择“重命名”命令，修改路径名称为“外轮廓粗”。

2. 外轮廓精

操作步骤

（1）选择【加工方法】　在左侧路径树中复制“外轮廓粗”路径，双击复制得到的路径，进入“刀具路径参数”界面。

（2）设置【加工域】

1）加工域中加工图形和深度范围与“外轮廓粗”的相同，此处可不做修改。

2）设置侧边余量为“0.02”，底部余量为“-0.2”。

3）其余参数保持默认即可，如图 8-29 所示。

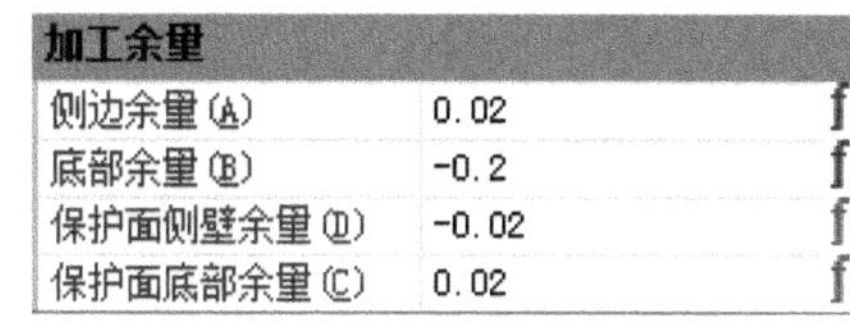

加工余量	
侧边余量(A)	0.02
底部余量(B)	-0.2
保护面侧壁余量(D)	-0.02
保护面底部余量(C)	0.02

图 8-29　加工域参数

注意：

此处侧边余量设置为“0.02”主要是考虑到工序一外轮廓的极限偏差要求为 0.03 ~ 0.05，此路径需要根据实际加工情况进行刀具磨损补偿。

（3）选择【加工刀具】

1）单击“刀具名称”按钮，选择“[平底] JD-10.00”。

2）设置主轴转速为“10000”，进给速度为“1000”，如图 8-30 所示。

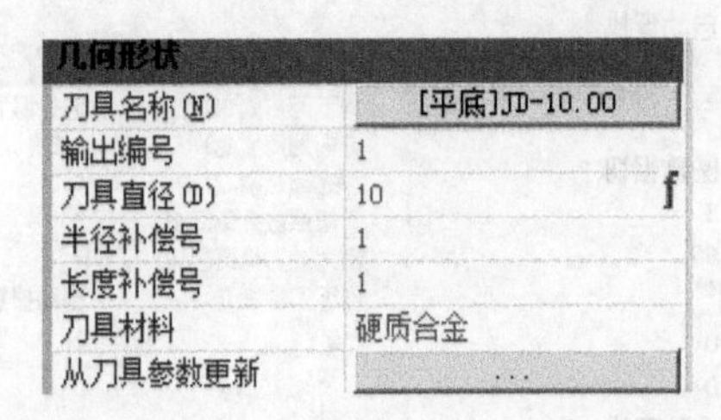

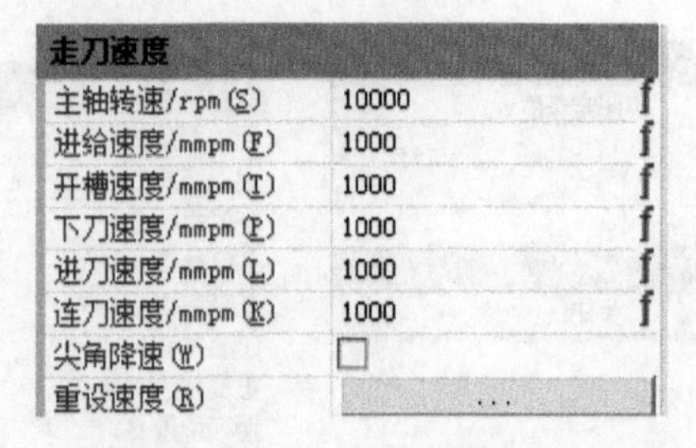

图 8-30　加工刀具及参数设置

（4）设置【进给设置】

1）选择轴向分层方式为“关闭”（也就是只有一层路径）。

2）选择侧向分层方式为“自定义”，设置侧向进给为“0.1”，分层次数为“2”。

3）选择进刀方式为“圆弧相切”，退刀设置勾选“与进刀方式相同”复选框。

4）选择下刀方式为“关闭”，如图 8-31 所示。

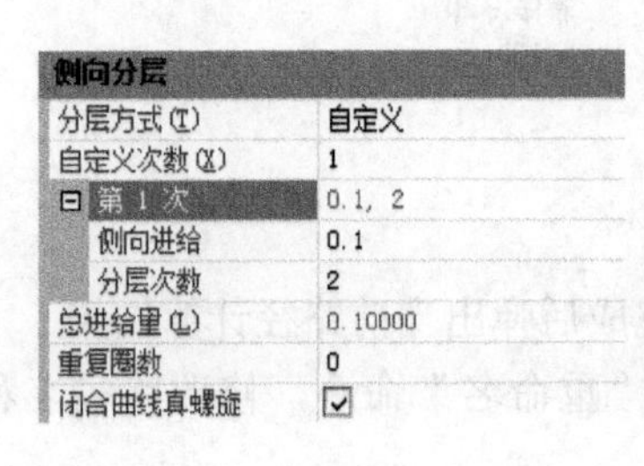

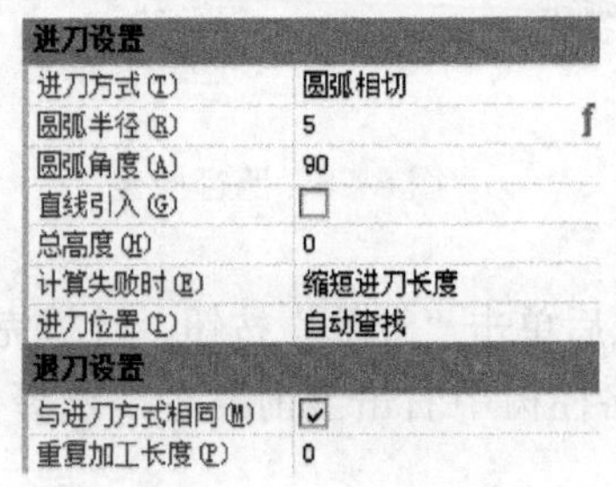

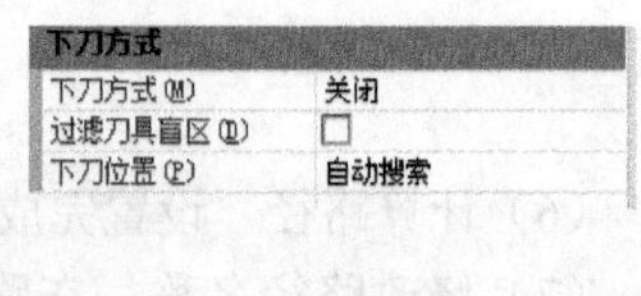

图 8-31　进给设置

（5）设置【安全策略】　安全策略设置与“外轮廓粗”的相同，此处可不做修改。

（6）计算路径　设置完成后单击“计算”按钮，计算完成后弹出当前路径计算结果。

（7）修改路径名称　在路径树中右击当前路径，选择“重命名”命令，修改路径名称为“外轮廓精 0.02”。

8.3.4　D57 轮廓加工

1. D57 轮廓粗

操作步骤

（1）选择【加工方法】

1）双击“导航工作条”窗格中的“轮廓切割”按钮，进入“刀具路径参数”界面。

2）选择半径补偿为“向外偏移”，如图 8-32 所示。

（2）设置【加工域】

1）单击“编辑加工域”按钮，拾取“D57 圆台轮廓线”作为轮廓线。

2）完成后单击“确定”按钮回到“刀具路径参数”对话框，如图 8-33 所示。

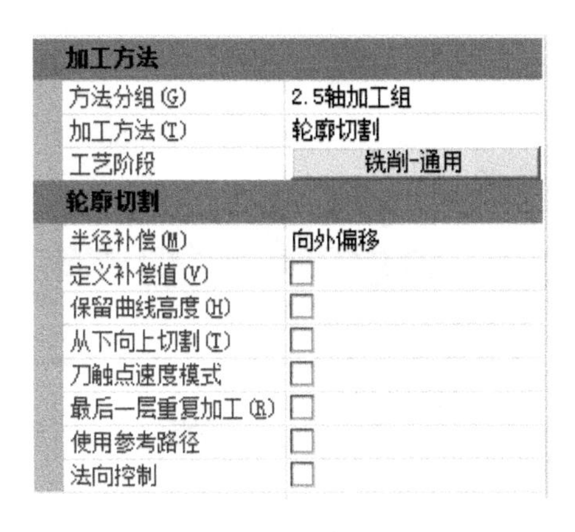

图 8-32 加工方法设置

图 8-33 编辑加工域

3）设置深度范围，表面高度为“0”，底面高度为“−5.65”。

4）设置加工余量，侧边余量为“0.1”，底部余量为“0.1”。

5）其余参数保持默认即可，如图 8-34 所示。

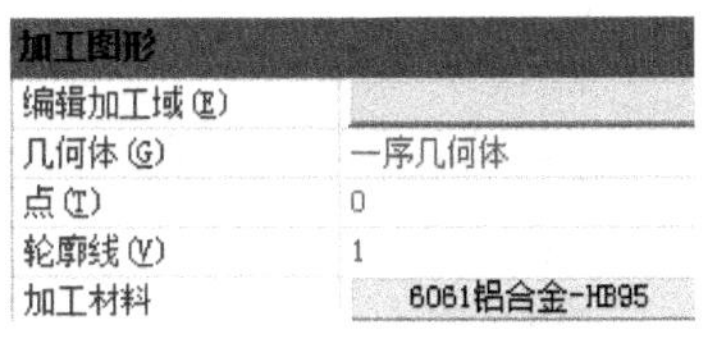

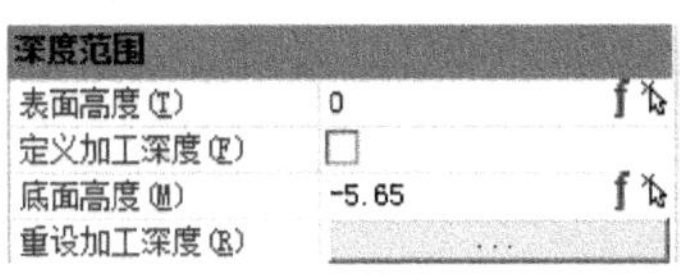

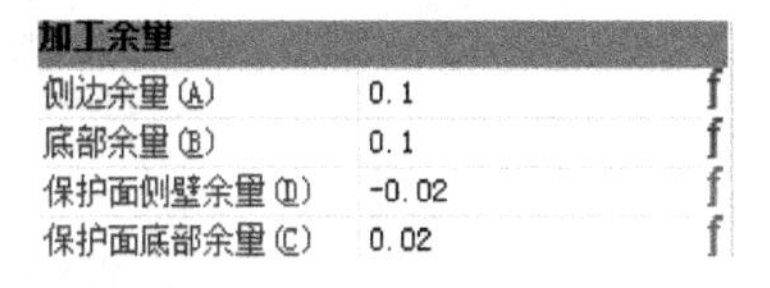

图 8-34 加工域参数

（3）选择【加工刀具】

1）单击“刀具名称”按钮，选择“[平底] JD-10.00”。

2）设置主轴转速为“8000”，进给速度为“5000”，如图 8-35 所示。

几何形状	
刀具名称(N)	[平底]JD-10.00
输出编号	1
刀具直径(D)	10
半径补偿号	1
长度补偿号	1
刀具材料	硬质合金
从刀具参数更新	...

走刀速度	
主轴转速/rpm(S)	8000
进给速度/mmpm(F)	5000
开槽速度/mmpm(T)	5000
下刀速度/mmpm(P)	5000
进刀速度/mmpm(L)	5000
连刀速度/mmpm(K)	5000
尖角降速(W)	
重设速度(R)	...

图 8-35 加工刀具及参数设置

（4）设置【进给设置】

1）选择轴向分层方式为“限定深度”，吃刀深度为“1.5”。

2）选择侧向分层方式为“自定义”，设置侧向进给为“10”，分层次数为“2”。

3）选择进刀方式为“关闭”，退刀方式为“圆弧相切”。

4）选择下刀方式为“沿轮廓下刀”，如图 8-36 所示。

（5）设置【安全策略】 选择路径检查模型为“一序几何体”，其余参数保持默认，如

图 8-37 所示。

轴向分层	
分层方式(T)	限定深度
吃刀深度(D)	1.5
拷贝分层(Y)	☐
减少抬刀(K)	☑
侧向分层	
分层方式(T)	自定义
自定义次数(X)	1
⊟ 第 1 次	10, 2
侧向进给	10
分层次数	2
总进给量(L)	10.00000
重复圈数	0
闭合曲线真螺旋	☑

进刀设置	
进刀方式(T)	关闭
进刀位置(P)	自动查找
退刀设置	
与进刀方式相同(M)	☐
退刀方式(T)	圆弧相切
圆弧半径(R)	5
圆弧角度(A)	90
直线引出(L)	☐
总高度(H)	0
重复加工长度(P)	0
退刀位置(P)	自动查找

下刀方式	
下刀方式(M)	沿轮廓下刀
下刀角度(A)	10
表面预留(T)	0.02
每层最大深度(M)	1.5
过滤刀具盲区(D)	☐
下刀位置(P)	自动搜索

图 8-36 进给设置

路径检查	
检查模型	一序几何体
⊟ 进行路径检查	检查所有
刀杆碰撞间隙	0.2
刀柄碰撞间隙	0.5
路径编辑	不编辑路径

操作设置	
安全高度(H)	5
定位高度模式(M)	相对毛坯
显示安全平面	
相对定位高度(Q)	2
慢速下刀距离(P)	0.5
冷却方式(L)	液体冷却
半径磨损补偿(E)	关闭

图 8-37 路径检查

（6）计算路径　设置完成后单击“计算”按钮，计算完成后弹出当前路径计算结果。

（7）修改路径名称　在路径树中右击当前路径，选择“重命名”按钮，修改路径名称为“D57 轮廓粗”。

2. D57 轮廓精

☞ 操作步骤

（1）选择【加工方法】

在左侧路径树中复制“D57 轮廓粗”路径，双击复制得到的路径，进入“刀具路径参数”界面。

（2）设置【加工域】

1）加工域中加工图形和深度范围与“外轮廓粗”的相同，此处可不做修改。

2）修改侧边余量为“0”，底部余量为“0”。

3）其余参数保持默认即可，如图 8-38 所示。

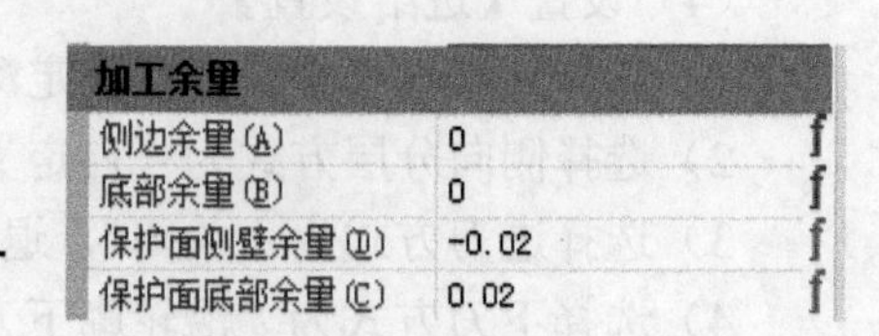

加工余量	
侧边余量(A)	0
底部余量(B)	0
保护面侧壁余量(D)	-0.02
保护面底部余量(C)	0.02

图 8-38 加工域参数

（3）选择【加工刀具】

1）单击“刀具名称”按钮，选择“[平底]JD-10.00”。

2）设置主轴转速为“10000”，进给速度为“1000”，如图 8-39 所示。

（4）设置【进给设置】

1）选择轴向分层方式为“关闭”。

2）选择侧向分层方式为“自定义”，自定义次数为“2”，第 1 次（侧向进给）为“0.05”，分层次数为“1”；第 2 次（侧向进给）为“10”，分层次数为“2”。

3）选择进刀方式为“圆弧相切”。

4）退刀设置勾选“与进刀方式相同”复选框。

5）关闭下刀方式，如图 8-40 所示。

（5）设置【安全策略】　安全策略设置与“D57 轮廓粗”的相同，此处可不做修改。

（6）计算路径　设置完成后单击“计算”按钮，计算完成后弹出当前路径计算结果。

几何形状	
刀具名称(N)	[平底]JD-10.00
输出编号	1
刀具直径(D)	10
半径补偿号	1
长度补偿号	1
刀具材料	硬质合金
从刀具参数更新	...
走刀速度	
主轴转速/rpm(S)	10000
进给速度/mmpm(F)	1000
开槽速度/mmpm(T)	1000
下刀速度/mmpm(P)	1000
进刀速度/mmpm(L)	1000
连刀速度/mmpm(K)	1000
尖角降速(Y)	☐
重设速度(R)	...

图 8-39　加工刀具及参数设置

轴向分层	
分层方式(T)	关闭
减少抬刀(K)	☑
侧向分层	
分层方式(T)	自定义
自定义次数(X)	2
第 1 次	0.05, 1
侧向进给	0.05
分层次数	1
第 2 次	10, 2
侧向进给	10
分层次数	2
总进给量(L)	10.05000
重复圈数	0
闭合曲线真螺旋	☑

进刀设置	
进刀方式(I)	圆弧相切
圆弧半径(R)	5
圆弧角度(A)	90
直线引入(G)	☐
总高度(H)	0
计算失败时(E)	缩短进刀长度
进刀位置(P)	自动查找
退刀设置	
与进刀方式相同(M)	☑
重复加工长度(P)	0

下刀方式	
下刀方式(M)	关闭
过滤刀具盲区(D)	☐
下刀位置(P)	自动搜索

图 8-40　进给设置

（7）修改路径名称　在路径树中右击当前路径，选择“重命名”按钮，修改路径名称为“D57 轮廓精”。

8.3.5　凹槽加工

1. 凹槽粗

操作步骤

（1）选择【加工方法】

1）双击“导航工作条”窗格中的“轮廓切割”按钮，进入“刀具路径参数”界面。

2）选择半径补偿为“向内偏移”，如图 8-41 所示。

（2）设置【加工域】

1）单击“编辑加工域”按钮，拾取“定位方槽轮廓线”作为轮廓线。

2）完成后单击“确定”按钮回到“刀具路径参数”对话框，如图 8-42 所示。

3）设置深度范围，表面高度为“0”，底面高度为“−10”。

加工方法	
方法分组(G)	2.5轴加工组
加工方法(T)	轮廓切割
工艺阶段	铣削-通用
轮廓切割	
半径补偿(M)	向内偏移
定义补偿值(V)	☐
保留曲线高度(H)	☐
从下向上切割(T)	☐
刀触点速度模式	☐
最后一层重复加工(R)	☐
使用参考路径	☐
法向控制	☐

图 8-41 加工方法设置

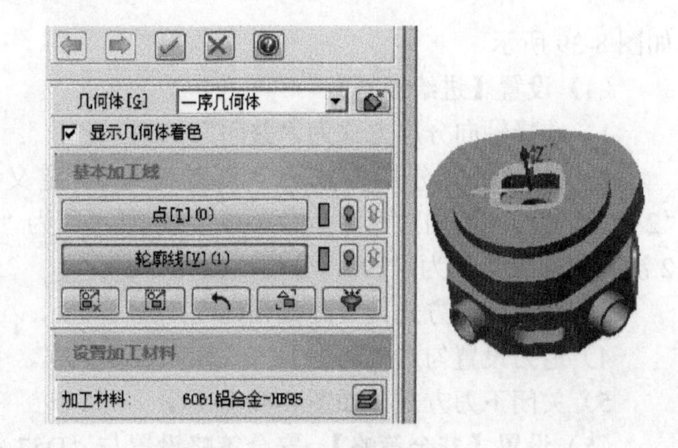

图 8-42 编辑加工域

4）设置加工余量，侧边和底部余量均为“0.1”。

5）其余参数保持默认即可，如图 8-43 所示。

加工图形	
编辑加工域(E)	
几何体(G)	一序几何体
点(I)	0
轮廓线(V)	1
加工材料	6061铝合金-HB95

深度范围	
表面高度(T)	0
定义加工深度(F)	☐
底面高度(M)	-10
重设加工深度(R)	...

加工余量	
侧边余量(A)	0.1
底部余量(B)	0.1
保护面侧壁余量(D)	-0.02
保护面底部余量(C)	0.02

图 8-43 加工域参数

（3）选择【加工刀具】

1）单击“刀具名称”按钮，选择“[平底] JD-10.00”。

2）设置主轴转速为“8000”，进给速度为“5000”，如图 8-44 所示。

几何形状	
刀具名称(N)	[平底]JD-10.00
输出编号	1
刀具直径(D)	10
半径补偿号	1
长度补偿号	1
刀具材料	硬质合金
从刀具参数更新	...

走刀速度	
主轴转速/rpm(S)	8000
进给速度/mmpm(F)	5000
开槽速度/mmpm(T)	5000
下刀速度/mmpm(P)	5000
进刀速度/mmpm(L)	5000
连刀速度/mmpm(K)	5000
尖角降速(W)	☐
重设速度(R)	...

图 8-44 加工刀具及参数设置

（4）设置【进给设置】

1）选择轴向分层方式为“限定深度”，吃刀深度为“1.5”。

2）选择进刀方式为“关闭”，退刀方式为“圆弧相切”。

3）选择下刀方式为“沿轮廓下刀”，如图 8-45 所示。

（5）设置【安全策略】 选择路径检查模型为“一序几何体”，其余参数保持默认，如图 8-46 所示。

轴向分层	
分层方式(T)	限定深度
吃刀深度(D)	1.5
拷贝分层(Y)	☐
减少抬刀(K)	☑
侧向分层	
分层方式(T)	关闭

进刀设置	
进刀方式(T)	关闭
进刀位置(P)	自动查找
退刀设置	
与进刀方式相同(M)	☐
退刀方式(T)	圆弧相切
圆弧半径(R)	5
圆弧角度(A)	90
直线引出(L)	☐
总高度(H)	0
重复加工长度(P)	0
退刀位置(P)	自动查找

下刀方式	
下刀方式(M)	沿轮廓下刀
下刀角度(A)	10
表面预留(T)	0.02
每层最大深度(M)	1.5
过滤刀具盲区(D)	☐
下刀位置(P)	自动搜索

图 8-45　进给设置

路径检查	
检查模型	一序几何体
⊟ 进行路径检查	检查所有
刀杆碰撞间隙	0.2
刀柄碰撞间隙	0.5
路径编辑	不编辑路径

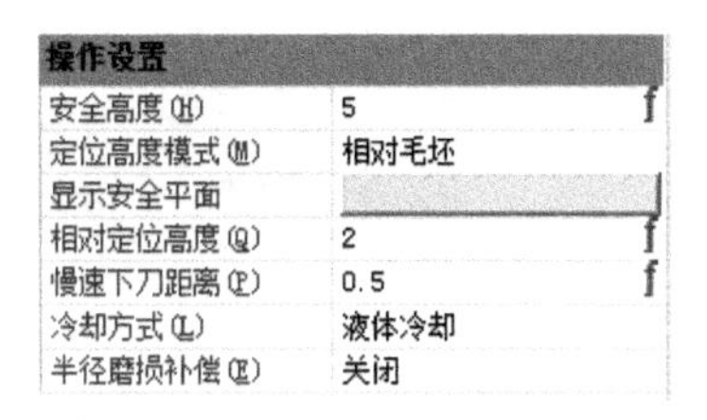

操作设置	
安全高度(H)	5
定位高度模式(M)	相对毛坯
显示安全平面	
相对定位高度(Q)	2
慢速下刀距离(F)	0.5
冷却方式(L)	液体冷却
半径磨损补偿(E)	关闭

图 8-46　路径检查

（6）计算路径　设置完成后单击“计算”按钮，计算完成后弹出当前路径计算结果。

（7）修改路径名称　在路径树中右击当前路径，选择“重命名”命令，修改路径名称为“凹槽粗”。

2. 凹槽精补加工

操作步骤

（1）选择【加工方法】　在左侧路径树中复制“凹槽粗”路径，双击复制得到的路径，进入“刀具路径参数”界面。

（2）设置【加工域】

1）加工域中加工图形和深度范围与“外轮廓粗”的相同，此处可不做修改。

2）修改侧边余量为“−0.015”，底部余量为“0”。

3）其余参数保持默认即可，如图 8-47 所示。

（3）选择【加工刀具】

1）单击“刀具名称”按钮，选择“[平底] JD-10.00”。

2）设置主轴转速为“10000”，进给速度为“500”，如图 8-48 所示。

加工余量	
侧边余量(A)	-0.015
底部余量(B)	0
保护面侧壁余量(D)	-0.02
保护面底部余量(C)	0.02

图 8-47　加工域参数

几何形状	
刀具名称(N)	[平底]JD-10.00
输出编号	1
刀具直径(D)	10
半径补偿号	1
长度补偿号	1
刀具材料	硬质合金
从刀具参数更新	...

走刀速度	
主轴转速/rpm(S)	10000
进给速度/mmpm(F)	500
开槽速度/mmpm(T)	500
下刀速度/mmpm(P)	500
进刀速度/mmpm(L)	500
连刀速度/mmpm(K)	500
尖角降速(W)	☐
重设速度(R)	...

图 8-48　加工刀具及参数设置

（4）设置【进给设置】

1）选择轴向分层方式为“关闭”（也就是只有一层路径）。

2）选择侧向分层方式为“自定义”，第1次侧向进给为“0.1”，分层次数为“2”。

3）选择进刀方式为“圆弧相切”，退刀设置勾选“与进刀方式相同”复选框。

4）关闭下刀方式，如图8-49所示。

轴向分层	
分层方式(T)	关闭
减少抬刀(K)	☑
侧向分层	
分层方式(T)	自定义
自定义次数(X)	1
⊞ 第 1 次	0.1, 2
总进给量(L)	0.10000
重复圈数	0
闭合曲线真螺旋	☑

进刀设置	
进刀方式(T)	圆弧相切
圆弧半径(R)	5
圆弧角度(A)	90
直线引入(G)	☐
总高度(H)	0
计算失败时(E)	缩短进刀长度
进刀位置(P)	指定点
⊞ 指定点坐标(X)	10, 0
退刀设置	
与进刀方式相同(M)	☑
重复加工长度(P)	0

下刀方式	
下刀方式(M)	关闭
过滤刀具盲区(D)	☐
下刀位置(P)	自动搜索

图8-49　进给设置

（5）设置【安全策略】

1）路径检查设置与“凹槽粗”的相同，此处可不做修改。

2）选择半径磨损补偿为“正向磨损”，如图8-50所示。

（6）计算路径　设置完成后单击“计算”按钮，计算完成后弹出当前路径计算结果。

（7）修改路径名称　在路径树中右击当前路径，选择“重命名”命令，修改路径名称为“凹槽精补加工”。

操作设置	
安全高度(H)	5
定位高度模式(M)	相对毛坯
显示安全平面	
相对定位高度(G)	2
慢速下刀距离(F)	0.5
冷却方式(L)	液体冷却
半径磨损补偿(E)	正向磨损
最大磨损补偿(X)	0.1
3D磨损补偿(W)	☐

图8-50　路径检查

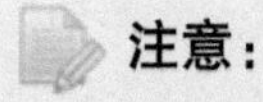

注意：

1）此处侧边余量设置为“−0.015”主要是考虑到工序一的外轮廓公差要求为0.033mm。

2）开启“半径磨损补偿”功能可以根据实际加工情况适当设置刀补进行补加工。

8.3.6　倒角加工

（1）选择【加工方法】

1）双击“导航工作条”窗格中的“轮廓切割”按钮，进入“刀具路径参数”界面。

2）选择半径补偿为“向外偏移”，定义补偿值为“1”，如图8-51所示。

（2）设置【加工域】

1）单击“编辑加工域”按钮，拾取“D57圆台轮廓线”作为轮廓线，如图8-52所示。

2）完成后单击“确定”按钮回到“刀具路径参数”对话框。

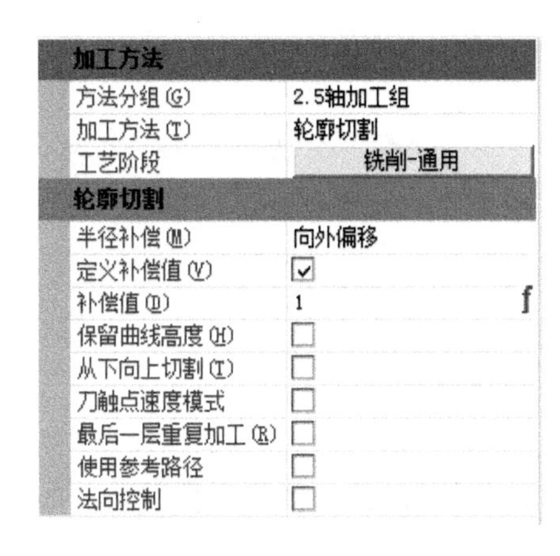

图 8-51　加工方法设置

图 8-52　编辑加工域

3）设置深度范围，表面高度为“-0.9”，勾选“定义加工深度”复选框，设置加工深度为“0.2”。

4）设置加工余量，侧边和底部余量均为“0”，如图 8-53 所示。

加工图形	
编辑加工域(E)	
几何体(G)	一序几何体
点(I)	0
轮廓线(V)	1
加工材料	6061铝合金-HB95

深度范围	
表面高度(T)	-0.9
定义加工深度(F)	☑
加工深度(D)	0.2
重设加工深度(R)	...

加工余量	
侧边余量(A)	0
底部余量(B)	0
保护面侧壁余量(D)	-0.02
保护面底部余量(C)	0.02

图 8-53　加工域参数

（3）选择【加工刀具】

1）单击“刀具名称”按钮，选择“[大头刀] JD-90-0.2-6.00”。

2）设置主轴转速为“10000”，进给速度为“1000”，如图 8-54 所示。

几何形状	
刀具名称(N)	[大头刀]JD-90-0.20-6.00
输出编号	9
顶直径(D)	6
半径补偿号	9
长度补偿号	9
刀具材料	硬质合金
从刀具参数更新	...

走刀速度	
主轴转速/rpm(S)	10000
进给速度/mmpm(F)	1000
开槽速度/mmpm(T)	1000
下刀速度/mmpm(P)	1000
进刀速度/mmpm(L)	1000
连刀速度/mmpm(K)	1000
尖角降速(W)	☐
重设速度(R)	...

图 8-54　加工刀具及参数设置

（4）设置【进给设置】

1）选择轴向分层方式为“关闭”。

2）选择进刀方式为“圆弧相切”。

3）退刀设置勾选“与进刀方式一致”复选框。

4）选择下刀方式为“关闭”，如图 8-55 所示。

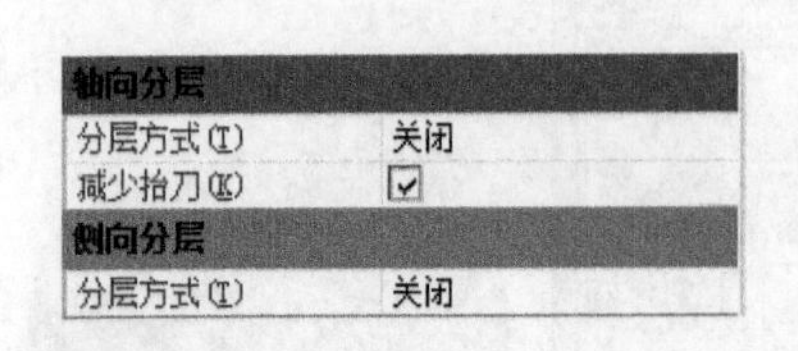

轴向分层	
分层方式(I)	关闭
减少抬刀(K)	☑
侧向分层	
分层方式(I)	关闭

进刀设置	
进刀方式(I)	圆弧相切
圆弧半径(R)	2
圆弧角度(A)	90
直线引入(G)	☐
总高度(H)	0
计算失败时(E)	缩短进刀长度
进刀位置(P)	自动查找
退刀设置	
与进刀方式相同(M)	☑
重复加工长度(P)	0

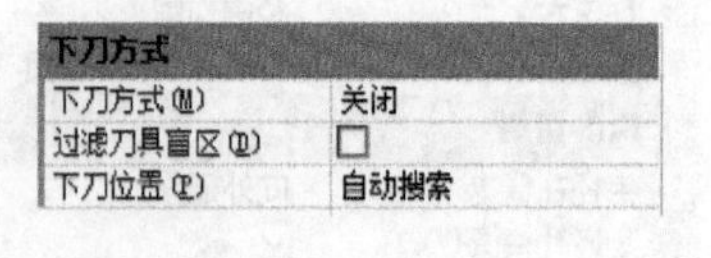

下刀方式	
下刀方式(M)	关闭
过滤刀具盲区(D)	☐
下刀位置(P)	自动搜索

图 8-55　进给设置

（5）设置【安全策略】 选择路径检查模型为“一序几何体”，其余参数保持默认，如图 8-56 所示。

路径检查	
检查模型	一序几何体
⊟ 进行路径检查	只进行碰撞检查
刀杆碰撞间隙	0.2
刀柄碰撞间隙	0.5
路径编辑	替换刀具

操作设置	
安全高度(H)	5
定位高度模式(M)	相对毛坯
显示安全平面	
相对定位高度(Q)	2
慢速下刀距离(F)	0.5
冷却方式(L)	液体冷却
半径磨损补偿(R)	关闭

图 8-56　路径检查

（6）计算路径　设置完成后单击“计算”按钮，计算完成后弹出当前路径计算结果。

（7）修改路径名称　在路径树中右击当前路径，选择“重命名”命令，修改路径名称为“倒角”。

说明：

其余几个倒角路径请参考“倒角”的步骤进行编程。

8.3.7　在机测量路径

1. 前面测量和后面测量

☞ 操作步骤

（1）选择【加工方法】 单击功能区的“在机测量”按钮，单击“平面”，进入“平面参数”界面，如图 8-57 所示。

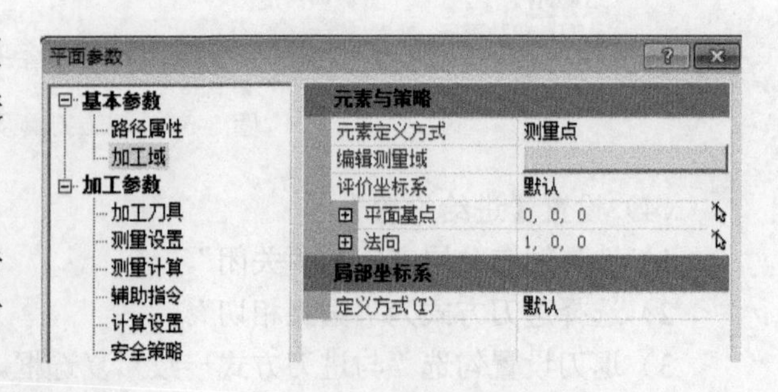

图 8-57　加工方法设置

（2）设置【加工域】

1）单击“编辑测量域”按钮，单击“曲面自动”按钮拾取工序一的工件方槽前面。

2）选择布点区域完成自动布点，如

图 8-58 和图 8-59 所示。

3）单击“确定”按钮回到“平面参数”对话框。

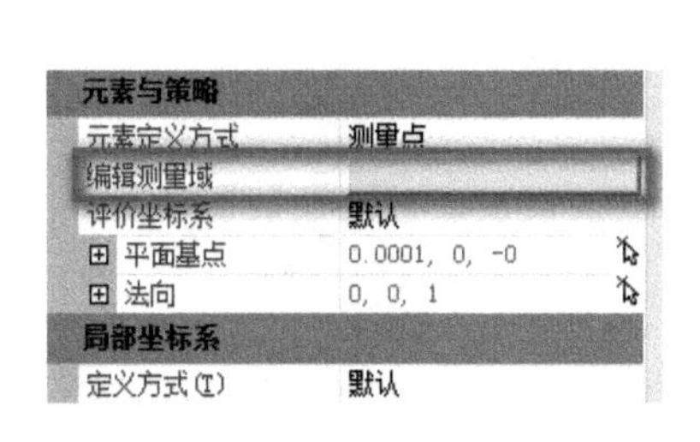

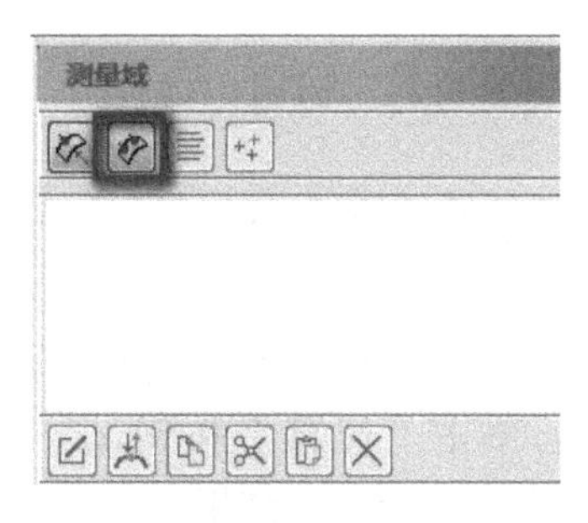

图 8-58　编辑加工域（一）

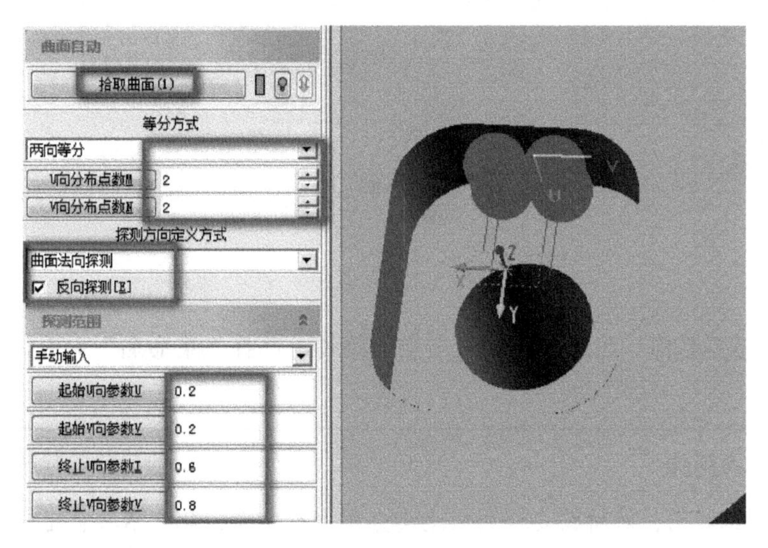

图 8-59　编辑加工域（二）

（3）选择【加工刀具】　单击“刀具名称”按钮，选择“[测头] JD-5.00”，如图 8-60 所示。

（4）计算路径　设置完成后单击“计算”按钮，计算完成后弹出当前路径计算结果。

（5）修改路径名称　在路径树中右击当前路径，选择“重命名”命令，修改路径名称为“前面”。

（6）后面测量　以同样的操作步骤，创建前面的对应面作为后面测量路径，重命名为“后面”。

几何形状	
刀具名称(N)	[测头]JD-5.00
输出编号	20
刀具直径(D)	5
长度补偿号	20
测头类型(E)	雷尼绍
探针规格	球型探针
测头信号索引	351
刀具材料	硬质合金

图 8-60　加工刀具

2. 距离评价

操作步骤

（1）选择【加工方法】　单击功能区的“在机测量”按钮，单击“距离”按钮，进入“距离参数”界面，如图 8-61 所示。

（2）设置【距离评价参数】

1）单击“被测元素”按钮，选择“前面”。

2）单击“基准元素”按钮，选择“后面”。

3）定义上下公差以及理论值，如图 8-62 所示。

（3）计算路径　其余参数保持默认，设置完成后单击“计算”按钮，计算完成后弹出当前路径计算结果。

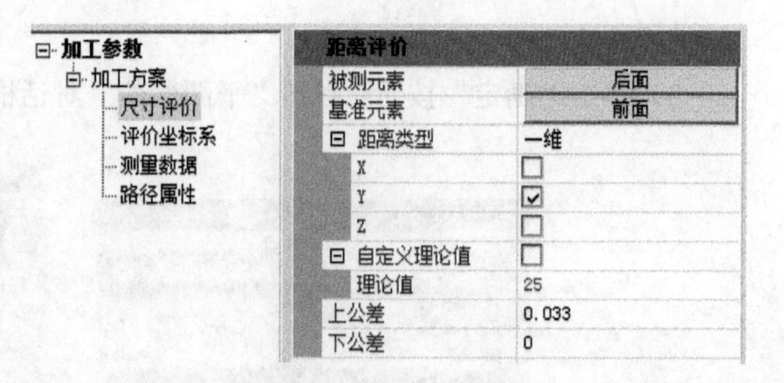

图 8-61　加工方法设置

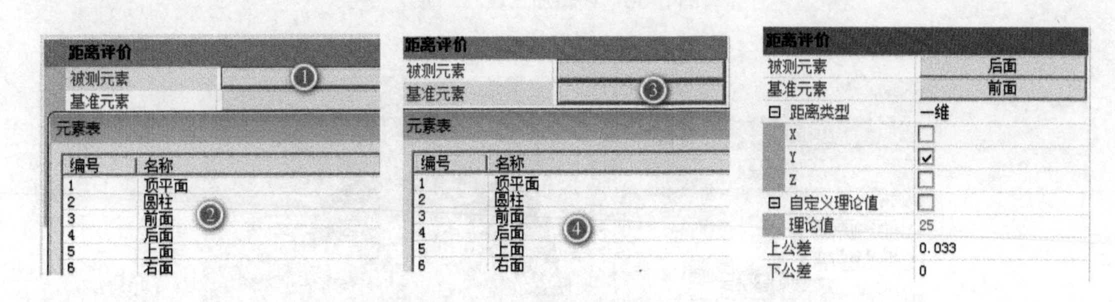

图 8-62　工件位置偏差设置

（4）修改路径名称　在路径树中右击当前路径，选择“重命名”命令，修改路径名称为“距离测量”。

关键点延伸

可以根据工程图，对所需要检测的元素分别进行测量，此处不再赘述。

8.4　编写加工程序（工序二）

利用工序一的定位方槽进行工件装夹，对工件进行整体加工。

8.4.1　D58 圆台和外轮廓加工

D58 圆台和外轮廓加工与工序一中 D57 圆台和外轮廓加工相似，可参考工序一中相关路径设置进行路径编制，此处不再赘述。

8.4.2　环形槽粗加工

☞ 操作步骤

1. 选择【加工方法】

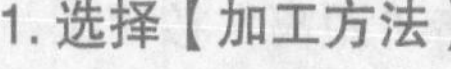

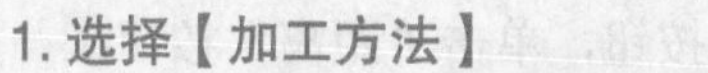

1）单击功能区的“多轴加工”按钮，单击“曲面投影加工”按钮，进入“刀具路径

参数”界面。

2）选择加工方式为“分层粗加工”，走刀方向为“螺旋”，如图 8-63 所示。

2. 设置【加工域】

1）单击“编辑加工域”按钮。

2）拾取“加工面”图层的曲面作为加工面。

3）拾取“导动面”图层的曲面作为导动面。

4）完成后单击“确定”按钮✓回到“刀具路径参数”对话框，如图 8-64 所示。

加工方法	
方法分组 (G)	多轴加工组
加工方法 (T)	曲面投影加工
工艺阶段	铣削-通用
曲面投影加工	
加工方式 (M)	分层粗加工
走刀方向 (D)	螺旋
U向限界 (U)	☐
V向限界 (V)	☐
投影方向 (P)	刀轴方向
导动面偏移距离 (C)	0
最大投影深度 (X)	50

图 8-63　加工方法设置

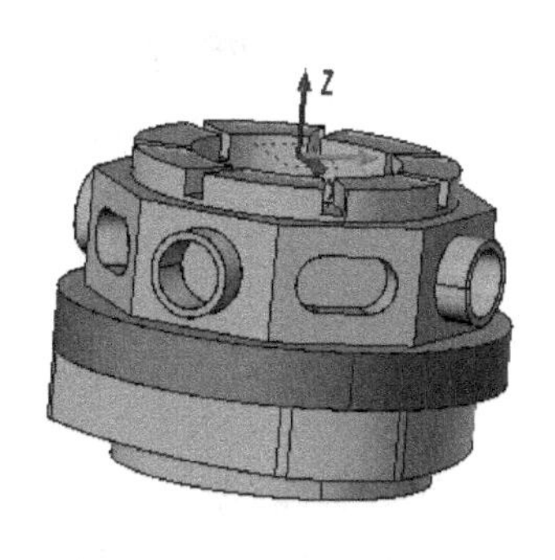

图 8-64　编辑加工域

5）设置深度范围，勾选“自动设置”复选框。

6）设置加工余量，加工面侧壁和底部余量均为“0.1”。

7）其余参数保持默认即可，如图 8-65 所示。

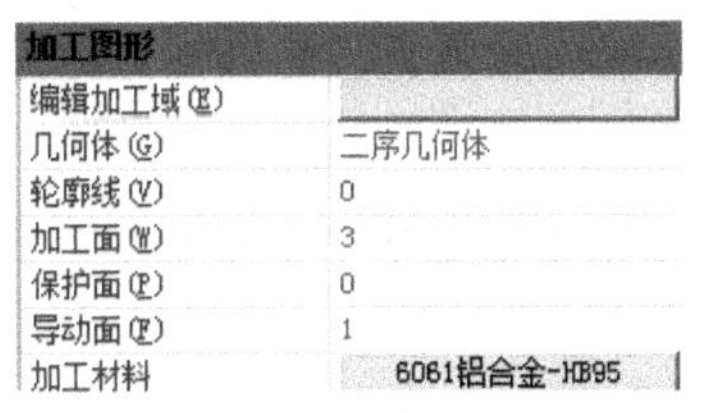

加工图形	
编辑加工域 (E)	
几何体 (G)	二序几何体
轮廓线 (V)	0
加工面 (W)	3
保护面 (P)	0
导动面 (F)	1
加工材料	6061铝合金-HB95

加工余量	
边界补偿 (U)	关闭
边界余量 (A)	0
加工面侧壁余量 (B)	0.1
加工面底部余量 (M)	0.1
保护面侧壁余量 (D)	0
保护面底部余量 (C)	0

图 8-65　加工域参数

3. 选择【加工刀具】

1）单击“刀具名称”按钮，选择“[平底] JD-6.00”。

2）选择刀轴控制方式为“曲面法向”。

3）设置主轴转速为“10000”，进给速度为“3000”，如图 8-66 所示。

几何形状	
刀具名称 (N)	[平底]JD-6.00
输出编号	2
刀具直径 (D)	6
长度补偿号	2
刀柄碰撞 (U)	☐
刀具材料	硬质合金
从刀具参数更新	...

刀轴方向	
刀轴控制方式 (T)	曲面法向
最大角度增量 (M)	3
走刀速度	
主轴转速/rpm (S)	10000
进给速度/mmpm (F)	3000
开槽速度/mmpm (T)	3000
下刀速度/mmpm (P)	3000
进刀速度/mmpm (L)	3000
连刀速度/mmpm (K)	3000
重设速度 (R)	...

图 8-66　加工刀具及参数设置

4. 设置【进给设置】

1）设置路径间距为“4”。

2）选择轴向分层方式为“限定层数”，路径层数为“30”，吃刀深度为“0.8”。

3）选择下刀方式为“沿轮廓下刀”，如图 8-67 所示。

5. 设置【安全策略】

选择路径检查模型为“二序几何体”，其余参数保持默认，如图 8-68 所示。

路径间距	
间距类型(T)	设置路径间距
路径间距	4
重叠率%(R)	33.34

轴向分层	
分层方式(T)	限定层数
路径层数(L)	30
吃刀深度(D)	0.8
拷贝分层(Y)	☐
减少抬刀(K)	☑

下刀方式	
下刀方式(M)	沿轮廓下刀
下刀角度(A)	5
表面预留(T)	0.02
每层最大深度(M)	0.8
过滤刀具盲区(U)	☐
下刀位置(P)	自动搜索

图 8-67 进给设置

路径检查	
检查模型	二序几何体
⊟ 进行路径检查	检查所有
刀杆碰撞间隙	0.2
刀柄碰撞间隙	0.5
路径编辑	不编辑路径

操作设置	
安全高度(H)	5
定位高度模式(M)	相对毛坯
显示安全平面	
相对定位高度(G)	2
慢速下刀距离(P)	0.5
冷却方式(L)	液体冷却
半径磨损补偿(E)	关闭

图 8-68 路径检查

6. 计算路径

设置完成后单击“计算”按钮，计算完成后弹出当前路径计算结果。

7. 修改路径名称

在路径树中右击当前路径，选择“重命名”按钮，修改路径名称为“环形槽粗”。

8.4.3 八角面加工

1. 八角椭圆槽粗加工

操作步骤

（1）创建【坐标系】 八角面加工使用“多轴定位”加工方式，因此加工前根据加工部位先创建加工坐标系 MCS-1。

1）右击左侧“导航工作条”窗格中的“加工坐标系”。

2）选择“新建”命令，在模型中选择适当位置创建坐标系，如图 8-69 所示。

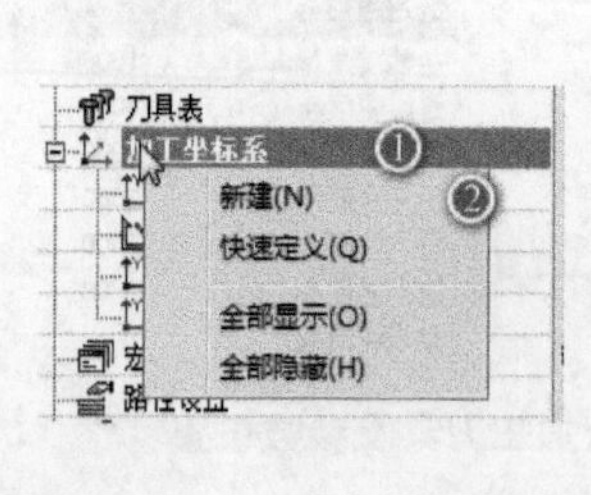

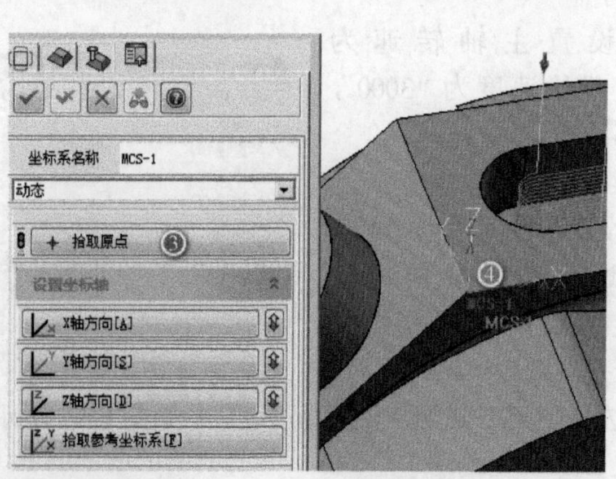

图 8-69 创建坐标系

（2）选择【加工方法】

1）单击功能区的“三轴加工”，单击“轮廓切割”按钮，进入“刀具路径参数”界面。

2）选择半径补偿为“向内偏移”，如图 8-70 所示。

（3）设置【加工域】

1）单击“编辑加工域”按钮，拾取“椭圆槽轮廓线”作为轮廓线，如图 8-71 所示。

2）完成后单击“确定”按钮回到“刀具路径参数”对话框。

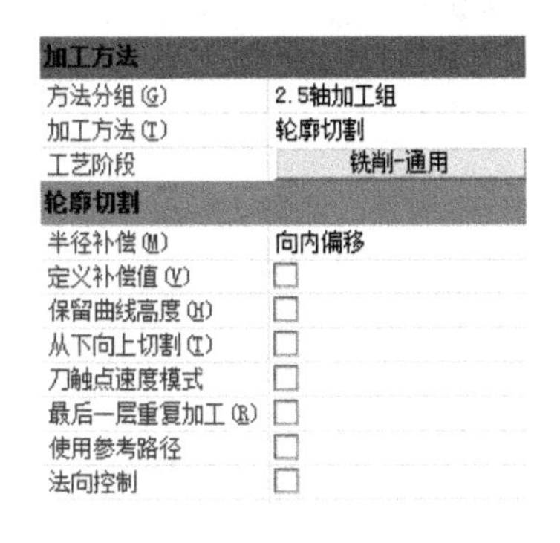

图 8-70　加工方法设置

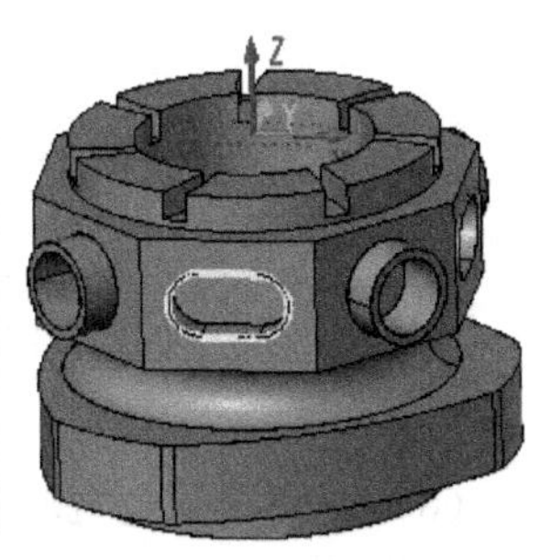

图 8-71　编辑加工域

3）设置深度范围，表面高度为“0”，底面高度为“-6”。

4）设置加工余量，侧边和底部余量均为“0.1”。

5）修改局部坐标系为“MCS-1”，如图 8-72 所示。

加工图形	
编辑加工域(E)	
几何体(G)	二序几何体
点(T)	0
轮廓线(V)	1
加工材料	6061铝合金-HB95

深度范围	
表面高度(T)	0
定义加工深度(F)	☐
底面高度(M)	-6
重设加工深度(R)	...

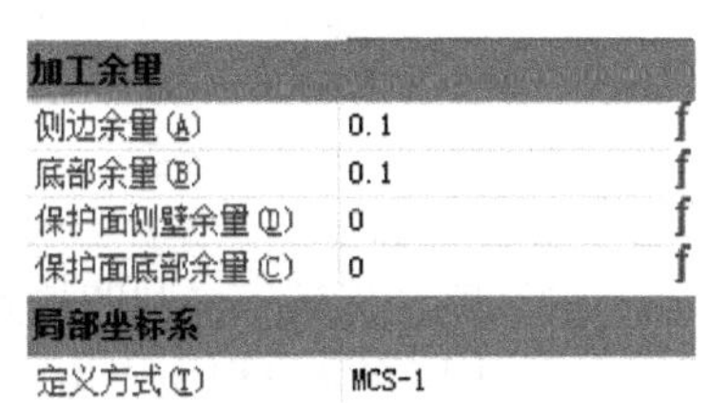

图 8-72　加工域参数

（4）选择【加工刀具】

1）单击“刀具名称”按钮，选择“[平底] JD-6.00”。

2）设置主轴转速为“10000”，进给速度为“3000”，如图 8-73 所示。

几何形状	
刀具名称(N)	[平底]JD-6.00
输出编号	2
刀具直径(D)	6
半径补偿号	2
长度补偿号	2
刀具材料	硬质合金
从刀具参数更新	...

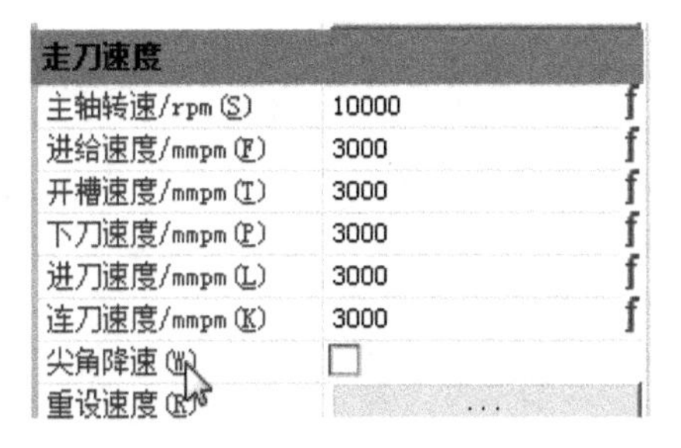

图 8-73　加工刀具及参数设置

（5）设置【进给设置】

1）选择轴向分层方式为“限定深度”，吃刀深度为“0.5”。

2）选择进刀方式为“关闭”。

3）选择退刀方式为“圆弧相切”。

4）选择下刀方式为“沿轮廓下刀”，如图 8-74 所示。

轴向分层	
分层方式（I）	限定深度
吃刀深度（D）	0.5
拷贝分层（Y）	☐
减少抬刀（K）	☑
侧向分层	
分层方式（I）	关闭

进刀设置	
进刀方式（I）	关闭
进刀位置（P）	自动查找
退刀设置	
与进刀方式相同（M）	☐
退刀方式（I）	圆弧相切
圆弧半径（R）	5
圆弧角度（A）	90
直线引出（L）	☐
总高度（H）	0
重复加工长度（P）	0
退刀位置（P）	自动查找

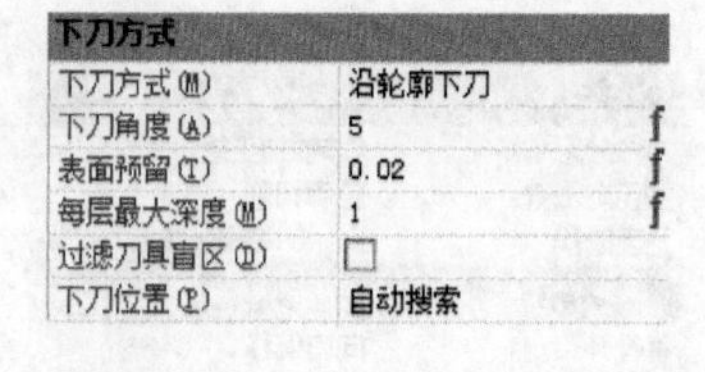

下刀方式	
下刀方式（M）	沿轮廓下刀
下刀角度（A）	5
表面预留（I）	0.02
每层最大深度（M）	1
过滤刀具盲区（Q）	☐
下刀位置（P）	自动搜索

图 8-74　进给设置

（6）设置【安全策略】 选择路径检查模型为“二序几何体”，其余参数保持默认，如图 8-75 所示。

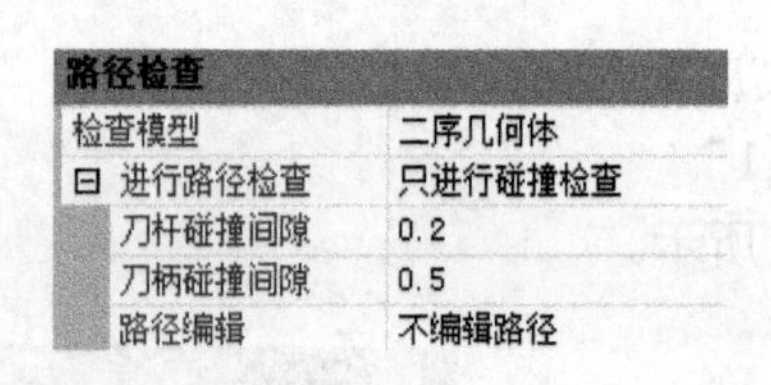

路径检查	
检查模型	二序几何体
⊟ 进行路径检查	只进行碰撞检查
刀杆碰撞间隙	0.2
刀柄碰撞间隙	0.5
路径编辑	不编辑路径

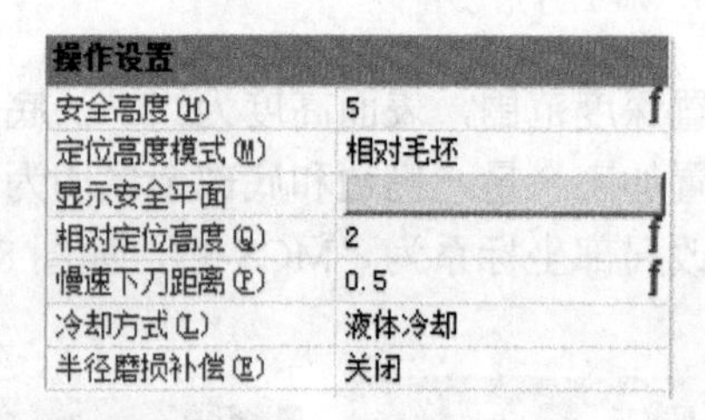

操作设置	
安全高度（H）	5
定位高度模式（M）	相对毛坯
显示安全平面	
相对定位高度（Q）	2
慢速下刀距离（P）	0.5
冷却方式（L）	液体冷却
半径磨损补偿（E）	关闭

图 8-75　路径检查

（7）路径旋转　椭圆凹槽特征均布在八角面上，因此选择路径变换进行快速编程。

1）选择变换类型为“旋转”。

2）定义旋转基点为“0，0，0”，旋转轴为“0，0，1”。

3）设置旋转角度为“90”。

4）勾选“保留原始路径”复选框。

5）设置个数为“3”。

6）勾选“毛坯优先连接”复选框，如图 8-76 所示。

空间变换	
变换类型（M）	旋转
⊞ 旋转基点（P）	0，0，0
⊞ 旋转轴线（X）	0，0，1
旋转角度（L）	90
保留原始路径（K）	☑
个数（N）	3
变换路径使用子程...	☐
毛坯优先连接（S）	☑

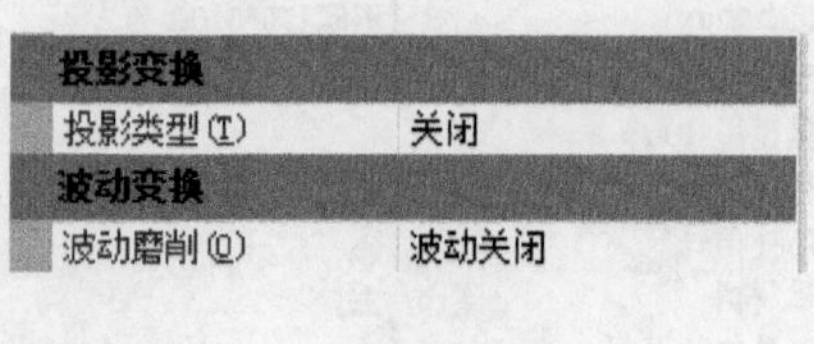

投影变换	
投影类型（T）	关闭
波动变换	
波动磨削（Q）	波动关闭

图 8-76　路径旋转

（8）计算路径　设置完成后单击“计算”按钮，计算完成后弹出当前路径计算结果。

（9）修改路径名称　在路径树中右击当前路径，选择“重命名”命令，修改路径名称为“八角椭圆槽粗”。

2. 八角椭圆槽精加工

1）复制“八角椭圆槽粗”路径，双击进入“刀具路径参数”界面。

2）设置深度范围，表面高度为“−6”、底面高度为“−6”。

3）修改底部余量为“−0.04”（此处槽深的极限偏差为 0.03 ～ 0.05）。

4）修改主轴转速为“12000”、进给速度为“500”。

5）修改轴向分层方式为“关闭”，进刀、退刀方式均为“圆弧相切”。

6）其余参数保持默认。

7）单击“计算”按钮得到精加工路径，如图 8-77 所示。

图 8-77　八角椭圆槽精加工

> **关键点延伸**
>
> 八角面剩余特征 D15 圆柱（粗、精），D12 圆孔（粗、精），D15 圆柱上面（精）以及椭圆槽上面（精）等加工，均可使用“轮廓切割”加工方法，此处不再赘述，详情可以参考“八角椭圆槽精”的操作步骤，以及工序一的相关操作步骤。

8.4.4　环形槽精加工

1. 环形槽清根

操作步骤

（1）选择【加工方法】

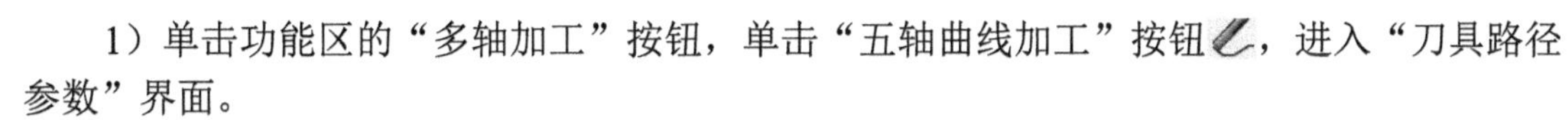

1）单击功能区的“多轴加工”按钮，单击“五轴曲线加工”按钮，进入“刀具路径参数”界面。

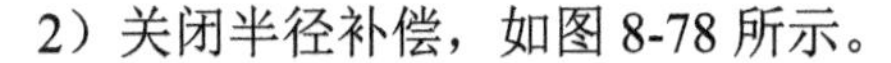

2）关闭半径补偿，如图 8-78 所示。

（2）设置【加工域】

1）单击“编辑加工域”按钮，拾取“环形槽五轴曲线”作为轮廓线，如图 8-79 所示。

2）完成后单击“确定”按钮回到“刀具路径参数”对话框。

3）设置深度范围，表面高度为“2”，底面高度为“0”。

4）设置加工余量，侧边余量为“0”，底部余量为“0.1”。

5）其余参数保持默认即可，如图 8-80 所示。

（3）选择【加工刀具】

1）单击“刀具名称”按钮，选择“[球头] JD-6.00”。

2）选择刀轴控制方式为“自动”。

3）设置主轴转速为“12000”，进给速度为“1500”，如图 8-81 所示。

加工方法	
方法分组 (G)	多轴加工组
加工方法 (I)	五轴曲线加工
工艺阶段	铁削-通用
五轴曲线加工	
半径补偿 (M)	关闭
特征加工 (Y)	☐
端点延伸 (E)	☐
多点进退刀 (U)	☐
禁止过切检查 (Q)	☐

图 8-78　加工方法设置

几何体 [G]	二序几何体
☑ 显示几何体着色	
基本加工域	
点 [I] (0)	
轮廓线 [Y] (1)	
保护面 [P] (0)	
设置加工材料	
加工材料:	6061铝合金-HB95

图 8-79　编辑加工域

加工图形	
编辑加工域 (E)	
几何体 (G)	二序几何体
点 (I)	0
轮廓线 (V)	1
保护面 (P)	0
加工材料	6061铝合金-HB95

深度范围	
表面高度 (T)	2
定义加工深度 (F)	☐
底面高度 (M)	0
重设加工深度 (R)	...

加工余量	
侧边余量 (A)	0
底部余量 (B)	0.1
保护面侧壁余量 (D)	-0.02
保护面底部余量 (C)	0.02
局部坐标系	
定义方式 (T)	默认

图 8-80　加工域参数

几何形状	
刀具名称 (N)	[球头]JD-6.00
输出编号	5
刀具直径 (D)	6
半径补偿号	5
长度补偿号	5
刀柄碰撞 (U)	☐
刀具材料	硬质合金
从刀具参数更新	...

刀轴方向	
刀轴控制方式 (T)	自动
插补方式 (I)	三次样条
优先经过竖直方向 (V)	☐
前倾角度 (F)	0
侧倾角度 (A)	0
最大角度增量 (M)	3
刀轴限界 (L)	☐
刀轴光顺 (H)	☐

走刀速度	
主轴转速/rpm (S)	12000
进给速度/mmpm (F)	1500
开槽速度/mmpm (T)	1500
下刀速度/mmpm (P)	1500
进刀速度/mmpm (L)	1500
连刀速度/mmpm (K)	1500
重设速度 (R)	...

图 8-81　加工刀具及参数设置

（4）设置【进给设置】

1）选择分层方式为“限定深度”，吃刀深度为“0.5”。

2）选择下刀方式为“沿轮廓下刀”。

3）选择进刀方式为“关闭”，退刀设置勾选“与进刀方式相同”复选框，如图 8-82 所示。

（5）设置【安全策略】 选择路径检查模型为“二序几何体”，其余参数保持默认，如图 8-83 所示。

（6）计算路径　设置完成后单击“计算”按钮，计算完成后弹出当前路径计算结果。

（7）修改路径名称　在路径树中右击当前路径，选择“重命名”命令，修改路径名称为“五轴曲线加工-清根”。

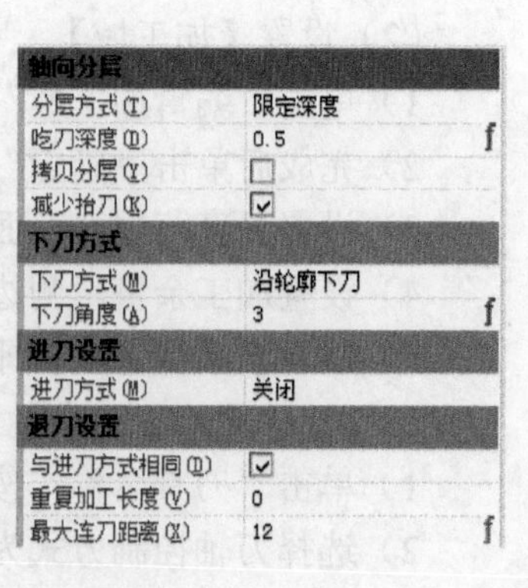

轴向分层	
分层方式 (T)	限定深度
吃刀深度 (D)	0.5
拷贝分层 (Y)	☐
减少抬刀 (K)	☑
下刀方式	
下刀方式 (M)	沿轮廓下刀
下刀角度 (A)	3
进刀设置	
进刀方式 (M)	关闭
退刀设置	
与进刀方式相同 (D)	☑
重复加工长度 (V)	0
最大连刀距离 (X)	12

图 8-82　进给设置

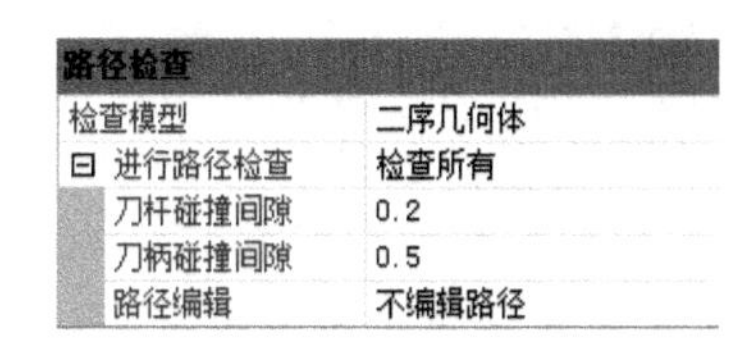

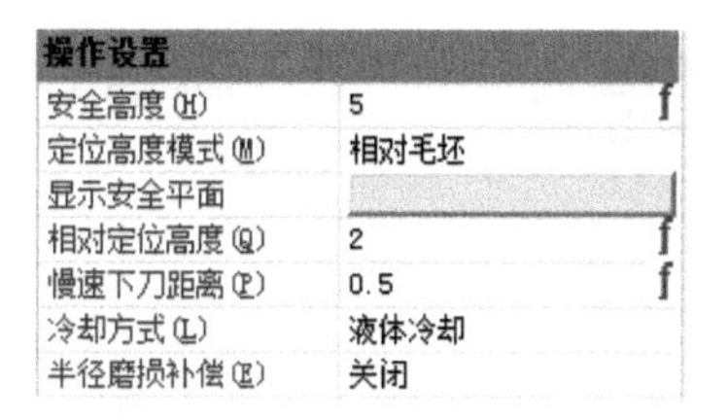

图 8-83 路径检查

2. 环形槽精

操作步骤

（1）选择【加工方法】

1）单击功能区的“多轴加工”按钮，单击“曲面投影加工”，进入“刀具路径参数”界面。

2）选择加工方式为“投影精加工”。

3）选择走刀方向为“螺旋”。

4）其余参数如图 8-84 所示。

（2）设置【加工域】

1）单击“编辑加工域”按钮。

2）拾取“加工面”图层的曲面作为加工面。

3）拾取“导动面”图层的曲面作为导动面，如图 8-85 所示。

4）完成后单击“确定”按钮✔回到“刀具路径参数”对话框。

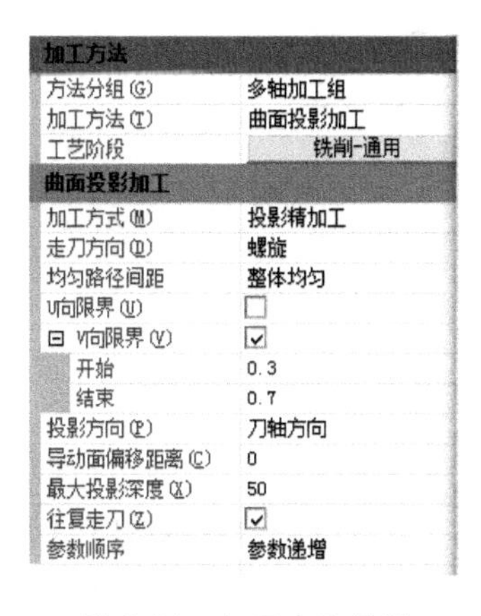

图 8-84 加工方法设置

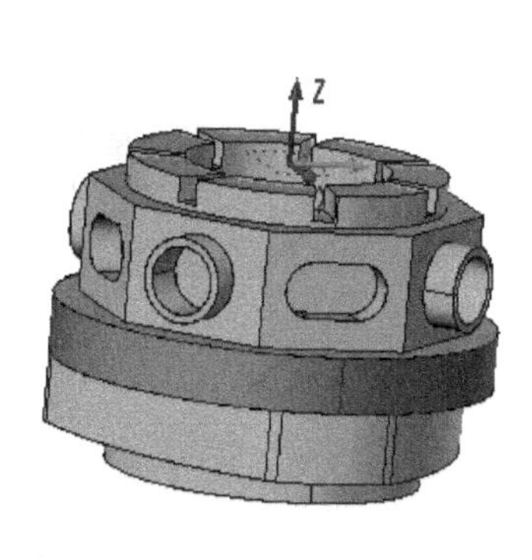

图 8-85 编辑加工域

5）设置深度范围，勾选“自动设置”复选框。

6）设置加工余量，加工面侧壁和底部余量为“0”。

7）其余参数保持默认即可，如图 8-86 所示。

（3）选择【加工刀具】

1）单击“刀具名称”按钮，选择“[球头] JD-6.00”。

2）选择刀轴控制方式为“曲面法向”。

加工图形	
编辑加工域(E)	
几何体(G)	二序几何体
轮廓线(V)	0
加工面(W)	3
保护面(P)	0
导动面(F)	1
加工材料	6061铝合金-HB95

加工余量	
边界补偿(U)	关闭
边界余量(A)	0
加工面侧壁余量(B)	0
加工面底部余量(M)	0
保护面侧壁余量(D)	0
保护面底部余量(C)	0

图 8-86　加工域参数

3）设置主轴转速为“12000”，进给速度为“1500”，如图 8-87 所示。

几何形状	
刀具名称(N)	[球头]JD-6.00
输出编号	5
刀具直径(D)	6
长度补偿号	5
刀柄碰撞(U)	☐
刀具材料	硬质合金
从刀具参数更新	...

刀轴方向	
刀轴控制方式(T)	曲面法向
最大角度增量(M)	3
刀轴限界(L)	☐
走刀速度	
主轴转速/rpm(S)	12000
进给速度/mmpm(F)	1500
开槽速度/mmpm(T)	1500
下刀速度/mmpm(P)	1500
进刀速度/mmpm(L)	1500
连刀速度/mmpm(K)	1500

图 8-87　加工刀具及参数设置

（4）设置【进给设置】

1）设置路径间距为“0.15”。

2）选择进刀方式为“切向进刀”，如图 8-88 所示。

路径间距	
间距类型(T)	设置路径间距
路径间距	0.15
重叠率%(R)	97.5

进刀方式	
进刀方式(T)	切向进刀
圆弧半径(R)	3.6
圆弧角度(A)	30
封闭路径螺旋连刀(P)	☑
仅起末点进退刀(E)	☐
直线延伸长度(L)	0
按照行号连刀(M)	☐
最大连刀距离(D)	12
删除短路径(S)	0.02

图 8-88　进给设置

（5）设置【安全策略】 选择路径检查模型为“二序几何体”，其余参数保持默认，如图 8-89 所示。

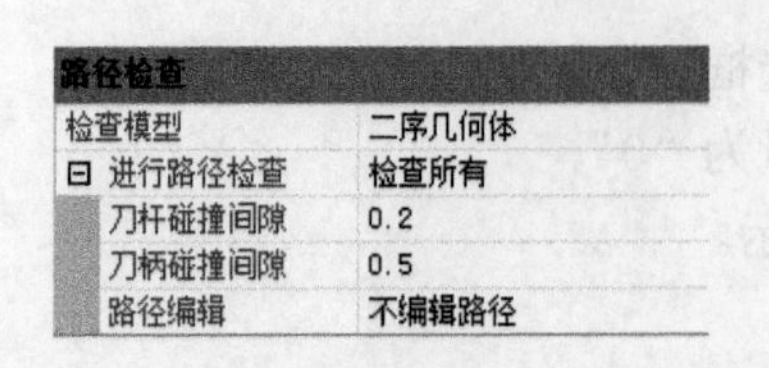

路径检查	
检查模型	二序几何体
⊟ 进行路径检查	检查所有
刀杆碰撞间隙	0.2
刀柄碰撞间隙	0.5
路径编辑	不编辑路径

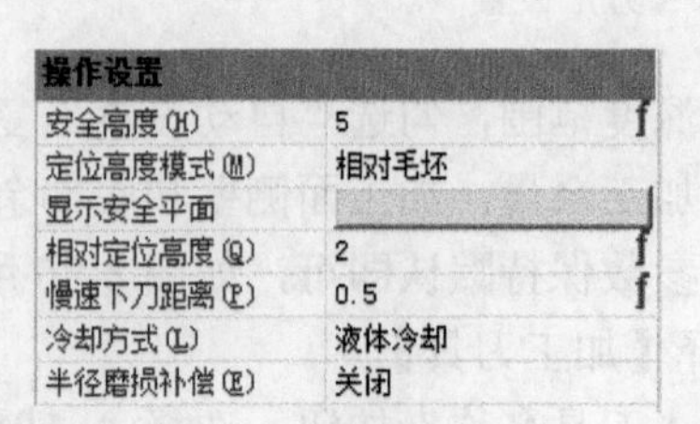

操作设置	
安全高度(H)	5
定位高度模式(M)	相对毛坯
显示安全平面	
相对定位高度(G)	2
慢速下刀距离(F)	0.5
冷却方式(L)	液体冷却
半径磨损补偿(E)	关闭

图 8-89　路径检查

（6）计算路径　设置完成后单击“计算”按钮，计算完成后弹出当前路径计算结果。

（7）修改路径名称　在路径树中右击当前路径，选择“重命名”命令，修改路径名称为“环形槽精”。

8.4.5　俯视槽加工

1. 俯视左槽粗

操作步骤

（1）选择【加工方法】

1）单击功能区的“三轴加工”按钮，单击“单线切割”按钮，进入“刀具路径参数”界面。

2）选择半径补偿为“向左偏移”。

3）勾选“延伸曲线端点”复选框，设置延伸值为“2”，如图 8-90 所示。

（2）设置【加工域】

1）单击“编辑加工域”按钮，拾取“槽左单线”作为轮廓线，如图 8-91 所示。

2）完成后单击“确定”按钮回到“刀具路径参数”对话框。

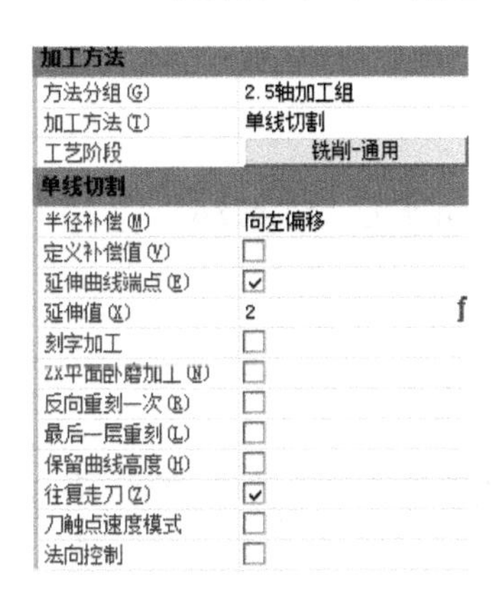

加工方法	
方法分组(G)	2.5轴加工组
加工方法(T)	单线切割
工艺阶段	铣削-通用
单线切割	
半径补偿(M)	向左偏移
定义补偿值(V)	☐
延伸曲线端点(E)	☑
延伸值(X)	2
刻字加工	☐
ZX平面卧磨加工(N)	☐
反向重刻一次(R)	☐
最后一层重刻(L)	☐
保留曲线高度(H)	☐
往复走刀(Z)	☑
刀触点速度模式	☐
法向控制	☐

图 8-90　加工方法设置

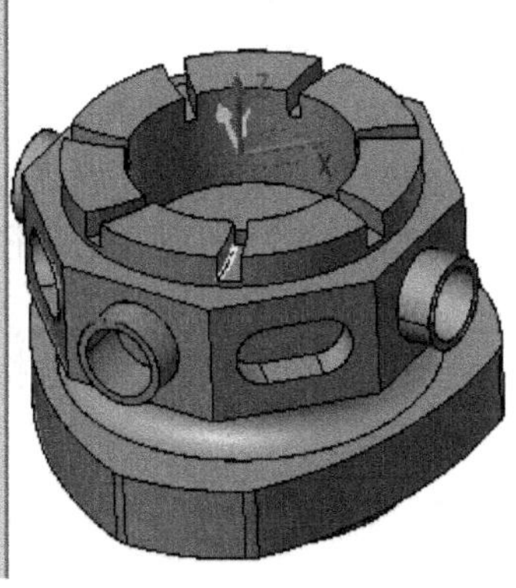

图 8-91　编辑加工域

3）设置深度范围，表面高度为“0”，底面高度为“-4.5”。

4）设置加工余量，侧边和底部余量均为“0.05”。

5）其余参数保持默认，如图 8-92 所示。

加工图形	
编辑加工域(E)	
几何体(G)	二序几何体
轮廓线(V)	1
加工材料	6061铝合金-HB95

深度范围	
表面高度(T)	0
定义加工深度(F)	☐
底面高度(M)	-4.5
重设加工深度(R)	...

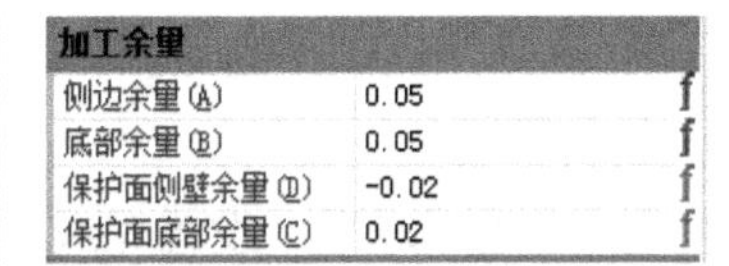

加工余量	
侧边余量(A)	0.05
底部余量(B)	0.05
保护面侧壁余量(D)	-0.02
保护面底部余量(C)	0.02

图 8-92　加工域参数

（3）选择【加工刀具】

1）单击“刀具名称”按钮，选择“[平底] JD-2.00”。

2）设置主轴转速为“12000”、进给速度为“2500”，如图 8-93 所示。

（4）设置【进给设置】

1）选择轴向分层方式为“限定深度”，吃刀深度为“0.3”。

2）选择进刀方式为“关闭”，勾选“与进刀方式相同”复选框。

3）选择下刀方式为“关闭”，如图 8-94 所示。

（5）设置【安全策略】 选择路径检查模型为“二序几何体”，其余参数保持默认，如图 8-95 所示。

（6）路径旋转 选择路径变换进行快速编程。

1）选择变换类型为“旋转”。

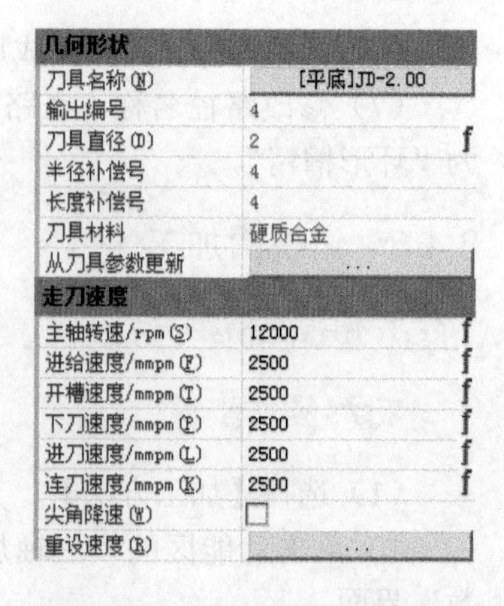

图 8-93 加工刀具及参数设置

轴向分层	
分层方式(T)	限定深度
吃刀深度(D)	0.3
拷贝分层(Y)	☐
减少抬刀(K)	☑
侧向分层	
分层方式(T)	关闭

进刀设置	
进刀方式(T)	关闭
进刀位置(P)	自动查找
退刀设置	
与进刀方式相同(M)	☑
重复加工长度(P)	0

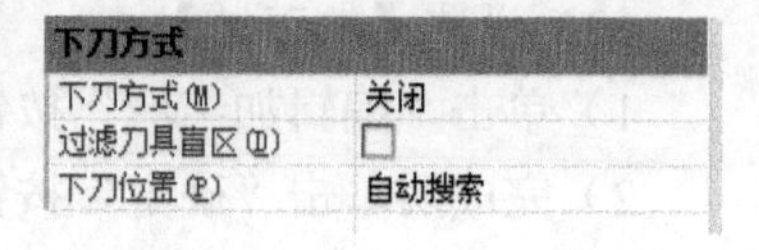

图 8-94 进给设置

2）定义旋转基点为“0，0，0”，旋转轴为“0，0，1”，旋转角度为“51.4286”。

3）勾选“保留原始路径”复选框。

4）设置个数为“6”。

5）勾选“毛坯优先连接”复选框，如图 8-96 所示。

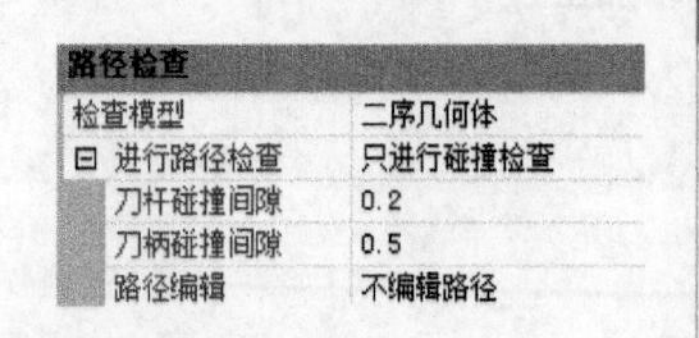

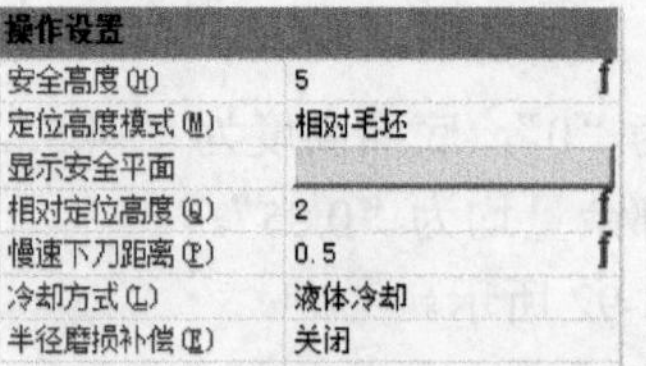

图 8-95 路径检查

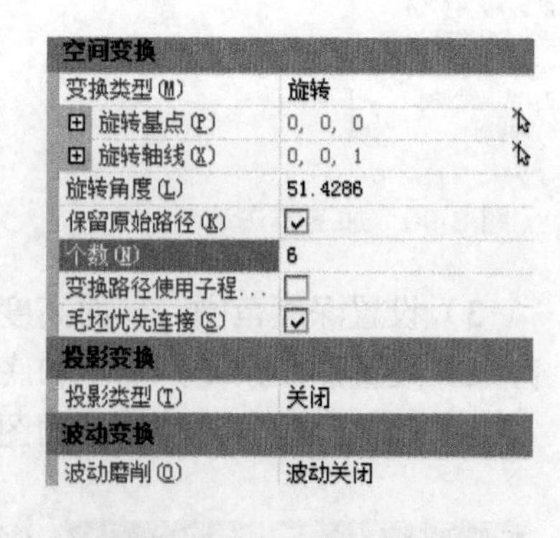

图 8-96 路径旋转

（7）计算路径 设置完成后单击“计算”按钮，计算完成后弹出当前路径计算结果。

（8）修改路径名称 在路径树中右击当前路径，选择“重命名”命令，修改路径名称为“俯视左槽粗”。

2. 俯视图左槽精

1）复制“俯视左槽粗”路径，双击“进入刀具路径参数”界面。

2）修改侧边和底部余量均为“0”。

3）修改主轴转速为“14000”、进给速度为“1500”。

4）单击“计算”按钮得到精加工路径，如图 8-97 所示。

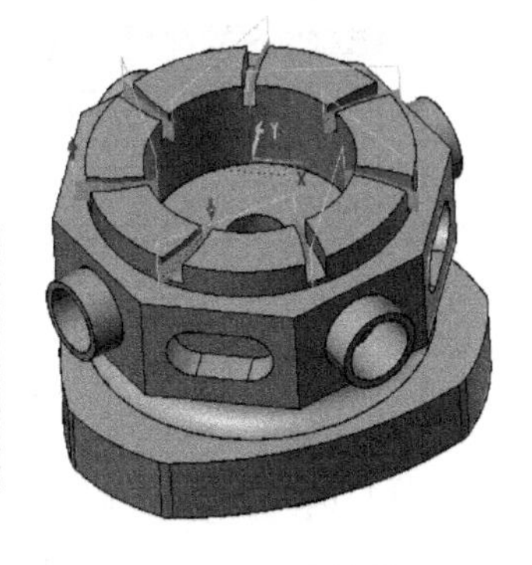

图 8-97　俯视左槽精加工

> **关键点延伸**
>
> 俯视右槽粗、精加工的操作步骤，此处不再赘述，详情可以参考“俯视左槽粗、精”加工的操作步骤。

8.4.6　倒角加工

1. 凸轮五轴曲线倒角加工

操作步骤

（1）选择【加工方法】

1）单击功能区的“多轴加工”按钮，单击“五轴曲线加工”按钮，进入“刀具路径参数”界面。

2）选择半径补偿为“向左偏移”，勾选“定义补偿值”复选框，设置补偿值为“1”，如图 8-98 所示。

（2）设置【加工域】

1）单击“编辑加工域”按钮，拾取“环形槽轮廓倒角线”作为轮廓线，如图 8-99 所示。

2）完成后单击“确定”按钮回到“刀具路径参数”对话框。

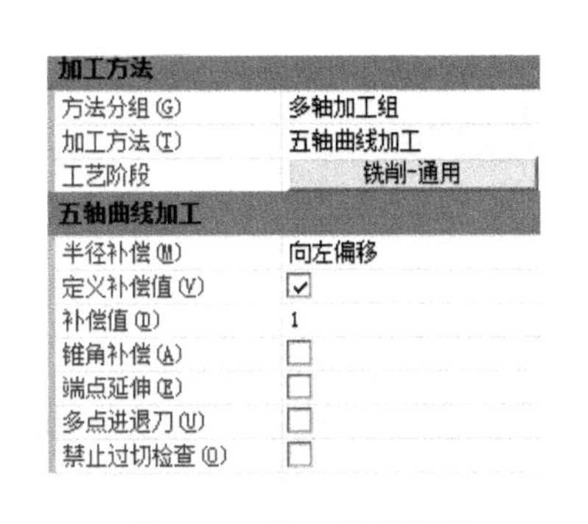

图 8-98　加工方法设置

图 8-99　编辑加工域

3）设置深度范围，表面高度为“−0.9”，勾选“定义加工深度”复选框，加工深度为“0.2”。

4）设置加工余量，侧边余量为“0”，底部余量为“0.1”。

5）其余参数保持默认即可，如图 8-100 所示。

（3）选择【加工刀具】

1）单击“刀具名称”按钮，选择“[大头刀] JD-90-0.20-6.00”；

加工图形	
编辑加工域 (E)	
几何体 (G)	二序几何体
点 (T)	0
轮廓线 (V)	1
保护面 (P)	0
加工材料	6061铝合金-HB95

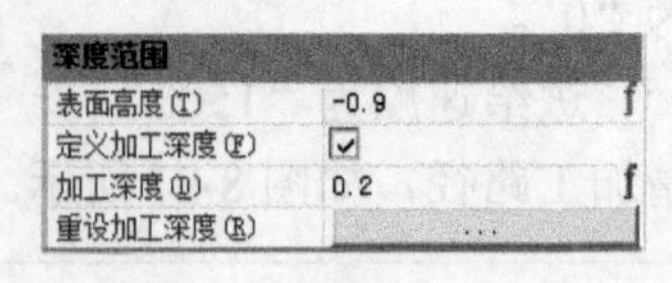

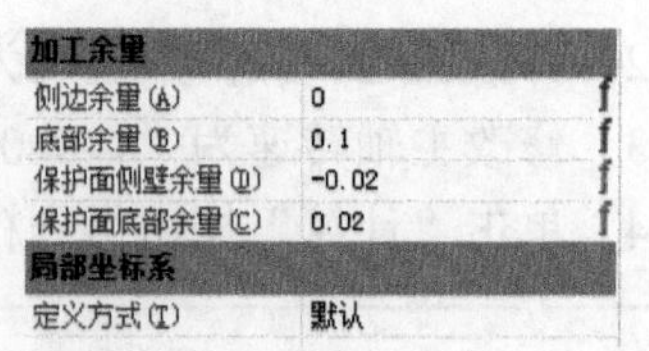

图 8-100 加工域参数

2）选择刀轴控制方式为“自动”。

3）设置主轴转速为“10000”，进给速度为“1500”，如图 8-101 所示。

几何形状	
刀具名称 (N)	[大头刀]JD-90-0.20-6.00
输出编号	9
顶直径 (D)	6
半径补偿号	9
长度补偿号	9
刀柄碰撞 (U)	
刀具材料	硬质合金
从刀具参数更新	...

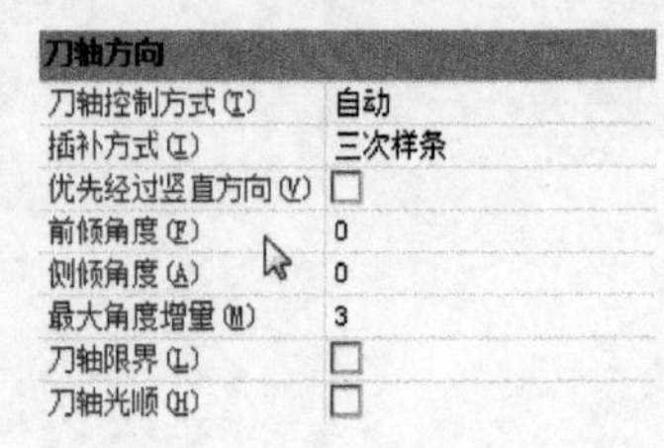

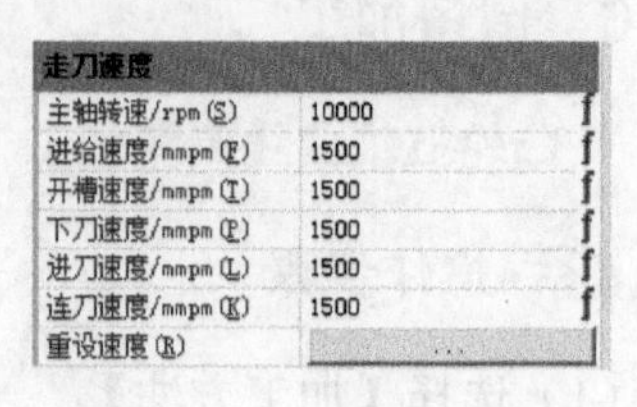

图 8-101 加工刀具及参数设置

（4）设置【进给设置】

1）选择分层方式为“关闭”。

2）选择下刀方式为“关闭”。

3）选择进刀方式为“竖直圆弧”，退刀设置勾选“与进刀方式相同”复选框，如图 8-102 所示。

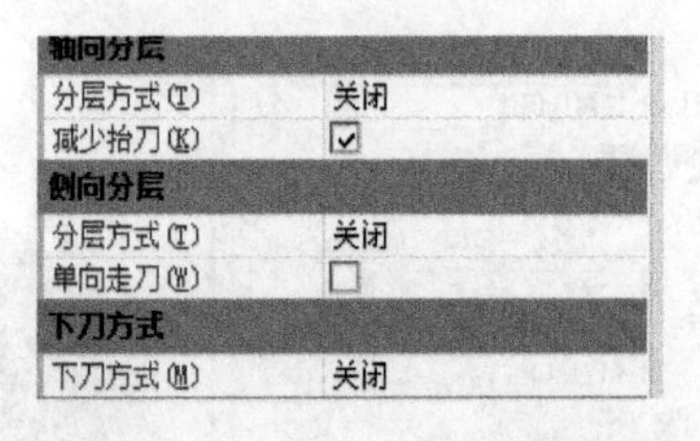

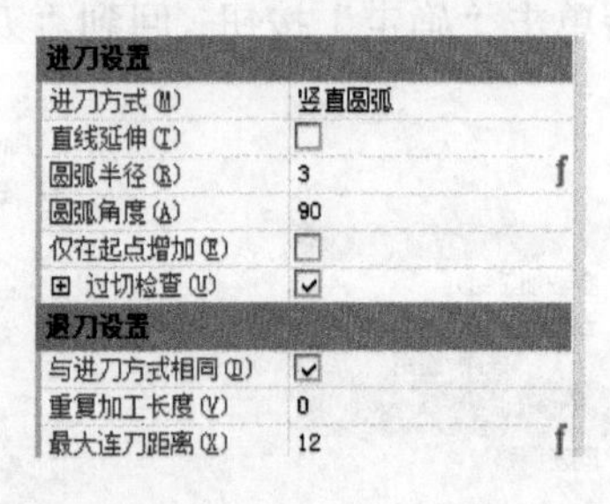

图 8-102 进给设置

（5）设置【安全策略】 选择路径检查模型为“空”，其余参数保持默认，如图 8-103 所示。

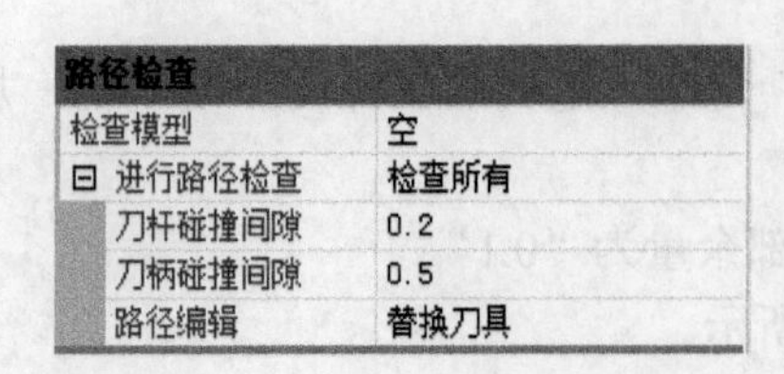

操作设置	
安全高度 (H)	5
定位高度模式 (M)	相对毛坯
显示安全平面	
相对定位高度 (G)	2
慢速下刀距离 (F)	0.5
冷却方式 (L)	液体冷却
半径磨损补偿 (E)	关闭

图 8-103 路径检查

（6）计算路径　设置完成后单击“计算”按钮，计算完成后弹出当前路径计算结果。

（7）修改路径名称　在路径树中右击当前路径，选择“重命名”按钮，修改路径名称为“五轴曲线加工 - 倒角”。

2. 其余轮廓倒角

其余轮廓倒角路径编程请参考工序一中“倒角”相关操作步骤。

8.5　模拟和输出

8.5.1　机床模拟

完成程序编写工作后，需要对程序进行模拟仿真，保证程序在实际加工中的安全性。

操作步骤

1）单击功能区的“机床模拟”按钮，进入机床模拟界面。

2）调节模拟速度后，单击模拟控制台的“开始”按钮进行机床模拟，如图 8-104 所示。（进入命令之前需要模拟的路径确保是显示状态。）

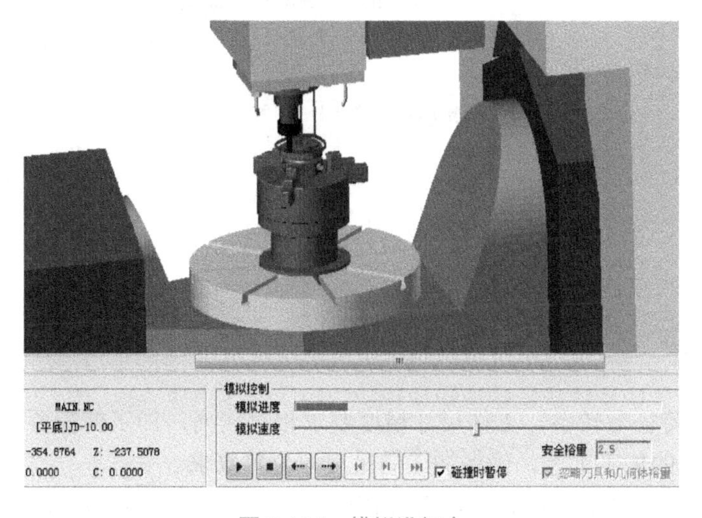

图 8-104　模拟进行中

3）机床模拟无误后单击“确定”按钮退出命令。

8.5.2　路径输出

顺利完成机床模拟工作后，接下来进行最后一步程序输出工作。

操作步骤

1）单击功能区的“输出刀具路径”按钮。

2）在“输出刀具路径（后置处理）”对话框中选择要输出的路径，根据实际加工设置好路径输出排序方法、输出文件名称。

3）单击“确定”按钮，即可输出最终的路径文件，如图 8-105 所示。

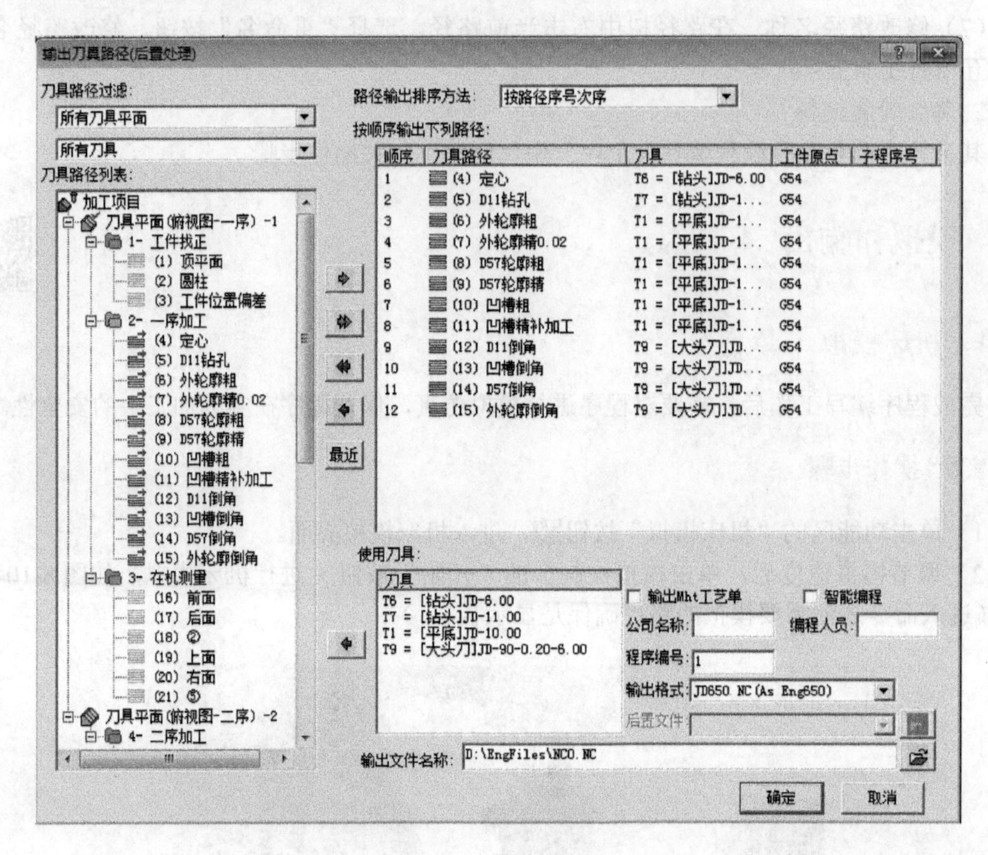

图 8-105　路径输出

8.6　实例小结

1）本章案例特征数较多，工件尺寸精度要求相对较高，加工前需要根据工程图分析零件特点，安排合理的加工工艺，确保加工满足尺寸公差要求。

2）本章轮廓切割功能使用较多，合理使用下刀参数、分层参数编制不同路径，使用中需要明确各个参数的具体含义。

3）曲面投影加工中，导动面制作是否合适和刀轴方向控制是否合理是路径质量高低的重要条件。

4）通过本章学习，用户熟悉路径变换的使用方法，在后续编程中可以融会贯通。

知识拓展

机械加工夹具

机械加工夹具是一种装夹工件的工艺装备，它用于定位工件，以使其获得相对于机床和刀具的正确位置，并把工件可靠地夹紧。我们把在金属切削机床上使用的夹具统称为机床夹具，具体分类如下。

（1）通用夹具　通用性比较强，适用于单件小批量生产。

（2）专用夹具　用于特定工序，适用于成批生产和大批量生产。

（3）可调夹具　具有一定的可调整性，可以更换部分元件或装置。

（4）组合夹具　由标准化元件构成，适用于单件小批量生产中位置精度要求比较高的零件。

（5）自动化夹具　也称随行夹具，将定位、夹紧和运载合为一体，常用于自动生产线以及柔性制造系统。

模块 4

专业化编程

第9章 五轴叶轮加工

学习目标

- ■ 了解叶轮加工难点，明确其加工思路，会根据叶轮特征合理安排加工工艺。
- ■ 掌握五轴叶轮加工方法及其参数设置方法。

9.1 实例描述

叶轮广泛应用在能源动力、航空航天等行业领域，是涡轮增压器的核心部件。叶轮实际工作时处于高速旋转状态，转速为30000～100000r/min，要求低振动、低噪声，因此对表面精度、动平衡有极高的要求。叶轮在结构上主要包括叶片曲面、流道面、倒角曲面等部分，如图9-1所示。

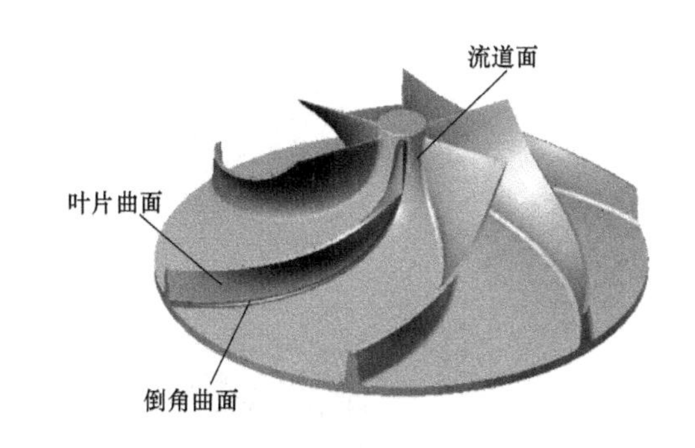

图9-1 叶轮模型

9.1.1 工艺分析

工艺分析是编写加工程序前的必备工作，需要充分了解加工要求和工艺特点，合理编写加工程序。

该工件的毛坯、加工要求和工艺分析如图9-2和图9-3所示。

图9-2 毛坯

加工要求

加工位置	叶轮整体
工艺要求	叶片及叶根圆角要表面光洁、刀纹均匀、无明显振纹 叶轮在转速为8500r/min的情况下不平衡量小于0.3g·mm 加工时间在10min以内(尽可能高效)

尺寸为48mm×48mm×16.3mm

薄壁零件，易变形，对刀具、机床、装夹要求高

六个叶片为扭转曲面，工件最小圆角为0.5mm，不易加工到位

传动零件，对表面粗糙度和尺寸精度要求非常高

叶片扭曲大，相邻叶片空间较小，易发生刀具干涉

图9-3 加工要求和工艺分析

9.1.2 加工方案

1. 机床设备

叶轮产品加工要求加工后的工件表面光洁和加工效率高，考虑选择精雕全闭环五轴机床；该工件尺寸为48mm×48mm×16.3mm，加上工装夹具，整体尺寸在GR200系列机床行程内，因此选择JDGR200_A10H五轴机床进行加工。

2. 加工方法

叶轮叶片扭曲大，叶根圆角较小，加工时极易产生刀具干涉，加工难度大，使用三轴机床无法加工到位，因此需要使用五轴联动方式加工。本案例中叶轮加工属于接序加工，毛坯先由车床车削成形，再由五轴机床完成加工。

整体叶轮加工是机械加工中的长期难题，常规的编程模式很难满足这类工件的加工要求。SurfMill 9.0软件提供了基于特征的“五轴叶轮加工”方法，参数设置少、编程难度低，使叶轮加工变得更简单。具体加工方案设计如图9-4和图9-5所示。

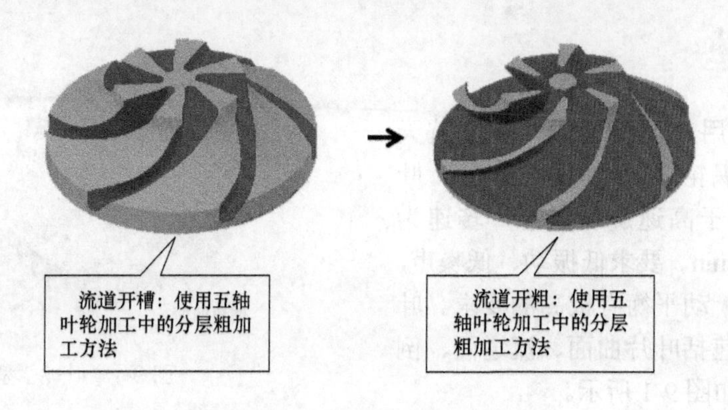

图9-4　粗加工编程加工方案

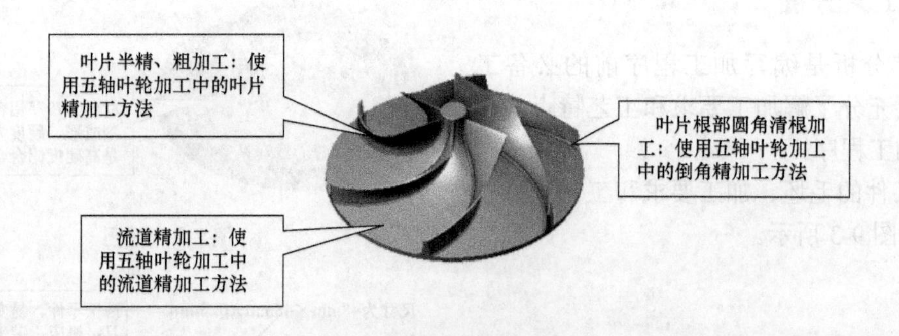

图9-5　其他工步编程加工方案

3. 加工刀具

叶轮加工对效率和质量要求高，因此选择刚性强、排屑能力强的锥度球头刀，利用刀具侧刃和刀尖进行铣削。

9.1.3 加工工艺卡

叶轮加工工艺卡见表9-1。

表 9-1　叶轮加工工艺卡

序号	工步	加工方法	刀具类型	主轴转速 /（r/min）	进给速度（mm/min）	效果图
1	流道开槽	分层粗加工 - 流道开槽	［锥度球头］JD-10-1.00	12000	2000	
2	流道开粗	分层粗加工 - 流道开粗	［锥度球头］JD-10-1.00	12000	2000	
3	叶片半精	叶片半精加工	［锥度球头］JD-10-1.00	12000	2000	
4	叶片精加工	叶片精加工	［锥度球头］JD-10-1.00- 精	15000	1500	
5	流道精加工	流道精加工	［锥度球头］JD-10-1.00- 精	15000	1500	
6	倒角精加工	倒角精加工	［锥度球头］JD-10-0.50	15000	1500	

注意：

因工艺设计受限于机床选择、加工刀具、模型特点、加工要求、环境等诸多因素，故此加工工艺卡提供的工艺数据仅供参考，用户可根据具体的加工情况重新设计工艺。

9.1.4　装夹方案

产品加工位置为叶轮整体，可装夹位为叶轮底部，故采用仿形夹具加螺钉固定方式装夹。以中心定位柱和仿形面为定位基准，用中心螺钉拉紧工件的方式定位，夹具与台面用螺钉拉紧方式固定，可快速进行批量生产，如图 9-6 所示。

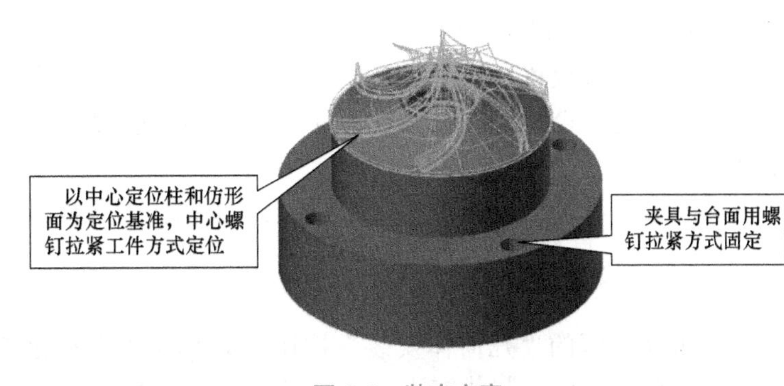

图 9-6　装夹方案

9.2 编程加工准备

编程加工前需要进行一些必要的准备工作，创建虚拟加工环境。具体内容包括：机床设置、创建刀具表、创建几何体、几何体安装设置等。

9.2.1 模型准备

启动 SurfMill 软件后，打开“五轴叶轮加工实例 -new.escam”练习文件。

9.2.2 机床设置

双击左侧“导航工作条”窗格中的“机床设置” 机床设置，选择机床类型为“5 轴”，选择机床文件为“JDGR200_A10H”，选择机床输入文件格式为“JD650 NC（As Eng650）”，设置完成后单击“确定”按钮，如图 9-7 所示。

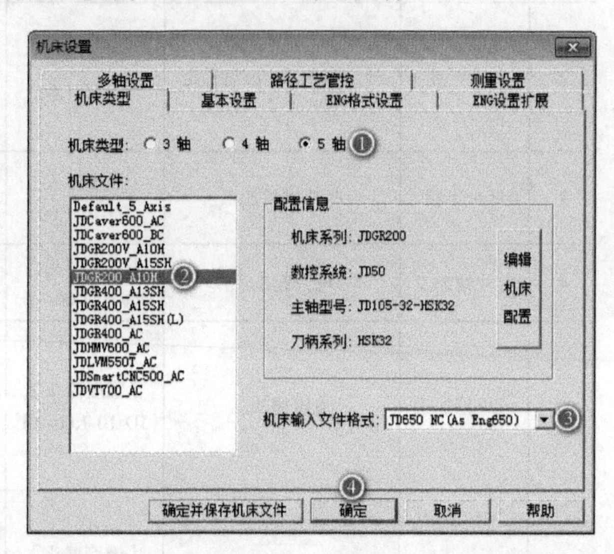

图 9-7 机床设置

9.2.3 创建刀具表

双击左侧“导航工作条”窗格中的“刀具表” 刀具表，依次添加需要使用的刀具。图 9-8 为本次加工使用刀具组成的当前刀具表。

当前刀具表

加工阶段	刀具名称	刀柄	输出编号	长度补偿号	半径补偿号	刀具伸出长度	加锁	使用次数
精加工	[锥度球头]JD-10-1.00-精	HSK-E32-ER16M-050S	1	1	1	36.9082		0
粗加工	[锥度球头]JD-10-1.00	HSK-E32-ER16M-050S	2	2	2	36.9082		0
精加工	[锥度球头]JD-10-0.50	HSK-E32-ER16M-050S	3	3	3	39.5267		0

图 9-8 创建当前刀具表

9.2.4 创建几何体

双击左侧“导航工作条”窗格中的“几何体列表” 几何体列表，进行工件设置、毛坯设置和夹具设置。

（1）工件设置 选择“工件”图层的曲面作为工件面。

（2）毛坯设置 选用“毛坯面”的方式创建毛坯，选择“毛坯面”图层的曲面作为毛坯面。

（3）夹具设置 选取“夹具”图层的曲面作为夹具面。

9.2.5 几何体安装设置

单击功能区的“几何体安装”按钮，单击“自动摆放”按钮，完成几何体快速安装。若自动摆放后安装状态不正确，可以通过“点对点平移”“动态坐标系”等方式进行调整。

9.3　编写加工程序

SurfMill 9.0 软件五轴叶轮加工包含了叶轮加工的开粗、精加工、清根等全部策略，只需定义包覆面、轮毂面、主叶片、分流叶片和倒角面等加工域，通过设定几个简单的参数，选择合理的走刀策略，系统就会自动调整刀轴，生成光滑、无干涉的路径。

9.3.1　创建辅助线 / 面

根据加工工艺卡，初步分析选用的加工方法所需的辅助线面，这一步将分别创建包覆面、轮毂面、主叶片、倒角面、延伸面等辅助线 / 面，并将其放入对应图层，如图 9-9 ～图 9-11 所示。

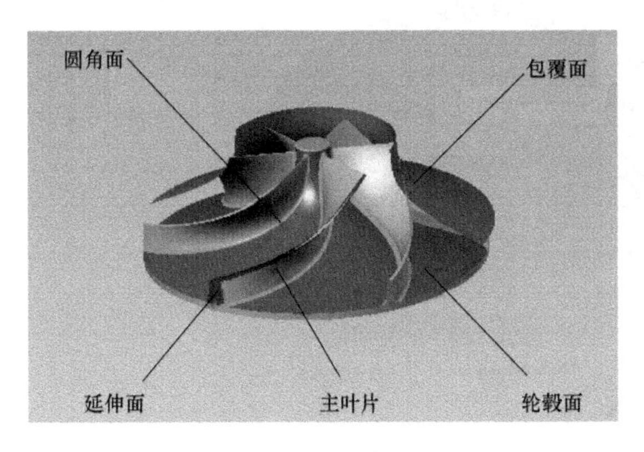

图 9-9　整体图

图 9-10　包覆面与轮毂面

图 9-11　主叶片、延伸面和倒角面

9.3.2　流道开槽

操作步骤

1. 选择【加工方法】

1）单击功能区的“特征加工”按钮，单击“五轴叶轮加工”按钮。

2）进入“刀具路径参数”界面，修改加工方案中的叶片个数等参数，如图 9-12 所示。

关键点延伸

分层粗加工能够以型腔顺序连续完成流道的开粗，此功能基于毛坯计算，可减少空切路径。

2. 设置【加工域】

1）单击“编辑加工域”按钮。

2）几何体为默认的“叶轮加工几何体”，拾取包覆曲面、轮毂曲面、叶片曲面和倒角曲面，其中叶片曲面包含图层“延伸面”，如图 9-13 所示。

五轴叶轮加工	
叶片个数(N)	6
加工方式(T)	分层粗加工
偏移方式(M)	轮毂面偏移
区域走刀方式(R)	区域流线
初始仰角(I)	轮毂面法向
平均初始仰角(V)	☑
设置刀轴方向偏移(Z)	☐
⊟ 限定路径条数(X)	☑
路径条数(B)	1
从中间向两边加工(K)	☑
轮毂面偏移(H)	0.2
包覆面偏移(D)	0
往复走刀(Z)	☑
旋转阵列(A)	☑
校正方式(J)	极限方式

图 9-12　加工方法设置

图 9-13　编辑加工域

3）单击“确定”按钮☑完成加工域选择。

4）设置加工余量，该路径加工面和保护面余量均为“0.1”。

5）其余参数保持默认，如图 9-14 所示。

加工余量	
边界补偿(U)	关闭
边界余量(A)	0
加工面余量(F)	0.1
保护面余量(D)	0.1

图 9-14　加工余量

关键点延伸

叶轮加工是基于特征的，因此要选择一些特征曲面作为加工域，包括轮毂曲面、包覆曲面、叶片曲面、分流叶片、倒角面等形状特征。

3. 选择【加工刀具】

1）单击“刀具名称”按钮，选择“[锥度球头] JD-10-1.00”。

2）走刀速度根据实际情况进行设置，此处设置主轴转速为“12000”，进给速度为“2000”，如图 9-15 所示。

4. 设置【进给设置】

1）设置路径间距为“1”。

2）选择轴向分层方式为“限定层数”、路径层数为“20”，吃刀深度为“0.5”。

3）选择下刀方式为“折线下刀”，如图 9-16 所示。

几何形状	
刀具名称(N)	[锥度球头]JD-10-1.00
输出编号	2
顶直径(D)	6
圆角半径(R)	1
刀具锥度(a)	10
长度补偿号	2
刀柄碰撞(U)	☐
刀具材料	硬质合金
从刀具参数更新	...
刀轴方向	
刀轴控制方式(T)	自动
最大角度增量(M)	3

走刀速度	
主轴转速/rpm(S)	12000
进给速度/mmpm(F)	2000
开槽速度/mmpm(T)	2000
下刀速度/mmpm(P)	2000
进刀速度/mmpm(L)	2000
连刀速度/mmpm(K)	2000
重设速度(R)	...

图 9-15　加工刀具及参数设置

路径间距	
间距类型(T)	设置路径间距
路径间距	1
重叠率%(R)	49.81

轴向分层	
分层方式(T)	限定层数
路径层数(L)	20
吃刀深度(D)	0.5
拷贝分层(Y)	☐
减少抬刀(K)	☑

下刀方式	
下刀方式(M)	折线下刀
下刀角度(A)	0.5
直线长度(L)	2.88
表面预留(T)	0.02
侧边预留(S)	0
每层最大深度(M)	5
过滤刀具盲区(D)	☐

图 9-16　进给设置

5. 设置【安全策略】

选择路径检查为“检查所有”，修改检查模型为“叶轮加工几何体”，如图 9-17 所示。

6. 计算路径

1）设置完成后单击“计算”按钮，计算完成后弹出当前路径计算结果，如图 9-18 所示。

2）在路径树中右击当前路径，选择“重命名”命令，修改路径名称为“流道开槽”。

路径检查	
检查模型	叶轮加工几何体
⊟ 进行路径检查	检查所有
刀杆碰撞间隙	0.2
刀柄碰撞间隙	0.5
路径编辑	不编辑路径

图 9-17　路径检查

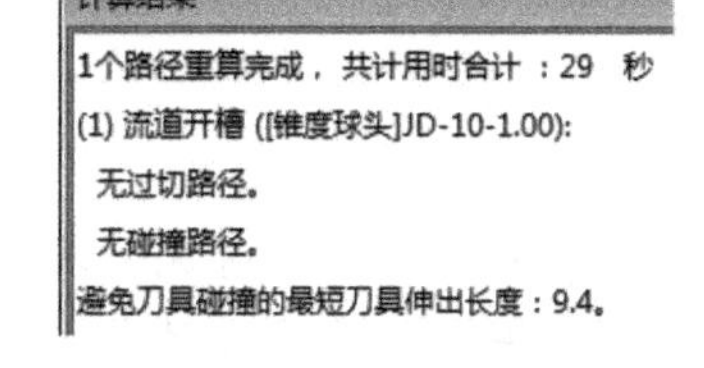

图 9-18　计算结果

9.3.3　流道开粗

“流道开粗”路径大部分参数与“流道开槽”路径相同，复制“流道开槽”路径，修改部分参数即可生成“流道开粗”路径。具体操作步骤详见视频。

9.3.4　叶片半精、精加工

叶片半精、精加工使用了“五轴叶轮加工 - 叶片精加工”加工方法，下面以叶片半精加工为例介绍。

操作步骤

1. 选择【加工方法】

1）在路径树中复制“流道开粗”路径。

2）双击复制得到的路径，进入“刀具路径参数”界面，修改加工方案中的加工方式、偏移方式等参数，如图 9-20 所示。

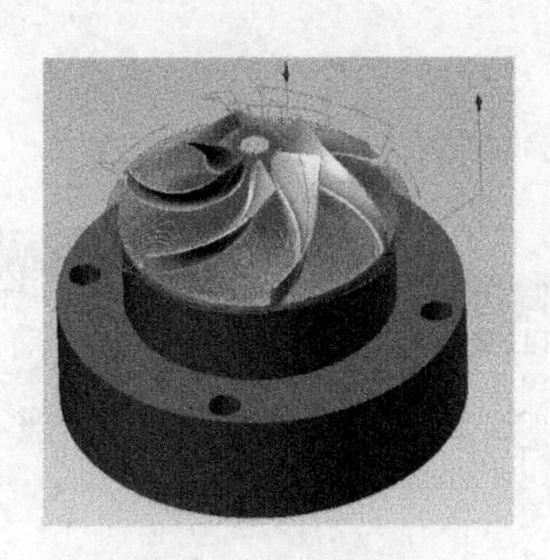

图 9-19　流道开粗

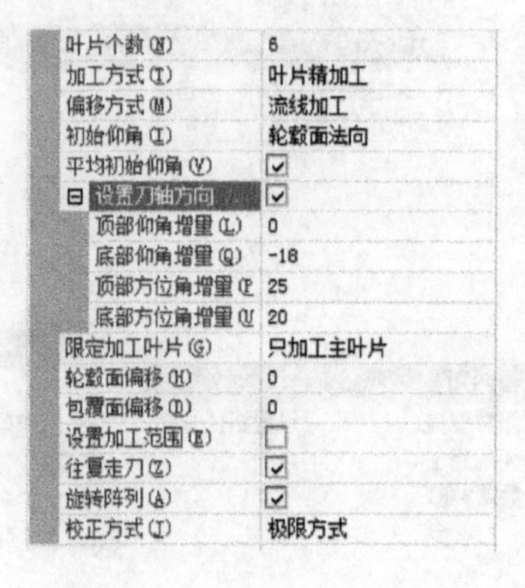

图 9-20　加工方法设置

关键点延伸

根据不同叶片的几何形状，叶片可以采用点铣或侧铣两种方式进行加工，如图 9-21 和图 9-22 所示。

图 9-21　点铣法

图 9-22　侧铣法

两种方式各有优、缺点，但点铣法可以加工任何几何形状的叶片，适用于高速加工和侧铣切削无法满足加工精度时的情况。叶片精加工就是采用点铣的方式进行加工的，适合完整叶片和部分叶片面的精加工。

2. 设置【加工域】

加工域的设置与“流道开粗”相同，不做修改。

3. 选择【加工刀具】

加工刀具与“流道开粗”相同，不做修改。

4. 设置【进给设置】

设置路径间距为“0.3”。

5. 设置【安全策略】

路径检查设置与“流道开粗”相同，不做修改。

6. 计算路径

1）设置完成后单击“计算”按钮，计算完成后确认当前路径计算结果，如图 9-23 所示。

2）将路径名称重命名为“叶片半精加工”。

参考叶片半精加工方法的操作步骤，叶片精加工路径与其类似，详见视频。

叶片精加工路径如图 9-24 所示。

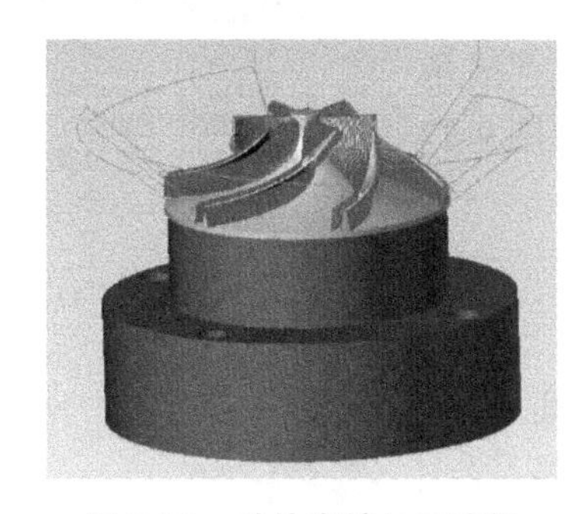

图 9-23　叶片半精加工路径

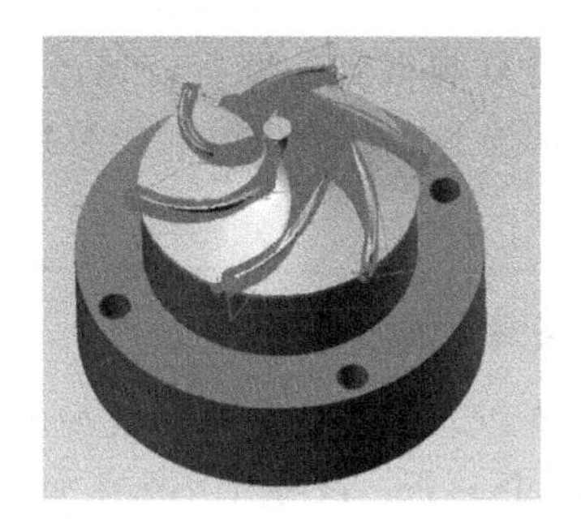

图 9-24　叶片精加工路径

9.3.5　流道精加工

操作步骤

1）在路径树中复制“叶片精加工”路径。

2）双击复制得到的路径，修改加工方式为“流道精加工”。

关键点延伸

流道精加工适合完整流道面的加工，包括区域流线和区域环切两种区域走刀方式，以满足流道加工的需要。

3）其他参数与“叶片精加工”相同，不做修改，如图 9-25 所示。

4）计算完成后确认当前路径计算结果，如图 9-26 所示。将路径名称重命名为“流道精加工”。

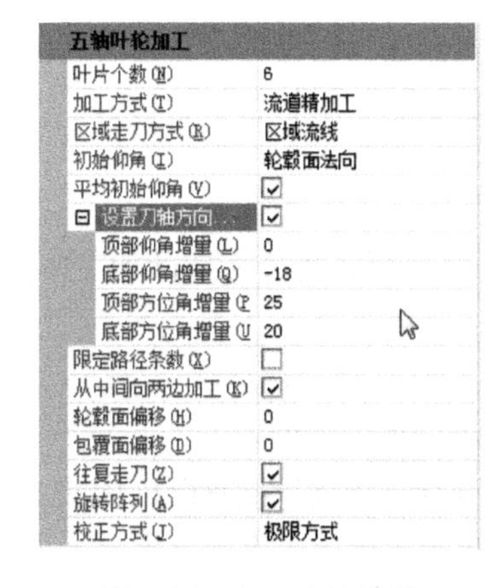

五轴叶轮加工	
叶片个数(N)	6
加工方式(T)	流道精加工
区域走刀方式(B)	区域流线
初始仰角(I)	轮毂面法向
平均初始仰角(V)	☑
⊟ 设置刀轴方向...	☑
顶部仰角增量(L)	0
底部仰角增量(Q)	-18
顶部方位角增量(P	25
底部方位角增量(U	20
限定路径条数(X)	☐
从中间向两边加工(K)	☑
轮毂面偏移(H)	0
包覆面偏移(D)	0
往复走刀(Z)	☑
旋转阵列(A)	☑
校正方式(J)	极限方式

图 9-25　加工方法设置

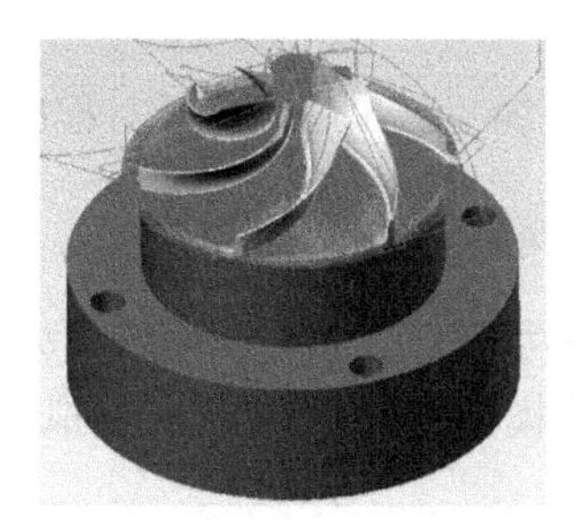

图 9-26　流道精加工路径

9.3.6 倒角精加工

操作步骤

1. 选择【加工方法】

1）在路径树中复制“流道精加工”路径。

2）双击复制得到的路径，修改加工方式为“倒角精加工”，修改上把刀具圆角半径参数为“1”，如图 9-27 所示。

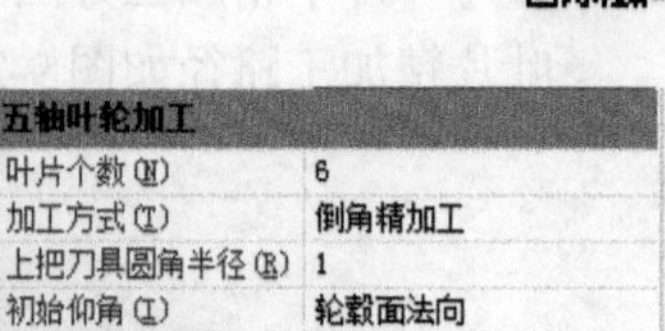

五轴叶轮加工	
叶片个数(N)	6
加工方式(T)	倒角精加工
上把刀具圆角半径(R)	1
初始仰角(I)	轮毂面法向
平均初始仰角(V)	☑
⊟ 设置刀轴方向...	☑
顶部仰角增量(L)	0
底部仰角增量(Q)	-18
顶部方位角增量(P)	25
底部方位角增量(U)	20
限定加工叶片(G)	只加工主叶片
轮毂面偏移(H)	0
包覆面偏移(D)	0
往复走刀(Z)	☑
旋转阵列(A)	☑
校正方式(J)	极限方式

图 9-27 加工方法设置

关键点延伸

倒角精加工可根据上一把精加工刀具直径自动生成合理的清根路径，改善叶片根部加工质量。上把刀具圆角半径参数用于指定上道叶片加工工序的刀具圆角半径。上步流道精加工工序使用刀具圆角半径为 1，故此处设置该参数为“1”。

2. 选择【加工刀具】

1）单击“刀具名称”按钮，选择“[锥度球头] JD-10-0.50”。

2）设置主轴转速为“15000”，进给速度为“1500”。

3. 设置【进给设置】

设置路径间距为“0.1”。

4. 计算路径

1）其他参数与“流道精加工”相同，不做修改。

2）设置完成后单击“计算”按钮，计算完成后确认当前路径计算结果，如图 9-28 所示。

3）将路径名称重命名为“倒角精加工”。

图 9-28 倒角精加工路径

9.4 模拟和输出

9.4.1 机床模拟

完成程序编写工作后，需要对程序进行模拟仿真，保证程序在实际加工中的安全性。

操作步骤

1）单击功能区的“机床模拟”按钮，进入机床模拟界面。

2）调节模拟速度后，单击模拟控制台的“开始”按钮进行机床模拟，如图 9-29 所示。

3）机床模拟无误后单击“确定”按钮退出命令，模拟后路径树如图 9-30 所示。

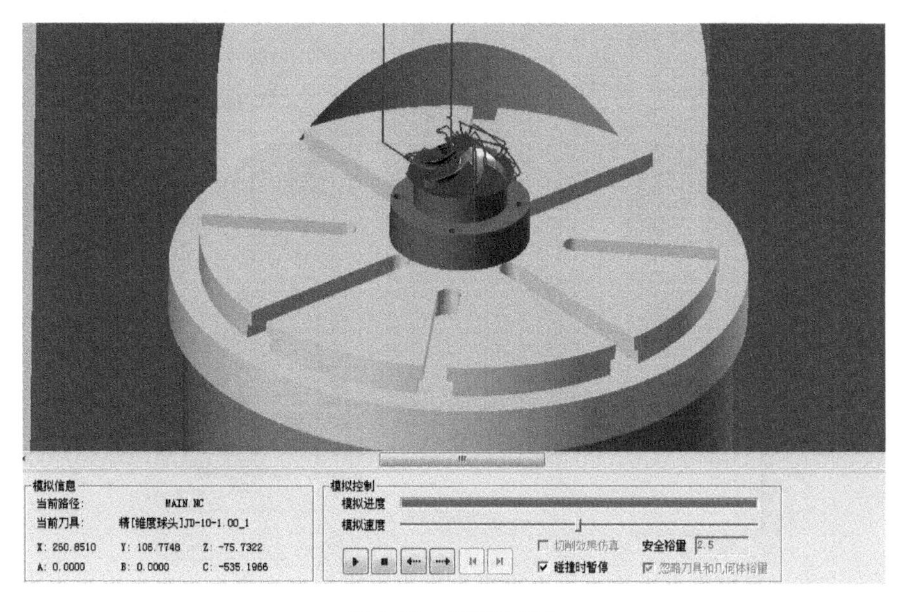

图 9-29　模拟进行中

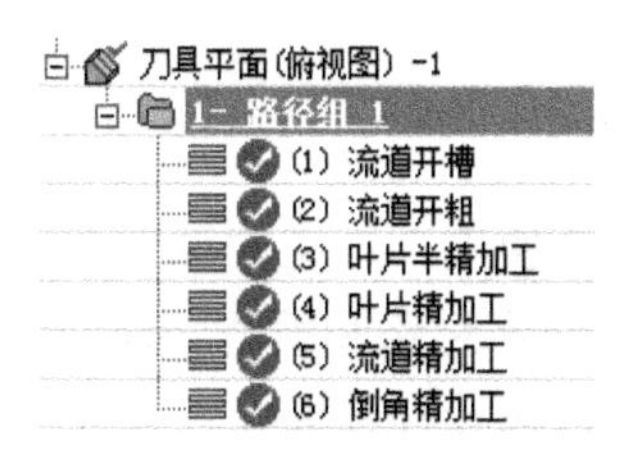

图 9-30　模拟后路径树

9.4.2　路径输出

顺利完成机床模拟工作后，接下来进行最后一步程序输出工作。

操作步骤

1）单击功能区的“输出刀具路径”按钮。

2）在“输出刀具路径（后置处理）”对话框中选择要输出的路径，根据实际加工设置好路径输出排序方法、输出文件名称。

3）若需要输出工艺单，则勾选“输出 Mht 工艺单”复选框，如图 9-31 所示。

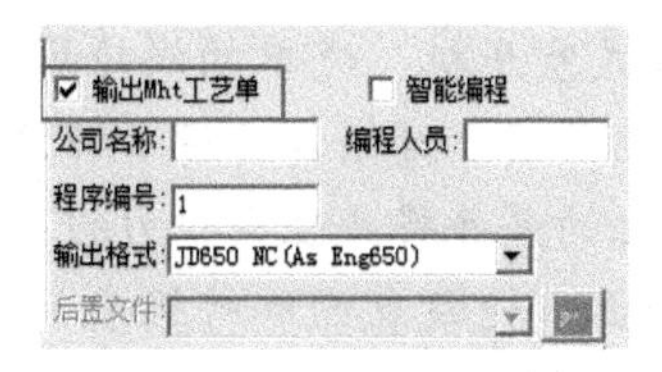

图 9-31　工艺单选项

4）单击“确定”按钮，即可输出最终的路径文件，如图 9-32 所示。

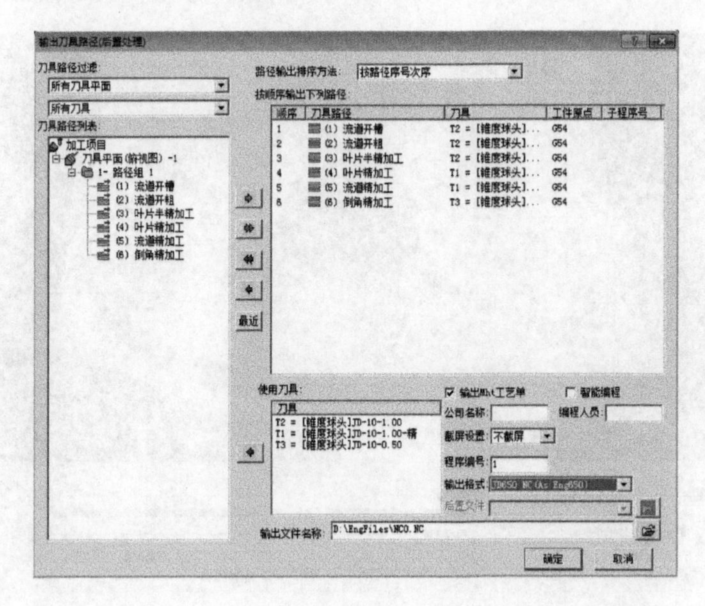

图 9-32 路径输出

9.5 实例小结

1）本章介绍了使用“五轴叶轮加工”加工方法编制叶轮路径的方法和步骤，经过本章学习，用户可以掌握五轴叶轮编程基本思路和编程策略。

2）叶轮叶片扭曲较大，并且相邻叶片空间小，加工容易发生碰撞过切情况，因此选择合适的刀具，创建合适的检查几何体，创建合理的刀路轨迹是叶轮加工的关键。

3）“五轴叶轮加工”加工方法是专门针对叶轮模型开发的加工策略，实际在使用过程中需要根据具体产品形状、毛坯形状选择合适的加工方法。例如根据毛坯形状不同可选择“分层区域粗加工”“四轴旋转加工”“多轴侧铣加工”等。

知识拓展

叶　轮

叶轮既可以指装有可动叶片的轮盘（如冲动式汽轮机转子的叶轮），又可以是轮盘与叶片一体（离心式空压机的叶轮）的总称。叶轮在装置中的作用是将能量在“流体的动能”和“机械能”之间转化。如涡轮发电机组，就是靠水蒸气或水流来冲击叶轮，使得叶轮旋转，后带动发电机转子旋转，从而产生电流，整个过程就是“流体的动能→叶轮旋转的机械能→电能”的转换过程。反之，离心式空压机、汽车的涡轮增压系统等，将“机械能”转化成“流体的动能”，起到给流体加速的作用。叶轮作为核心部件，其质量将直接影响设备的各项机械动力性能，如叶片加工质量上的差异将产生离心力的不均衡、影响能量转化的效率等。

叶轮加工重点在叶片轮廓曲面、轮毂表面和叶根表面，尤其是壁薄叶片易发生加工变形。SurfMill 9.0 软件中的叶轮加工解决方案，提供了从开粗到精加工的一系列加工策略，通过程序优化、在机测量和智能修正管控切削余量后，叶轮的加工效率大幅提升，避免了加工过程中的过切、干涉与碰撞等问题，并且加工无断刀，刀纹一致性好。

第10章　电极自动编程实例

学习目标

- ■ 通过电极加工案例，学习电极产品的工艺分析过程。
- ■ 熟悉电极加工所使用的加工方法。
- ■ 掌握电极自动编程软件编程方法。

10.1　实例描述

电极是模具制造过程中的必要工具，主要包括电极头、直侧壁和基准台等部分，如图 10-1 所示。

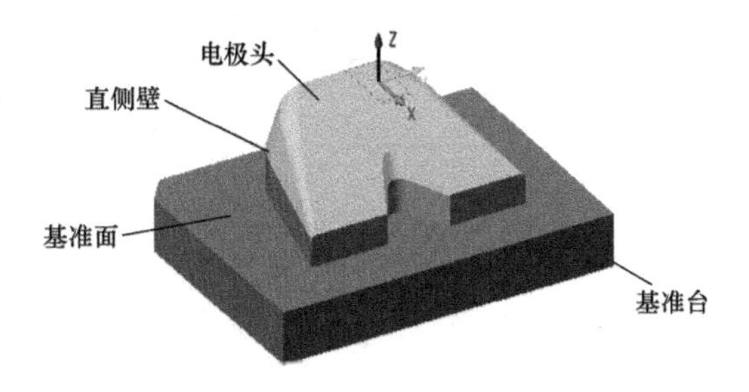

图 10-1　电极模型

10.1.1　工艺分析

工艺分析是编写加工程序前的必备工作，需要充分了解加工要求和工艺特点，合理编写加工程序。

该产品的加工要求和工艺分析如图 10-2 所示。

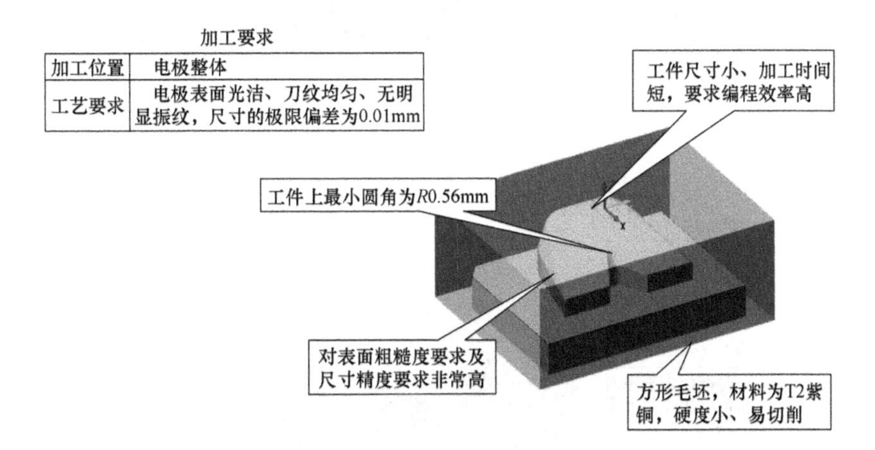

加工要求

加工位置	电极整体
工艺要求	电极表面光洁、刀纹均匀、无明显振纹，尺寸的极限偏差为0.01mm

图 10-2　加工要求和工艺分析

电极个头较小且生产周期短，因此采用快换夹具，保证连续、批量生产。

10.1.2 加工方案

1. 机床设备

产品精度较高，考虑选择精雕全闭环三轴机床；该工件尺寸为 19mm×26mm×11mm，加上工装夹具，整体尺寸偏小，但实际加工过程中需要批量加工，所需行程较大，根据实际情况选择 HGT600 机床；产品加工切削量较少，选择 130 转矩主轴机床即可。

综合考虑，选择 JDHGT600_A13S 三轴机床进行加工。

2. 加工方法

该电极形状简单，特征较为单一，普通三轴即可完成所有部位的加工，故考虑使用三轴加工方法编程实现，具体加工方案如图 10-3 ～图 10-5 所示。

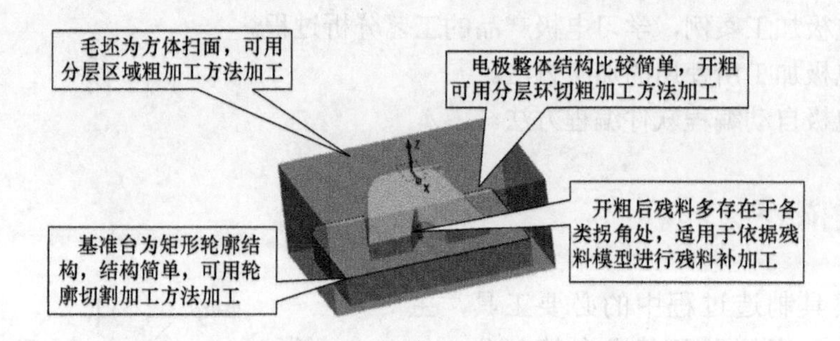

图 10-3 编程加工方案（一）

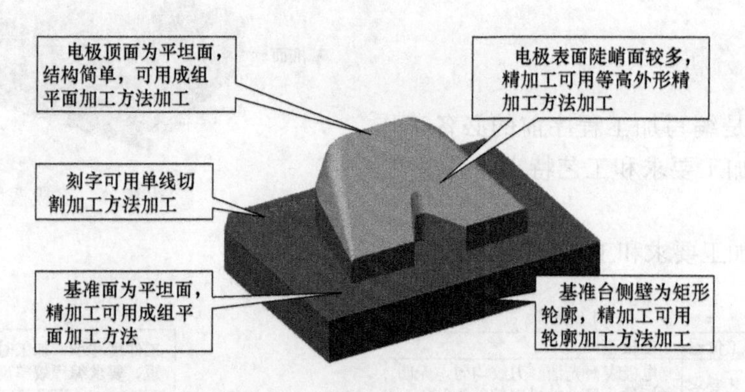

图 10-4 编程加工方案（二）

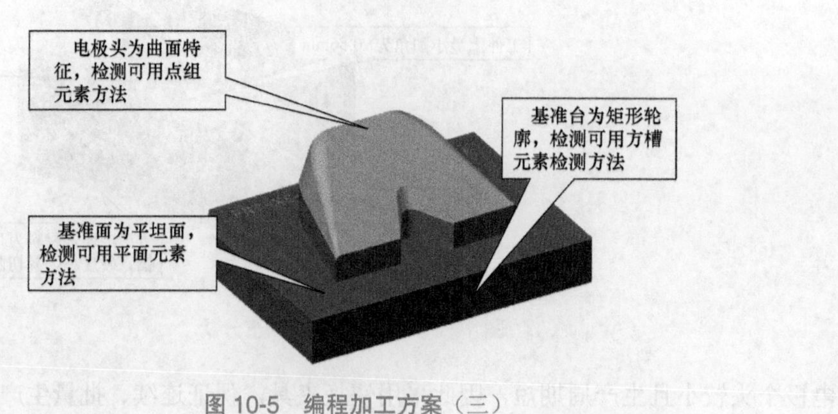

图 10-5 编程加工方案（三）

3. 加工刀具

紫铜电极质地较软、容易粘刀，因此要尽可能选择锋利的刀具，可选择不带涂层的刀具。

10.1.3　加工工艺卡

电极加工工艺卡见表 10-1。

表 10-1　电极加工工艺卡

序号	工步	加工方法	刀具类型	主轴转速/（r/min）	进给速度（mm/min）	效果图
1	扫面	分层区域粗加工	［平底］JD-10.00	6000	3000	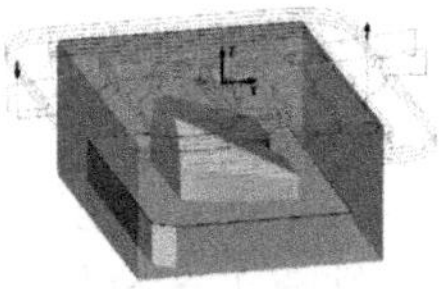
		区域加工				
2	电极头	分层区域粗加工	［平底］JD-10.00	6000	3000	
		曲面残料补加工	［牛鼻］JD-6-0.50	7000	1000	
		成组平面				
3	直壁	分层区域粗加工	［平底］JD-10.00	6000	2000	
		曲面残料补加工	［牛鼻］JD-6-0.50	7000	1000	
		等高外形				
4	基准面	成组平面	［牛鼻］JD-6-0.50	8000	1000	
		刻字	［锥度平底］JD-30-0.20	12000	1000	
5	基准台	轮廓切割	［平底］JD-10.00	8000	1000	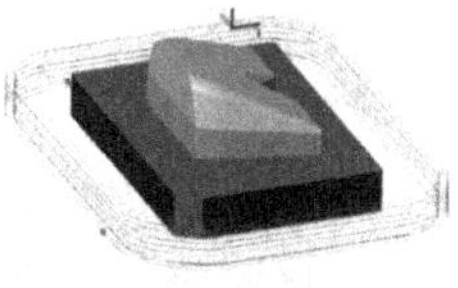
6	火花位检测	在机测量	［测头］JD-5.00	0	1000	
7	基准台检测	在机测量	［测头］JD-5.00	0	1000	

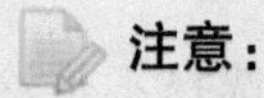
注意：

因工艺设计受限于机床选择、加工刀具、模型特点、加工要求、环境等诸多因素，故此加工工艺卡提供的工艺数据仅供参考，用户可根据具体的加工情况重新设计工艺。

10.2 编程加工准备

编程加工前需要进行一些必要的准备工作，具体内容包括模板配置和系统设置。

10.2.1 模板配置

1. 创建路径模板

结合工艺分析和加工方案，完成编程加工准备工作，重点完成创建刀具表和模板路径的工作，创建刀具表如图 10-6 所示。

当前刀具表

加工阶段	刀具名称	刀柄	输出编号	长度补偿号	半径补偿号	刀具伸出长度	加锁	使用次数
粗加工	[平底]JD-10.00	BT30-ER25-060S	1	1	1	70		0
半精加工	[牛鼻]JD-6.00-0.50	BT30-ER11M-80S	3	3	3	36		0
精加工	[锥度平底]JD-30-0.20	BT30-ER11M-80S	4	4	4	60		0
测量	[测头]JD-5.00	BT30	5	5	5	34		0

图 10-6 创建刀具表

根据电极加工要求和工艺分析，创建符合要求的加工路径组，当作路径模板。后续使用中根据模型特点对路径进行筛选即可。路径组如图 10-7 所示（挂起的路径也可满足条件）。

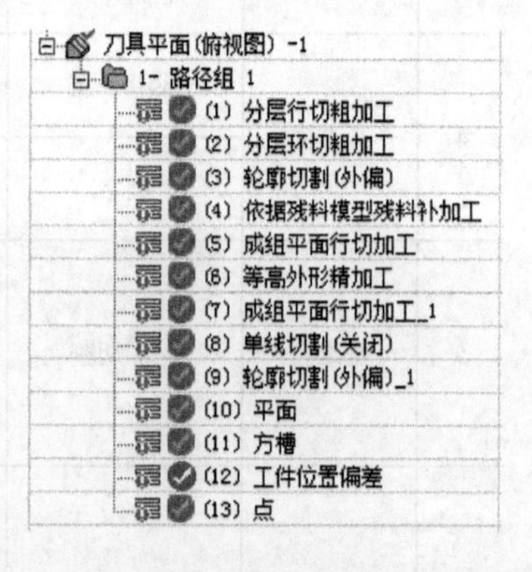

图 10-7 创建路径模板组

2. 加入电极模板库

在路径组节点上右击，选择“加入到电极模板库”命令，弹出“电极路径模板”对话框，如图 10-8 所示。

选择对话框中根节点，单击“应用”按钮，即会生成新模板“NewElecGroup（−0.1，−0.1）”。其中 NewElecGroup 是模板名字，（−0.1，−0.1）是火花位。

3. 修改模板名字及火花位

双击“NewElecGroup（−0.1，−0.1）”，对模板名字和火花位进行修改。修改名称为“模板”，如图 10-9 所示。

4. 修改有效加工域

设置模板中路径的有效加工域。单击每条路径后的“有效加工域”列，可以选择相应的有效加工域。

根据加工方案，对路径模板的有效加工域进行设置，具体内容如图 10-10 所示。

图 10-8　电极路径模板

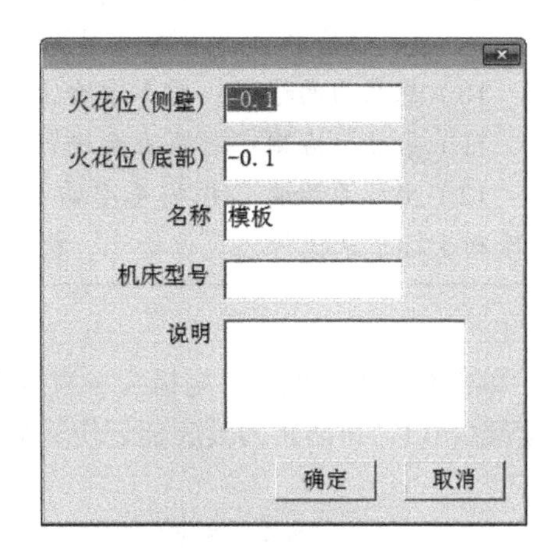

图 10-9　修改模板名称及火花位

图 10-10　设置有效加工域

关键点延伸

1）全部：包括电极头、直侧壁、基准台。

2）扫面：用于去除毛坯顶部预留部分。

3）电极头：只加工电极头。

4）电极直壁：只加工直侧壁。

5）电极头＋直壁：加工电极头和直侧壁。

6）基准面：只加工基准台上表面。

7）基准台：只加工基准台。

8）刻字：用于生成刻字路径。

9）火花位检测：运用在机测量技术对电极头进行加工结果检测。

10）基准曲面检测：对基准台上表面进行检测。

11）基准台检测：对基准台进行检测。

12）坐标系检测：根据基准曲面检测和基准台检测结果，生成检测坐标系，根据这个检测坐标系来执行火花位检测，提高检测结果精度。

5. 设置深度

单击有效加工域为“电极头 + 直壁”路径后面的深度框，将其设置为“0.1”，即将加工深度减少 0.1，可防止刀具底部划伤基准台上表面，如图 10-11 所示。

模板(-0.1,-0.1)			
路径组 1			
分层行切粗加工	扫面	--	[平底]JD-10.00
分层环切粗加工	电极头+直壁	0.1	[牛鼻]JD-6.00-..
轮廓切割(外偏)	基准台	--	[平底]JD-10.00
依据残料模型残料...	电极头+直壁	0.1	[球头]JD-3.00
成组平面行切加工	电极头	--	[平底]JD-10.00_精

图 10-11　设置深度

6. 刀具表输出

在“当前刀具表”对话框中，单击“保存当前刀具表”按钮，如图 10-12 所示，将此时的刀具表输出到软件安装目录“Cfg\AutoElec\ToolGroup”文件夹下，命名为“刀具表 .toolgroup”。

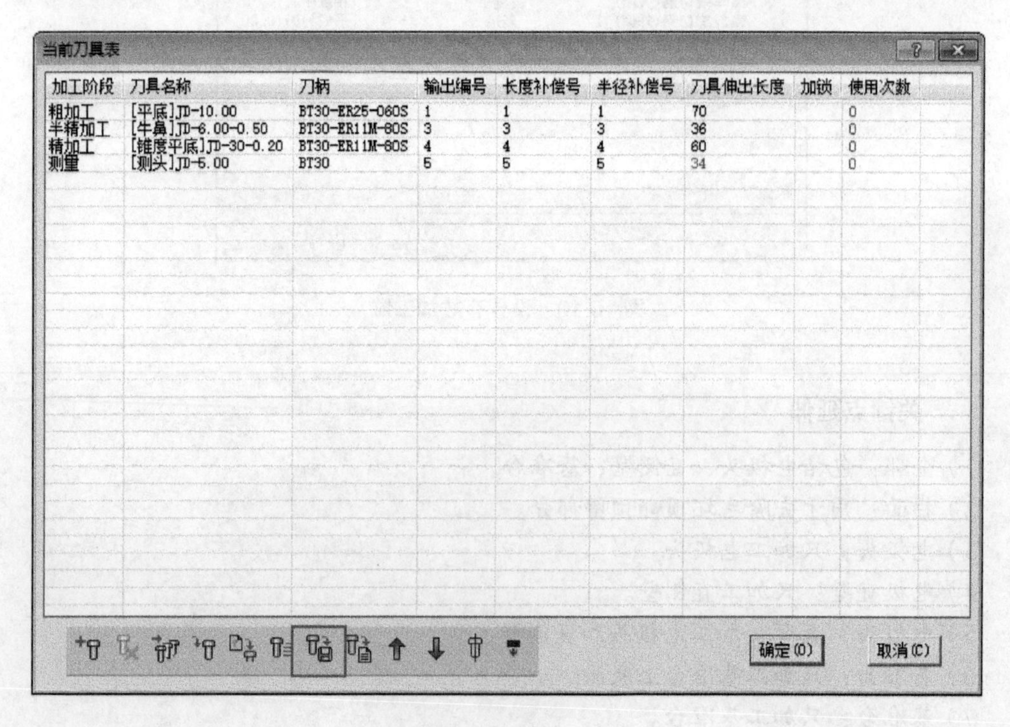

加工阶段	刀具名称	刀柄	输出编号	长度补偿号	半径补偿号	刀具伸出长度	加锁	使用次数
粗加工	[平底]JD-10.00	BT30-ER25-060S	1	1	1	70		0
半精加工	[牛鼻]JD-6.00-0.50	BT30-ER11M-80S	3	3	3	36		0
精加工	[锥度平底]JD-30-0.20	BT30-ER11M-80S	4	4	4	60		0
测量	[测头]JD-5.00	BT30	5	5	5	34		0

图 10-12　刀具表输出

10.2.2　系统设置

完成模板配置后，还需进行系统设置。打开电极软件（Auto Electrode），单击“系统设置”按钮，弹出“系统设置”对话框，如图 10-13 所示，依次完成相关参数设置。

图 10-13　系统设置

“系统设置”对话框包括六个选项卡，即“系统管理”“工件参数”“刀具参数”“工艺单模板配置”“刻字参数”“检测参数”。

1. 设置常用路径

常用路径是指模型被导入后，软件自动选择的加工路径。单击每条路径前面的路径图标，使其图标变为，则该条路径被设置为常用路径。

2. 系统管理

在“系统管理”选项卡中，勾选“文件管理”选项区域中的全部复选框；选择机床文件为“JDHGT600_A13S”，输出格式为“JD650 NC（AS Eng650）”，其他选项默认即可。

工艺单设置包括客户、工艺员、夹具名称等几大参数内容，根据具体工艺单要求设置工艺单内容。这里设置机床为“JDHGT600”，勾选“Excel”复选框，选择“紫铜电极工艺单”，勾选“材质”复选框，并选择“紫铜”，如图 10-14 所示。

3. 工件参数

由于选择的模型具有基准角，因此勾选“参考基准角”复选框，选中“左下”单选按钮，如图 10-15 所示，即基准角朝向左下。

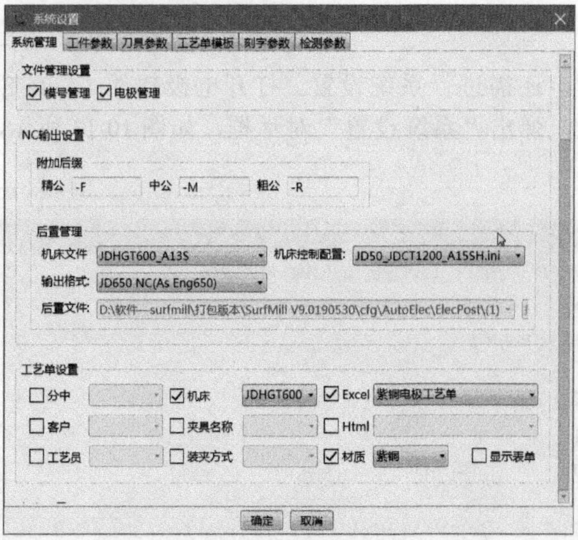

系统设置

系统管理　工件参数　刀具参数　工艺单模板　刻字参数　检测参数

文件管理设置

☑ 模号管理　☑ 电极管理

NC输出设置

附加后缀

精公 -F　中公 -M　粗公 -R

后置管理

机床文件 JDHGT600_A13S　机床控制配置: JD50_JDCT1200_A15SH.ini

输出格式: JD650 NC(As Eng650)

后置文件: D:\软件---surfmill\打包版本\SurfMill V9.0190530\cfg\AutoElec\ElecPost\(1)

工艺单设置

☐ 分中　☑ 机床 JDHGT600　☑ Excel 紫铜电极工艺单

☐ 客户　☐ 夹具名称　☐ Html

☐ 工艺员　☐ 装夹方式　☑ 材质 紫铜　☐ 显示表单

确定　取消

图 10-14　工艺单设置

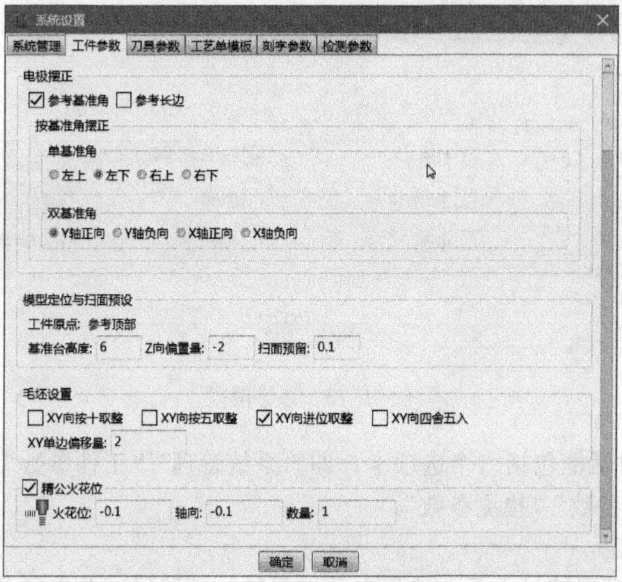

系统设置

系统管理　工件参数　刀具参数　工艺单模板　刻字参数　检测参数

电极摆正

☑ 参考基准角　☐ 参考长边

按基准角摆正

单基准角

○ 左上　● 左下　○ 右上　○ 右下

双基准角

● Y轴正向　○ Y轴负向　○ X轴正向　○ X轴负向

模型定位与扫面预设

工件原点: 参考顶部

基准台高度: 6　Z向偏置量: -2　扫面预留: 0.1

毛坯设置

☐ XY向按十取整　☐ XY向按五取整　☑ XY向进位取整　☐ XY向四舍五入

XY单边偏移量: 2

☑ 精公火花位

火花位: -0.1　轴向: -0.1　数量: 1

确定　取消

图 10-15　工件参数设置

示意图如图 10-16 所示。

在“模型定位与扫面预设”选项区域设置 Z 向偏置量为“−2”，代表模型顶部的 Z 坐标值为 −2；设置扫面预留为“0.1”，即扫面加工的预留量是 0.1。示意图如图 10-17 所示。

在“毛坯设置”选项区域勾选“XY 向进位取整”复选框，并设置 XY 单边偏移量为“2”，表示先给工件的 XY 向尺寸进位取整，然后单边加上 2，作为自动创建的毛坯的 X、Y 向尺寸。

在“火花位选择”选项区域勾选“精公火花位”复选框，并设置火花位为“−0.1”，轴向为“−0.1”，数量为“1”。

这样在我们导入模型时，软件会自动匹配火花位为（−0.1，−0.1）的模板。

图 10-16　电极摆正

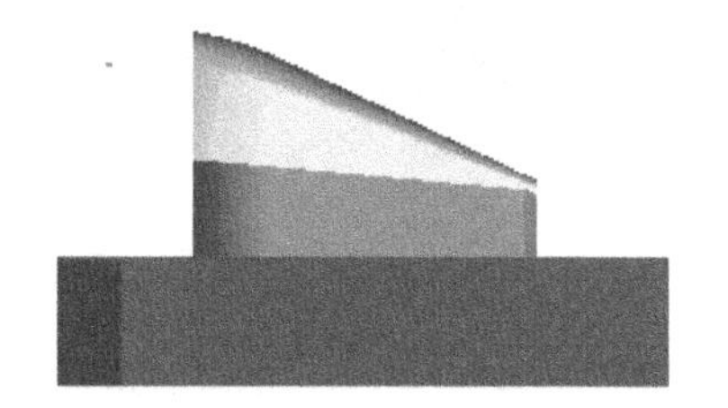

图 10-17　Z 向偏置

4. 刀具参数

添加刀具表可选择模板配置时保存的“刀具表 .toolgroup”，如图 10-18 所示。

图 10-18　设置刀具表

5. 工艺单模板配置

用户可以选择软件自带的工艺单模板，也可以自行配置。

本例中选择软件自带的紫铜电极工艺单。

> **说明：**
>
> 软件中也会自带两份工艺单模板，如无特殊要求，客户也可以直接使用。

> **关键点延伸**
>
> “工艺单模板”选项卡如图 10-19 和图 10-20 所示。
>
> 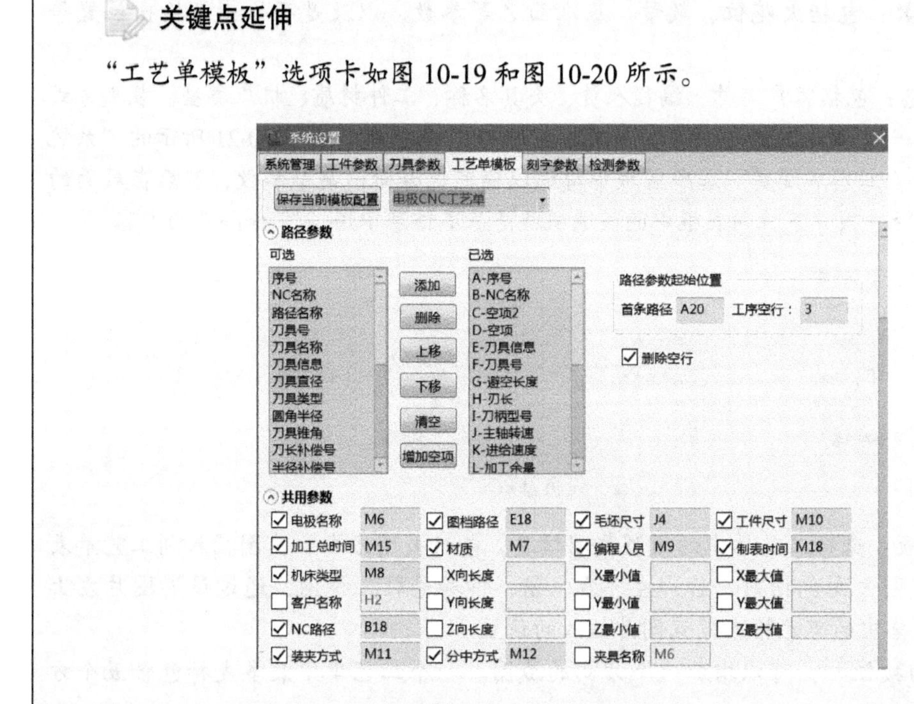
>
>
> 图 10-19　工艺单配置（一）

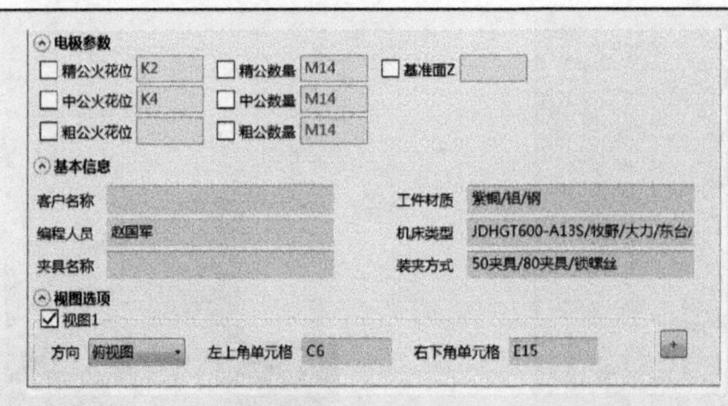

图 10-20　工艺单配置（二）

1）可选参数：与路径相关的各项参数。

2）已选参数：从可选参数中挑选出的后续打印在工艺单中的参数。

其中，已选参数前面的字母 A、B、C 等代表参数输出在表格中的列位置，如某行 A 列、B 列等。

3）首条路径：第一条路径参数所在的行。如图 10-19 中，首条路径参数就输出到表格中的第 20 行，其中已选参数中的 A- 序号就输出在第 20 行、第 A 列。其余路径参数及已选参数以此类推。

4）工序空行：粗、中、精三道工艺路径参数输出到同一个表格时，不同工艺参数之间的空白行数。用以分隔不同工艺的参数。

5）删除空行：勾选此复选框，即删掉表格中的空白行。

6）共用参数：包括电极名称、加工总时间等一些参数。勾选就表示该参数要输出到工艺单表格，后面的字符如 M6 则表示该参数输出到工艺单表格的 M6 单元格。

7）电极参数：包括火花位、数量、基准面 Z 等参数，以及是否输出及输出位置等信息。

8）基本信息：包括客户名称、编程人员、夹具名称、工件材质、机床类型、装夹方式共六大参数。每一个参数中都可以写多个名称并用“/”分隔开。在图 10-21 所示的“系统设置”对话框的“工艺单设置”选项区域中勾选以确定是否输出某个参数，然后在后面的下拉列表框中选择一项。下拉列表框中的被选项就是基本信息中用“/”分隔开的内容。

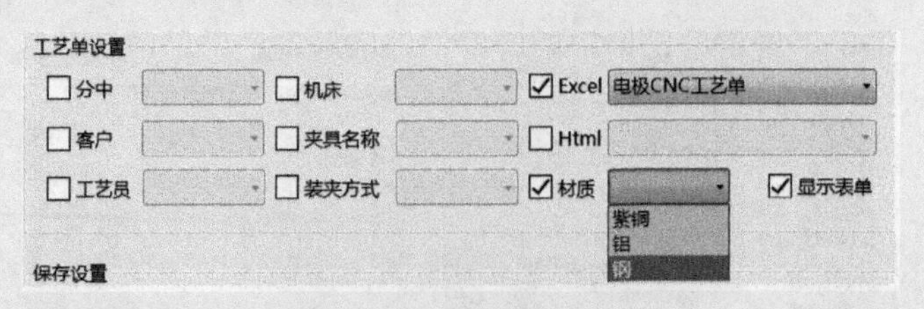

图 10-21　设置基本信息

9）视图选项：选择工艺单中的模型截图信息，包括截图方向、截图插入到工艺单表格中的位置。截图方向包括前、后、左、右、俯、仰和等轴测视图，通过设置图片左上角和右下角在表格中的单元格来设置图片插入的位置。

单击后面的按钮 ，可以增加一个方向的截图。一个工艺单中最多支持包含五个方向的截图。

6. 刻字参数

此处“刻字参数”选项卡中的参数默认即可，用户可在创建刻字内容时进行修改，如图 10-22 所示。

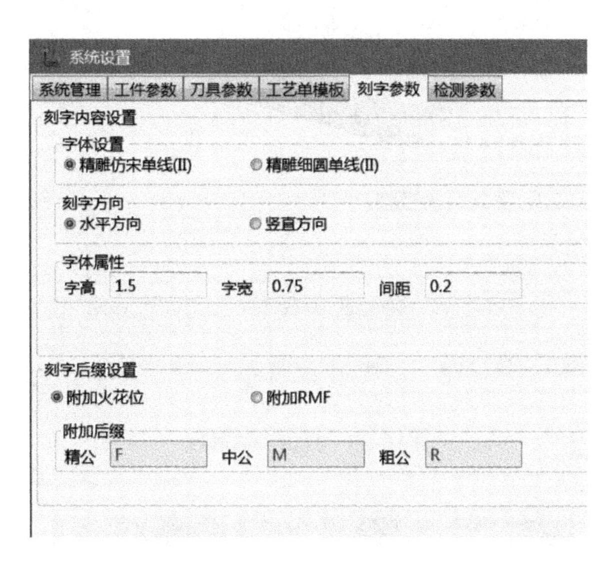

图 10-22　刻字参数

7. 检测参数

此处“检测参数”选项卡中的参数为默认值即可，用户在实际布置测量点时可根据实际情况进行修改。

10.3　编写加工程序

编写加工程序包含了模型导入、路径筛选、路径计算、路径输出、工艺单五个部分。采用正确的编程流程，选择合理的刀具，设置合适的加工参数，选择合理的走刀策略，系统就会自动调整刀轴生成合理、光滑无干涉的路径。

10.3.1　模型导入

操作步骤

1）单击软件界面中的“批量导入”按钮，在弹出的“选择文件”对话框中选择模型“FNT-XS-1810-N01-001.igs”文件。

2）模型导入后，软件自动对模型做识别和处理，将电极头、直侧壁、基准台分别用不同的颜色进行区分，如图 10-23 所示。

3）自动生成的几何体如图 10-24 所示。

工件设置：选择所有面为加工面；毛坯设置：选择“包围盒”的方式创建毛坯。

4）在批量参数界面（图 10-25），双击电极文件所在行的“毛坯尺寸”一列，弹出“工件和毛坯”对话框，用于修改毛坯尺寸，如图 10-26 所示。

图 10-23　导入后的模型

图 10-24　几何体

序号	名称	参数	计算	碰撞检查	路径检查	输出状态	碰撞	毛坯尺寸	精公	火花位	数量
1	FNT-XS-1810-N01-001						☑	28*22*15	☑	-0.1/-0.1	1

图 10-25　批量参数界面

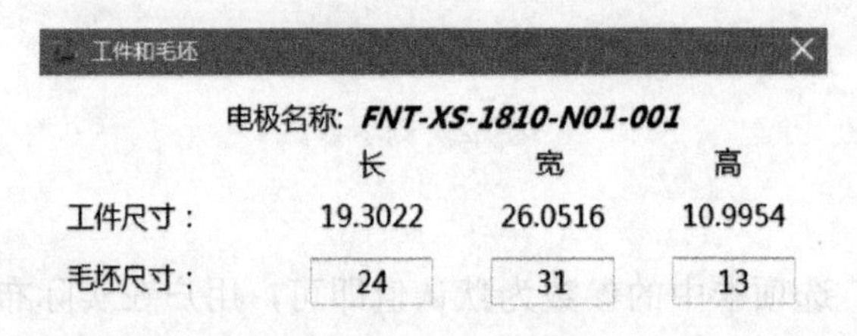

图 10-26　毛坯尺寸设置

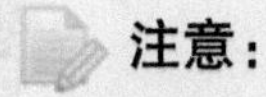

注意：

毛坯尺寸不能小于工件尺寸，否则会报错。

关键点延伸

模型导入后，软件会根据工件参数中设置的火花位，自动在目标文件夹（软件安装目录“\Cfg\AutoElec\ElecLib”文件夹）中，匹配相同火花位的路径模板，如图 10-27 所示。

在批量参数界面双击该条电极的“火花位”，弹出“火花位”对话框可更换模板，如图 10-28 所示。

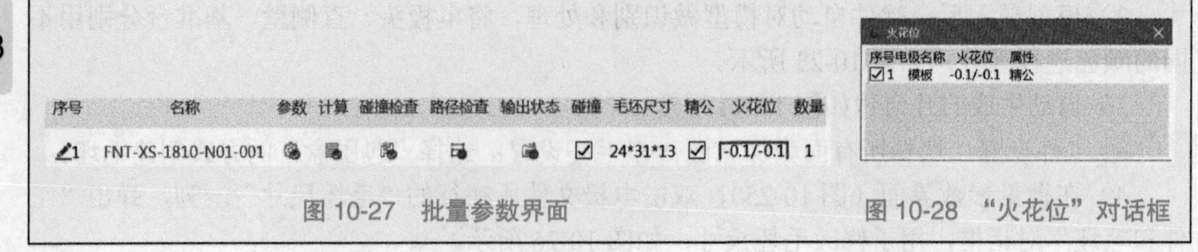

序号	名称	参数	计算	碰撞检查	路径检查	输出状态	碰撞	毛坯尺寸	精公	火花位	数量
1	FNT-XS-1810-N01-001						☑	24*31*13	☑	-0.1/-0.1	1

图 10-27　批量参数界面

图 10-28　“火花位”对话框

5）模型正常导入并且成功匹配到刀路模板后，需要对模型进行检查分析，再根据分析结果对模板中的路径进行筛选，选择出适合于当前电极加工的路径。

① 扫面。在“系统设置”对话框的“工件参数”选项卡中，由于设置了 −2 的 Z 向偏移量，因此需要选择扫面路径，用于去除毛坯顶部多余部分。

② 外形开粗。模型上存在曲率为 0.56 的凹面，选择“分层环切粗加工”路径、设置有效加工域为“电极头 + 直壁”进行外形开粗。

③ 基准台开粗。选择“轮廓切割”路径、设置有效加工域为“基准台”进行基准台开粗。

④ 残料补加工。选择“残料补加工”路径，设置有效加工域为“电极头 + 直壁”，对粗加工残料进行去除，保证精加工的效率和质量。

⑤ 顶平面精加工。由于在“工件参数”选项卡中设置了 0.1 的扫面预留，因此可以选择“成组平面加工”路径、设置有效加工域为“电极头”进行顶平面精加工的路径。

⑥ 基准面精加工。基准面是平面特征，可以选择“成组平面行切加工”路径，设置有效加工域为“基准面”进行基准面精加工。

⑦ 电极头精加工。根据电极头特点，选择“等高外形精加工”路径，设置有效加工域为“电极头 + 直壁”进行电极头和直侧壁的精加工处理。但因为基准面已做过精加工，所以本路径的“深度 (−)”设置为“0.1”，即路径加工深度缩减 0.1，以保护基准面。

⑧ 刻字。选择刻字路径进行刻字。

（a）单击界面上的“刻字”按钮，进入到 SurfMill 软件中设置刻字内容及位置。

（b）单击基准面，移动鼠标并单击确定刻字位置。

（c）在左侧“导航工作条”窗格中可以修改刻字内容、刻字方向、字体属性等，如图 10-29 所示。

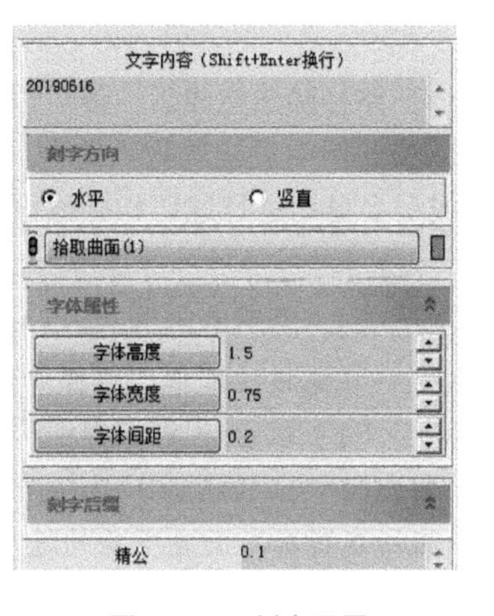

图 10-29　刻字设置

⑨ 检测。选择检测路径用于加工结束后的检测，实现加工结果的在机测量，提高效率。

（a）选择“平面”元素检测，系统会自动识别基准面，并布置测量点。

（b）选择“方槽”元素检测，系统将自动识别基准台，并布置测量点。

（c）选择“工件位置偏差”元素检测，系统会根据平面元素检测和方槽元素检测的结果，进行坐标系检测，提高下一步电极头检测的精度。

（d）选择“点（组）”元素检测，需要手动点选想要检测的位置布置测量点。

6）选择完上述四条路径以后，单击界面的“在机检测”按钮，系统会自动切换到 SurfMill 软件中，布置测量点。

此时，基准面和基准台上的测量点都已经自动布置完毕，如图 10-30 所示。

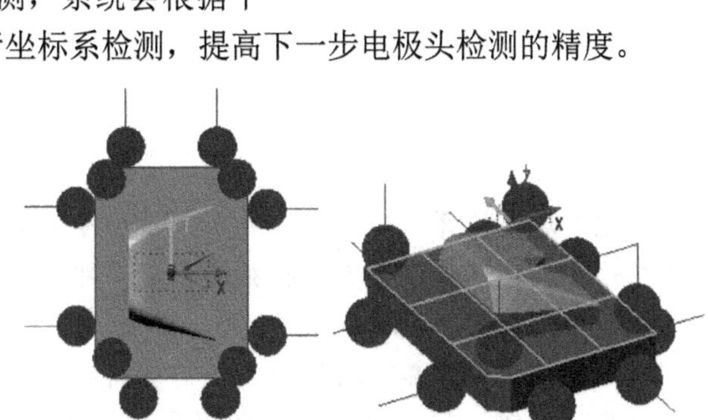

图 10-30　测量点自动布置

 **关键点延伸**

如果对自动布点位置不满意，还可以在“导航工作条”窗格对布点位置进行调整，如图 10-31 所示。

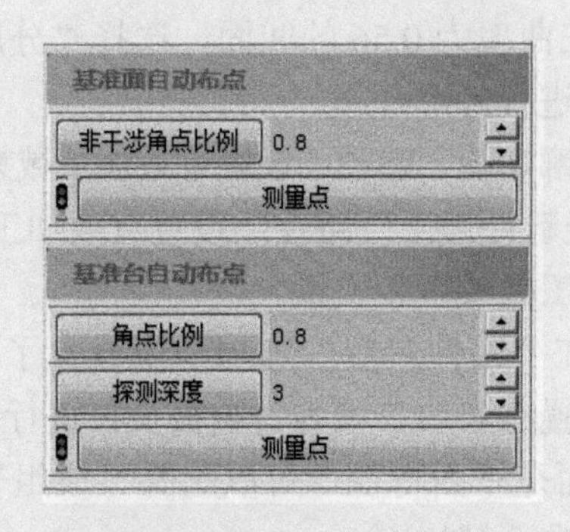

图 10-31　自动布点调整

此例中可以使用软件默认的位置，或者使用鼠标在电极头上拾取，在电极头上布置测量点，如图 10-32 所示。

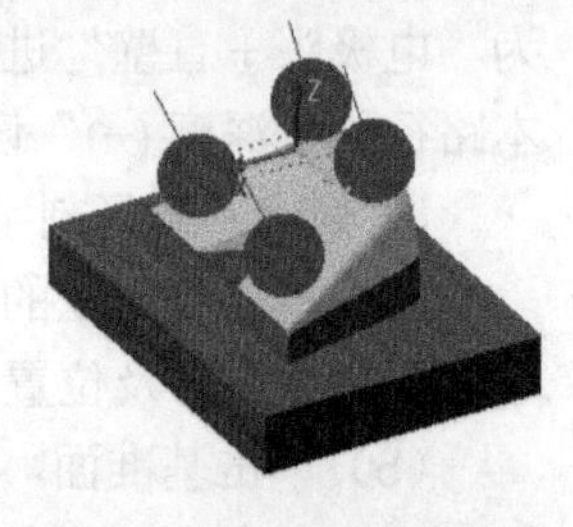

图 10-32　电极头布点

10.3.2　路径计算

路径筛选完成后，便可以进行路径计算了。

此例中直接选择“前台计算”来计算路径，并且在路径计算完成后会自动进行过切和碰撞检查。

 **关键点延伸**

在电极软件中，路径计算共有三种方式，即前台计算、后台计算、计算当前。

（1）前台计算　单击界面上的“前台计算”按钮，软件会对筛选出来的路径（即左侧路径树上的路径）全部进行计算。计算过程中，界面会被锁死，不能做任何操作。电极所在行和界面左下角的进度条会提示计算的进度，如图 10-33 所示。

序号	名称	参数	计算	碰撞检查	路径检查	输出状态	碰撞	毛坯尺寸	精公	火花位	数量
1	ENT-XS-1810-N01-001						☑	24*31*13	☑	-0.1/-0.1	1

图 10-33　路径计算进度条

（2）后台计算　后台计算相对来说效率更高，单击“后台计算”按钮后，路径计算是在软件后端进行，并不会将界面锁死，即后台计算的同时，客户还可以对其他电极项进行编辑、查看等操作。

单击“后台计算”按钮后，当前编辑项会自动调到下一条电极。此时继续单击“后台计算”按钮，如果第一条后台计算没结束，则第二条电极会被加入后台计算的行列，待第一条计算完成后，第二条的后台计算直接开始。

> （3）计算当前　计算当前是用来做单条路径计算的，如果某条路径的参数发生变化或临时插入某条路径或只想计算某条路径时，只需在电极软件界面左侧路径树上，用鼠标右击那条路径，选择“计算当前”命令，软件就会只计算那一条路径。

10.3.3　路径检查

路径计算完成后，双击电极所在行的“路径检查”按钮，就会切换到 SurfMill 软件的加工环境中，可对路径做人工检查，如图 10-34 所示。

序号	名称	参数	计算	碰撞检查	路径检查	输出状态	碰撞	毛坯尺寸	精公	火花位	数量
1	FNT-XS-1810-N01-001						☑	24*31*13	☑	-0.1/-0.1	1

图 10-34　人工检查

本例中双击界面的“路径检查”按钮，可以看到生成的路径如图 10-35 所示。

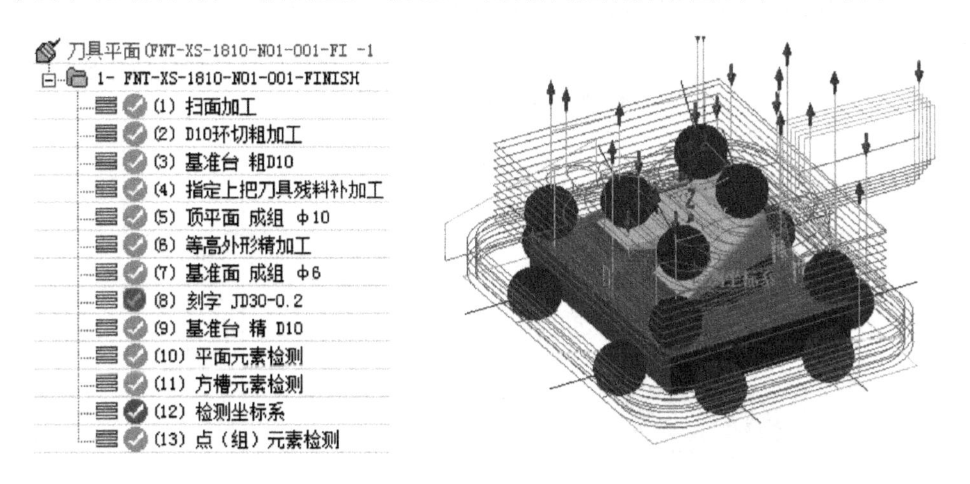

图 10-35　路径检查

由图中可以看出，加工路径皆正常生成，碰撞检查结果显示路径安全。

10.3.4　程序输出

程序输出内容包括输出路径和输出工艺单。

1. 输出路径

检查无误后，单击界面的“路径输出”按钮输出路径。

2. 输出工艺单

路径输出以后，可以输出工艺单，用于指导现场操作人员工作。

工艺单的输出包括工艺单配置和输出。

（1）工艺单模板配置　工艺单输出之前，要先确定输出时采用的工艺单模板，如图 10-36 所示。在“系统设置”对话框的“系统管理”选项卡上的“工艺单设置”选项区域中，可以选择工艺单模板。

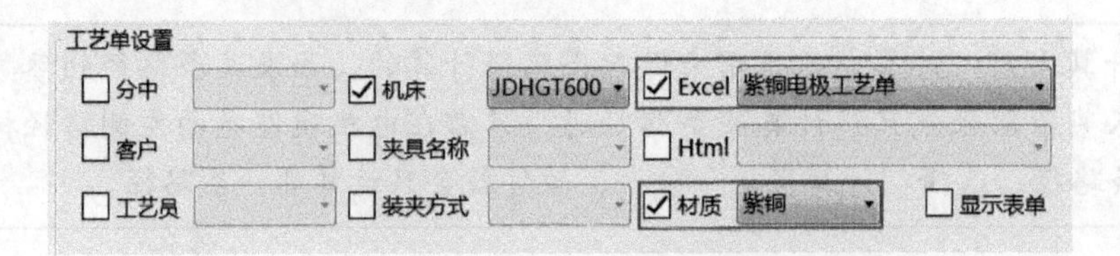

图 10-36　工艺单模板选择

操作步骤

1）勾选图 10-36 中的“Excel”复选框，在后面的下拉列表框中选择要使用的工艺单模板。工艺单输出时，就会按照该模板的样式，输出电极及路径信息。

2）勾选图 10-36 右下角的“显示表单”复选框，工艺单输出后会自动打开。

本例中选择软件自带的“紫铜电极工艺单”。

（2）工艺单输出　路径输出后，直接单击“工艺单输出”按钮。若此前并未输出 NC 路径，则会提示输出 NC 路径。输出的工艺单局部截图如图 10-37 所示。

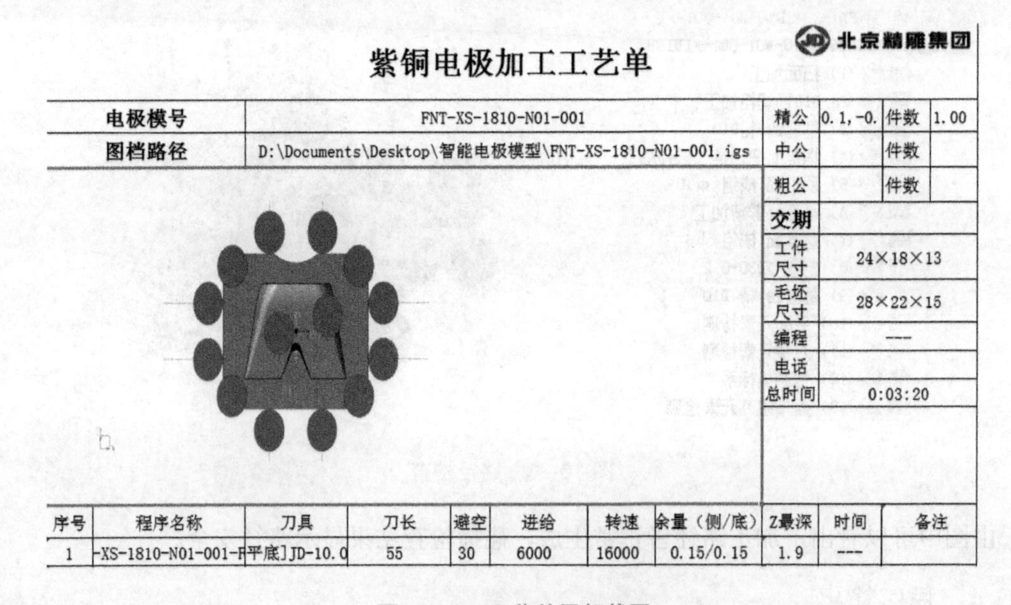

北京精雕集团

紫铜电极加工工艺单

电极模号	FNT-XS-1810-N01-001	精公	0.1,-0.	件数	1.00
图档路径	D:\Documents\Desktop\智能电极模型\FNT-XS-1810-N01-001.igs	中公		件数	
		粗公		件数	

交期	
工件尺寸	24×18×13
毛坯尺寸	28×22×15
编程	---
电话	
总时间	0:03:20

序号	程序名称	刀具	刀长	避空	进给	转速	余量（侧/底）	Z最深	时间	备注
1	-XS-1810-N01-001-F	平底]JD-10.0	55	30	6000	16000	0.15/0.15	1.9	---	

图 10-37　工艺单局部截图

10.4　实例小结

本章通过一个电极实例的编程，对电极自动编程软件的使用进行了详细的介绍，从路径模板的配置、系统参数设置，到路径计算、工艺单输出，全面地介绍了电极自动编程软件编程过程及注意事项。

1）模板配置：无论是路径模板配置、还是工艺单模板配置，都是非常重要的环节，因此模板配置一定要结合实际，这也是电极自动编程易用性的重要保证。

2）系统设置：工件如何摆放、毛坯如何生成、NC 输出选择什么样的后处理、输出后放在哪里、选择什么样的工艺单、工艺单输出后放在哪里。

以上这些问题都是系统设置中需要解决的部分，是批量处理电极文件的关键。

3）路径筛选：在进行模板配置的时候，需要用户全方面考量。比如开粗路径，可能从直径为 10mm 的刀具到直径为 4mm 的刀具，有好几条路径。在针对一个具体电极编程的时候，用户要根据电极模型的尺寸和造型特点，选择适合该电极的加工路径，从而提高加工效率和加工质量。

知识拓展

模具电极

模具电极简称电极，材料多为石墨、铜和铝。它是模具加工过程中必不可少的一部分，是每一套注射或压铸模具的必需辅件。电极加工的精度，直接决定了模具的好坏。电极多用来加工型腔、刻字、去飞边等，加工效果好，适用范围广。

模具电极的数控加工，由于材料可加工性能差异明显，需要通过编程优化、在机测量和智能修正等控制切削余量，保证电极尺寸精度和几何精度，保证电极表面无毛刺、无明显接痕、表面一致性好，并且保证石墨电极能达到无崩边、棱角线条清晰的加工效果。

附录 综合训练题

1. 基础编程

如附图 1 所示，文件“三轴 -new.escam”中待加工部分位于“加工面”图层，请按照开粗、残补到精加工的思路完成加工程序编制。

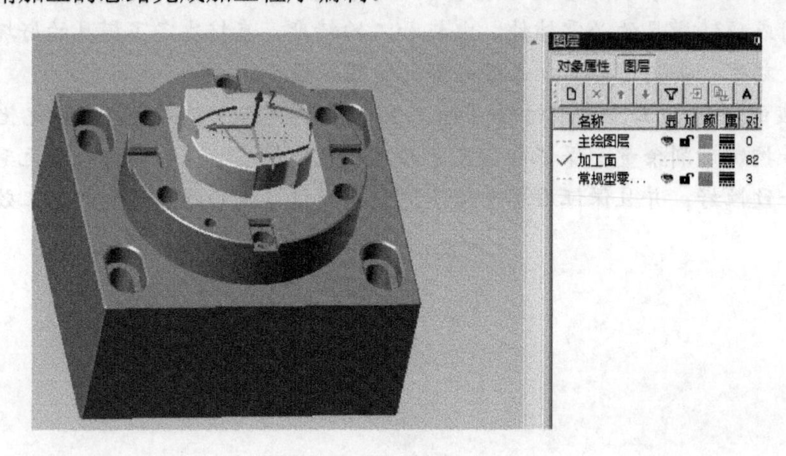

附图 1 耳机模具（一）

2. 五轴编程

如附图 2 所示，文件“五轴联动 2-new.escam”中耳机模具凹腔部分为待加工部位，请按照开粗、残补、精加工的思路完成加工程序编制。提示：精加工可采用“曲面投影加工”方法进行编程。

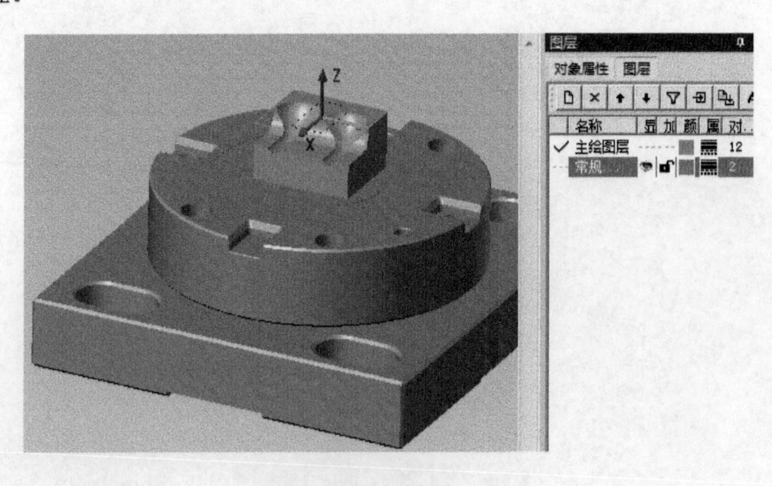

附图 2 耳机模具（二）

3. 电极编程

如附图 3 所示，参考教程示例和功能介绍，按照开粗、残补、精加工、刻字的思路完成文件“电极加工 -new.igs”的加工程序编制。提示：使用电极加工软件编程时，首先要进行编程环境的搭建，即创建刀具库和电极路径模板库，并添加至电极软件指定位置处，然后才能进行后续的文件导入、编程等工作。

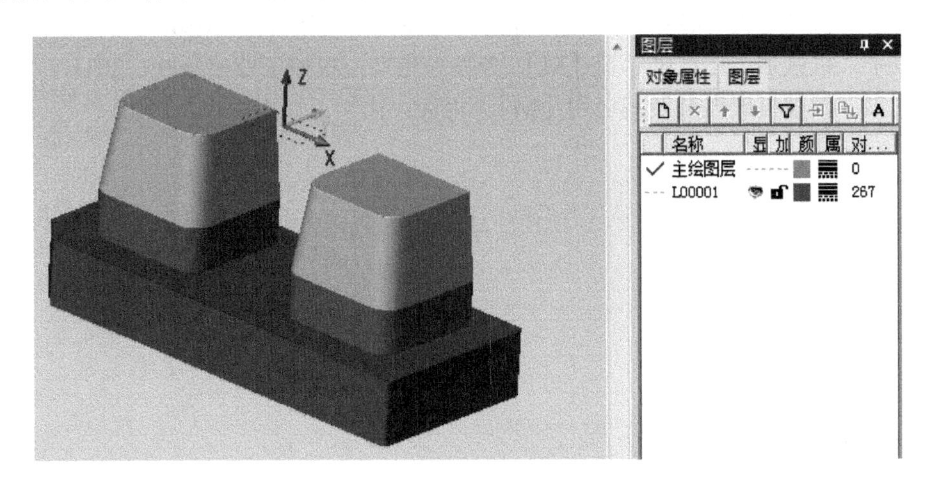

附图 3 电极

4. 五轴定位编程

如附图 4 所示，文件“五轴定位 -new.escam”中待加工部分位于“需加工部位”图层，请按照工件摆正、加工、余量检测的思路，完成该部位的加工程序编制。提示：受工件侧壁部位高度尺寸限制，考虑到加工安全性、刀柄碰撞、装刀太长易断刀和颤刀等问题，应采用五轴定位的方式加工。该文件已经创建好了示例坐标系，可直接选用或参考重新创建即可。工件摆正，可以使用“工件位置偏差”功能实现。

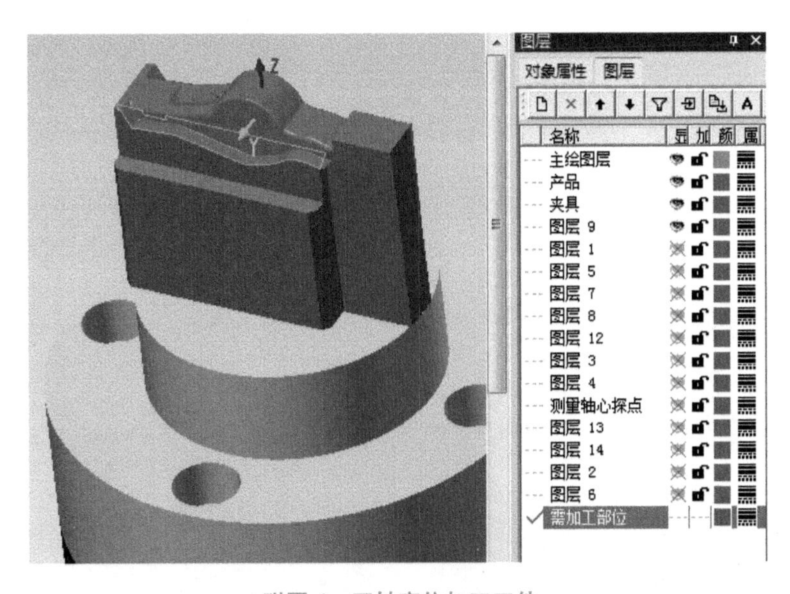

附图 4 五轴定位加工工件

参 考 文 献

[1] 石皋莲，季业益．NX 10.0 多轴数控编程典型案例教程 [M]．北京：高等教育出版社，2019．
[2] 赵莹．加工中心操作工岗位手册 [M]．北京：机械工业出版社，2015．
[3] 黄继昌．机械工人必备手册 [M]．北京：机械工业出版社，2010．
[4] 杨叔子．机械加工工艺师手册 [M]．2 版．北京：机械工业出版社，2011．
[5] 徐宏海．数控机床刀具及其应用 [M]．北京：化学工业出版社，2005．